# 大型航空交通枢纽探索之路
## ——规划、建设、运营理论与实践

王广斌　孙继德　贾广社　谭　丹　主编

中国建筑工业出版社

图书在版编目（CIP）数据

大型航空交通枢纽探索之路：规划、建设、运营理论与实践/王广斌等主编. —北京：中国建筑工业出版社，2020.11（2022.3重印）

ISBN 978-7-112-25513-9

Ⅰ.①大… Ⅱ.①王… Ⅲ.①航空运输-交通运输中心-研究 Ⅳ.①V2

中国版本图书馆CIP数据核字（2020）第184899号

本书由我国在航空交通枢纽工程的规划设计、建设管理、运营管理等领域的专家总结其在该领域的研究成果与工程实践经验汇编而成。立足于我国实际国情，形成的工程与研究经验具有高度的模范性和示范性，以期为我国今后的航空枢纽工程建设提供宝贵的经验和指南。同时，中国大型交通枢纽工程建设的高效性令世界瞩目，可为全球大型交通枢纽工程提供中国案例，推动全球大型交通枢纽工程的可持续高质量发展。本书由四个篇章组成，分别为规划设计篇、建设管理篇、运营管理篇以及理论研究篇。

责任编辑：周方圆　封　毅
责任校对：张惠雯

## 大型航空交通枢纽探索之路
——规划、建设、运营理论与实践
王广斌　孙继德　贾广社　谭　丹　主编

\*

中国建筑工业出版社出版、发行（北京海淀三里河路9号）
各地新华书店、建筑书店经销
北京科地亚盟排版公司制版
北京建筑工业印刷厂印刷

\*

开本：787毫米×1092毫米　1/16　印张：19¾　字数：479千字
2021年2月第一版　　2022年3月第二次印刷
定价：88.00元
ISBN 978-7-112-25513-9
（36532）

版权所有　翻印必究
如有印装质量问题，可寄本社图书出版中心退换
（邮政编码100037）

# 序 言 1

2018年4月,中国民航局机场司刘春晨司长给我打电话,表示北京大兴国际机场建设已经进入关键时刻,按计划还有一年多的时间就要竣工,计划2019年9月底开航投运,作为国庆70周年的献礼,具有十分重要的政治意义。但当前还面临不少困难,尚有许多亟待解决的问题,希望母校给予技术和管理支持。我当即表示,同济大学将举全校之力,全力支持北京大兴国际机场的建设和管理。这个承诺,不仅是出于政治担当,也是对同济大学工程技术与工程管理实力的自信。

从技术上来说,同济大学有世界一流的土木工程学科,有交通运输工程学院机场工程专业,有能力解决当今工程界各种土木工程结构和交通技术难题,同济大学为港珠澳大桥建设提供核心技术支撑就是典型例证。从管理上来说,同济大学的工程管理学科一直走在全国的前列,处于领先地位。早在2000年,以丁士昭教授为首的工程管理学科团队就进入民航机场建设管理领域,为广州新白云国际机场迁建工程的管理出谋划策。如今20年过去,工程管理学科团队已经建立了强大的学术梯队,为全国近20个大型机场提供了高水平的工程管理咨询服务,这其中就包括全国第一个综合交通枢纽——上海虹桥综合交通枢纽工程。

这次同济大学的两支团队分别服务于民航总局和北京新机场建设指挥部,为北京大兴国际机场建设进展目标规划与控制提供了技术保障。机场的建设和运营筹备工作不仅按期顺利完成,于2019年9月25日顺利投运,而且总工期缩短了至少5个月,产生直接经济效益10多亿元。同济大学师生们用"中国速度"参与并推动"凤凰展翼"一步步从蓝图飞向现实,充分践行了同济人"与祖国同行,以科教济世"的抱负与理想。

北京大兴国际机场的建设运营,充分展现了中国建筑的雄厚实力,体现了中国精神和中国力量,"中国人民一定能,中国一定行"。这其中,有同济大学的一份荣耀。同济大学学科团队提供的科学管理理论与方法是中国建筑实力和中国力量的重要的组成部分。2019年10月,北京新机场建设指挥部和北京大兴机场管理中心专门致函,对同济大学工程管理学科团队表示感谢。团队艰苦的驻场工作为大兴机场的成功做出了不可替代的贡献,也为同济大学赢得了荣誉。

作为高校教师,工程管理学科团队的老师们除了将自己的知识和技术直接应用于工程以外,还有一个更重要的使命就是传播知识,让更多的人从知识中受益。如何将此次大兴机场总进度管控的成功经验以及基本理论和方法进行总结,形成能惠及其他大型航空交通枢纽工程项目管理的成果?如今,这个问题也有了答案。在这本书中,王广斌教授及其团队成员不仅自己进行了总结和提炼,还组织多个项目的业主方一起进行了总结;不仅涉及北京大兴国际机场,还包括上海虹桥综合交通枢纽以及广州白云国际机场等项目;不仅总结大型航空枢纽总进度管控的理论和方法,还研究和总结了航空交通枢纽的规划设计、运行管理等诸多重要方面,可谓精彩纷呈。

看到这份沉甸甸的理论与实践成果，我感到由衷高兴。真诚期望这本书能对国内外同行们产生一些启迪和帮助，也欢迎大家批评指正。

**同济大学党委书记**
**方守恩**
2021 年 1 月

# 序　言　2

1997年，刚从德国回到同济大学，我有幸拜访国际著名的中国工程管理学领军人物丁士昭先生。王广斌等人作为丁先生的学生，给我留下深刻印象，我们的交往也就此拉开序幕。20多年来，本书作者王广斌、贾广社、孙继德等交流不断，彼此关注，成了学友。

2019年春节，给丁先生拜年，又遇见王广斌教授，得知他们正在为北京大兴国际机场提供工程管理咨询服务，心中非常高兴，也特别为他们自豪。同时，也给他们提了一个中肯的建议：工程实体建设成功了，把"论文写在大地上"了，能不能再把工作经验记录下来？相对在大地上书写的工程实体，为国民经济创造直接社会经济效益，而书面上的"论文"将为工程管理研究和教育创造学术价值，为国民经济创造社会效益，具有同样重要甚至更加有价值的意义。众所周知，2019年9月25日，北京大兴国际机场顺利投运，习近平总书记亲自参加投运仪式并接见了工程建设者代表，对北京大兴国际机场给予了很高的评价，自然，同济大学也因此获得了极大的荣誉。我作为他们的朋友以及同济大学的一员，心中非常高兴，也非常骄傲。如今，北京大兴国际机场已投运一周年，王广斌等进度管控团队的成员们没有辜负我的建议和期望，他们组织编写的一系列成果也逐步问世了。

看到这本书稿，先迫不及待地翻看了一下，感到内容非常丰富和全面，不仅有进度管控团队的理论成果，还有业主团队的管理总结；不仅有北京大兴国际机场项目的实践，还有上海虹桥交通枢纽和广州白云机场等项目的探索成果；不仅有建设管理方面的理论和技术，还有规划设计以及运营管理的理论和实践。这远超出了我的预期，是很有价值的一个成果。

2019年9月，国务院印发的《交通强国建设纲要》中明确提出要推进出行服务快速化、便捷化。要构筑以高铁、航空为主体的大容量、高效率区际快速客运服务，提升主要通道旅客运输能力。完善航空服务网络，逐步加密机场网建设，大力发展支线航空，推进干支有效衔接，提高航空服务能力和品质。航空枢纽在促进经济全球化、提升我国国际竞争力、落实"一带一路"、促进区域经济发展等方面有重要作用，可以预计，"十四五"及之后的若干年内，按照《交通强国建设纲要》，大型机场以及航空交通枢纽建设很可能产生一个高潮。作为一个复杂的综合性系统，航空枢纽的建设又是一项极具挑战性的系统性工作，亟需理论和技术的指导。2019年，北京大兴国际机场的顺利投运表明，我国在大型交通枢纽工程建设领域已经积攒了一定的成功经验，这本书不仅对北京大兴国际机场的经验进行了梳理和总结，也对上海、广州等其他大型机场的规划设计以及运营进行了系统研究，形成了航空交通枢纽的专题著作，对其他交通枢纽建设甚至对普通机场的建设都将具有重要的指导意义，因此，这本书的及时出版具有重要的意义。

本书实现了理论与实践的结合，工程与研究的结合。本书的规划设计、建设管理、运营管理篇章的撰稿人均是在北京大兴国际机场、上海虹桥综合交通枢纽、广州机场的建设过程中承担过领导角色的行业专家,其在各自专业领域内的研究成果与工程实践经验是行业内公认的标杆,本书汇集了各位专家对于大型航空交通枢纽建设的经验与见解,是行业内不可多得的著作。

中国工程院院士<br>
德国工程科学院院士<br>
瑞典皇家工程院院士<br>

2021 年 1 月

# 前　言

随着经济全球化和产业全球变迁，航空运输对经济发展的支撑作用日益凸显。据统计，世界贸易总值的40%依靠航空运输完成，大型空港已经成为所在城市、区域甚至国家参与全球化竞争与合作的战略性资源。大型国际航空枢纽通过高效率、高集中度的联程联运服务，加快了人员、货物等要素流动，提高了资源配置能力，成为聚合全球高端资源的关键平台。在此背景下，我国民航发展规模不断扩大，发展水平与能力持续提升，并提出全面推进建设民航强国战略，将建设国际航空枢纽作为实施民航强国战略体系的重要引擎。2019年9月，国务院印发的《交通强国建设纲要》更是明确指出，要依托京津冀、长三角、粤港澳大湾区等世界级城市群，打造具有全球竞争力的国际航空枢纽，推进综合交通枢纽一体化规划建设，大力发展枢纽经济。

尽管航空枢纽在促进经济全球化、提升我国国际竞争力、落实"一带一路"、促进区域经济发展等方面有重要作用，但航空枢纽作为一个复杂的综合性系统，各个子系统除了保持好自身运行外，还必须与其他子系统协同运行，才能保证航空枢纽整体系统功能实现。因此，航空枢纽的建设极具挑战性。首先，航空枢纽不仅仅要服务于航空运输的发展，也要衔接融合多种交通方式。多种交通方式的融合发展，特别是民航与高铁以及地铁的融合，可以极大地提高枢纽的服务效率，扩展航空枢纽的辐射范围，为大众的出行创造更为快捷的条件与环境，但同时也给工程的规划设计、建设管理带来了更多的挑战。例如，上海虹桥综合交通枢纽不仅要满足民用航空、高速铁路、城际铁路、高速公路、地铁、地面公交、出租车等多种交通方式的规划与设计、建设与管理，还要保证其相应的市政配套项目、能源保障项目的合理布局与顺利实施。要实现这一目标，就需要综合协调跨组织的政府行业管理部门以及投资、建设、设计、施工和运营等单位，项目组织网络交错，为枢纽建设和管理带来极大难度。其次，航空枢纽除了提供便捷、高效的交通运输功能外，还同时具有促进经济和社会发展的功能，通过集聚人流、物流、资金流和信息流，能够充分整合各种资源要素，带动临空产业发展，促进区域经济结构调整和转型升级，同时也对跨地域的经济协同发展提供了新的机遇。因此，航空枢纽的工程规划设计要具有前瞻性，实现为区域经济发展提供有力支撑的重要功能，而如何将多种交通工具、多种要素、多种资源、多组织完美地融合，如何建设成兼具结构、美感的地标性航空枢纽，如何实现航空枢纽工程的良好运行以及发挥其社会经济引擎作用等一系列问题是十分严峻的挑战，航空枢纽的建设是一项十分复杂的系统性工作。

随着上海虹桥综合交通枢纽以及北京大兴国际机场的建成投运，国内其他大型机场的新建、扩建也陆续展开，如成都天府国际机场、广州白云国际机场三期扩建等也都是以航空交通枢纽为目标进行规划和建设。我们虽然已经取得了大型航空交通枢纽工程建设的成功经验，但并未形成领先的技术和成熟的管理模式，实现由大变强、走向高质量发展还有大量问题亟待解决。基于此，编者以问题为导向，以需求为导向，以面向服务为导向，结合同济大学在工程建设与管理领域的学科优势以及20年来在大型航空交通枢纽建设的系统性研究成果，组织策划编著了这本《大型航空交通枢纽探索之路——规划、建设、运营理论与实践》，以期集行业专家和先行者之智慧，对大型航空交通枢纽规划、建设和运营的理论和实践进行探索。

编者邀请我国航空交通枢纽工程的规划设计、建设管理、运营管理等领域的专家和学者，总结其在各自领域的研究成果与工程实践经验，形成四个方面的成果，汇编成四个篇章，分别为规划设计篇、建设管理篇、运营管理篇以及理论研究篇。书中所涉及的枢纽工程包括上海虹桥综合交通枢纽工程、北京大兴国际机场工程、广州白云国际机场工程和深圳机场新一期扩建工程等，作者也相应来自北京新机场建设指挥部、北京市建筑设计研究院有限公司、北京城建集团、上海建工集团、上海机场建设指挥部、上海虹桥国际机场公司、上海申虹投资发展有限公司、广东省机场管理集团有限公司工程建设指挥部、深圳机场（集团）有限公司扩建工程指挥部、上海建科工程咨询有限公司等单位，还包括同济大学的多位师生，他们都结合多年的工程建设经验与理论研究进行了总结与分享。

感谢各位专家和学者的无私奉献和辛勤撰稿，其丰富和宝贵的知识和经验是航空交通枢纽建设的巨大财富。感谢同济大学党委书记方守恩教授和吴志强院士的大力支持，一直推动和鼓励大型航空交通枢纽理论研究工作，并特为本书作序。感谢施骞教授给予的积极支持，其参与编写的基于社会网络视角分析大型机场建设项目组织的两篇文章，丰富了该领域的理论研究，还对书稿的内容提出了很多建议，对本书的出版提供了许多帮助。对以下悉心审阅稿件的同济大学博士研究生和硕士研究生也深表感谢：林文生、刘心怡、陈彦羽、张中豪、赵雪洋、王晨。最后，非常感谢中国建筑工业出版社的大力支持和帮助，感谢编辑封毅和周方圆的帮助和耐心指导，努力克服新冠肺炎疫情的影响，使得本书得以顺利出版。

本书受到国家社科基金项目"高质量发展视角下的重大项目绩效及其治理模式研究"（批准号：19BGL022）的资助，是该基金项目的成果之一。

尽管编者和各位作者做出了不懈努力，但欠缺和不足之处仍然在所难免，恳请同行和各位读者不吝赐教。

# 目 录

## （一）规划设计篇

北京大兴国际机场"五纵两横"综合交通规划和一体化综合交通枢纽建设历程
回顾与思考 ………………………………………………………………… 潘 建 3

北京大兴国际机场航站楼大跨度异形空间数字设计 ………………… 门小牛 12

大型航空交通枢纽工程规划建设与管理——以虹桥综合交通枢纽为例
………………………………………………………………………… 刘武君 20

## （二）建设管理篇

超级工程——北京大兴国际机场主航站楼工程管理创新 …………… 李建华 43

超大型虹桥交通枢纽建设过程的关键部署研讨 ……………………… 高振锋 53

大型复杂机场工程管理体会——虹桥综合交通枢纽工程建设回顾 …… 王晓鸿 101

北京大兴国际机场工程进度总控方法与实践 ………… 王广斌，林文生 108

我国民航工程建设数字化转型关键技术发展与趋势
………………………… 马 磊，吴 敏，胡培婷，李育霖，李飞宇 119

民航机场工程项目管理数字化转型探索与实践——以深圳机场新一期扩建工程
为例 ……………………………………… 胡培婷，班孝林，马 磊 130

## （三）运营管理篇

虹桥国际机场陆侧交通运营管理的实践与思考 ………… 贺胜中，林 浩 145

虹桥综合交通枢纽工程规划建设运营一体化的实践——基于规划建设运营主体的
视角 ………………………………………………………………… 胡建忠 172

大型航空交通枢纽设施运营实施阶段的风险管理研究与实践 … 周红波，张 辉 239

## （四）理论研究篇

以人文关怀为目标的大型航空枢纽项目社会互动行为模型——基于北京大兴国际
机场的案例研究 ………………………… 赵雪洋，马鸿芸，贾广社 257

基于SNA的社会组织成员角色研究及在机场建设中的应用 … 李莲莲，施 骞 268
基于指挥部模式的大型交通枢纽项目进度总控 …………… 王　晨，孙继德 276
基于社会网络的大型机场建设项目干系人需求分析方法 ……… 罗峰峰，施 骞 287
大型航空交通枢纽工程逻辑的思考
　…………………………… 贾广社，徐启雄，谭　丹，赵雪洋，马鸿芸 296

# （一）
## 规划设计篇

# 北京大兴国际机场"五纵两横"综合交通规划和一体化综合交通枢纽建设历程回顾与思考

潘 建

(首都机场集团公司北京大兴国际机场)

**摘 要**：随着近年来国内交通基础设施建设的快速发展，越来越多的城市开始研究与建设大型综合交通枢纽，但在国家层面，尚未有一个明确的可操作的标准规范用于指导综合交通枢纽的建设。笔者从北京大兴国际机场（以下简称"大兴机场"）综合交通枢纽建设的实践经验出发，全面分析建设大兴机场综合交通枢纽的背景和可行性，深入研究大型国际机场的综合交通枢纽特征，详细阐述了大兴机场的综合交通规划，总结了大兴机场综合交通枢纽建设经验，并提出待深化研究的问题和建议，为构建和完善多式联运的综合交通系统和枢纽建设提供了有益思考。

**关键词**：综合交通枢纽；规划设计；一体化设计

# Review and Reflection on the "Five Vertical and Two Horizontal" Comprehensive Transportation Planning and the Construction of Integrated Comprehensive Transportation Hub of BDIA

PAN Jian

(Capital Airports Holding Company, Daxing International Airports)

**Abstract**: With the rapid development of domestic transportation infrastructure construction in recent years, more and more cities begin to study and build large-scale comprehensive transportation hubs. However, at the national level, there is still no clear operational standard to guide the construction of comprehensive transportation hubs. Based on the practical experience, the author comprehensively analyzed the background and feasibility of the construction of Daxing airport, made an in-depth study on the comprehensive transportation hub characteristics of large international airports, elaborated the comprehensive transport planning of Daxing airport, summarized its construction experiences and put forward a number of outstanding issues and suggestions, offering useful thinking for building and perfecting the comprehensive transportation system and of multimodal transport hub construction.

**Key Words**：comprehensive transportation hub; planning and design; integration design

# 1 建设大兴机场综合交通枢纽的背景

"枢纽"从字面上理解，就是各个事项的节点，而交通枢纽指的是各种道路路网交叉、所有设施汇集在一起的综合体。为什么要建设以航空为中心节点的各类交通的综合枢纽，尤其为什么要在大兴机场建设这样的枢纽，是由大兴机场的地理位置、功能定位和综合交通所决定的。

## 1.1 地理位置

大兴机场位于永定河北岸，如图 1-1 所示，地跨北京市大兴区礼贤镇、榆垡镇及河北

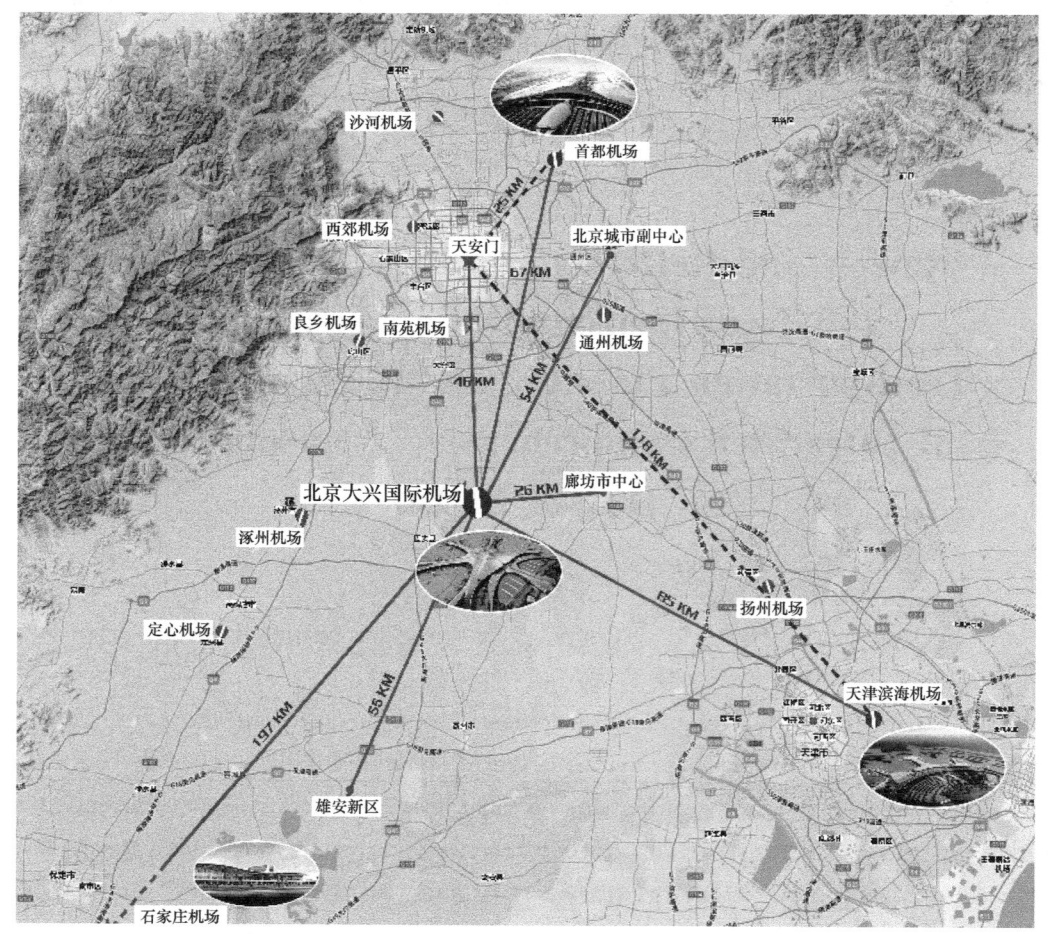

图 1-1 大兴机场地理位置图

省廊坊市广阳区。距北京市天安门的直线距离为 46km，距离北京城市副中心、雄安新区的直线距离都在 55km 左右，距天津市约 85km，应该说大兴机场实际位于京津冀地区的核心区域。通过数据也可以看到，相比首都机场距离天安门的直线距离只有 27km，大兴机场距离周边的主要城市相对较远，类似于浦东机场到上海市区的距离。

特殊的地理位置，决定了大兴机场需要为航空旅客出行提供更为便利的条件，才能满足人民对美好出行的要求。

## 1.2 功能定位

规划设计之初，机场建设管理决策者也曾经考虑，北京新建的机场应该是一座小型机场还是大型机场？经过深入和谨慎分析，最后决定建一座大型机场。首先是为了满足北京航空市场需求，北京地区航空市场需求潜力巨大，根据前期研究分析，预计到 2025 年，整个北京地区的航空旅客流量将达到 1.6 亿，考虑到首都机场 1 亿左右的旅客吞吐量，预测大兴机场 2025 年旅客吞吐量为 7200 万左右。首都机场由于地域条件的限制，扩充资源的余度非常有限，因此为了保障这么大规模的航空市场需求，北京需要再建一个大型国际航空枢纽；其次，北京地区的空域和地域资源较为紧张，整个首都地区和上海有同样的特点，都是国际大都市，空域资源都很紧张。因为机场选址不仅和地面交通、地面资源相关，最核心的还是空域资源。北京作为首都，西侧是军用机场链，东侧是首都机场、空军机场和天津机场，北京市夹在两个大的机场链之间，北京的三环以内是禁飞区，空中的飞行程序组织非常复杂。在有限的资源条件下，面对这样大的客流需求量，如果只是建设一座小型机场，会对宝贵的空域资源造成巨大浪费。

综上所述，大兴机场最终定位为大型国际枢纽机场，同时和首都机场优势互补，共同构建首都地区具有国际竞争力的双枢纽。

## 1.3 综合交通

要解决 1 亿的旅客吞吐量，光建一座足够大的机场还不够，更重要的是让这些旅客能够快速抵离机场，因此需要更便捷高效的交通方式来解决旅客的集疏。以往面对距离城市近 50km 的距离，通常会选择建设高速公路来实现城市与机场的连接。而在大兴机场规划的过程中，结合特殊的周边条件，借鉴大型国际机场的发展经验，在传统公路交通的基础上，引入多种轨道交通方式，更有利于满足旅客便捷出行的需求。同时，另一方面也扩大了机场的服务半径，提升了机场对于区域经济的驱动作用。

笔者认为具有高时效性和长距离运输能力的航空节点加入交通运输网络，能够将原来以平面为基础的交通枢纽转变为空地立体的交通枢纽，从而形成全方位、高效率的立体化集疏散网络，扩大综合交通枢纽的辐射范围，大大提升综合交通的运输效率。

# 2 建设大兴机场综合交通枢纽的可行性

综合上述的背景分析，对大兴机场与首都机场的交通竞争性、京津冀地区潜在的旅客需求、高铁的快速发展所带来的地空中转及长途飞行旅客需求等因素进行了深入的研究，得出以下结论。

（1）大兴机场距离北京航空市场主客源地较远，与中心城区联系的交通方式是否具有较高的可靠性、便利性直接影响着对航空旅客的吸引力。大兴机场必须要发挥综合交通优势，提供高速、大容量的交通与城市核心区直接衔接，尽可能缩短从市区到大兴机场的行程时间，才能有效地吸引客流。因此，大兴机场综合交通战略提出，公共交通比例要达到50%，其中轨道交通占30%，小汽车和出租车的出行比例要控制在50%以内。

（2）大兴机场恰好位于京津石大三角的核心区，在这里新建以机场为节点的大型综合交通枢纽，一方面能够有效满足过去未能充分满足的首都地区航空市场需求；另一方面京津冀协同发展作为国家长远战略，周边区域的建设能够带来新的航空市场需求，从长远来看，客货流量需要一个大型综合交通枢纽来支撑。

（3）随着近年来铁路和公路的高速发展、交通和管理技术的持续进步，使空铁联运成为可能。结合大兴机场周边铁路及公路路网的结构，对周边轨网、路网进行优化和调整，把机场加入整个综合交通的体系中，大大拓展了大兴机场对周边区域的辐射能力，从而使空地立体综合交通网络的打造得以实现。

## 3　大型国际机场综合交通枢纽的建设经验

通过对法兰克福、巴黎、阿姆斯特丹、香港机场等大型国际机场综合交通枢纽发展经验的深入研究发现，国内外的大型机场对综合交通的建设非常重视，各个城市都在尽可能多地利用多种交通方式与机场进行有效的衔接，主要体现在以下几点。

（1）强调轨道交通建设

规划城市轨道、城际轨道或高速铁路进入机场，为机场旅客及员工提供可选择的高可靠性交通出行工具；城市轨道交通和城际铁路尽量在每个航站楼设站，高速铁路大多数只在机场设置一个站点。

（2）重视道路交通规划

规划高速公路或机场专用道路进出机场，提高进出机场地面道路交通集散的可靠性和时效性。

（3）建设综合交通枢纽

在航站楼陆侧建立航空交通和各种地面交通方式换乘的机场地面交通中心，提高机场交通枢纽内部交通一体化程度；注重综合交通枢纽和航站楼公共区域的衔接，要让衔接尽量短捷，同时要保证换层顺畅。

（4）完善道路系统功能规划

旅客交通和员工交通、外部交通和内部交通、客运交通和货运交通尽量使用不同的进出通道，以减少不同类型交通之间的相互干扰。

## 4　大兴机场的综合交通规划

### 4.1　发展目标

基于上述研究，大兴机场综合交通规划的总体目标确定为：构建以大容量公共交通为主导的可持续发展模式，建立多种交通方式整合协调并具有强大区域辐射能力的陆侧综合交通体系。

具体目标包括：轨道交通（机场快轨，城际铁路，高铁）出行比例达到30%；道路公共交通（机场巴士，省际巴士，公交）出行比例达到20%；建设城市航站楼，前移机场航站楼功能；开展空铁联运，扩大机场腹地资源；提高道路的服务水平及通行能力，保证专用快速通道连接机场与市区。

## 4.2 技术路线

根据发展目标，制定大兴机场的综合交通规划技术路线，如图4-1所示。

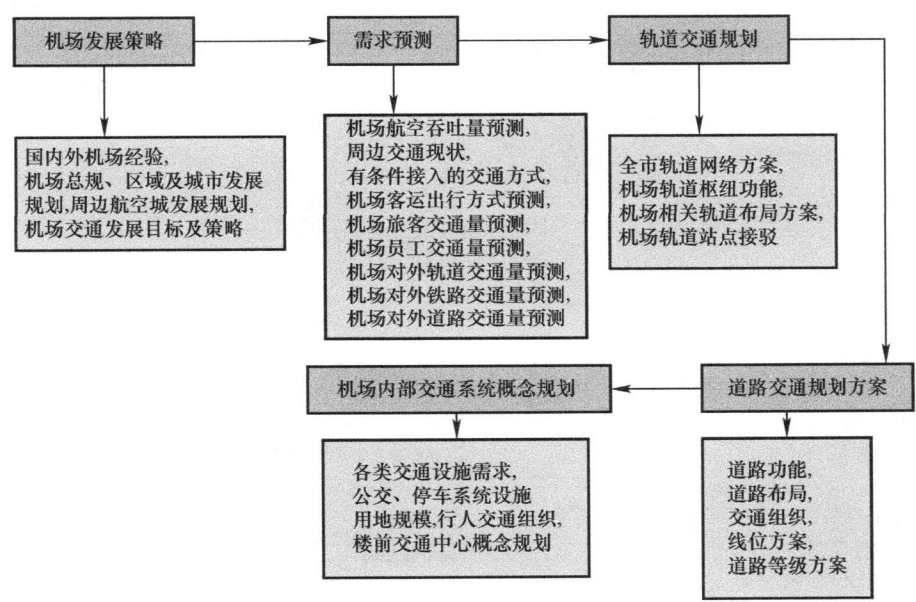

图4-1 大兴机场综合交通规划技术路线

## 4.3 "五纵两横"综合交通规划

结合机场发展策略和需求预测，最终确定了"五纵两横"综合交通规划，全面建设大兴机场外围集高铁、轨道交通、高速公路等众多交通方式为一体的综合交通路网。"五纵"主要指的是"京开高速、京台高速、大兴机场高速、大兴机场线、京雄城际"，"两横"主要指的是"大兴机场北线高速、城际铁路联络线"。如图4-2所示。

根据规划，未来在大兴机场周边会形成三个辐射圈，如图4-3所示。

3小时公路圈，基本覆盖北京主要区域、天津、廊坊、雄安新区等，约覆盖7000万人口；2小时高铁圈，辐射到秦皇岛、济南等区域，约覆盖1.34亿人口；3小时高铁圈，通过铁路路网衔接，辐射到北侧的沈阳和西侧的太原，以及南侧的青岛附近，约覆盖2亿人口。通过综合交通网络的建设，扩大了机场的辐射范围，为旅客提供了多种便捷的交通方式抵离机场，也为吸引更多的旅客选择大兴机场创造了可能。未来通过地上的综合交通网络和空中的航空网络有效衔接，可以真正把大兴机场打造成具有国际竞争力的国际枢纽机场。

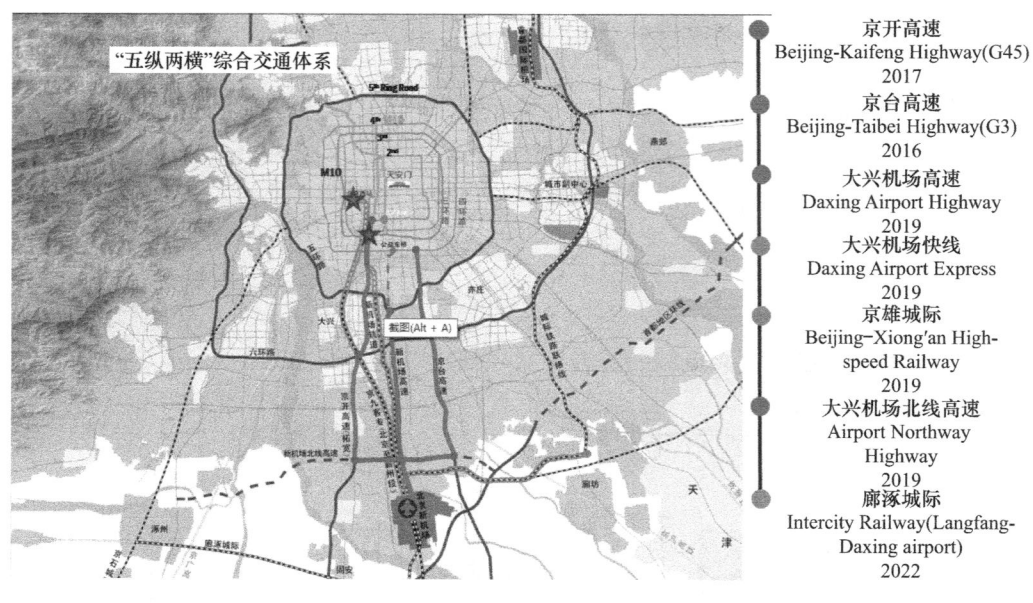

图 4-2　大兴机场外围交通路网图

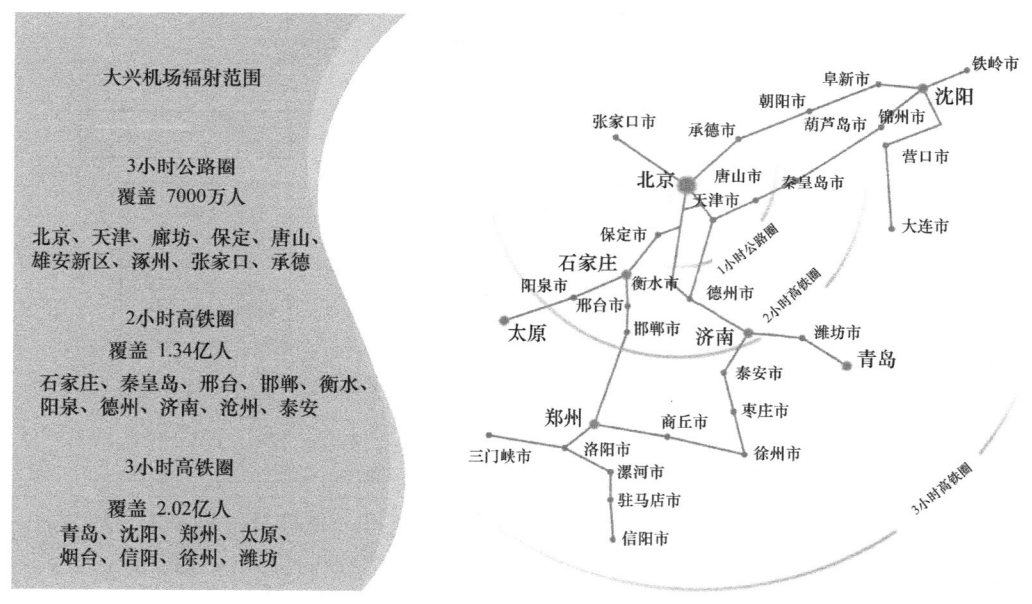

图 4-3　大兴机场辐射范围

## 4.4　一体化的综合交通枢纽

　　大兴机场综合交通枢纽由航站楼、停车楼、轨道、车道边及配套服务设施等各系统有机衔接，形成高效便捷的综合交通枢纽体系；航空旅客与其他交通工具换乘区域控制在约500m 宽、100m 进深的范围内，实现了"无缝衔接"。高铁、城际、快轨等多种轨道交通南北穿越航站楼，在航站楼下设站，其中京雄城际、大兴机场快线、廊涿城际轨道联络线本期与航站楼同步建成并投入了使用。旅客可以通过轨道站厅内的大容量扶梯，直接到达航站楼出港大厅，实现"零距离换乘"。如图 4-4 所示。

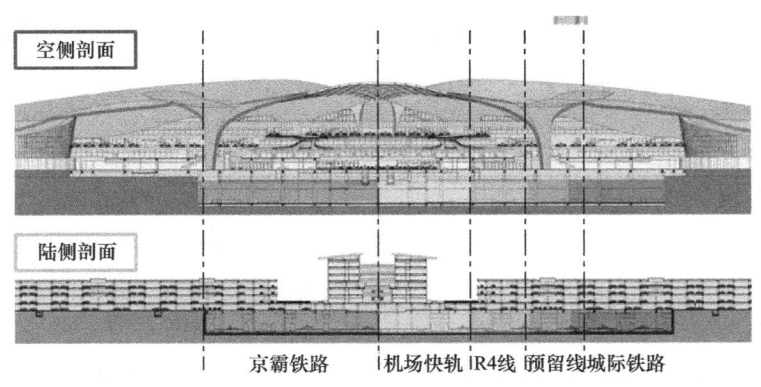

图 4-4 大兴机场综合交通枢纽剖面图

# 5 大兴机场综合交通枢纽建设经验

## 5.1 政府主导

建设多种交通方式汇集的综合交通枢纽，不仅要靠多个单位完成，甚至还跨越了不同行业、不同行政区域。各专业融合的核心就是从设计、建设到运营的全过程一体化，在没有任何一方具有完全主导能力的情况下，一体化的唯一实现方式就是协同。根据我国集中力量办大事的制度优势和实际的政治、经济、社会背景，确保多方协同顺利开展的关键是政府主导。

为捋顺参与大兴机场规划建设的多方关系，引导各方协同作战，2013年2月26日，由国家发展改革委牵头，包括京冀两地政府及民航局、铁路总公司等各方共同组成"北京新机场建设领导小组"，确定了管大事、抓协调、解难题的领导小组职责，为大兴机场综合交通枢纽建设提供了有力的组织保障。

## 5.2 设计协同

经北京新机场建设领导小组研究决策，明确将大兴机场交通换乘中心与航站楼、停车楼进行一体化设计，并由各家轨道业主单位分别承担对应的项目投资。

通过分析大兴机场的地域条件和客源市场，明确交通流线以南北向为主；通过分析不同交通方式功能区的功能、规模和布局，综合考虑大兴机场所承担的客运量、客流强度和集散强度等，决定建设立体化的综合交通枢纽，轨道车站部分深入航站楼公共区域，通过垂直交通进入航站楼，实现零换乘；在航站楼招标阶段，就明确要求城市轨道进入航站区，轨道交通车站与航站楼、综合交通中心同步设计，同步建成；并由民航局牵头，会同北京市、河北省和铁路总公司采用共同审查、联合审批的方式批复综合交通换乘中心工程初步设计。根据高度集成的综合换乘中心和航站楼综合体的一体化设计理念，最终形成集轨道交通5种16条线于一体的综合交通换乘中心的设计方案，并与外围轨道交通规划相衔接，为后续工程施工的顺利进行奠定了扎实基础。

## 5.3 建设协同

大兴机场的轨道交通贯穿整个航站楼，地下部分的建设内容是制约整个航站楼工程建设的关键节点，工程情况复杂，工程交界面广，需要协同各施工建设主体，加强工程配合，做好施工组织。

为加快推进大兴机场综合交通枢纽建设，大兴机场与各轨道业主单位签订综合交通换乘中心建设协议，明确综合交通换乘中心、大兴机场红线范围内的除京雄城际以外的所有区间隧道，包括新机场快线、地铁线、地铁联络线、城际铁路联络线整体委托大兴机场统一代建。京雄城际车站及航站楼投影下的京雄城际区间隧道，也由京雄公司委托大兴机场代建。

具体的工程界面划分原则包括：①站厅层按实际独自使用范围划分，其他公共面积由机场承担；②站台层、车站及轨道结构部分按实际独自使用范围划分；③各自承担站台层投影范围内的桩基础；④三项轨道工程的护坡、降水、土方的工程量（投资）根据各自建筑面积所占比例分摊；⑤其余各专业工程按实际工程建设设施内容计算。

## 5.4 运营协同

大兴机场组建生产运行协同的运行控制中心（AOC），作为大兴机场运行管理中枢，整合了民航、铁路、公路、联检单位、地方政府在内的 42 家单位，打破机场信息孤岛，对运行全流程实施岗位化、扁平化、常态化管控。通过构建综合交通一体化平台，将多种交通方式和设施相关信息与机场的航班信息整合处理、统一发布；与城市交管系统进行对接，通过信息共享和协同运行机制，与政府合力完善交通枢纽管理；基于旅客流量和蓄车场容量协调出租车、大巴车进出场安排，优化运行秩序，提升旅客体验；通过完善预警信息发布、突发事件应对、交通保障体系建设等手段构建起信息共享、协同决策的"大运控"模式，实现航空运输和地面运输、机场交通和城市交通的一体化管理；会同轨道建设、运营单位等方面开展了应急情况下的联防联动，针对包括轨道交通故障事件、公共安全事件、人员伤害事件、大面积航班延误等应急情况制定各类应急响应预案。

# 6 结语

从大兴机场开航运行近半年的实际情况来看，大兴机场综合交通枢纽的运行总体较为平稳顺畅。据统计，从 2019 年 9 月 25 日开航到 2020 年 2 月 29 日，大兴机场综合交通总量达到约 942 万人次，乘坐轨道交通的旅客量达到约 218 万人次，占比为 23.18%，初步实现规划目标。但从长远来看，还有一些问题亟待研究解决。

（1）整合设计标准，建立综合交通枢纽工程建设规范

大兴机场综合交通枢纽建设跨民航、铁路、公路等多个行业，不同的行业对设计标准会有一些不同的理解和要求。大兴机场综合交通枢纽的建设过程中，在国家发展改革委的统筹下，解决了规划衔接、项目立项等问题，但是在工程设计、施工建设领域，各建设主体依然遵循各自的行业规范，这就导致在具体施工建设中存在大量现场协调的问题，降低了工程建设效率。因此，建议随着近年来综合交通枢纽建设加快的趋势，国家层面统筹建立综合交通枢纽工程建设规范，以利于此类工程的建设。

（2）打破行业壁垒，统一对接运行标准

大兴机场综合交通枢纽的日常运营中，轨道运输与航空运输的管理制度、管理标准有

待进一步融合，主要涉及旅客联程联运、列车与航班计划编排、运输数据衔接、安检标准互认、应急保障措施、京津冀轨道交通网络等方面。2017年12月31日，交通运输部、国家发展改革委、国家旅游局、国家铁路局、中国民用航空局、国家邮政局、中国铁路总公司等七部门联合发文，就加快推进旅客联程运输发展提出指导意见，其中明确提到，"鼓励枢纽站场设置封闭、连续的联运旅客换乘通道，并通过跨方式安检标准互认，在保证运输安全的前提下，减少旅客换乘过程中的重复安检""力争通过3至5年时间，基本建立起规范有序的旅客联程运输市场体系，旅客联程运输发展环境有效改善，服务产品更加丰富，服务能力明显提高，服务品质显著提升，更好地满足人民群众出行需求"。目前大兴机场对搭乘轨道交通到航站楼的旅客已免除楼前防爆安检，但其他运行标准的统一还有待在政府统筹下继续推进。

（3）持续优化完善交通网络，解决进京检查站问题

大兴机场地理位置距离首都中心城区较远，周边区域城市目前发展程度不充分，在短期内吸引优质旅客资源方面仍存在一定的挑战；与此同时，围绕大兴机场规划的综合交通大容量轨道路网的建设尚未实现，连接两场的快速交通仍然在建，高速公路及轨道交通不能覆盖所有主要客源地，部分道路的场内外衔接仍不充分，需要进一步完善。机场配套建设的路网均地跨京冀两地，按照惯例应设置进京检查站。由于检查站通行速度较低，极有可能造成航站楼前道路拥堵、旅客误机等情况发生，给机场陆侧交通的正常运行带来影响。虽然经过协调，在大兴机场周边的高速路网，已明确不再设置进京检查站，但该问题在地面支线路网方面仍然存在，需要进一步优化。

（4）优化服务产品，着力提高公共交通出行率

首先，轨道交通有待进一步完善。例如目前机场地铁最远只能通到草桥，而草桥周边目前并不是北京市航空市场的主要客源地，且地铁旅客换乘不便，人均换乘次数接近2次，明显多于首都机场；京雄城际尚未通到雄安，且北京西站的始发车周期较长，72分钟一趟；廊涿城际一期尚未开通等。因此需要继续完善轨道交通网络，推出有竞争力的空铁联运产品，持续提升服务品质。

其次，从目前的旅客出行数据来看，客运巴士运力未得到充分利用，挖潜空间很大。大兴机场与其他机场相比，客运巴士有得天独厚的资源优势，例如航站楼四层出发层安排内缘道专供巴士通行和落客，航站楼到达层楼内设置专门候车区，有专门的大巴停车场等。客运巴士的运力未得到充分利用与巴士网络布局不充分、未覆盖北京市现有的主要客源地出行需求等因素有关，因此在客运巴士的覆盖区域、线网接驳、发车频次、定制服务等方面还应继续挖潜，提高便利性，加大宣传力度，以吸引更多的旅客采取公共交通方式出行。

随着京津冀协同发展大战略的落地、北京市非首都功能的疏解及城市功能和空间布局优化的逐步实施，包括大兴机场在内的京津冀核心地区将构建和做强一批新的区域组团，周边的航空市场和旅客分布也将随之发生深刻变化。从长远来看，大兴机场的综合交通体系具有巨大的发展潜力。

# 北京大兴国际机场航站楼大跨度异形空间数字设计[①]

门小牛

(北京市建筑设计研究院有限公司机场建筑研究中心)

**摘 要**：本文通过对北京大兴国际机场航站楼的造型和结构设计难题的分析，提出基于数字化的大跨度异形空间数字设计方法，详细阐述了北京大兴国际机场的航站楼大跨度异形空间数字设计思路与做法，提供了由数字化设计到数字化建造的实现方法和途径。

**关键词**：大跨度建筑；数字设计；航站楼设计

## Digital Design of Large-span Alien Space in the Terminal Building of Beijing Daxing International Airport

MEN Xiaoniu

(Beijing Institute of Architectural Design (Group) Co., Ltd, airport building research center)

**Abstract**: Through the analysis of the modeling and structural design problems of the terminal building of Beijing Daxing International Airport, this paper proposes a digital design method for large-span special-shaped spaces based on digitization. The digital design ideas and practices of the large-span irregular-shaped space in the terminal building of Beijing Daxing International Airport are elaborated in detail. The approach provides the realization method and way from digital design to digital construction.

**Key Words**: large-span architecture; digital design; terminal design

## 1 引言

北京大兴国际机场作为当代全球范围内的重大枢纽工程，规模空前，系统繁多，是一部覆盖航空和高铁，吞吐海量人流、物流、信息流的超级机器。航站楼由中央核心区

---

[①] 首都机场集团公司课题：大跨度异形空间的外观、内装与钢结构一体化设计研究成果。

和 5 条互呈 60°夹角的放射状指廊构成，整体构型外包直径达 1.2km。32 万 $m^2$ 的屋面与绵延近 6km 的幕墙包覆起航站楼，核心区主钢结构多处跨度达 200m。在诸多超越既有经验的设计与工程挑战之中，航站楼外围护系统更因其大跨度的自由曲面造型而成为焦点。

## 2　造型与结构逻辑梳理

2015 年初，北京市建筑设计研究院有限公司（BIAD）和中国民航机场建设集团（CACC）作为航站楼设计总承包单位，接手由设计竞赛中标方巴黎机场集团建筑设计公司及其后与扎哈·哈迪德建筑事务所组成的联合体完成的前期工作。深化设计伊始，团队从建筑、结构、机电等多专业同步展开对原方案的评估工作。

联合体交付的前期造型模型，是转存在 Rhino 格式内的 mesh 曲面表皮，由近 200 万块细分多边形组成，在操作层面上已不具备可调节性，功能上近似于只读文件。团队需要从基础定位的原点开始，在延续原概念方案造型特点的同时，结合各专业评估意见，从头梳理整个航站楼建筑外围护系统的设计逻辑。

深化设计初期，团队从建筑、结构、机电等多专业同步展开对前期方案的评估工作，提出的诸如优化空间体验、增强抗震性能、降低热工负荷、争取自然采光等诉求，成为空间造型统筹的目标，由此展开对原方案的大幅调整优化。首先，调转原 6 根 C 形柱的开口方向，由向心方向改为离心方向，平衡楼内自然采光与热工负荷的同时使 6 根 C 形柱共同组成受力更为合理的拱壳形态（图 2-1）。主钢结构网架自 C 形柱根部起向心交汇，自然编织出中心穹顶，将核心区 6 片屋面与采光顶拉结起来，在建筑外观与结构体系上均融合为一个整体。同时，原四层值机大厅中每侧 4 根立柱替换为 1 根直落二层行李厅的巨大 C 形柱，原幕墙处的对位结构柱也分散为空间受力的蜂窝柱，提供更强有力支撑的同时在体量上消隐于次级幕墙结构，使整个核心区内部形成仅依托 8 根 C 形柱的大跨空间（图 2-2、图 2-3）。一系列多专业整合将航站楼构建为一个深度关联、工程可控的整合系统打下了结构性基础。

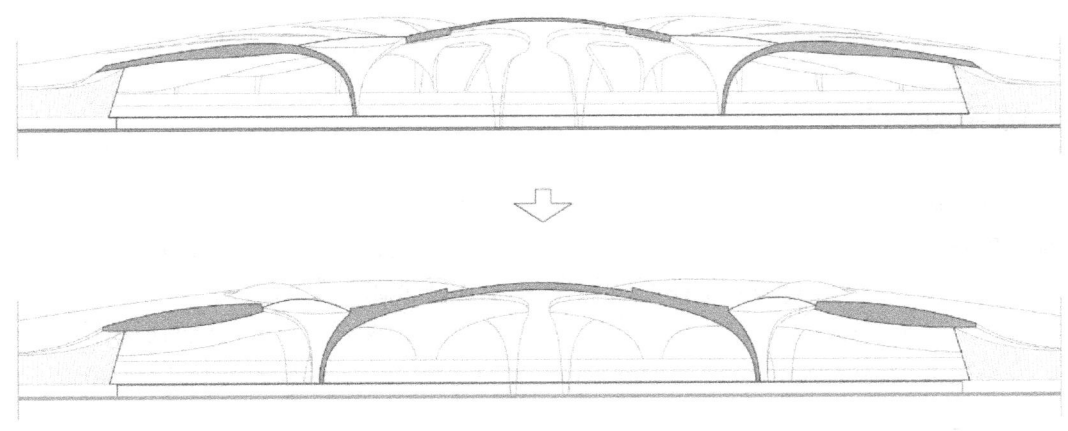

图 2-1　调整前横剖面结构关系

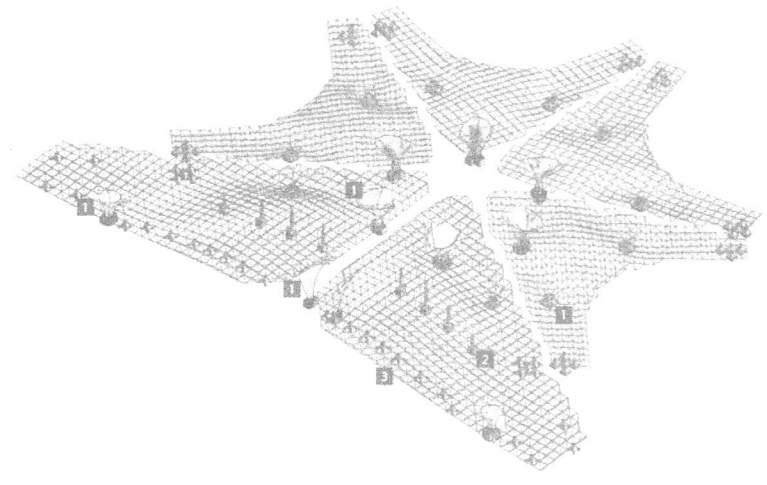

图 2-2　前期联合体提交方案中的核心区结构概念模型

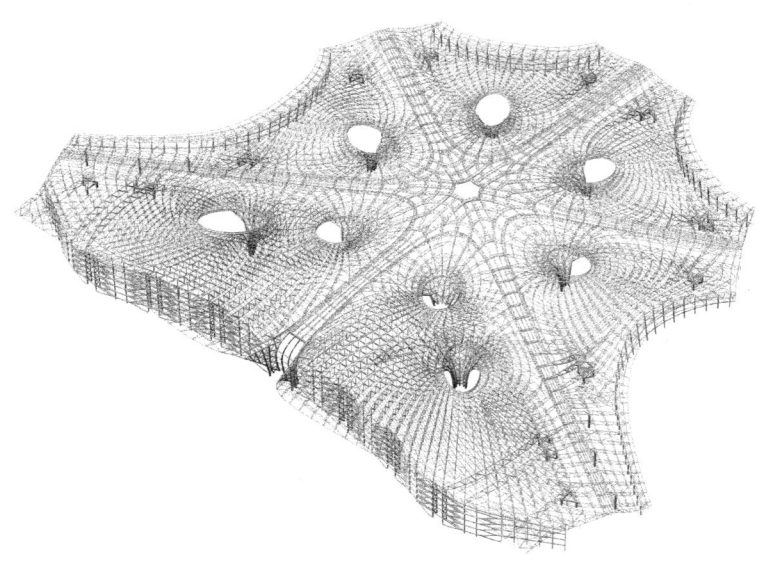

图 2-3　重新设计的核心区结构概念模型

# 3　数字编织主网格控制系统

几何控制是外围护系统工程实现的关键手段。在前期对方案造型与结构的底层逻辑进行梳理的基础上，团队进一步研发出一套整合屋面、采光顶、幕墙、钢结构等多专业的全参数化几何定位系统，称为"主控网格系统"。主控网格在营造建筑空间体验的同时蕴含结构逻辑，以空间定位主钢结构网架球节点为基础，可实现对外围护系统的层级控制。主控网格的定义过程可分为两个主要步骤，即几何定义基准曲面和数字编织主控网络。

## 3.1　几何定义基准曲面

通过定义基准曲面，在主控网格内可限定出各系统内的面域和系统间的边界。基准曲面分两种定义模式与对应系统的材料、曲面特征相适应：其一是精确几何定义，适用于以玻璃为主材料，以二次曲面为基础曲面的采光顶和幕墙系统；其二为自由曲面塑形，适用于以钢、铝等金属材料为主的高阶自由曲面的屋面、大吊顶系统。

### 3.1.1 精确几何

以中心采光顶的几何定义为例，如图 3-1 所示，在 Grasshopper 中，通过定位基准点与圆弧端点的矢量方向，依次定义出中心球顶圆弧、中段指廊圆弧、末端庭院落地圆弧等三段基准圆弧，其中每两段圆弧间再通过 Bi-Arc 双圆弧相切衔接。即合计通过 7 段一阶导数连续的圆弧定义出主采光顶的一条剖面子午线，再沿通过中心基准点的垂直轴线旋转得到回转曲面，经相邻屋面轮廓线投影裁切得到主采光顶的基准面。在此基础上，通过分别调节 3 段基准圆弧的标高参数与过渡双圆弧的半径比率，可进一步定义屋面与大吊顶基准曲面在与主采光顶交接部位的边界。

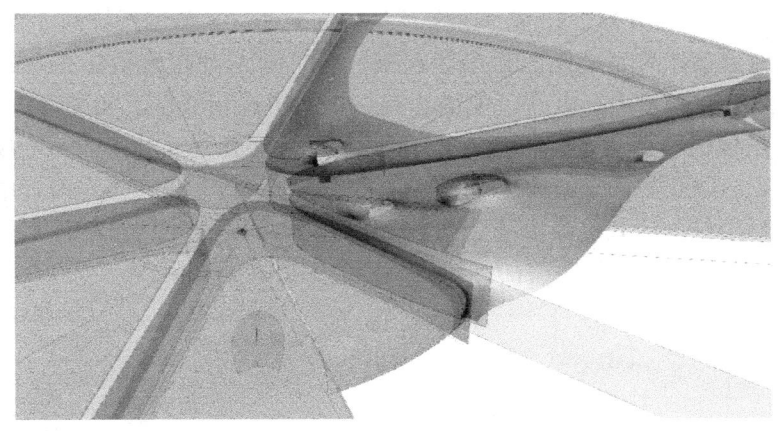

图 3-1　精确几何定位

### 3.1.2 自由塑形

建筑师将屋面系统设为 5 层基准面，如图 3-2 所示，从外到内依次为屋面装饰板完成

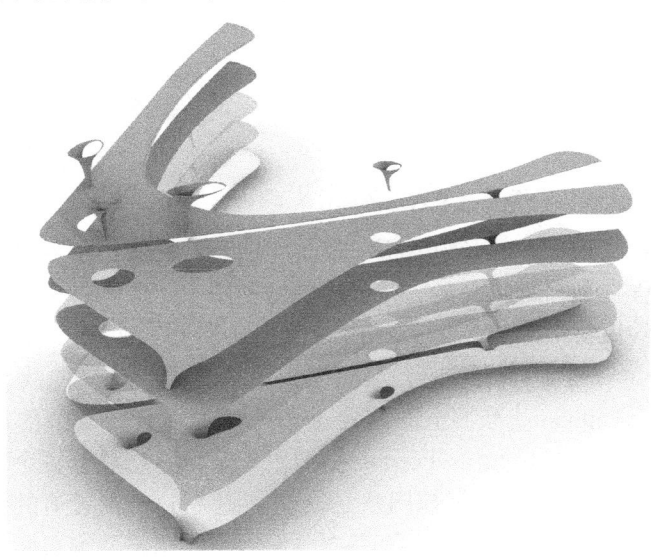

图 3-2　自由曲面基准面

面基准面、屋面防水层基准面、主钢结构上弦球节点中心点基准面、主钢结构下弦球节点中心点基准面和吊顶完成面基准面。这部分高阶曲面通过自由塑形的方法实现。精确几何与自由曲面间的关系类似街头艺术表演者手中的金属框和拉起的肥皂膜——前者是稳定的边界，后者则是内部自由变换的曲面。为实现高质量自由曲面塑形，团队引入工业设计中的 T-Spline 曲面，通过对曲面形态的拓扑分析，最少化布置结构线数量，合理布置曲面奇点位置，同时，结构线的位置也与外围护系统中建筑、结构的主要定性约束条件相配合，从而实现有效的调节。

## 3.2　数字编织主控网格

在编制主控网格工作中，首先需要主动寻找约束条件，将其视为形成秩序与建立关联的必要条件。约束集中于各系统交接位置（图 3-3），如主钢结构与土建混凝土楼层间 10 根 C 形柱、12 处浮岛顶支撑、12 处下卷落地位置的交接以及幕墙系统间 542 处幕墙柱等。

楼各处的约束条件需要一条线索串联起来。建筑师在对曲面拓扑关系的分析中注意到，曲面结构线分布和重力、电磁等矢量场有一定的形态相似性，如参考电场布置结构，将 C 形柱视为场域的极点，网架中的径向杆件（图 3-4）类似于电场中的电场线，环向杆件近似于等势线。如此类推在结构逻辑上也有可借鉴之处：电场中极点附近电场线密度增加，钢结构中 C 形柱处荷载也最集中；电场中沿电场方向电势的降低速度最快，如依此布置结构杆件，相较于正交网格，力的传递路径也会更短、更直接。

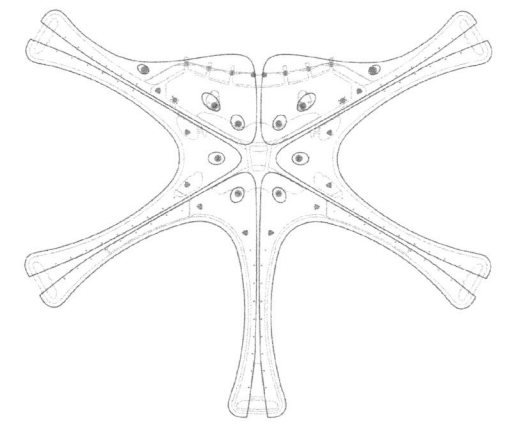 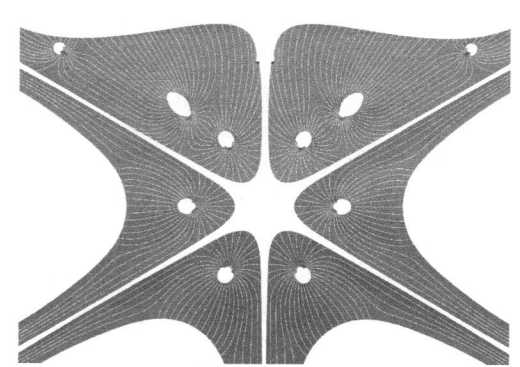

图 3-3　外围护系统主要支撑点位分布（未表现幕墙柱）　　图 3-4　核心区径向主网格示意

综上所述，建筑师将定性的受力分析、审美判断与量化的约束条件相结合，共同编织主控网格，以求工程之利、逻辑之美。在主控网格程序中，将网格中的曲线按径向与环向划分，并进一步按约束特征编组：所有径向曲线都从 C 形柱底部发出，或联通另一根 C 形柱，或向外寻找对位幕墙柱，或向心汇聚编织出采光顶；环向曲线则与径向曲线相互约束，且均受控于 T-Spline 基准面上的控制点。建筑师将其间复杂的逻辑关系在 Grasshopper 中通过 6000 余个电池（grasshopper 中的命令编辑器）及上百个可调参数建立起来（图 3-5），在计算机程序中完成了主控网格的搭建（图 3-6）。在紧迫的设计周期中，主控网格系统的高效性即得到充分展现，任何基准曲面的局部调整、构造距离的变化，都能在全局得到迅速响应，实时更新输出数据。

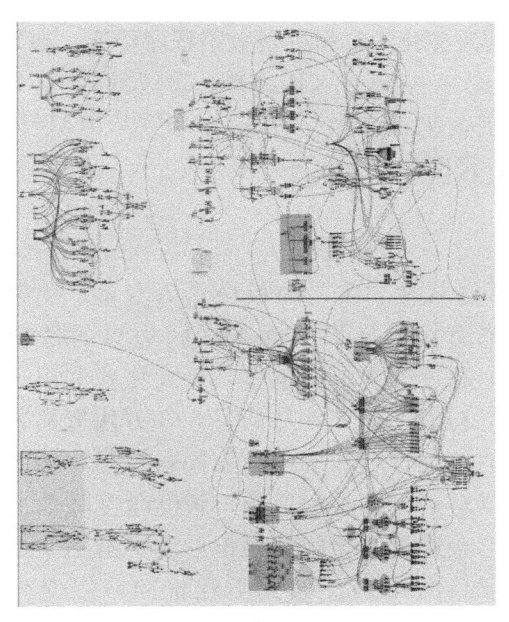
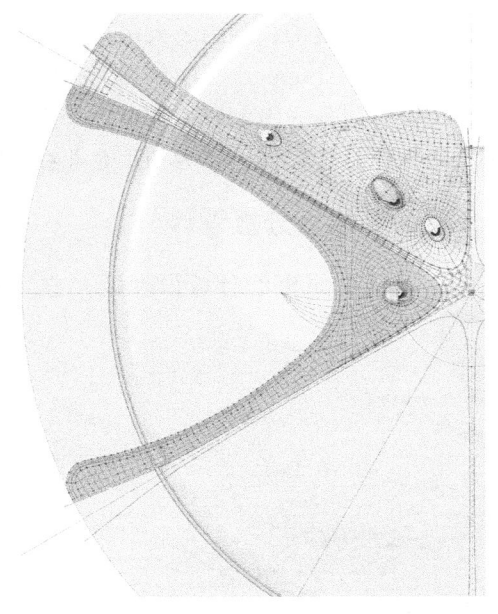

图 3-5　主控网格程序截图　　　　　图 3-6　程序生成的主控网格

主控网格在底层逻辑上实现了航站楼外围护系统的外观、内装、钢结构的关联整合（图3-7）。系统效率的提升直接作用于29万 m² 异形曲面屋面系统，32万 m² 大吊顶系统的构造深化：檩条层主次龙骨得以紧密依托主钢结构整合布置，节省了大量的转换构造；防水层排水分区划分与天沟、虹吸排水系统构造同样在主控网格控制下展开；在层级深化的末梢，通过对内外表皮面板重复率，平板率的控制在微观层面进一步达成有效设计控制。

图 3-7　主控网格控制下的屋面各主要层次

## 4　从数字设计到数字建造

高质量的数字实现要求从设计源头开始，在建造的全过程中保障设计信息的有效传递和设计意图的可靠实现。航站楼的每一个工程子系统都考验着设计工作是否从源头对工程建设实现了有效的控制。

数字建造有别于传统建造，施工现场不再局限于建筑工地，大量的加工制作工序转移到了施工现场外的工厂进行。在航站楼建筑外围护系统与钢结构建造中，现场工作已集中于装配环节。从建造实现的全过程而言，从传统的设计与施工两阶段细分发展为设计、制造、装配三阶段。在这设计到建造的链条中，设计信息的有效传递是工程控制的关键，除图纸，模型等常规途径外，在北京大兴国际机场的实践中，设计团队首次尝试将计算机程序作为设计成果交付，增强了对加工、施工单位的深化设计控制。

以屋面外观装饰板与内装大吊顶板为例，逐级深化的过程也是数字程序传递、参数联动的过程，Grasshopper 程序的顺序接力为：①主控网格（BIAD）—②区间划分（BIAD）—③板缝划分（BIAD）—④单板下料（加工企业）。其中，步骤①~③为 BIAD 团队内部层级深化，步骤③、④为加工企业在 BIAD 程序基础上的进一步开发。

## 4.1 屋面装饰板分板设计

屋面外层金属板的分板设计以"虚"的板缝代替"实"的板块作为变量，化解了装饰面板对异形曲面与区间边界的适应难题，通过统一板块宽度，最大化地利用了成品铝卷规格，有效降低了 8.8 万块屋面装饰板的加工难度和成本。如同自然界中鸟类的羽翼对不同姿态的适应，板缝角度随曲面边界形态连续变化的效果也形成了自然变换的肌理（图 4-1）。如此类比推演，以交付代码控制板块形态，就犹如基因影响生物性状的过程一般。

图 4-1 屋面装饰板分板实景

## 4.2 大吊顶板分板设计

大吊顶通过单元组框的方式安装，将大量工作转至地面完成，设计过程中曾尝试在单元组框内通过 4 级固定长度的吊杆控制吊顶板一侧旋转开启，相应的 4 级开启角度随该面板在曲面上到 C 柱根部的距离和到侧边的距离共同控制，可进一步降低曲面板比例，如图 4-2 实景左侧样板。该算法的思路是以适当增加构造复杂、有效降低面板曲率复杂，经权衡最终未选用，从一个侧面反映出人力成本上涨与数控加工制造普及的双向趋势。

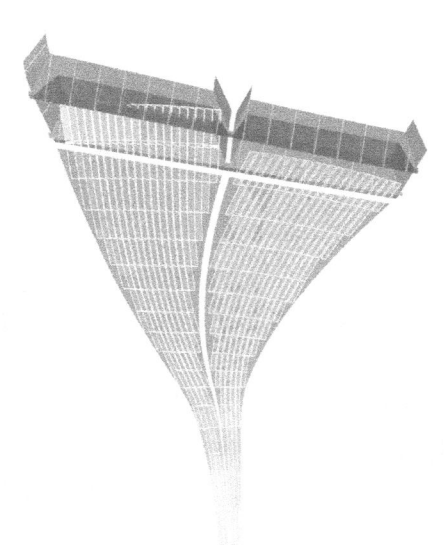 

图 4-2 大吊顶板分缝 Grasshopper 程序模型与大吊顶板分缝样板实景

## 5 结语

在北京大兴国际机场建设实践中,设计团队首先回到造型工作的起点,通过梳理航站楼大跨空间造型与结构间的内在关系,从源头建立起各专业系统之间紧密的逻辑联系,进而运用数字技术编织起主控网格系统,将逻辑关系转译为工程可控的几何信息,并通过计算机程序交付等创新手段,重点把控设计信息的有效传递,最终成功实现了大跨度异形空间的建筑、结构、装饰一体化设计与施工的目标,有效控制了造价成本,保障了建设周期,达成了高完成度的设计与建造。

# 大型航空交通枢纽工程规划建设与管理
## ——以虹桥综合交通枢纽为例

刘武君

(中国民航机场建设集团有限公司)

**摘　要**：近年来，随着我国经济社会的快速发展，我国逐渐步入后工业化阶段，大型航空交通枢纽越来越成为公众关注的焦点。针对大型航空交通枢纽的规划建设与运营管理，本文提出了定位、目标、交通方式、商业服务等十二个方面规划设计的内涵，并依据虹桥综合交通枢纽的实践进行论证。本文系统阐述了虹桥综合交通枢纽的规划建设与运营管理经验，总结出大型航空交通枢纽规划建设与管理的两条主线——一体化和可持续发展。

**关键词**：大型航空交通枢纽；规划建设；运营管理；一体化；可持续发展

# Planning, Construction and Management of Large-scale Air Transportation Hub Projects
## ——Taking Hongqiao Comprehensive Transportation Hub as an Example

LIU Wujun

(China Airport Construction Group Co., Ltd)

**Abstract**: In recent years, with the rapid development of Chinese economy and society, China has gradually entered the post-industrialization stage, and large-scale air transportation hubs have increasingly become the focus of public attention. Aiming at the planning, construction and operation management of large-scale air transportation hubs, the article proposes the connotation of twelve aspects of planning and design, including position, goal, transportation model, business & service, and so on. The article also demonstrates the connotation based on the practice of Hongqiao Comprehensive Transportation Hub. The article systematically elaborates the planning, construction, and operation management experience of Hongqiao Comprehensive Transportation Hub, and the article summarizes the two main lines of planning, construction, and management of the large-scale air transportation hub: One is integration and the other is sustainable development.

**Key Words**: large-scale air transportation hub; planning and construction; operation management; integration; sustainable development

# 1 引言

我国枢纽机场的发展日益迅速。截至 2018 年底，我国有超过 37 个 1000 万流量级的机场，对于机场而言，航站楼门前陆侧交通和空侧区域的管理问题都是影响机场交通的关键问题。每个大型机场都对应着一个大型交通枢纽，因此交通枢纽建设也越来越成为公众关注的焦点。

枢纽建设离不开城市。城市的四大要素是居住、工作、游憩、交通，乡村的三大要素是居住、工作、游憩，城市与农村的区别要素是交通。相较而言，农村的交通是内部的，而城市的交通是对外的，对外交通是城市最为突出的关键要素，也是最能反映时代特点的要素，乡村加上交通要素后就变成了城市。市内交通与对外交通的种类及范围如图 1-1 所示。

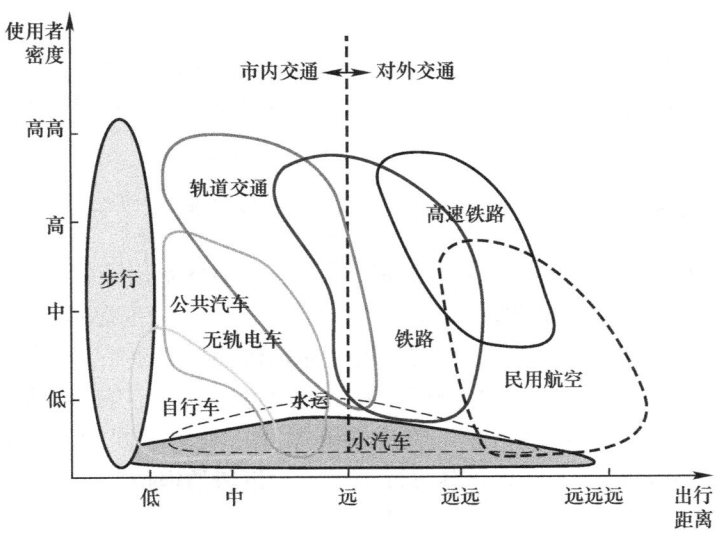

图 1-1 市内交通与对外交通的种类及范围

从前工业化时代到工业化时代的发展过程中，不同时期的交通都有不同的代表性作品，如图 1-2 所示。在工业化初期，铁路和航海是最主要的对外交通方式，改革开放后在党中央的领导下，中国开启了工业化的大门。高铁和航空是当今所处时代中最具代表性的交通方式，到现在为止，世界上大多数国家处于工业化的时代中，少部分国家仍处于前工业化的时代，而我国已进入由工业化逐渐过渡至后工业化的阶段。

交通枢纽是时代发展的产物，也是时代发展的需要，交通枢纽的建设与运营越来越成为一个城市重要功能设施配备和城市辐射能力的重要体现。笔者认为可以从以下 12 个方面来理解交通枢纽的规划建设和运营管理问题。

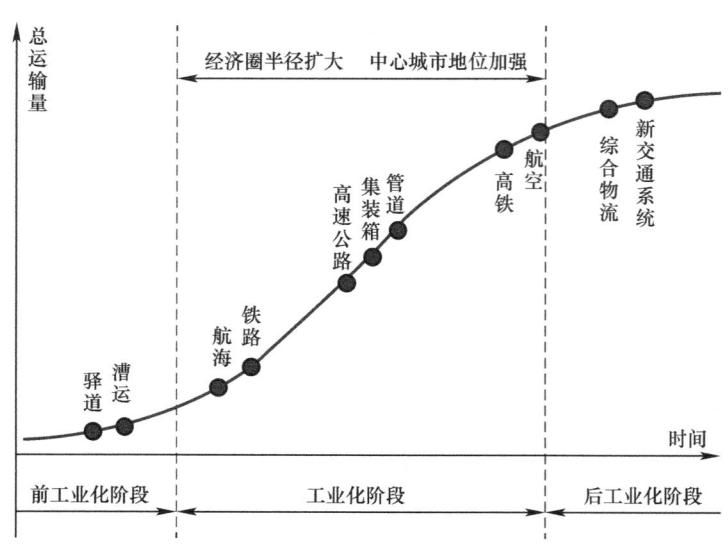

图 1-2 时代的发展与对外交通的变迁

# 2 定位功能、明确目标

对于交通枢纽的规划建设来说，功能定位与明确目标是第一步，也是至关重要的一步。枢纽的规划建设和运营管理，首先需要明确交通枢纽的功能定位，交通枢纽的定位是服务社会经济、协调城乡规划。

## 2.1 在区域规划中的定位

以虹桥枢纽为例，虹桥枢纽地区的功能定位要与详细规划相匹配。虹桥枢纽地处长三角地区，其具体目标是为了促进长三角一体化。在上海市城市总体规划（1999—2020）中，对外枢纽是上海站、上海南站、虹桥机场、浦东机场等火车站及机场，并没有虹桥枢纽的概念，虹桥枢纽概念的提出备受争议，虹桥枢纽是什么？定位功能是什么？枢纽如何运转？为此，上海机场集团从经济学、管理学等方面，采用不同的研究方法对"虹桥枢纽"的概念展开研究，历时一年多，各方逐渐对虹桥枢纽的定位达成统一认识。

虹桥综合交通枢纽是沪宁和沪杭两个轴的交接点，同时也是上海东西发展轴的一个端点。经研究虹桥综合交通枢纽的功能定位如下：第一，打造独一无二的交通枢纽，成为服务长三角乃至全国的骨干工程；第二，构建品质卓越的商务地区，成为上海西部的活力核心辐射长三角，第三，塑造个性鲜明的地区形象，成为代表长三角和上海市的都市名片。

## 2.2 在区域交通网络中的定位

虹桥枢纽同时位于长三角地区和上海地区的交通网络中，因此在区域交通网络中的定位可以分别从长三角层面和上海层面分别定义。

从长三角层面而言，虹桥枢纽在构建长三角区域城市网络中发挥重要作用，是区域交通网络中的关键性节点。从上海层面而言，虹桥枢纽是城市门户枢纽、商务功能集聚地，是新的城市发展极，还是上海服务长三角、服务内地经济的门户。虹桥枢纽链接了上海的城市发展轴与沪宁、沪苏、沪嘉通道，成为城市中的交叉点，是非常重要的"一极"，往往这里就是最早的CBD，也是最早的物流中心、人流中心。虹桥枢纽地处长三角的重要位置，是区域城市中的关键性节点。具体来说，虹桥枢纽要打造长三角的CBD。虹桥枢纽在区域交通网络中的位置如图2-1所示。

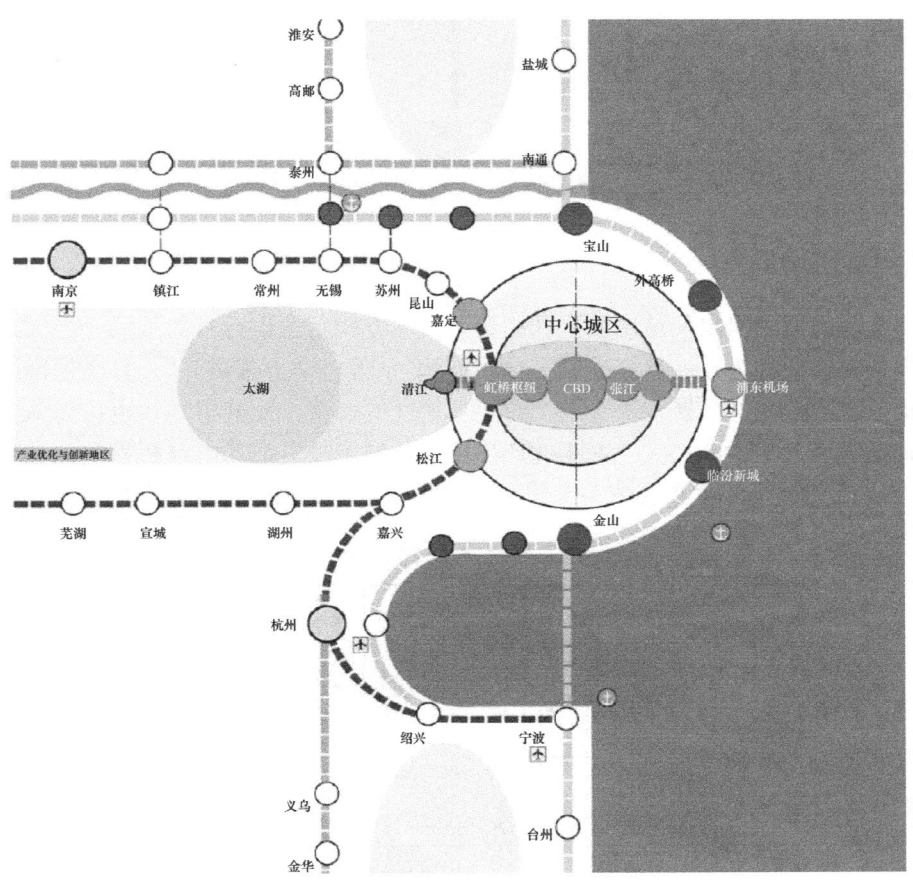

图2-1 虹桥枢纽在区域交通网络中的位置

## 2.3 在城市规划中的定位

结合虹桥枢纽在长三角地区的区域位置，虹桥枢纽在城市规划中的功能定位是成为面向长三角的商务地区。

过去建设交通枢纽能够带动一个城市的发展，现在建设区域性交通枢纽可以带动整个区域的发展（图2-2）。第一，虹桥枢纽建成后，长三角地区的交通体系将更加强调沿轴线的发展，将带动大众沿轴线的路径出行，虹桥枢纽作为最大、最重要的交通枢纽将发挥重要带动作用；第二，作为上海市的窗口，特别是浦东新区开发以后，以虹桥、浦东两个机场为端点的东西轴发展迅猛，现已成为上海市的主轴；第三，改革开放前，几乎所有的城市发展是沿河发展。改革开放让上海迈向世界、打开了向外发展的大门。改革开放后，浦东新区和浦东机场的发展，上海东西轴的发展迅猛，上海的城市结构变革越来越显著。虹桥枢纽建成后，枢纽的目标是拉动内需、助力上海对接长三角、服务全世界。

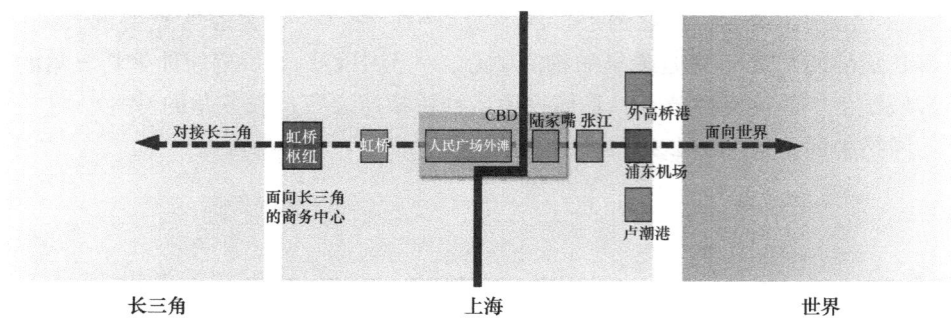

图 2-2 虹桥枢纽带动区域发展示意图

## 2.4 "一日交通圈"

能够实现出行者从出发地出发，利用各种交通方式到达出行目的地后，当天返回出发地，这样的交通圈称为"一日交通圈"（图 2-3）。从经济学上来讲，"一日交通圈"是一个城市的辐射范围。交通发展取决于人类在追求速度的加快，究其根本，也可以认为是在追求"一日交通圈"的不断扩大并基于此产生更多的城市投资活动。虹桥枢纽的功能定位不仅是要成为长三角 CBD、更要成为全国经济中心之一，还要争取在东亚区域内实现一日往返，成为东亚经济中心。

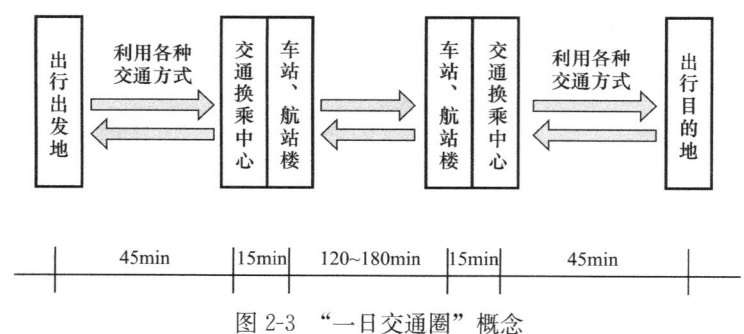

图 2-3 "一日交通圈"概念

## 3 合理规模、滚动发展

交通枢纽的建设需要确定合理的规模，这需要进行科学的策划。传统的预测采用以过去的经验和数据预测未来的方式，适用于预测 5 年以内时间的发展和走向。而交通枢纽建设的基础设施是百年大计，显然这种传统的预测方法并不适用于交通枢纽建设项目的预测。下面介绍 3 种规模策划的方法，可以用于交通枢纽项目规划的预测。

（1）需求推测法（GDP 法等）

需求推测法并未以过去历史数据为标准，而是采用其他具体要素（GDP 等）的需求作为衡量指标，进行推测。例如，交通枢纽的规模与 GDP 有关，判断到人均 GDP 到 3 万美元，交通枢纽的需求是什么的方法，即为需求推测法。

（2）容量策划法

容量策划法是通过比较交通枢纽要素的容量进行策划的方法。例如，通过枢纽车站里轨道数量，每条轨道年运量，可以判断枢纽车站达到最大容量时的旅客运量；根据噪声参数及国家标准、行业规范，分析环境的容纳能力等。

(3) 类比法

类比法，即参考其他国家或地区的交通枢纽来策划本地区交通枢纽规模的方法。例如参考纽约、巴黎等大型城市的铁路轨道数量来策划虹桥枢纽的铁路规模。

# 4 流程便捷、节约资源

交通枢纽设计的目的之一是方便公众的换乘，因此流程便捷是交通枢纽规划设计中最主要问题。实现流程便捷的规划需要考虑以下几个方面。

## 4.1 交通设施一体化

枢纽的一个重要功能是实现各种交通方式之间的换乘，通过各种交通设施的一体化，方便公众换乘。

## 4.2 功能布局便捷换乘

综合交通枢纽中有多种交通方式，各交通方式之间的换乘量是不同的，各设施的规划布局必须以它们之间不同的换乘量为依据。规划布局上，换乘量最大的两个设施应靠近，以实现"换乘距离总长最小"，能够"降低社会总成本"。

枢纽内客流换乘量分析是枢纽规划建设的灵魂。虹桥枢纽内客流换乘量分析表（图4-1）中包含50多种换乘关系，其中高铁和地铁的换乘量最大，其次是地铁和机场换乘量、地铁与磁浮的换乘量、高铁和磁浮的换乘量。

|  | 高铁 | 城际铁 | 虹桥机场 | 机场磁浮 | 磁浮沪杭 | 高速巴士 | 高速公路 | 城市交通 |
|---|---|---|---|---|---|---|---|---|
| 高铁 |  | 1000~2000 | 2000~3000 | 7000~8000 | 1000~2000 | 500~1000 | 6000~7000 | 65000~66000 |
| 城际铁 | 1000~2000 |  | 3000~4000 | 7000~8000 | 400~1000 | 500~1000 | 1000~2000 | 68000~69000 |
| 虹桥机场 | 2000~3000 | 3000~4000 |  | 2000~3000 | 400~1000 | 3000~4000 | 7000~8000 | 34000~35000 |
| 机场磁浮 | 7000~8000 | 7000~8000 | 2000~3000 |  | 0 | 1000~2000 | 0 |  |
| 磁浮沪杭 | 1000~2000 | 400~1000 | 400~1000 | 0 |  | 1000~2000 | 1000~2000 | 24000~25000 |
| 高速巴士 | 500~1000 | 500~1000 | 3000~4000 | 1000~2000 | 1000~2000 |  | 0 | 3000~4000 |
| 高速公路 | 6000~7000 | 1000~2000 | 7000~8000 | 0 | 1000~2000 | 0 |  | 0 |
| 城市交通（地铁为主） | 65000~66000 | 68000~69000 | 34000~35000 |  | 24000~25000 | 3000~4000 | 0 |  |

图4-1 枢纽内客流换乘量分析表

虹桥枢纽的规划设计综合考虑各种交通方式的客流换乘量。因高铁和地铁换乘量最大，则将地铁设计在高铁下方；因机场和地铁换乘量位列第二，故将另一段地铁设计在机

25

场下方；因地铁与磁浮的换乘量第三，故将磁浮与地铁相连；因高铁与磁浮的换乘量第四，故在空间允许的情况下将高铁与磁浮亦相连。因其他交通方式间的换乘量较小，在虹桥枢纽中，将其他换乘方式集中设计在一个公共换乘中心，位于地铁上方（图 4-2、图 4-3）。

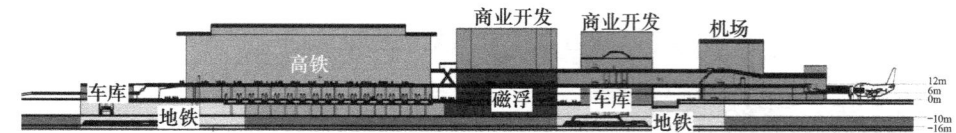

图 4-2　虹桥枢纽立面示意图

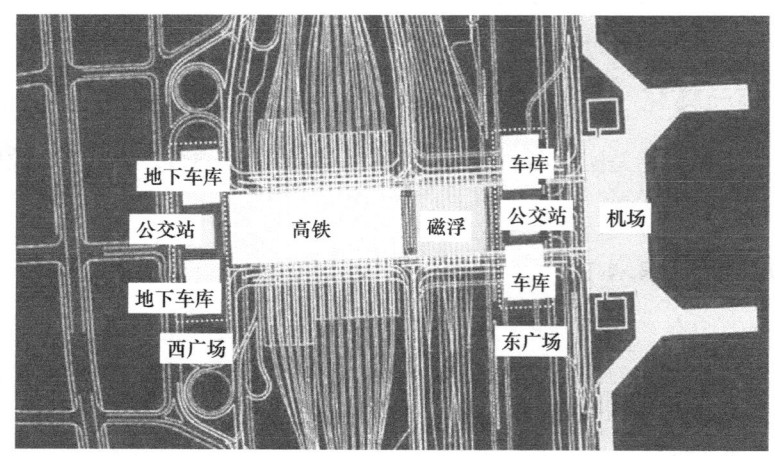

图 4-3　虹桥枢纽俯视示意图

## 4.3　旅客流程与商业设施若即若离

商业设施的布局应以不影响旅客正常流程为前提。很多交通枢纽的商业设施未能实现这一前提，不仅给旅客流程造成不便，而且导致了商业经营问题。比如伦敦希思罗机场、悉尼机场，为提高商业效益，规划旅客进港、离岗的通道必须穿过商店，对交通量产生了不利影响，也影响交通建筑本身的功能。因此，在虹桥机场规划建设时，大型商业设施基本上均与旅客换乘通道相分离，看得见但不影响旅客流通，旅客流程与商业设施若即若离，旅客能够看见商业设施，但不影响正常旅客流程，更为便利。

# 5　人车分离、动静分离

换乘是枢纽设施关键功能，如何实现旅客换乘的安全、舒适，是枢纽规划设计阶段需要考虑的重要问题。

## 5.1　枢纽设施的基本组成

交通基础设施的基本功能包括交通功能、商业功能和环境功能。相应的，枢纽设施的基本构成包括交通空间、商业空间、环境空间，如图 5-1 所示。步行空间是三类空间共有，且步行空间是与各种设施相连接最关键的空间。实现多种空间协调的关键在于人车分离。假设旅客在候机楼到交通中心的过程中穿过车道，这时就会产生人与车的矛盾，车辆的正常行驶和旅客的安全难以保障。因此，实现人车分离非常重要。

## 5.2 人车竖向分离

如何做好步行空间，是一项重要的课题。在浦东机场的工程实践中，步行走廊全部位于6m层，且各步行走廊相互连通（图5-2），与步行通道完全分离，旅客通过步行通道到达各个车道边，提高枢纽的交通效率。在人车分离的同时，还注重打造步行通道的商业环境，旅客在这种安心、舒适、放松的环境下，才更容易产生购物的欲望。

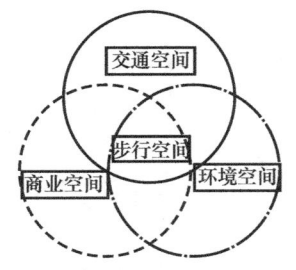

图 5-1 枢纽空间的基本构成

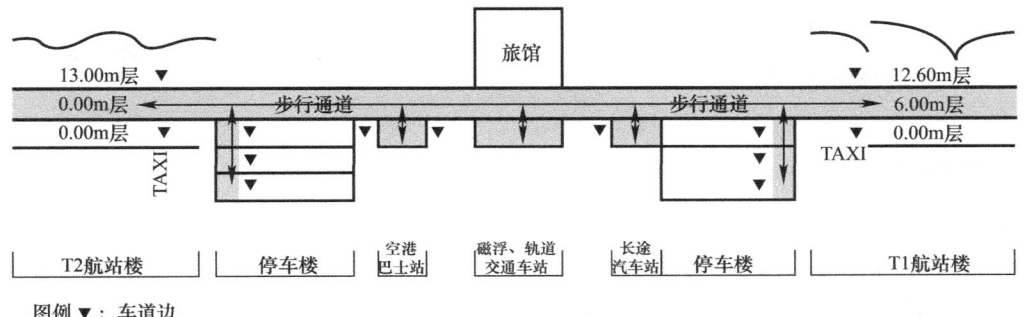

图 5-2 浦东机场地下空间人车分离示意图

# 6 公交优先、站场分离

客运交通枢纽实际流量接近设计容量后，集疏运通的风险是靠公共交通来解决的。公共交通设计的几个基本原则：公交优先，量大距近，场站分离，舒适候车。

## 6.1 公交优先、量大距近

将公交放在最重要、最便利的位置。例如，将公交站设置在离出入口最接近的地方，公交车为旅客提供大量宽松、舒适的座位，以吸引旅客。

## 6.2 站场分离

公交车管理方面，公交线路通常将站场放在一起，包括公交车日常的维护等活动。如果交通枢纽作为公交线路第一站，受空间限制，枢纽设施松散、旅客步行距离很远、体验感差。因此需要站场分离。同样的原因，铁路、地铁、磁浮、车辆基地等均需做到站场分离。

出租车管理方面，虹桥机场的出租车管理水平在全国处于领先。这得益于对出租车管理作出的一系列规划工作。虹桥机场的出租车接客系统可划分为三部分，即蓄车场、通道、接客处（图6-1）。虹桥枢纽出租车问题主要在于出租车接客，将出租车接客系统规划为：

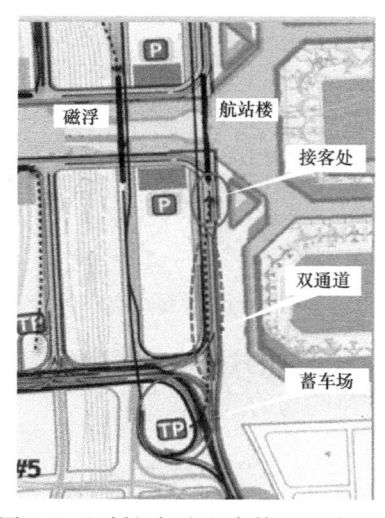

图 6-1 虹桥机场出租车管理区域划分

（1）蓄车场。采用梳型排队方式和分时管理模式。驾驶员无需在车内跟随队列，中途可以离开车，到某一排队队列放行时，通过信息化管理通知该队列驾驶员返回车中。同时在蓄车场周围为驾驶员提供了吃饭、休息、如厕等活动的环境。

（2）调车通道。调车通道为双车道，与旅客交通通道隔离。

（3）旅客上车。接客处旅客蛇形排队等待候车；出租车斜停以保证旅客的上车空间；通过多车平行的方式最大化旅客等候、上车效率。

接客出租车系统规划目标是系统封闭、全程监控、适度冗余以及信息化（指挥、调度、管理、服务、统计等）。

## 6.3 舒适候车

虹桥枢纽公交车候车区域配备候车室，使乘客拥有舒适的候车体验，候车点附近公交线路多、候车环境好配套设施齐全。目前，虹桥枢纽公交车区域人流量已大幅超过预测值。候车室内外实景如图 6-2、图 6-3 所示。

图 6-2 虹桥机场候车室室内实景图

图 6-3 虹桥机场候车室室外实景图

# 7 快慢分离、客货分离

虹桥枢纽道路交通的规划原则包括以下三个方面：第一，建设枢纽专用的高架快速道路系统，将地区内的交通与枢纽集散交通分离；第二，按西进西出、北进北出、南进南出的原则引导高架快速道路交通流向，同时，枢纽的道路系统保持良好的互通性，使旅客有多种选择；第三，快速系统采用单向大循环方式。

## 7.1 旅客通道、快速便捷、自成系统

虹桥枢纽内外部交通网由"一纵三横"四条高架快速路构成，包括向西快速路（松泽高架）、向东快速路（北翟高架、漕宝高架）以及南北向快速路（嘉闵高架），并且在规划

设计时充分考虑了交通网的稳定性；如果四个出入口中，其中任何一个因特殊情况封闭，其他三个出入口的道路交通需能承担满足正常交通所需具备的条件。

## 7.2 快速道路出入口规模

按机动车流量方案，枢纽自身将产生车流量达 21 万～22 万 pcu/日，需要 18 条快速出入车道，按衔接路网容量需设 4 个不同方向的出入口（图 7-1）。考虑一定的安全因素，4 个出入口均按双向 6 车道布置，共计 24 个车道。

## 7.3 多车道边、多出入口

虹桥机场在不同高度层面车道边建立多条出入通道（图 7-2），以保证道路交通正常运行。

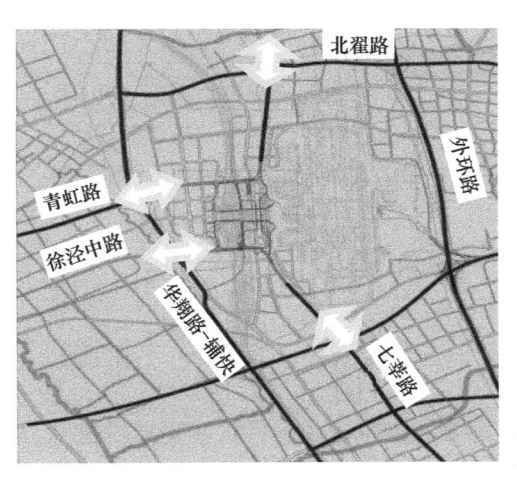

图 7-1 虹桥机场出入口设置

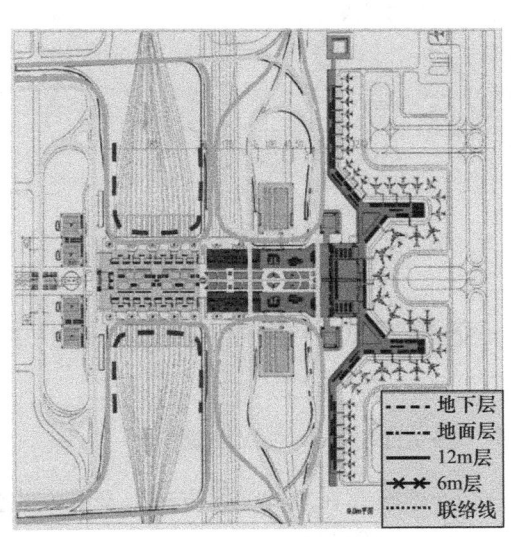

图 7-2 多车道边、多出入口示意图

## 7.4 地区交通、均匀分散

虹桥枢纽地面道路出入口分布均匀、分散。根据地区开发产生的客货车流量 16 万～20 万 pcu/日，需要地面道路出入车道 28～34 条，在已有天山西路、仙霞路、沪青平公路的基础上，增设 9 个地面出入口，共计 38 条出入车道（不包括东西向两个地下通道）。如图 7-3 所示，浅色箭头代表已有的 3 条地面公路出入口，深色箭头代表 9 条新增的地面出入口。

## 7.5 专用通道便捷、安全、隐蔽

虹桥机场专用通道设置如图 7-4 所示。北区以接待贵宾及商务人士为主，兼顾新闻发布和团队活动；旅客航站楼上的 VIP 约会点，为持卡贵宾提供接待服务；南区以接待政要贵宾为主，兼顾商务人士及团队活动。确保专用通道的边界性、安全性及隐蔽性。

## 7.6 客货分离

枢纽建筑内需要的货物、商品、设备等运输，需要设置专用的道路和出入口，枢纽设施内产生的垃圾也应有专用的道路和出入口运出。虽然这些专用通道总的需求量不大，但需要在规划设计时预留，并与客运通道相分离，如电梯要区分客梯和货梯。

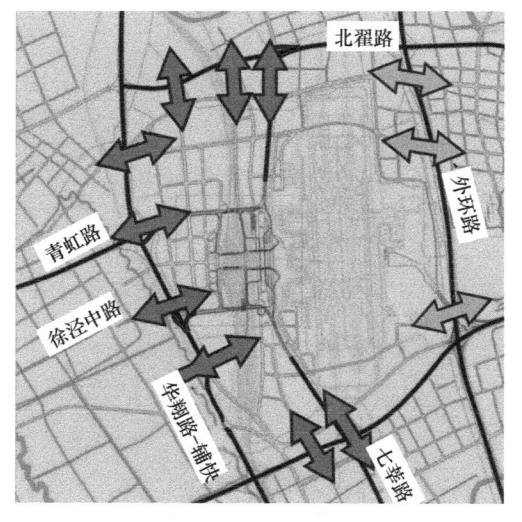

图 7-3 虹桥机场地面出入口设置

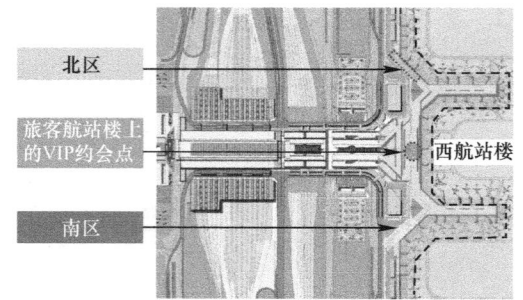

图 7-4 虹桥机场专用通道设置

# 8 交通方式：各成体系、便于运营

## 8.1 多元投资、产权明晰

交通枢纽存在多种交通方式，交通方式会形成多种交通体系。将这些交通设施从设施的独立性、可经营性两个维度进行拆分，一是判断该设施是否要求相对独立，二是判断该设施是否具有经营性即能否盈利。分类后得到4类设施，如图8-1所示。Ⅰ类设施不可经

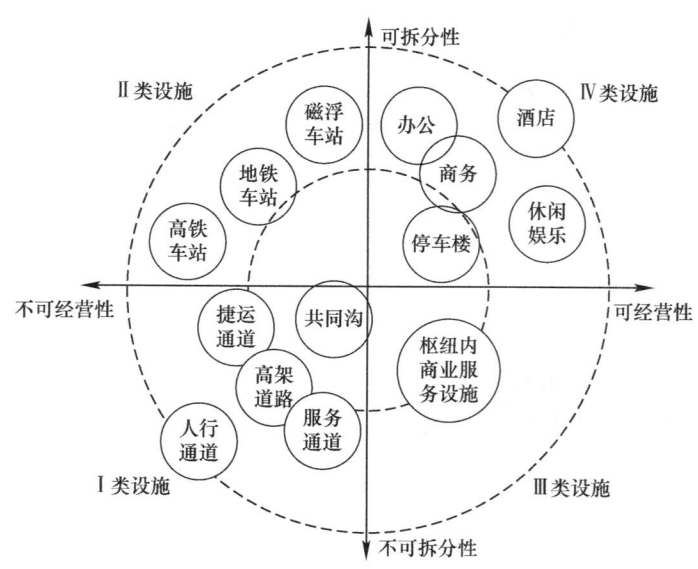

图 8-1 枢纽机场交通设施分类

营且不可拆分，比如公共通道等公共设施，实际上这些公共设施是由政府投资建设的；Ⅱ类设施不可经营但可拆分，比如地铁车站、公交车站、磁浮车站等，这些公共设施有公共设施、也有社会投资的设施，需要界定清晰投资主体；Ⅲ类设施可经营但不可拆分，如在旅客流程上的有些商店，具有经营性，但不能与旅客流程相分离，若分离开会对顾客流量产生很大影响；Ⅳ类设施既可经营又可拆分，如宾馆、停车楼等设施，这些设施界面清晰且设施盈利，能够吸引社会投资。

虹桥枢纽根据交通设施多元投资、各成体系的方式进行规划，虹桥枢纽交通设施布置分布图如图8-2～图8-5所示。虹桥枢纽中只有社会道路属于公共设施，即Ⅰ类设施；地面车站等地面设施有投资者，可以盈利，属于Ⅱ类设施；在交通中心流程上内的设施，可以盈利但与交通流程不可分割，属于Ⅲ类设施；界面清晰的宾馆、停车楼、办公楼等设施既独立又可以盈利，属于Ⅳ类设施。应根据设施的不同类型区别对待。

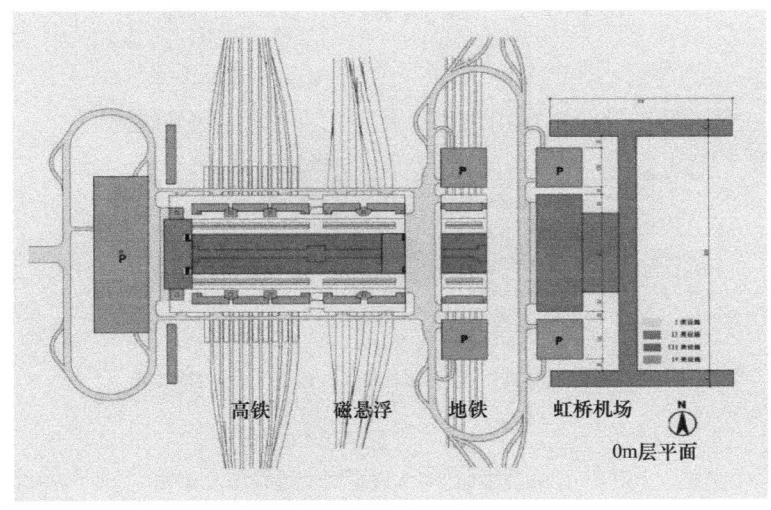

图 8-2　虹桥枢纽 0m 层平面交通设施分布图

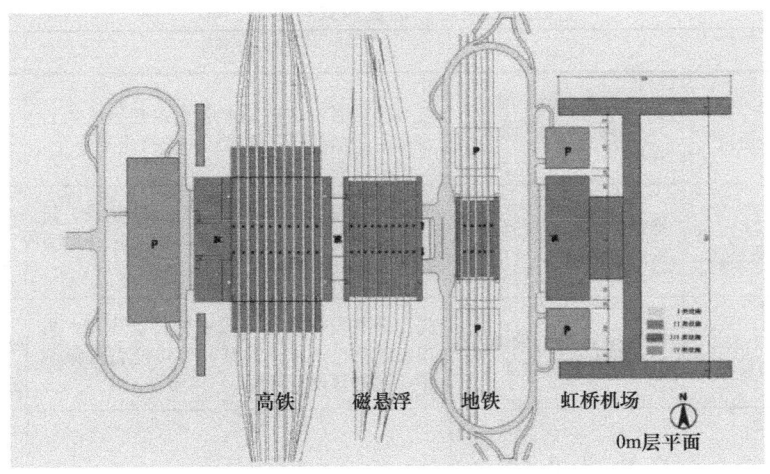

图 8-3　虹桥枢纽 0m 层平面交通设施分布图

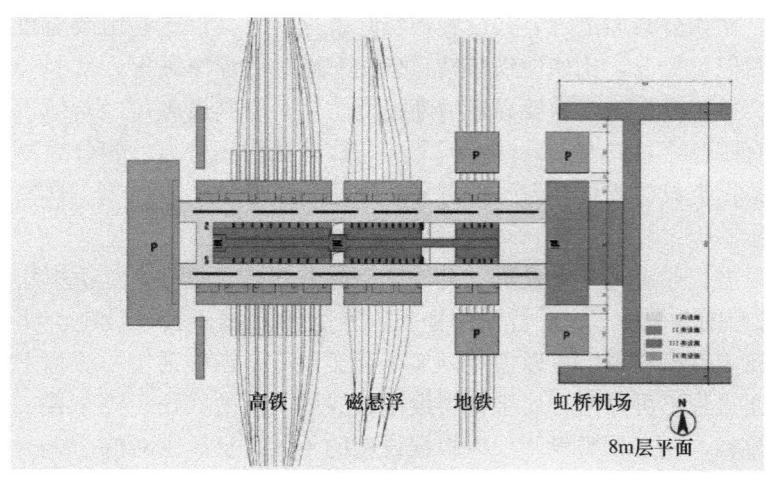

图 8-4 虹桥枢纽 8m 层平面交通设施分布图

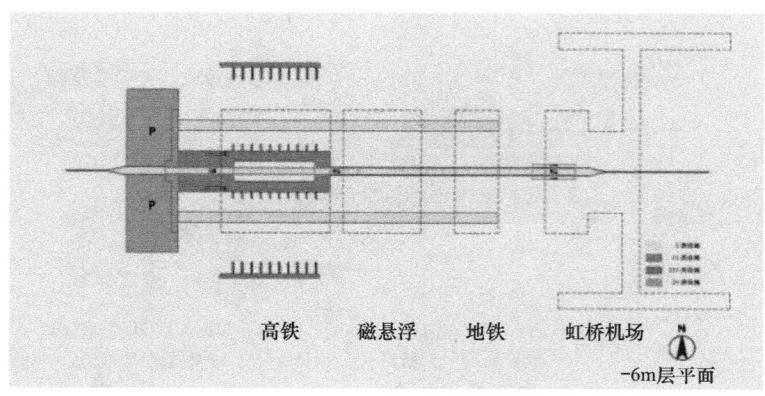

图 8-5 虹桥枢纽－6m 层平面交通设施分布图

对于上述四类交通设施,其代表性的具体设施、融资模式与运营目标如表 8-1 所示。

交通设施类型、融资模式与运营目标　　　　表 8-1

| | 设施类型 | 设施 | 融资模式 | 运营目标 |
|---|---|---|---|---|
| Ⅰ类 | 不可经营、不可拆分的设施 | 人行通道、服务通道、共同沟、捷运通道、高架 | 公共投资者(或政府)投资、建设、运行管理;或捆绑到其他设施中进行投资开发 | 提供一流服务 |
| Ⅱ类 | 不可经营、可拆分的设施 | 地铁车站、磁浮车站、铁路车站 | 先由公共投资者(或政府)投资建设,再委托社会化、专业化管理;或通过补贴方式,交由社会投资者开发 | 提供一流的专业服务 |
| Ⅲ类 | 可经营、不可拆分的设施 | 枢纽设施内的商业服务设施及部分物业 | 先由公共投资者(或政府)投资建设,再出售经营权;或捆绑到其他可经营性设施中一起进行投资开发 | 提供枢纽运营费用 |
| Ⅳ类 | 可经营、可拆分的设施 | 停车楼、酒店、办公、商务、休闲娱乐等设施 | 全部交由社会投资者开发 | 提供枢纽运营费用 |

根据上述对交通枢纽设施的分类以及融资模式，结合虹桥枢纽的实际情况，可以得到如图 8-6 所示虹桥枢纽设施资源分配情况及不同交通设施的投资主体情况。虹桥综合交通枢纽发展有限公司为交通设施的建设提供土地、房屋、市政配套、设施等，不同的交通设施有不同的投资主体，另外因公共通道具有不可经营、不可拆分的属性，故由公共投资或者政府部门投资建造。

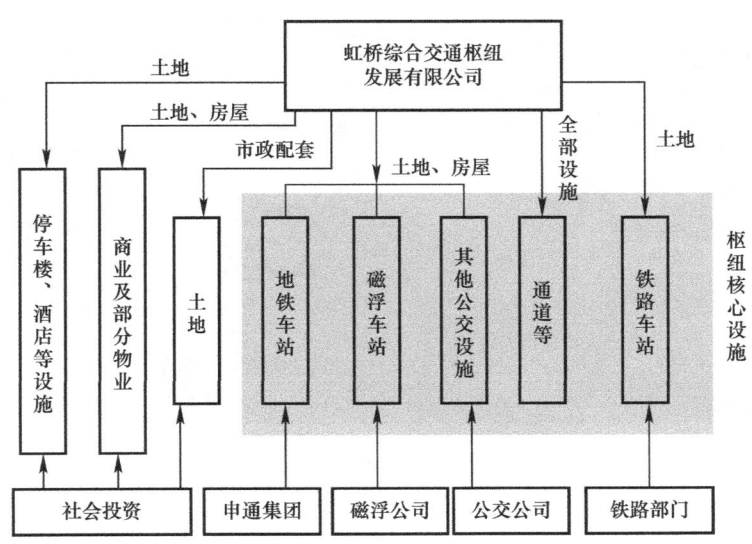

图 8-6  虹桥枢纽交通设施资源分配及投资主体情况

虹桥综合交通枢纽的开发策划是为了达到"投资平衡"和"运营平衡"这两个目的。枢纽设施按照其可拆分性、可经营性分成了四大类。"投资平衡"是指预期前三类设施在整个建设过程中能够从土地开发的收益中得到平衡。运营平衡是希望与枢纽设施连载一起的商业服务业和独立出来的旅馆、办公等可经营设施的日常收益能够平衡枢纽设施日常运营维护费用，不需再有土地的投入，即设施在日常运营时能够良性循环。通过上述四类设施的建设，将枢纽区域生地做成熟地，带动枢纽区域地价上涨，可以通过土地收益收回综合交通枢纽的投资，达到投资平衡（图 8-7）；通过Ⅳ类设施的开发收益和Ⅲ类设施开发收益平衡运营费用，达到运营平衡（图 8-8）。

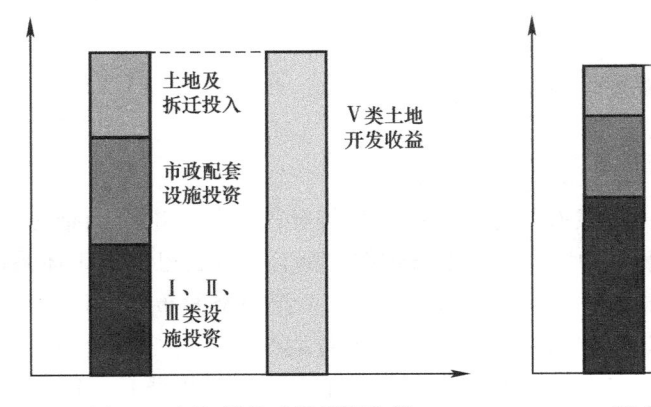

图 8-7  枢纽设施建设投资均衡

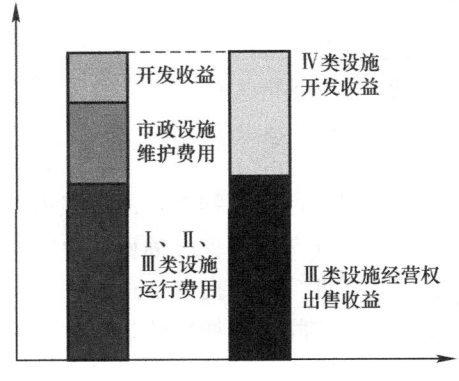

图 8-8  枢纽设施运营均衡

## 8.2 运行设施、相对独立

机场、高铁、磁浮、公交等各设施系统相对独立运营，有相对封闭的运行系统。如图 8-9 所示，虽然各个交通设施紧密联系，但平面上相对独立，这样可以保证某个交通设施封闭时，其他交通设施仍然可以正常运行。

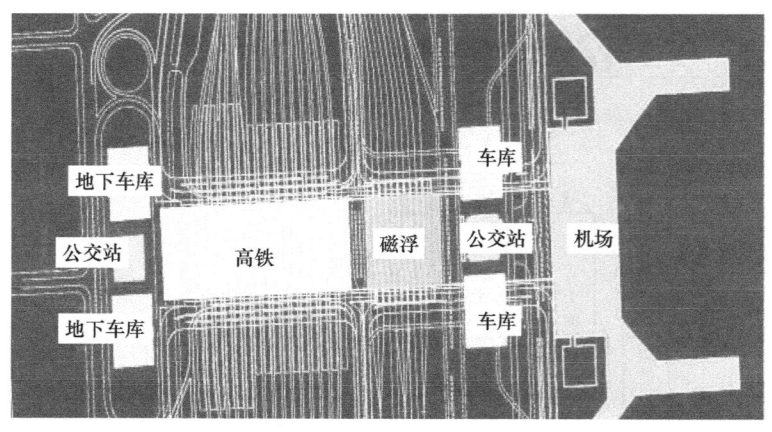

图 8-9　虹桥枢纽交通设施平面布局示意图

## 8.3 运行系统、完整高效

基础设施建成后，需要规划运营指挥系统管理运行事务。指挥系统在设计之初就要考虑好建立层层指挥关系。虹桥采用了这样的系统模式：

（1）虹桥综合交通枢纽（HOC）→铁路运行中心（ROC）、城市交通管理中心（TMC）、机场航站楼运行中心（TOC）

（2）机场运行中心（AOC）→机场航站楼运行中心（TOC）、飞行区运行中心（AOC）、外场管理中心（OMC）

HOC 还与上海市应急救援指挥中心联网并接受其指挥，AOC 向上与中国民用航空局联网并接受其指挥。在这种系统模式下，各个系统自己独立运营，一旦遇到冲突了，向上与相应的领导进行协调，还可与全市进行联动。这一套完整高效的运行系统，是整个枢纽运行良好的保证。

虹桥枢纽在运营管理方面形成运营指挥系统，如图 8-10 所示。

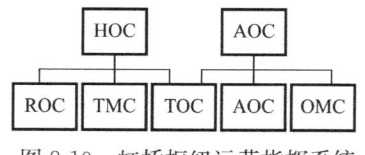

图 8-10　虹桥枢纽运营指挥系统

## 8.4 标识规范、易于识别

综合交通枢纽运营过程中，需要良好的标识系统，为旅客提供便捷准确的指引信息，提高运营效率。首先需要统一标识，由于各个交通管理部门都有一套自己的标识体系，所以设计之初就要进行整合提炼，达成一套统一的认识。其次，建筑空间布局上，宜设置具有明确导向性的空间，例如虹桥机场设有共享空间，旅客对地铁、公交等位置一目了然，标识系统便相应减少。最后，标识系统应具有人性化设计的特点，借助颜色、简易图案，结合标识系统，给旅客留下简明但深刻的印象，帮助旅客定位和确定方向。

## 9　信息互联、统一指挥

要实现所有交通信息在交通信息中心平台统一显示,首先,预想好平台体系的搭建方式,进行信息传导设计;其次,通过商务谈判或行政命令,使得所有部门能按照预想的设计进行实际操作;再次,用先进技术设施搭建能互联互通的交通信息系统,使综合交通枢纽的日常运营与应急救援具备统一指挥的信息化基础。信息的发布可以通过电话、手机、电台、电视、互联网等多种形式,建立一体化信息系统的目的就是"信息互联,信息共享,统一发布,统一指挥"。

以浦东机场交通信息平台为例(图9-1)。浦东机场有TIC(交通信息中心),交通信息中心主要收集在浦东机场运营时候所有交通方式的运营信息以及上海市域内的相关交通信息,并各值班经理和各部门工作人员能在一个平台上处理和引导。这里面的部门人员包括上海市客管处、执法大队、公安局交警支队、机场停车楼管理部门、交通监控运营部门,以及轨道交通、磁浮、出租车、空港巴士、公共汽车、长途客车等各交通运营单位,全部都在一个房间里面办公,所以一旦出现问题,就能现场沟通,及时作出判断和指挥。

还有很多信息化系统服务于TIC的,比如快速道路交通监控系统、地面道路路口控制系统、客流综合交通信息服务系统等。TIC还和虹桥运营中心,上海市交通信息中心联网。旅客在航站楼内的显示屏上,能够看到TIC传送过来的交通讯息以及市内实时的拥堵情况,从而可以选择更为恰当的交通路线离开。

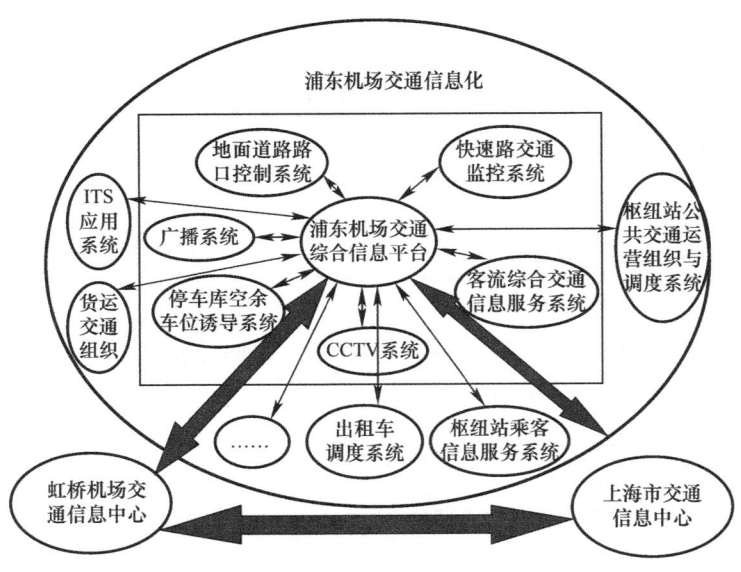

图9-1　浦东机场交通信息化

## 10　多式联运、方便旅客

交通系统除了运输人、物的高效率以外,最重要的一点就是要方便旅客,以人为本。

信息平台能将各种交通系统的信息有机整合起来，使得多式联运成为可能，实现运营体系的一体化。

一般来讲，有几大类常见的联运形式：空轨联运（飞机和地铁），空铁联运（飞机和高铁），空路联运（飞机和高速公路）等。这些联运类型，结合城市航站楼的设置，能够有效提高公共交通运输比例，提高机场服务水平，方便旅客出行，吸引综合交通枢纽周边客源，为经济运行系统的一体化提速。

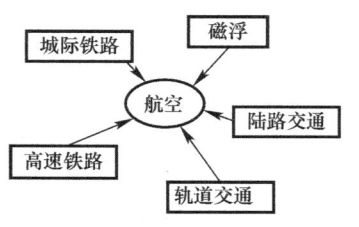

图 10-1　以航空为中心的多式联运服务模式

## 10.1　远程值机、多式联运

以航空为中心的多式联运服务模式（图 10-1），实现上海机场在长三角的远程值机，服务长三角交通。

## 10.2　空铁联运

实现空铁联运的关键在于长三角地区实行远程值机。远程值机有三种模式：一是异地提供值机不办理行李；二是值机办理行李但需要提前一定的时间；三是提交行李的同时办理机票。

虹桥综合交通枢纽空铁联运的效果十分显著。虹桥二号航站楼空铁联运的旅客量占全部虹桥机场旅客量的 1/10 左右，空铁联运实现了促进长三角交通一体化、促进长三角经济一体化的目的。另外，上海地铁 2 号、10 号线开通运营后，每天有 40% 左右来往机场的旅客选择地铁出行。综上两项，虹桥机场一半的旅客使用铁路和地铁，空铁联运大大减轻了道路交通的压力。

## 10.3　空路联运

航空与道路的联运方式之一是空巴通，空巴通主要是在长三角各个城市，包括昆山、无锡、嘉兴、南通等城市设置站点，通过巴士来引导旅客，对整个城市交通网的建设以及城市的发展意义重大。

# 11　商业服务、强化功能

商业功能是交通设施的一项重要功能，商业功能强调投资、建设、运营一体化。商业设施的效果取决于人流的规模和特征。

## 11.1　商业规模　人流决定

2006 年规划阶段，预测虹桥枢纽 2035 年日均进出客流总量 110 万人次/日；现预测进出虹桥枢纽客流中，2020 年年日均约 90 万人次/日，一般高峰日约 100 万人次/日，极端高峰日约 120 万人次/日；2030 年年日均约 127 万人次/日，一般高峰日 140 万人次/日，极端高峰日约 165 万人次/日。可据此数据分别推算出相应的餐饮面积、租赁面积、酒店面积。

（1）公共服务设施（零售店、餐饮店）与租赁式办公室、酒店的推算结果（表 11-1）。

虹桥枢纽公共服务设施（零售店、餐饮店）与租赁式办公室、酒店所需面积推算　　表11-1

| 设施 | | 本论证推算值（m²） |
|---|---|---|
| 虹桥综合交通枢纽配套公共服务设施 | 零售店 | 100000 |
| | 餐饮店 | 31000 |
| 租赁式办公室 | | 41000 |
| 酒店 | | 82000 |
| 合计 | | 254000 |

（2）虹桥综合交通枢纽运营管理事务所需面积的推算结果（表11-2）。

虹桥枢纽运营管理事务所需面积推算　　表11-2

| 设施 | | 本论证推算值（m²） |
|---|---|---|
| 虹桥综合交通枢纽运营管理事务 | 机场 | 39000 |
| | 高铁、磁悬浮 | 13000 |
| 合计 | | 52000 |

结论：推算规模（1）+（2）合计为306000m²，略大于设计方案292812m²。

## 11.2　业态规划　突出理念

不同业态的吸客能力不同，并且业态是随市场变化而不断变迁的。业态的选择，也是规划中非常重要的议题。商业业态应为旅客创造一个想象空间。首先，商业业态应具备一定的品质性，高中低档的商业类型要合理搭配，商业氛围应避免低端；其次，应实现商业业态滚动分期发展，商业服务设施更迭很快，运营者应随之而变；再次，业态规划中应有两个基本理念，应坚持"鳞次栉比的洄游型设施规划"，应坚持"分散布局，随档次不同集群布局的业态规划"。商业业态不会一蹴而就，因此运营方在运营过程中可以采用添油战术，随着高峰客流的增长，按规划一点点增加商业设施，并在过程中根据实际情况进行调整。虹桥枢纽商业业态现状及预测如图11-1所示。

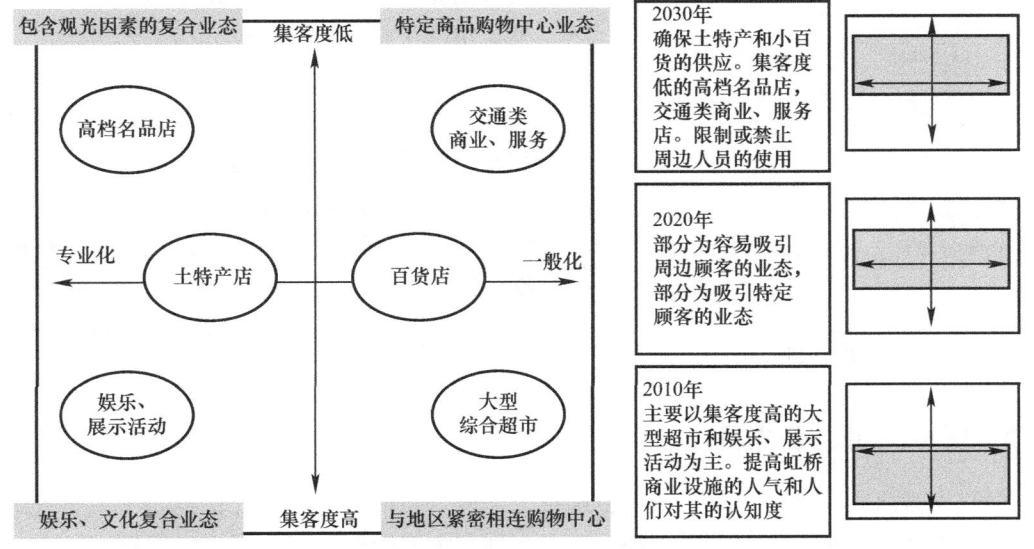

图11-1　虹桥枢纽商业业态分析示意图

## 11.3 广告规划 受众第一

广告,是最优质的资源,因此广告设施在规划之初就应当尽量做大做强。总结以往经验,广告规划有四条基本原则:第一,广告的受众范围应尽可能大。比如放在值机柜台上方;第二,单幅广告的面积要尽可能的大。一般来说广告面积越大,给人印象越深刻,所以应该预留足够的建筑空间;第三,广告本身品味应尽可能高,交通枢纽肩负城市形象,因此广告品味就代表了城市的品味,此外,高品位的广告有较好的收益;第四,广告的传播形式要尽可能丰富。多媒体广告、实物广告等可以多路并举,取得更好的宣传效果。

## 12 防灾减灾、保障安全

建设与运营阶段都要考虑防灾问题和安全保障体系问题,实现安全保障系统的一体化。

### 12.1 设施布局、防灾优先

统筹考虑安全保障体系问题,交通枢纽的设施布局主要从以下方面入手:

(1) 枢纽区域内河道改造,降低受灾概率。在虹桥枢纽规划时,考虑将周边的河保留,并从候机楼里穿越,此做法的好处是,与黄浦江相连,能够通过水上巴士实现水上交通。经过充分论证,决定进行河道改造,原因是枢纽地下有大量地下设施,一旦河道里发生恐怖袭击或其他意外,对枢纽的影响是不可估量的。

(2) 各功能模块相对独立,提高灾害免疫力。机场、高铁、磁浮、公交站等各交通设施应有独立性,保证灾害发生时不相互扩散。

(3) 形成多车道、多通道体系。例如多车道边的相对独立的通道体系,可以让旅客们在紧急情况下快速疏散。

(4) 地下空间敞开式设计,利于应急疏散和防灾防恐。虹桥枢纽在地下的每一层都能直接疏散到地面,用时只需大约3分钟。

(5) 充分考虑疏散及避难安全场地空间。虹桥交通枢纽外部区域疏散用地布局如图12-1所示,且核心区逃生区域布局及规模按1人/m²占地需要,可满足枢纽16万人紧急疏散的要求。

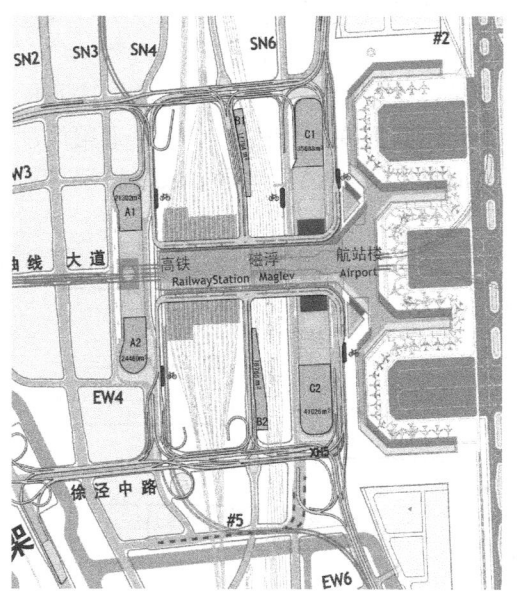

图12-1 虹桥枢纽外部区域疏散用地布局

### 12.2 区分灾害、确立目标

枢纽灾害研究对象分火灾、风灾、水灾、地震、恐怖袭击等,虹桥枢纽灾害管理的目标是小灾不乱、中灾不停、大灾可修。防灾规划与灾害管理制度包括灾害识别(绘制灾害树)、灾害评估(分级)、灾害对策(软硬件措施)、工程实施(达到12字目标)、监测预警（自动报警、与信息系统运行一体化）、应急救援（疏散、救援）六方面。在虹桥综合交通枢纽正式运行之前，已经对各种灾害建立了一套比较完整的管理体系，并将各种灾害监测系统直接导入虹桥综合交通枢纽的运营管理中心，对枢纽设施灾害的监控达到了在线管理的水平。同时建立了一个多种交通方式共用的应急救援指挥中心，各种灾害救援可以进行统一指挥。

## 13 节能减排、持续发展

节能减排是贯穿建筑物全生命周期的话题。节能，包括节地、节材、节能，这三点从规划上来看，前两项比较重要，后一项通过相关技术的介入、后期精细化运营维护来实现。减排，包括减少水污染，减少对生态环境的破坏，减少噪声污染，减少废气排放，可通过相应技术手段和精细化运营来解决。枢纽可持续发展体系、对策及措施如表 13-1 所示。

枢纽可持续发展体系、对策及措施　　　　表 13-1

| 枢纽可持续发展体系 | | 对策和措施 |
|---|---|---|
| 科学规划和协同发展 | | 统筹全局、科学发展 |
| 节约资源 | 土地资源节约 | 集约利用、节省土地 |
| | 能源中心节能 | 能源系统、创新节能 |
| | 建筑节能 | 绿色建筑、终生节能 |
| | 材料、水资源 | 节约材料、珍惜资源 |
| 保护环境 | 生态环境保护 | 动植物保护、绿化美化 |
| | 水文环境保护 | 地区排水、保护水文环境 |
| | 声环境保护 | 标本兼治、消减噪声 |
| | 大气环境保护 | 减少排放、护佑家园 |
| 人性化服务 | | 以人为本、引领服务 |
| 社会经济效益良好 | | 经济效益良好、可持续发展 |

社会经济效益良好，交通枢纽的日常运营管理在财务上可持续，是判断项目成败的终极指标。

## 14 总结

### 14.1 综合交通枢纽规划的内涵

综合交通枢纽规划的内涵从以下十二方面及每方面的侧重点进行诠释，如表 14-1 所示。

综合交通枢纽规划的内涵　　　　表 14-1

| 方面 | 侧重点 |
|---|---|
| 定位功能、明确目标 | 区域与城市、综合交通网络、周边地区开发 |
| 合理规模、滚动发展 | 交通枢纽的运量预测与容量设定、分期发展 |
| 流程便捷、节约资源 | 运输组织——人流与车流；流程与流量 |

续表

| 方面 | 侧重点 |
|---|---|
| 人车分离、动静分离 | 各种交通方式的人流共用通道、VIP通道 |
| 公交优先、站场分离 | 运量越大越优先；终点前一站 |
| 快慢分离、客货分离 | 枢纽旅客交通与地区、货物、后勤交通分离 |
| 各成体系、便于运营 | 各种交通方式的运营系统具备必要的独立性 |
| 信息互联、统一指挥 | 各种交通方式的运行信息共用平台、信息互通 |
| 多式联运、方便旅客 | 各种交通方式联运、一票通、多票通、一证通 |
| 商业服务、强化功能 | 商业、服务设施合理的业态和规模、动态规划 |
| 防灾减灾、保障安全 | 交通枢纽的防灾与疏散 |
| 节能减排、持续发展 | 绿色交通枢纽的建设 |

在以上十二方面中，比较重要的是定位功能、明确目标，人车分离、动静分离，各成体系、便于运营，商业服务、强化功能等四个方面。

## 14.2 综合交通枢纽规划的原则与目标

（1）一体化

综合交通枢纽规划的一体化不仅是要设施一体化，而且要从投资、建设、运营多方面实现彻底一体化。总体来说就是：

① 促进区域社会、经济的一体化；

② 促成综合运输体系（网络）的一体化；

③ 促进投资、建设、运营的一体化；

④ 促成各种交通基础设施的一体化；

⑤ 促进运输信息系统的一体化；

⑥ 促进各种交通方式运营管理的一体化；

⑦ 促成安全保障系统的一体化。

（2）可持续

可持续发展是综合交通枢纽的另一条主线。

① 可持续发展理念是"尊重市场、敬畏规律、节能环保、追求效益、和谐发展"；

② 离开市场需求和科学规划，作为"门面"和"政绩"的综合交通枢纽是不可持续的，长期亏损的综合交通枢纽也是不可能提供一流服务的；

③ 可持续发展是综合交通枢纽规划的基本原则，更是综合交通枢纽的生存哲学；

④ 可持续发展是"目标"，其实也是"底线"。

# (二)
## 建设管理篇

# 超级工程——北京大兴国际机场主航站楼工程管理创新

李建华

(北京城建集团)

**摘　要**：北京大兴国际机场主航站楼工程作为超级复杂工程项目，施工管理是工程建设的重大挑战之一。为此，本研究以施工总承包的角度从工程管理创新、技术突破、数字建造三个方面进行总结，形成的工程经验以及研究理论将为今后的工程施工管理提供宝贵的经验和参考。

**关键词**：工程管理创新、技术创新、数字建造、北京大兴国际机场主航站楼

## Super Engineering——construction management innovation for terminal project in Beijing Daxing International Airport

LI Jianhua

(Beijing Urban Construction Group)

**Abstract**: The construction management of the main terminal of Beijing Daxing International Airport is one of the major challenges of the mega complex engineering project. From the perspective of general contracting of construction, this research summarized successful experience and application on construction management innovation, technical innovation, and digital construction. The findings have important application for practical construction experience and theoretical foundation for the construction management in the future.

**Key Words**: construction management innovation, technology innovation, digital construction, Beijing Daxing International Airport main terminal

## 1　引言

北京大兴国际机场是国家发展的一个新的动力源、国家"十二五""十三五"规划的重点工程、津冀协同发展战略中交通先行、民航率先突破的重大建设项目。英国《卫报》将其称为"新世界七大奇迹"之首。2017年2月23日，习近平总书记亲临现场指示北京

大兴国际机场要创造一种世界先进水平,既展示国际水准,同时为国家基础建设继续创造一个样板。2019年9月25日,习近平总书记亲临现场,宣布机场正式投运。北京大兴国际机场航站楼工程是精品工程、样板工程、平安工程、廉洁工程的典范,是平安机场、绿色机场、智慧机场和人文机场的"四型机场"的模范。航站楼工程作为机场建设的核心任务之一,在施工管理过程中面临着诸多的挑战,以下将从管理创新、技术创新、数字建造三方面介绍,形成的项目管理实践以期为今后的大型航空枢纽工程提供应用指导与帮助。

## 2 工程概况

### 2.1 设计构型及特点

北京大兴国际机场航站楼综合体采用集中式的布局,造型为一个直径为1200m的圆形结构,建筑面积为140万$m^2$。航站楼本期容量为4500万,未来建设卫星厅后预计达到7200万。民航快速的发展的需求,再一次挑战航站楼的容量与上限。为应对这样的设计挑战,首要的问题是航站楼构型,北京大兴国际机场采用了从中央放射的五指廊构型,共建设了79个近机位。这种构型最大的特点是五指廊空侧面积大,在拥有更多机位的同时,做到旅客安检后,从航站楼中心到最远登机口只要步行不到600m,最长时间不超过8min,效率优于世界其他同等规模的机场。此外,整个机场配有4个停机港湾,设有3个机位滑行通道,通过展评仿真模拟和相似停机港湾的类比,保证飞机进出滑行的通畅。

北京大兴国际机场航站楼建设规模巨大,其中主航站楼中心区域支撑的间距达到180m,所形成的无柱空间可以装下整个水立方。主航站楼的混凝土结构的双向尺寸分别为565m和437m,是目前我国最大的单体混凝土建筑工程,首层面积可以放下整个鸟巢。主航站楼的屋面,由不规则自由曲面的空间网格钢结构组成,如图2-1所示。屋顶覆盖了

图2-1 北京大兴国际机场屋面系统

超过 8000 块玻璃和镀铝锌钢板的新型复合屋面体系，投影面积达到 18 万 $m^2$。如此复杂屋顶的中心区域由 8 根 C 型柱支撑，近似无柱的巨大中厅为乘客提供了最大化的公共空间，但这也极大地增加了工程的施工难度。

## 2.2 机场轨道一体化设计、双进双出

北京大兴国际机场航站楼的设计按照交通一体化的设计思路，实现两者"双进双出"的交通功能。大兴国际机场航站楼在地下引入的轨道交通，共 5 条路线，沿着中轴线贯穿航站区。站台位于航站楼进出港大厅正下方，旅客乘坐轨道交通到达航站楼后，可在站厅层乘坐电梯扶梯，直接达到航站楼出发层。站厅层还提供各类轨道交通之间的换乘，这种设计方式是实现了"立体换乘、无缝衔接"的理念，达到国内领先、设计一流的标准。乘客十分轻松、方便。

## 2.3 绿色机场

北京大兴国际机场定位为"绿色机场"的示范工程，航站楼和停车楼工程取得了"三星级绿色建筑设计标识证书"和第一个"中国节能建筑设计标识证书"等。其中，大兴国际机场的国家三星级绿色建筑比例达 70%以上，建筑面积超 280 万 $m^2$，达到国家级绿色生态示范区的标准；依托复合生态水系统实现雨水收集率、污水处理率两个 100%，实现"海绵机场"；依托环境监测系统开展飞机噪声等监测，形成了环境动态实时监测与信息管理系统相结合的高效管控体系；打造清洁能源车使用、APU 替代设施建设、可再生能源利用、节能与碳管理"四个样板"，新能源及可再生能源综合利用率达 10%以上，达到国内机场领先水平。其中航站楼的高品质室内环境、自动控制，节水、节材、节电等方面效果显著，节能效率超过 70%。

## 2.4 智慧机场

大兴国际机场"智慧机场"的理念广泛应用了新科技、新技术、新产品，全面实现了数据共享和多方协同，搭建了成熟、稳定、灵活、可扩展的信息系统技术架构。业务领域深入运行、安全、服务、交通、商业、货运、经营管理等全业务领域。智慧机场的建设涵盖了行李系统工程、安检系统工程、旅客登机桥工程、飞机空调工程与飞机静变电源工程等。此外，大兴国际机场基于 5G 的技术实现了智能服务、导航服务、RFID 射频行李追踪与人脸识别等功能。

## 2.5 人文机场

大兴国际机场秉持人文机场的理念，以旅客为中心，实现了"0 换乘"轨道交通线路下穿航站楼，站台直接设置于航站楼正下方，旅客可以通过站厅内的大容量扶梯直接提升至航站楼的出港大厅，地下轨道交通规模相当于一个北京站。"8 分钟"大兴国际机场是世界首创的五指廊放射构型，将旅客的步行距离缩至最短，安检后到最远登机口 600m，步行 8min。双层出发（世界首次采用双层出发车道边的大型航站楼，方便旅客乘降）、公共艺术（航站楼还首次在机场内引入公共艺术的理念，与中央美院联合，在机场内策划了

一系列的艺术空间)、自然采光(C型柱支撑体系同时为航站楼带来充足的自然采光,结合天窗的布置,为旅客提供了明亮开敞的室内环境并提供引导)、商业服务(集中式、混流航站楼为出发、到达旅客提供了大量的商业服务,商业的规模和品类的丰富都在国内首屈一指)以及室外庭院(由中心区通向五条指廊。指廊端部设计了5个室外庭院,为旅客提供不同的候机体验,包括中国园、茶园、丝园、田园、瓷园)每个细节都透露着人文机场的理念。

# 3 工程组织管理

## 3.1 标段划分

工程的标段划分是有条不紊进行的基础,航站楼工程实行大总包的管理模式。航站楼综合体工程分成四个标段,其中一、二标段主航站楼工程由北京城建集团总承包施工,三标段的指廊工程由北京建工集团承包,四标段的停车及综合服务楼工程由中建八局承建。航站楼综合体总合同造价达140亿元,建筑面积140万$m^2$,有效工期42个月。基坑工程、主体混凝土结构、钢结构、非公共区装修、公共区精装修、通用机电管线及设备安装、高架桥、消防工程、楼控系统、室外工程等均由总承包商完成。

## 3.2 管理理念与目标

大兴国际机场主航站楼工程作为超复杂的超大型工程项目,任务极为艰巨,因此,北京城建集团坚持以高度的使命感、荣誉感、责任感,科学组织、团结协作、严谨高效、求实创新,通过高标准的管理策划和最强的执行能力,把新机场航站楼工程建设成为代表21世纪、新水平的标志性工程,成为引领机场建设的风向标。通过科学的项目策划,探索和发展新型的总承包管理模式,大力推广应用绿色环保和新技术、新工艺,实现施工组织专业化、资源组织集约化、管理手段数字化、安全管理人本化、现场管理标准化、日常管理精细化。

为进一步保证工程建设标准,工程建设建立了最高的管理标准:进度零延误、质量零缺陷、安全零事故、环保零扬尘、成本零超标。工程建设团队要以最高的标准、最严的管理,实现"精品工程、样板工程、平安工程、廉洁工程"。

## 3.3 管理难点

主航站楼工程具有规模大、设计超前先进复杂、施工管理水平要求高等的特点,合同金额达63.9亿元,涉及200多个专业,分包单位432家。混凝土用量105万$m^3$,钢结构10万多吨,总用钢量21万t,各类设备24.7万台套,屋内大吊顶板17万块,高峰期结构施工工人达到了8000多人。各专业工程量如图3-1所示。

面对浩大的工程规模,工程建设团队分析了工程重点和难点:组织管理体系和模式、施工部署、材料设备水平运输、减隔震体系制作安装、钢结构网格安装、机电设备订货、新型屋面和天窗施工、公共空间曲面造型无缝装修等。

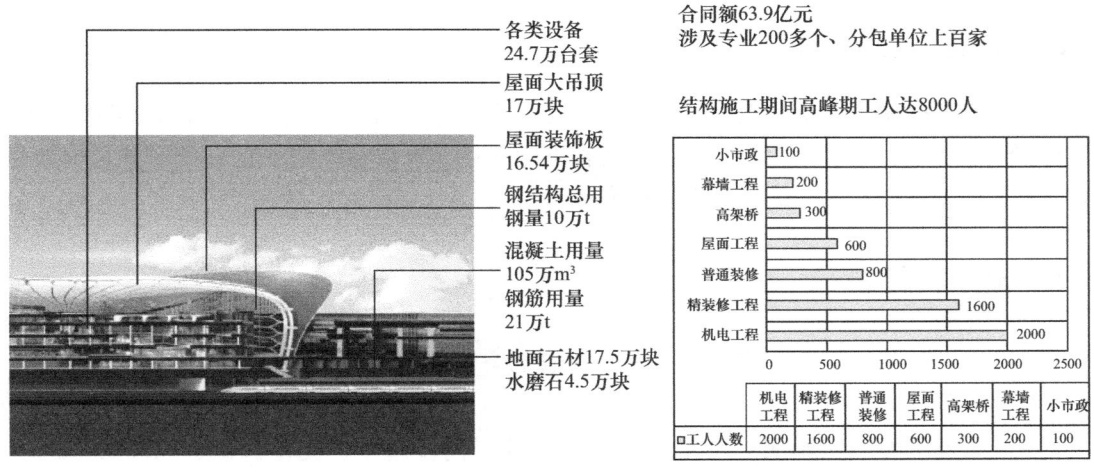

图 3-1 北京大兴国际机场主航站楼工程主要工程量及劳务用工需求

## 3.4 组织管理体系及模式

通过以上工程管理重点和难点的梳理，建设团队通过技术创新和组织创新圆满完成了工程建设的各项目标。首先，团队采取了"总包统筹、区域管理"的模式，将工程组织管理体系分为总包的统筹管理和专业化的区域管理两个层级。集团挑选业务能力出众的人员组建项目管理团队，实行"六化管理"。总结下来，组织管理体系最重要的就是做好配置，减少管理层级、缩小管理幅度、精简管理流程、提高管理效率。

在项目组织架构设计方面，总包管理体系由决策层、管理层、执行层组成，决策层由指挥、专家顾问和项目经理组成；项目副职分工负责系统管理，形成管理层；创新设立招标采购部、科技中心、BIM 中心、测量站、物业部、协调部，和常规管理部门组成执行层，具体如图 3-2 所示。

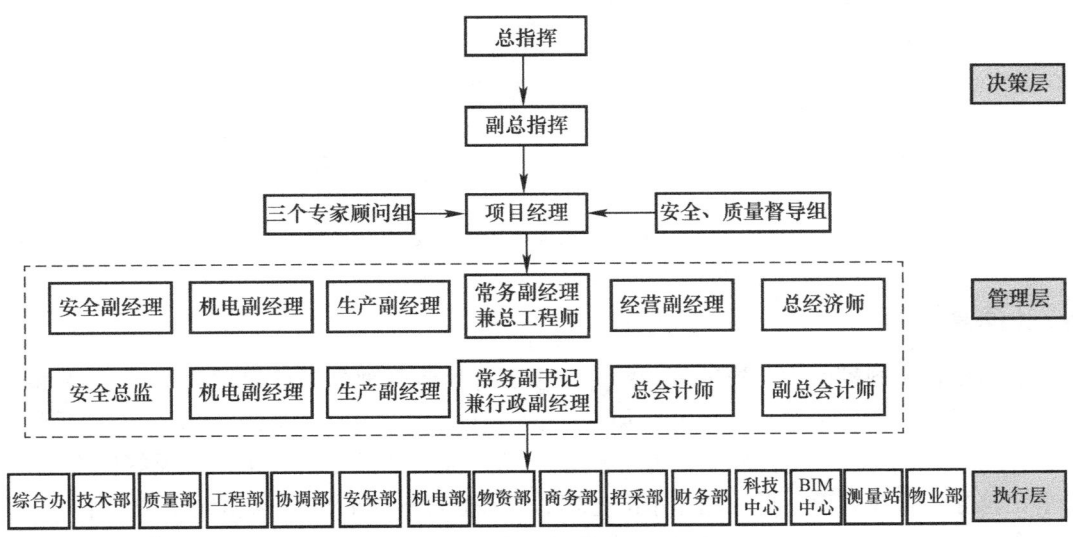

图 3-2 北京大兴国际机场主航站楼总包管理架构

## 3.5 "六化"管理模式

航站楼工程建设创新性地提出了"六化管理":施工组织专业化、资源组织集约化、管理手段数字化、安全管理人本化、现场管理标准化、日常管理精细化。在项目建设过程中始终坚持"最高标准、最严要求、最强执行力"。

## 3.6 进度管理

工程建设的所有相关方均要服从新机场建设指挥部确定的总体计划安排,设计、监理、业主各负其责。

主航站楼工程的实施实现了全专业同步深化、同步施工、同步调试、同步竣工的目标。重在找出关键路线、关键工序、重点和关键项目,例如劲性结构、减隔震体系、新型钢结构网格和屋面体系、大量新材料新设备采购加工、新技术新工艺、暂估价招标、出入境海关边检安检等政府管理职能、民航专业系统、商贸餐饮等驻场单位需求等进行重点策划部署、科技攻关突破,统筹协调推进。

最根本的就是发扬了北京城建集团的"创新、激情、诚信、担当、感恩"的企业价值观和"能打硬仗、善打硬仗,招之即来、战之必胜"的企业作风,每个里程碑节点均提前或按时完成,最终实现了主航站楼工程在 6 月 28 日提前 17 天完成质量竣工验收。进度里程碑事迹如图 3-3 所示。

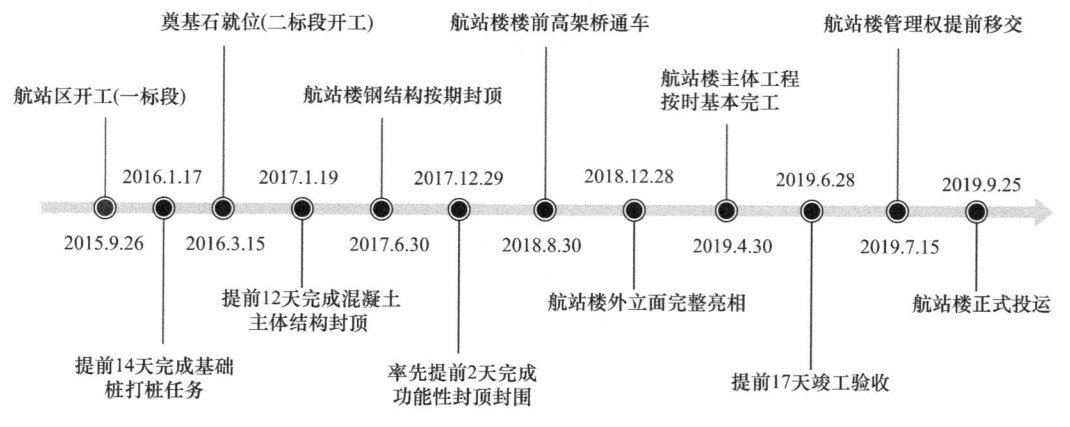

图 3-3 进度里程碑事迹

## 3.7 质量管理

航站楼这一规模浩大、施工复杂的工程要做好质量管理是一件很难的事情,"精品工程"的实现离不开四个方面的工作。第一,做好质量管理策划,确定质量零偏差质量目标,即保证工程的建设质量精益求精、一丝不苟,确保精品工程;第二,抓好四个重点,即重在领导、重在意识、重在精品水准把握、重在超前全过程的严格精细管理。第三,力夺 5 个大奖,中国钢结构金奖杰出工程大奖、中国建筑工程鲁班奖、中国优质安装工程奖、中国土木工程詹天佑大奖、国家科技进步奖。第四,6 个 100%,进场材料检查、验收率100%；原材料检验与试验准确率为100%；检验批、分项、分部工程一次验收合格率100%；资料收集及时、准确、完整，归档率100%，合格率100%；测量、试验等仪器设备的送检、鉴定合格率为100%；检测、调试、验收合格率100%。

## 3.8 安全管理

主航站楼工程的安全管理，秉持以人为本，实行最严格的安全管理标准的管理理念，通过理念创新、体系创新、手段创新，坚持最高标准最严管理，最终实现了工程的安全管理目标。创造性地安全实行独立体系管理。在安全管理过程中，为做好消防防火工作，按照职工10%的比例建立义务消防队，高峰期人数达800多人，60名消防纠察队每日进行消防检查，150名保安成立工程护场保卫队，80名保洁工人进行消防保洁。

项目管理团队开发应用了安全管控平台，邀请软件公司协同开发本工程的安全管控平台，实时反馈现场隐患、跟进隐患整改，最终闭环销项。通过数据分析，全面掌握每日安全重点管控内容，确定下一阶段的管控重点，系统有效的开展日常安全管控措施。安全管控平台如图3-4所示。

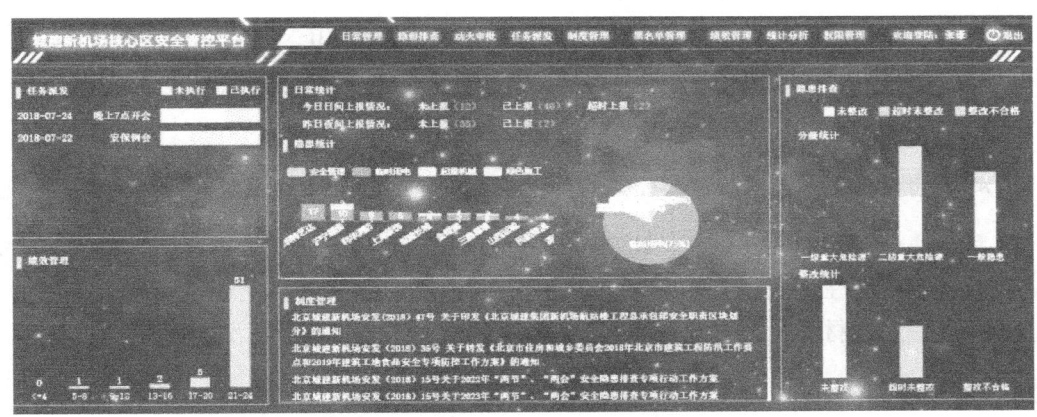

图3-4 北京城建主航站楼工程安全管控平台

## 3.9 绿色环保

本项目的绿色环保质量高，被评为"住建部绿色施工科技示范工程""建筑业绿色施工示范工程""北京市绿色安全样板工地"。但这一切成功的背后得益于项目的高投入，工程建设紧紧围绕"四节一环保"的绿色施工理念，采用最先进措施实现全方位绿色建造。为此，项目建立安全专项基金，累计投入安全文明环境保护施工费用6742万元，占直接费为产值的4.14%。不仅如此，在项目全过程的降尘、降噪、控光、定型、除污、回收和供暖等方面均通过严格的措施实现项目的绿色环保。如配备先进雾炮车、雾炮机、洒水车、清扫车、污水处理站、自动洗轮机、喷雾降尘做到降尘的效果，设置木工棚、混凝土泵车降噪棚，安装扬尘、噪声自动监控设备实现项目的降噪。

## 3.10 资料管理

资料管理是项目信息管理的重要环节，为此，本项目采用了线上与线下相结合的管理方式，线上主要采用了 PKPM 资料管理系统与协同办公 OA 系统相结合的方式，线下主要采用资料室、专职管理员等方式，线上与线下管理方式两者相互补充，相互完善，极大地提高了项目资料的管理效率。

## 3.11 人文关怀

在超复杂的工程面前，员工们不可避免地面临着来自身体和心理的巨大压力，为此，工程项目从物业部、工会联欢会、妇女之家着手，通过工人"拎包入住"、举办一系列文娱活动缓解员工内心压力，同时，文娱活动能够还能提高所有参与者的思想和热情，鼓励大家更好的为实现项目管理目标而努力。

# 4 技术创新突破

面对航站楼这样超复杂的工程项目，不仅要做好组织管理，更要实现技术上的突破。本项目在建设过程中，以技术创新为突破口，克服工程建设难题，并取得了一系列显著的科技成果。其中工程项目的建设申报住建部与北京市技术应用及绿色施工示范工程 6 项，完成 40 项专利的申请工作，已授权专利 33 项，软件著作 5 项，核心期刊发表论文 22 篇等。技术创新突破主要体现在以下 6 个方面。

## 4.1 超大平台结构施工物料运输技术

工程核心区域双向尺寸巨大，物料运输成为阻碍工程建设的巨大难题。为解决这个难题，项目管理团队在现场结构南北两侧建设总长度 1100m 的两座钢栈桥，自主研发大吨位"小火车"运输材料，运输效率提高 4 倍，创造性地解决了物料运输的难题。

## 4.2 超大平面结构隔离、减震成套技术

为了减少平面间震动对结构造成的破坏，研究先进的层间隔震技术，将整个主航站楼托在 1152 个橡胶隔震垫上，安装阻尼器，显著降低了高铁快速通过时产生的震动影响。同时解决了超大平面混凝土结构裂缝控制的难题；攻克了机电和装修工程的隔震补偿的难题。

## 4.3 不规则自由曲面屋盖施工技术

屋盖工程浩大，主航站楼的屋盖投影面积达 18 万 $m^2$，屋顶结构为双曲面空间网格，由 63450 根圆钢管、12300 个球节点连接组成，钢结构总重 4.2 万 t，中心区域主要由 8 个独特 C 型柱作为支撑构件，形成直径 180m 的无柱空间。多次研究模拟计算制定出"分区拼装、分区提升、区域卸载、整体合拢"的安装方案，利用最先进的计算液压同步提升技术和数字建造手段，在不到 3 个月时间内成功完成了世界上难度最大的屋顶结构安装工作。提出"超大平面钢屋盖施工位形控制与变形协调技术"，合拢精度满足规范要求，合拢线对接口间隙控制在 10mm 之内，错边在 2mm 之内。该技术被三位中国工程院院士领衔的专家委员会评定为"达到国际领先水平"。

## 4.4 功能强大、设计先进、系统超级复杂的航站楼机电安装综合技术

航站楼工程机电系统错综复杂，机电系统涵盖了108个子系统，采用和推广了建筑业10项新技术中的"机电安装工程技术"9个子项，包括机电一体化技术、IBSM楼宇控制、冷辐射技术和板管蒸发式螺杆冷热水机组等，实现全过程全模型的机电管线和机房BIM综合技术。

## 4.5 数字化工程预制技术—复杂机房设备的装配式安装

在主航站楼工程的施工过程中，将功能和结构复杂的机房机电工程划分为若干单元，以数据管理协同平台为依托，实现了数字化工程装配式安装的方法，解决了工程复杂机房设备安装的难题。这一技术包括了从收集资料、精细化设备建模、建立机房模型、点云扫描模型校核、模型化优化、支吊架方案深化、虚拟建造、远地勘测、模块编码并到最终的运维数据交付的全过程管理。

## 4.6 复杂自由双曲面漫反射吊顶板反吊施工技术

该技术借助三维扫描技术逆向生成数字模型技术，建立工程施工模型，通过深化设计形成施工模型，以此作为板块加工和安装的依据。为提供施工的精度，施工团队通过对比BIM模型进行微调，实现全BIM施工。该技术有效地解决了自由空间曲面施工安装的难题，有效缩短工期，比传统工法提升4倍工效，实现了工作面和空间的有效分配和协调。

# 5 数字建造应用

如此复杂而大型的工程项目，如果没有数字建造的应用，工程项目很难完成。航站楼工程在建设过程中实现了全面系统数字建造，有效地降低工程成本，提高效率质量，主要包括数字化工程测量、数字化土建工程施工、数字化机电工程施工、数字化项目管理与集成化信息平台等方面。

## 5.1 数字化工程测量控制

对于自由曲面屋顶的施工测量，项目团队采用基于网络RTK技术的CORS系统、高标网的建立和应用、数字测量设备应用、精密测量控制技术、BIM技术和三维激光扫描技术，在4个月内完成18万 $m^2$ 的钢结构网格安装和由12个构造层组成、安装工序多达18道的自由曲面复合屋面施工，极大地缩短了施工工期，保证了工程质量。

## 5.2 数字化土建工程施工

在航站楼的土建施工过程中，数字化应用包括劲性结构数字化施工、如意祥云曲面曲线空间吊顶体系数字化施工与楼前高架钢结构大桥数字施工等。这个过程中，项目团队进行了物联网与BIM模型相结合的研究，研究基于BIM模型与物联网的钢结构预制装配技术，将BIM模型、激光三维扫描、视频监控等与物联网传感器等集成应用智能虚拟安装技术和系统，开发APP应用移动平台，实现利用物联网技术进行分类、统计、分析、处

理，在 BIM 模型里面显示构件状态。

## 5.3 数字化机电工程施工

机电专业错综复杂，门类多、专业容易冲突，机电的安装的过程采用超级复杂机电系统数字化安装调试技术、核心机房机电设备管线预制数字化安装技术、IBMS 智能数字楼宇管控系统施工，实现了模型的科学深化，有效地减少了施工过程的专业冲突碰撞等难题。

## 5.4 数字化项目管理与集成化信息平台

数字化项目管理与集成化信息管理平台是复杂工程项目管理的重要基础，为此，项目开发了数字化材料加工和运输管理系统、数字安全管控平台、塔吊防碰撞系统、智能办公平台、PKPM 资料管理平台、可视化安防监控系统、基于 BIM 5D 项目管理平台、基于二维码的信息管理系统、环境自动检测系统、门禁一卡通系统、冬季施工温度自动检测系统等。图 6 是开发的工程装饰施工信息查询系统，工作人员可以查询工程的施工进度和现场状况，实现了项目管理的数字化和集成化管理。

# 6 成果与启示

## 6.1 工程成果

北京大兴国际机场主航站楼工程获各类奖项 105 项（国家、省市级荣誉 62 项）；接待参观调研 2000 余批次，总数人 5 万余人；国内外一线权威媒体 500 余次采访报道，中央电视台、新华社、人民日报、北京电视台等主流媒体持续跟踪报道。

总书记在 2019 年 9 月 25 日通航仪式上讲到：你们为党和人民交上了一份令人满意的答卷。大兴国际机场体现了中国人民的雄心壮志和世界眼光、战略眼光，体现了民族精神和现代化水平的大国工匠风范。

## 6.2 工程启示

北京大兴国际机场主航站楼作为特大型复杂工程的代表，其积累的工程经验对工程管理的未来发展带来新的思考和关注，从技术视角，如何充分提高施工机械化水平，提高智慧建造的深层次应用；从工业化视角，如何创新提升全方位的预制技术和应用；从行业发展视角，如何创新工程总承包管理模式和推动产业工人的培训教育。这也意味着超级工程的成功实施，不仅仅需要技术上的创新，还需要组织等全方位的创新，这是一个系统性工程。

# 超大型虹桥交通枢纽建设过程的关键部署研讨

高振锋

(上海建工集团)

**摘 要**：上海虹桥交通枢纽工程作为我国枢纽工程的样本工程，在建设的过程中面临着来自工期、施工组织、界面管理、地下工程复杂、质量控制等众多难题。面对如此大的工程量、如此紧的工期，如何做到质量管理体系的正常运转、工程质量的全面受控、工程质量的高标准，是工程建设的突出难题。为此，上海建工集团发挥整体优势，积极探索总承包管理，组织人员进行攻关，最终保证了工程建设的顺利进行。本文从前期策划与实施、工程总体部署、总承包管理组织框架三个方面对上海虹桥工程建设进行了深刻剖析。形成的管理、技术经验与理论研究是土木工程科技领域的重大创新与突破，将为我国今后的重大枢纽工程建设提供宝贵的经验与指导。

**关键词**：虹桥交通枢纽；前期策划部署；工程总体部署；总承包管理组织

# Research on the key deployments of the construction process of mega and complex project: a case study of Hongqiao transportation hub project

GAO Zhenfeng

(Shanghai Construction Group)

**Abstract**: Shanghai Hongqiao transportation hub project, as a sample project of China's hub project, is faced with many problems in the process of construction, such as time limit, construction organization, interface management, complexity of underground project and quality control. In the face of such a large amount of work, such a tight time limit, how to achieve the normal operation of the quality management system, the overall control of project quality, project quality of high standards, is a prominent problem in engineering construction. To this end, Shanghai construction engineering group gives full play to its overall advantages, actively explores the general contracting management, and organizes personnel to tackle key problems, finally ensuring the smooth progress of the project construction. This paper analyzes the construction of Shanghai Hongqiao project from three aspects: preliminary planning and implementation, overall project deployment, and general contracting management organization framework. The construction management and technology in practical and theoretical research is a major innovation and breakthrough in the field of civil engineering science and technology, which will provide valuable experience and guidance for the future construction of major hub projects in China.

**Key Words**: Hongqiao transportation hub; preliminary planning and deployment; overall project deployment; general contracting management organization

# 1 引言

根据举行 2010 年上海世博会的需要，2005 年上海市开始重新修编虹桥机场的总体规划工作。2006 年上海市政府批准虹桥枢纽地区的规划，并以此为基础明确了虹桥综合交通枢纽 26.34 $km^2$ 的规划。虹桥综合交通枢纽整合了多种交通的方式，包括航空、铁路（高铁、城际）、磁浮、轨道交通、市内公共交通、长途巴士等。为了体现枢纽方便、快捷的服务，从东到西依次布置有航站楼、磁浮车站、铁路车站，然后在地下由轨道交通相连，形成枢纽的核心区域纵横交错的立体化交通。将几种交通形式全部集合在一起，又高度关联，甚至交叉在一起，且体量巨大，在国内外的建筑史上是绝无仅有的。

上海建工集团作为总承包方面临着巨大的挑战。挑战之一：来自工期方面。浦东机场一期、二期的实际工期大于 36 个月，虹桥机场第二航站楼工期仅为 32 个月；上海铁路南站用了 40 个月，高铁虹桥站仅为 24 个月。挑战之二：来自施工的组织。工程有地铁、机场、高铁、磁浮、高架、道路以及河系等，采用何种组织构架，如何进行全面的布局，各种机械设备如何设置调配，等等。挑战之三：来自界面的划分。由于业主多、设计单位多、监理单位多、参与的单位多，但全区域的管理仅为上海建工集团一家，如何协调各种关系，形成建设的合力。挑战之四：来自地下工程。由于地下有 5 条地铁线进入，有 2 个地下车站，还有一大批商业和设备建筑，地下建筑面积达到 50 万 $m^2$，占总建筑的 1/3；最大挖深达 31m，挖土量 620 万 $m^3$，相当于 70 多个标准地铁车站。因此，地下工程的成功是整个工程最关键的环节。挑战之五：来自工程质量的控制。面对如此大的工程量、如此紧的工期，如何做到质量管理体系的正常运转、工程质量的全面受控、工程质量的高标准，关系到工程的百年大计。面对众多的挑战，上海建工集团发挥整体优势，积极探索总承包管理，组织人员进行攻关，克服一个又一个的困难，创造了建筑史上的新纪录。据不完全统计，在建设期内，上海建工集团共投入各类大型吊装设备 100 多台，盾构机 6 台，高峰期间的劳动力近 2 万人；共完成桩基工程 2 万余根，地下连续墙平面延长 7124m，重力坝平面延长 6289m，挖土量 620 万 $m^3$，混凝土近 300 万 $m^3$，钢结构近 15 万 t；与此同时，完成了 10 余项科技成果，共计获得专利 34 项，拥有一大批自主创新的科技成果。

本文集中反映了工程总承包管理以统揽全局的视野做好工程的前期策划工作，以工程总工期为目标、科学合理安排好工序和工程搭接,以实事求是、不断创新的态度在科技上取得突破的理念。

# 2 虹桥交通枢纽总体概况

## 2.1 工程总体概况

### 2.1.1 地理位置及规划面积

上海虹桥综合交通枢纽工程位于上海市闵行区的华漕镇和长宁区的虹桥地区。其范围：东临外环线，西至现状铁路外环线，北至北翟路，南达沪青平高速公路入城段，规划占地面积约 26.34km²。虹桥综合交通枢纽规划区域图如图 2-1 所示。

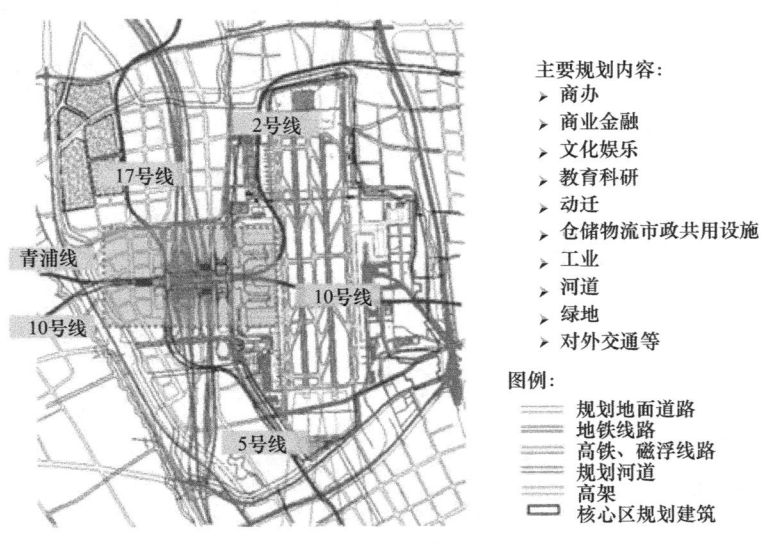

图 2-1 虹桥综合交通枢纽规划区域图

### 2.1.2 主要规划内容

上海虹桥综合交通枢纽工程建设是为了构建上海经济、金融、贸易、航运四个中心的总体目标，实现浦东、虹桥两场一体化，进而带动长江三角洲地区经济、社会的总体发展，使上海更好地服务长三角、服务长江流域、服务全国。其主要规划内容有商办、商业金融、文化娱乐、教育科研、动迁、仓储物流、市政共用设施、工业、河道、绿地、对外交通等，其中主要对外交通有铁路、磁浮和虹桥机场。

## 2.2 规划元素分析

### 2.2.1 规划道路、高架

（1）地面道路

枢纽区域内规划道路纵横交错，东西向通过北翟路地面道路、天山西路、仙霞路、迎宾三路、沪青平公路、青虹路地面道路、徐泾中路地面道路等将中心城与周边地区联系起来，南北向的 SN1 路～SN6 路及七莘路与东西向道路 EW1 路～EW5 路纵横交错，共同组成区域内方格网状道路体系。规划道路平面图如图 2-2 所示。

（2）高架系统

枢纽区域内高架由外围高架和核心区高架两部分组成。外围高架由环西一大道、沪青平高速道路、西郊高架路、虹北高架路组成环状快速路系统，向西连接 A5，向东连接中环，从而可以实现上海市与长三角的道路贯通。核心区高架由青虹路高架、徐泾中路高架、七莘路高架、SN4 路高架、SN5 路高架与楼前高架，组成"南进南出、北进北出"环路，并通过青虹路（辅快）立交、徐泾中路（辅快）立交、七莘路（北翟路）立交、七莘路（A9）立交将内外围高架连通。内外围高架系统如图 2-3 所示。

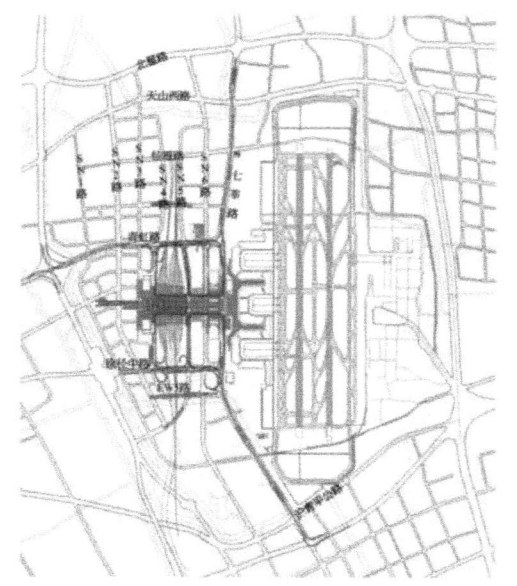

图 2-2 规划道路平面图

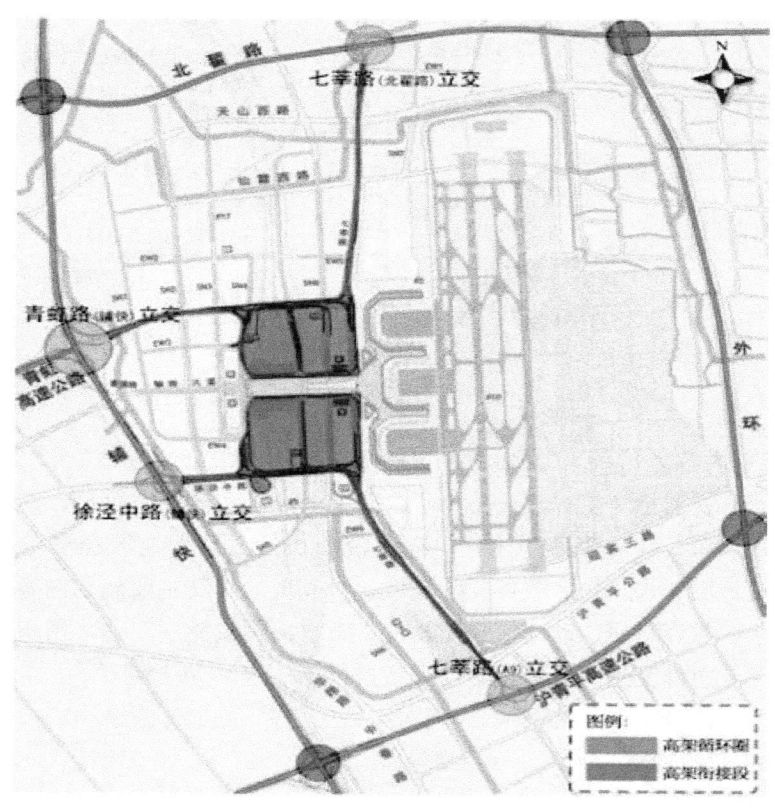

图 2-3 虹桥综合交通枢纽规划水系平面图

（3）规划水系

整个枢纽由几大水系环绕而成。北侧主要有吴淞江、张正浦、规划 1 号河、蟠龙港、华漕港、许浦港；南侧主要有规划 2 号河、规划 3 号河；西侧主要有小涞港、新角浦；东侧主要有机场围河、外环西河、周家浜。几大河流相互贯通，将枢纽环绕在其内，规划水系平面图如图2-4所示。

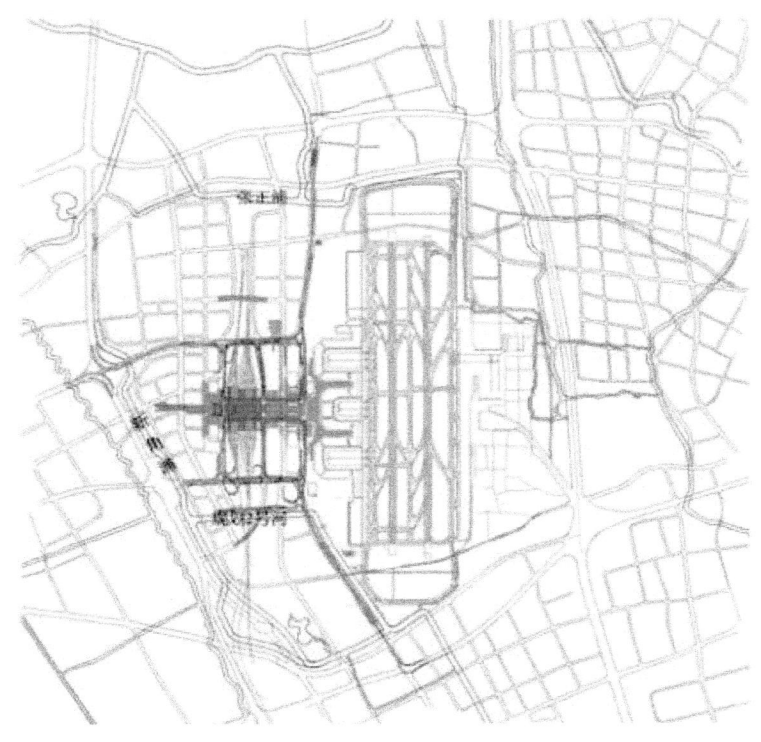

图2-4 虹桥综合交通枢纽规划水系平面图

（4）规划轨道交通控制

轨道交通布局为"两纵三横"，2号线、10号线东西横向进枢纽，沿轴线东侧在机场与磁浮之间设地铁东站（其中10号线横穿机场跑道），西侧与青浦线一起在高铁站房与西交通中心下方设地铁西站。5号线、17号线纵向进枢纽在高铁站房下设站。5号线车辆段在规划七莘路以西、沪青平公路以北控制，2号线、10号线、17号线、青浦线车辆段在规划范围外控制。虹桥综合交通枢纽规划轨道交通图如图2-5所示。

（5）能源中心及规划变电站

雨水泵站：青虹路北、SN1路西新建1处雨水泵站。

污水泵站：徐泾中路南、七莘路西设污水中途泵站。

供电：青虹路北、SN2路东设220kV变电站，并新增110kV变电站6座（图2-6）。

消防：仙霞西路南、SN3路东设1处消防站，占地面积4000m²。

## 2.2.2 核心区建筑物规划

虹桥枢纽核心区基本以枢纽中轴线对称布置，自东向西依次为虹桥机场2号航站楼（以下简称航站楼）、东交通中心、磁浮虹桥站、高铁虹桥站、西交通中心、中央轴线公共配套地下空间工程，交通体系包括飞机、地铁、磁浮、出租车、公共、长途客运、旅游大巴，通过-9.35m、6.60m、12.15m三个换乘大通道将各种交通有效联系起来。虹桥枢纽核心区建筑分布如图2-7所示。

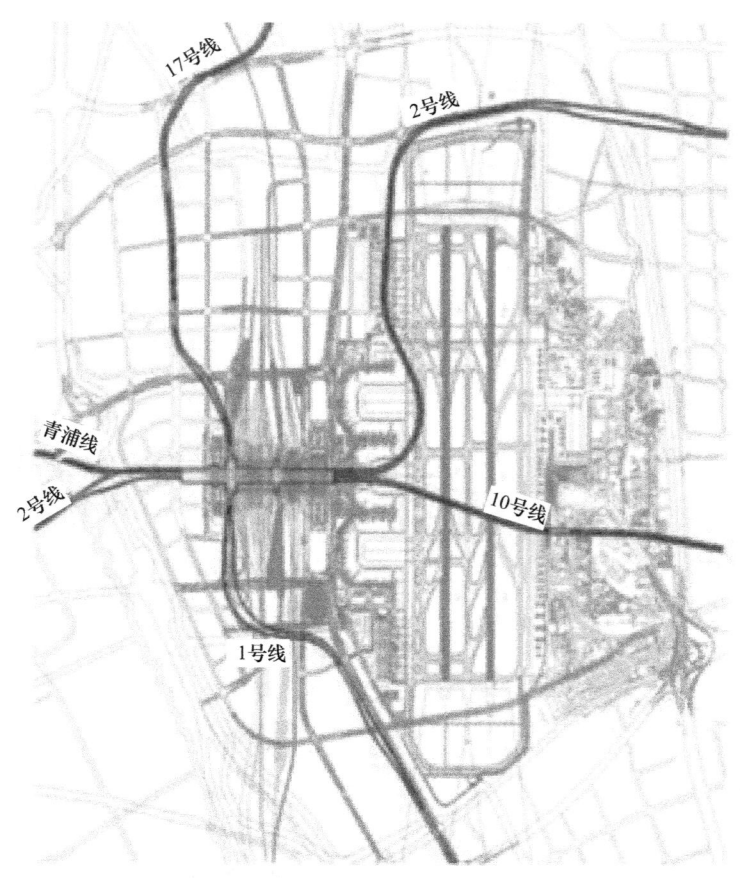

图 2-5 虹桥综合交通枢纽规划轨道交通图

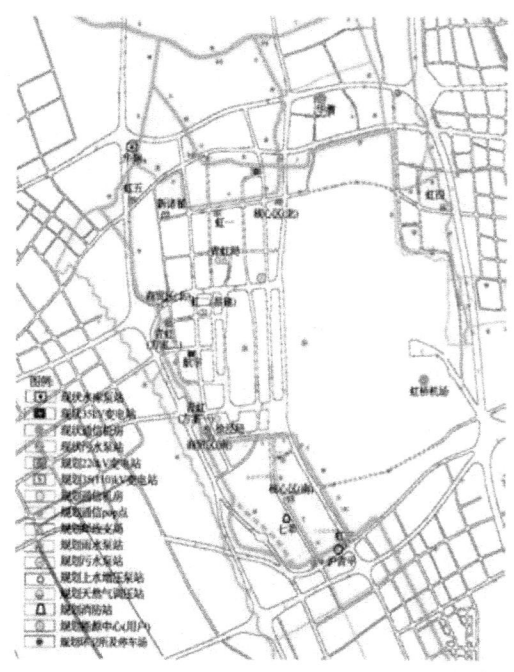

图 2-6 虹桥综合交通枢纽能源中心及规划变电站示意图

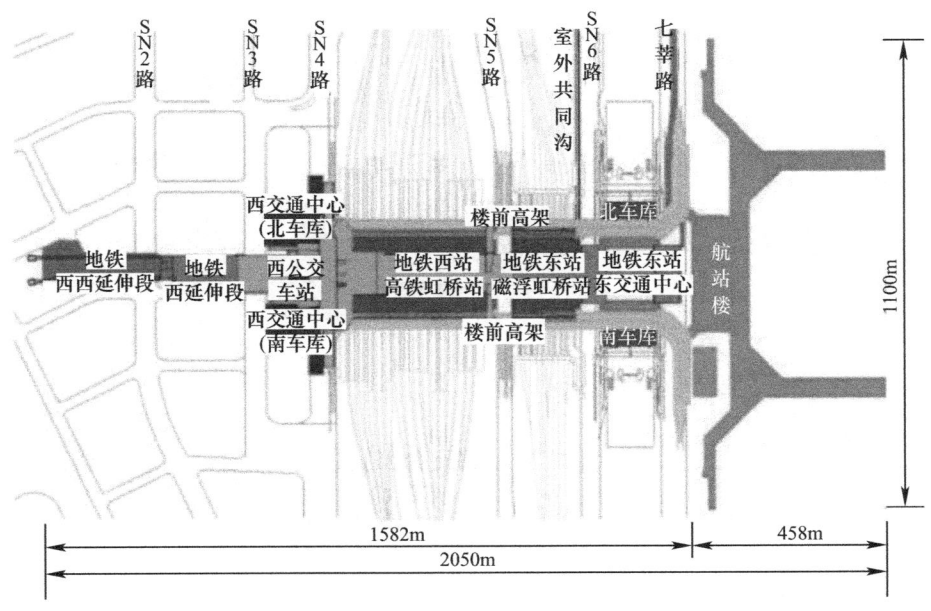

图 2-7 虹桥枢纽核心区建筑分布

核心区建筑由地下和地上两大部分组成：地下建筑分 B1、B2、B3 三层，B3 层主要为 5 号线、17 号线地铁站台层、轨道层及地铁新风道、通风道；B2 层主要为 2 号线、10 号线和低速磁浮青浦线的站台层、轨道层及地铁新风道、通风道；B1 层为东西向大通道。核心区建筑各层平面图及剖面图如图 2-8～图 2-14 所示。

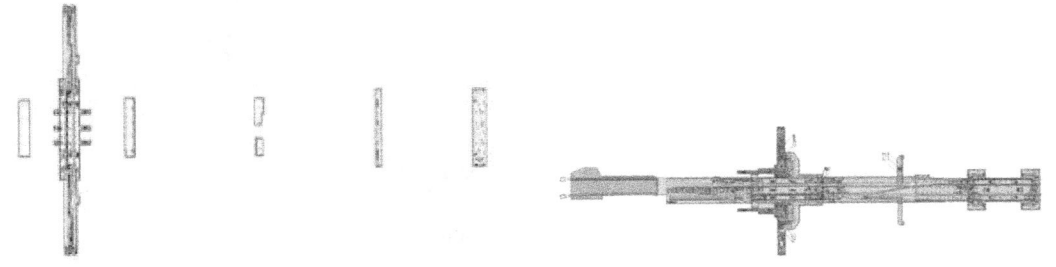

图 2-8  核心区建筑 B3 层平面图　　　　图 2-9  核心区建筑 B2 层平面图

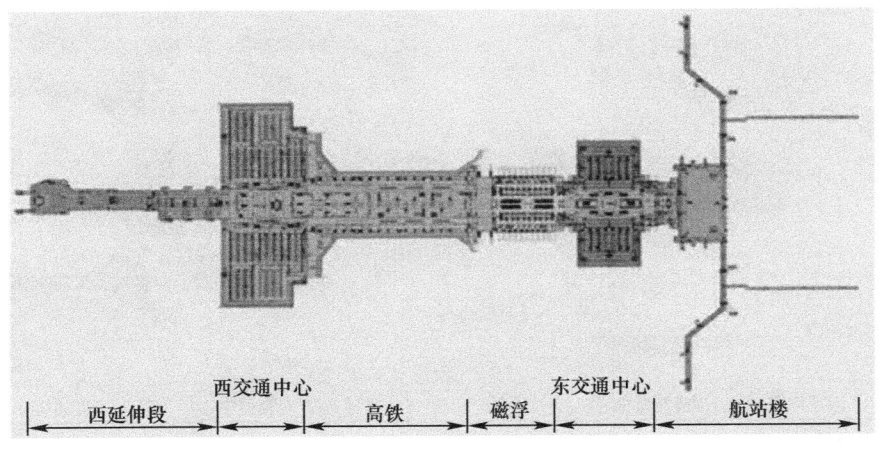

图 2-10  核心区建筑 B1 层平面图

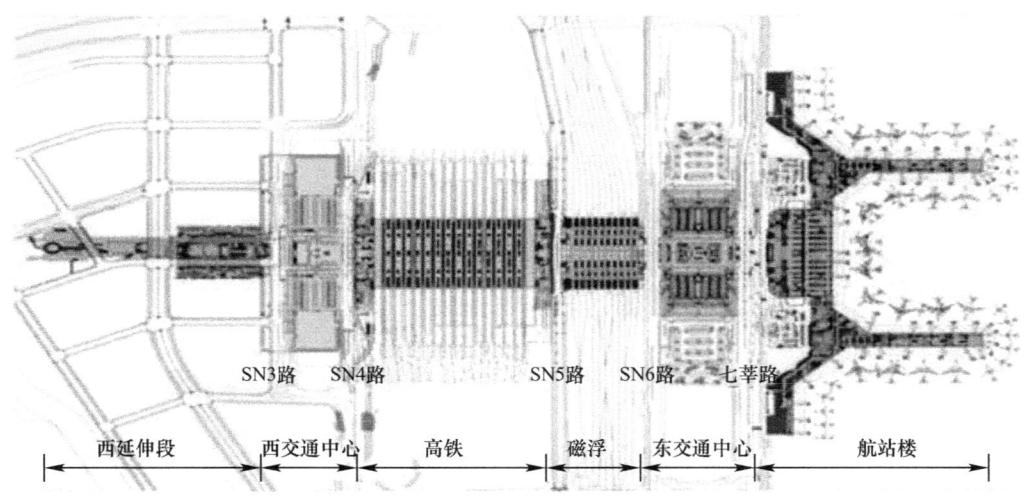

图 2-11 核心区建筑±0.00m 层平面图

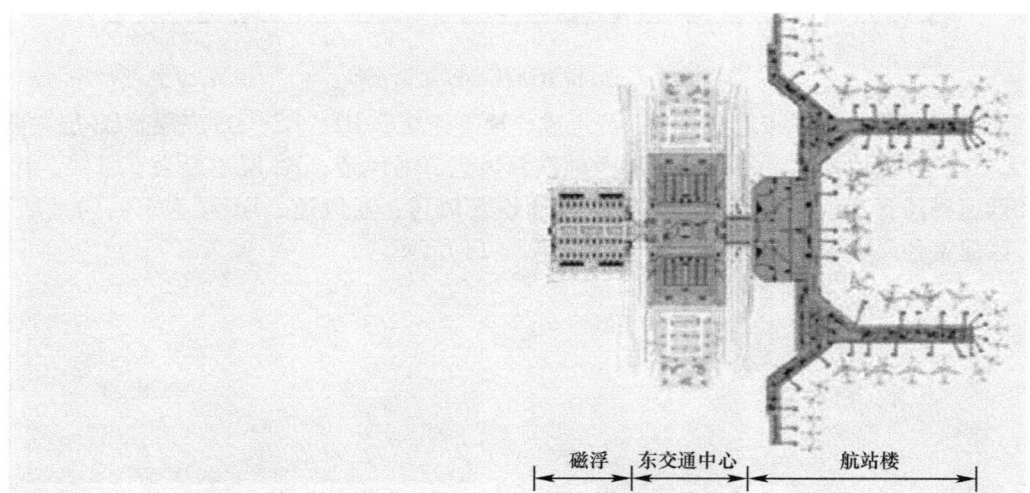

图 2-12 核心区建筑 6.60m 层平面图

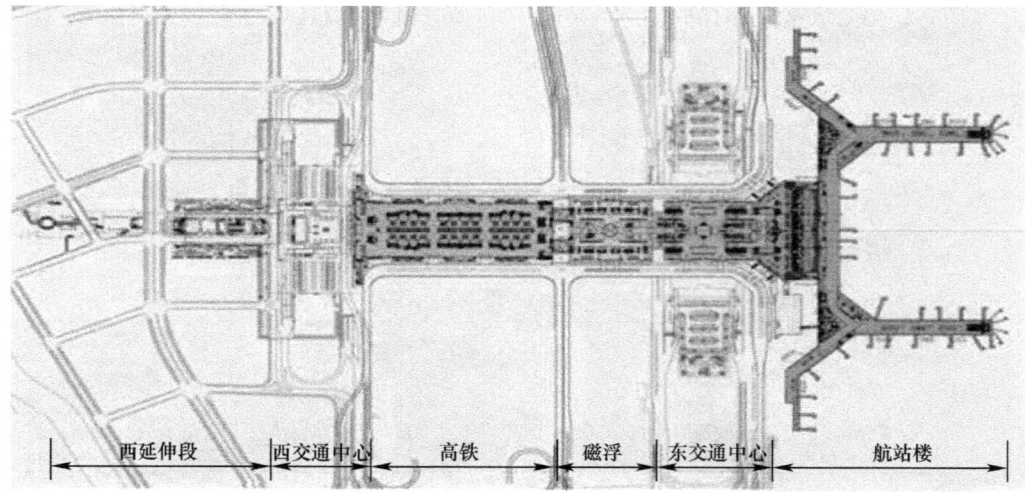

图 2-13 核心区建筑 12.15m 层平面图

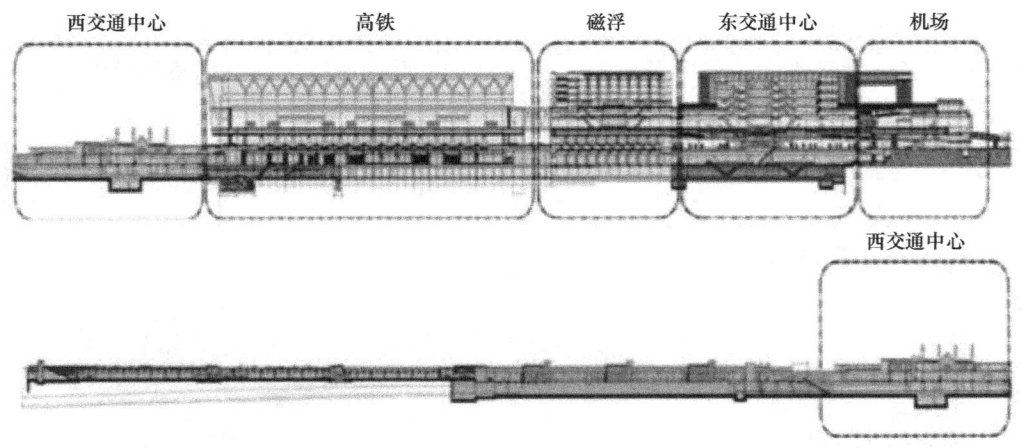

图 2-14 核心区建筑剖面图

地上建筑由东向西依次为航站楼、东交通中心、磁浮虹桥站、高铁虹桥站、西交通中心 4 个单体。

航站楼建筑面积 34.8 万 $m^2$，由主楼和登机长廊两部分组成。其中，主楼地下 1 层、地上 4 层（办公楼部分 11 层），标高 -7.95m 为连接东交通中心的公众大厅，-4.32m 为共同沟，±0.00m 为到达行李提取大厅、迎客厅，5.25（4.20）m 为中转中心，12.15m 为陆侧出发大厅、办票大厅、安全检查区，17.15m 以上为办公层、机房层、餐厅、AOC、TOC、航空公司控制中心；长廊地下 1 层，地上 3 层（局部 4 层），标高 -4.32m 为共同沟，±0.00m 为行李分拣机房、远机位出发候机厅、远机位到达厅、贵宾中心（VIP）、机坪用房、设备间和办公用房，4.20m 为国内到达通道，8.55m 为国内出发候机厅，13.55m/13.52m 为 CIP/VIP 候机厅、餐饮和商业区。

东交通中心地上 8 层，由室外停车场、停车库、地铁、公交巴士站、换乘中心、连接通道和开发用房等组成，东西向长 240m，南北向宽 336m（其中东交通中心 A 区宽 162m），高 42.85m/24m（局部），总建筑面积 35.7 万 $m^2$，其中标高 ±0.00m 为公交巴士中心，6.60m 为到达层和周边的社会车库，12.15m 为出发层，12.15m 以上为商业开发区域。磁浮虹桥站地上 9 层，东西向 170.6m，南北宽 162m，建筑高 42.85m，总建筑面积约 19 万 $m^2$，其中标高 ±0.00m 为轨道层，2.75m 为站台层，12.15m 为高架站厅层，18.65m 及以上为商业开发办公层。高铁虹桥站共有 30 条线、16 个站台。工程共分 5 个区，即站房主体、南北辅楼、无站台柱雨篷、站台工程及轨间工程、高架人行平台雨篷。主站房占地面积 22.42 万 $m^2$，建筑面积约 24.2 万 $m^2$。整个工程主体分为 5 层，地下 3 层、地上 2 层。站房主体包括标高 -11.55m 的地下一层（-4.80m 公交上客平台、-2.55m 轨道站台层）及标高 10.10m 的高架层（21.95m 高架夹层一、16.10m 高架夹层及 6.50m 设备层）。

西交通中心由南北车库和客运中心两部分组成，其中南北车库为地下 3 层、地上 1 层，建筑面积约 18 万 $m^2$，标高 -4.40m 为社会停车库及中央通道，-1.00m 和 2.40m 层为社会停车库和长途客运枢纽，7.35m 为屋顶广场、SN3 路、SN4 路及巴士停车场；客运中心为地下 2 层，建筑面积约 3.44 万 $m^2$，标高 -4.20m 层设有长途客运站售票厅候车厅、下沉式广场、地铁付费区及主通道，1.85m 夹层为长途汽车客运站、候车大厅及大巴出发区；7.05m 为高铁设站前广场，广场下部为地铁西站 C 区。高铁虹桥站及西交通中心效果图如图 2-15 所示。

图 2-15　高铁虹桥站及西交通中心效果图

# 3　工程的前期策划与实施

## 3.1　周边环境因素分析

### 3.1.1　动拆迁因素

枢纽占地面积约 26.34km²，原多为民房、工业厂房、苗圃用地以及一些基础公共设施建筑、武警部队建筑和寺庙，基本上需要全部动拆迁，由于动迁的单位多达数千家，因此需要分阶段进行，原定计划于 2007 年 10 月基本完成动拆迁。核心区工程场区原状如图 3-1、图 3-2 所示。

核心区作为最先开工的项目，该区域内的动拆迁也最早实施。然而当项目部进驻施工现场时，区域内尚有部分动拆迁并未完成。航站楼北部区域主要为 1~3 层居民私房，拆迁缓慢，特别是在结构出±0.00m 时，北侧区域内尚有部分居民房未拆除，这就给航站楼的整体施工部署及工期带来不便。为此，项目部在精心组织施工的同时，积极协助指挥部做好动拆迁工作，尽量将影响降到最低。航站楼场地原貌如图 3-3 所示。

高铁虹桥站和西交通中心区域内多为农田及大片的工业厂房，尤其是西交通中心范围内原有的大量框架厂房结构，存在长度为 20m 左右的桩基础，因此在工程前期准备工作中尚需安排大量的拔桩工作。磁浮虹桥站、高铁虹桥站及东、西交通中心原貌如图 3-4、图 3-5 所示。

在枢纽西部区域内原有一个 35kV 变电站，该变电站作为施工阶段的唯一电力供应设施，需要保留。同时，由于该变电站紧邻拟建的中央轴线公共配套地下空间工程，距离基坑边沿最小距离 3.875m，因此在制定基坑围护施工方案时，对该变电站的保护也是考虑的因素之一。另外，施工阶段临电的布置也需考虑如何从该变电站引出，以方便现场施工。

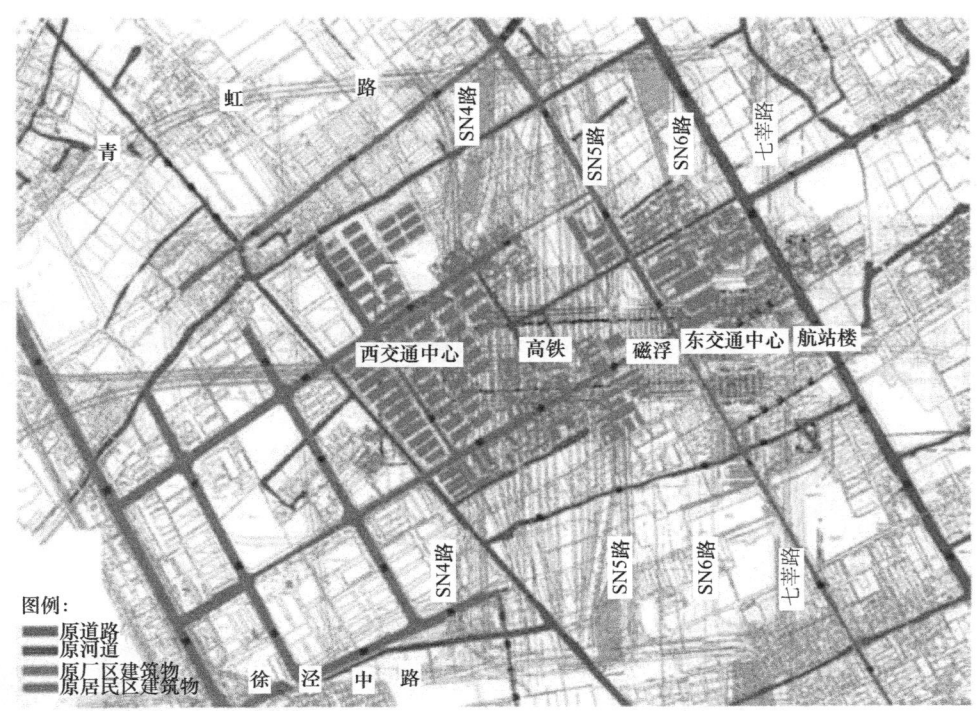

图 3-1　核心区工程场区原状图（一）

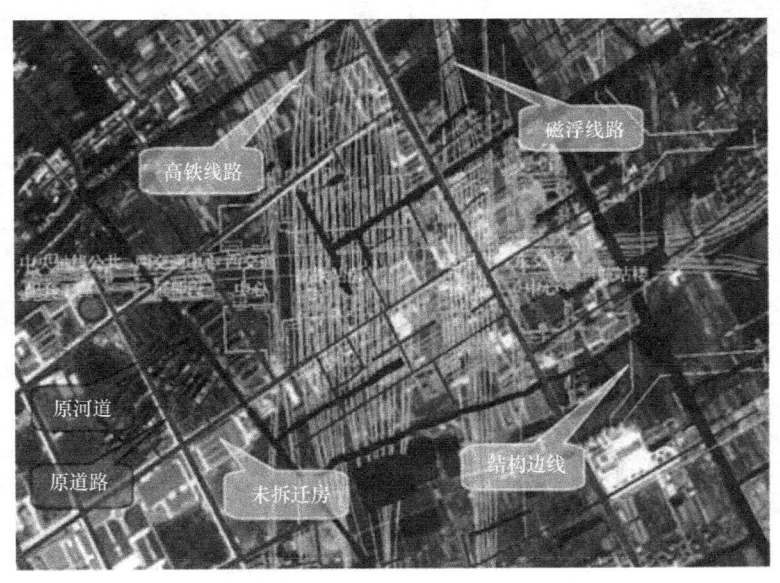

图 3-2　核心区工程场区原状图（二）

## 3.1.2　道路因素分析

枢纽内原交通路网呈现"一纵二横"的椭圆形交通线路，最北面的北翟路、最西侧的华翔路和最南侧的沪青平公路把整个施工区域包围了起来，而吴翟路纵向内部贯穿椭圆形的中心区域，并且吴翟路有 23 条 T 形路口和 5 条十字形路口。吴漕路自东向西连同航虹路，与北翟路形成一个 X 形的交叉路网。吴漕路、航虹路的 15 个 T 形路口与吴翟路上的各个路口，把整个椭圆形分割成渔网状。

图 3-3　航站楼场地原貌

图 3-4　磁浮虹桥站、东交通中心场地原貌

图 3-5　高铁虹桥站、西交通中心场地原貌

如何能够有效地利用原有道路体系，在确保核心区与外界交通顺畅的同时最大限度地降低成本，是前期道路策划过程中着重考虑的。区域内原道路体系平面图如图 3-6 所示。

### 3.1.3　河流因素分析

区域内的河流纵横交错，其中对核心区施工影响较大的有南北向的横沥港、郭浦港，东西向的有北潮江、周家浜、唐家浜及门前浜，另外还有大大小小的池塘星罗棋布。尤其是 28m 宽的横沥港穿越拟建的航站楼，20m 宽的郭浦港影响到待建的西交通中心，给工程建设带来很大麻烦，使得前期工作增加了诸如河道的截流、清淤、回填等工作。另外，众多河流的存在又像临时蓄水池,给建设过程中汛期阶段的排水带来方便。因此,在工程排水策划中,积极考虑利用不影响施工的未回填河流作为核心区排水的通道,在实施中取得了意想不到的效果。枢纽内原水系平面图如图 3-7 所示。

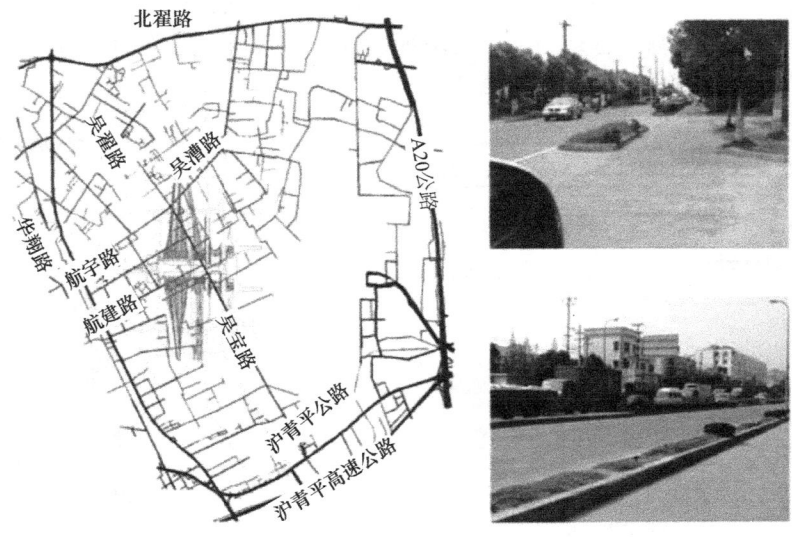

图 3-6 区域内原道路体系平面图

图 3-7 枢纽内原水系平面图

### 3.1.4 拟建物相互关系分析

核心区建筑物从施工管理的角度分成东、西两区。东区包括航站楼、东交通中心、磁浮虹桥站、地铁东站及毗邻的南北楼前高架等单体工程;西区包括高铁虹桥站、西交通中心、中央轴线公共配套地下空间工程、地铁西站及毗邻的南北楼前高架等单体工程。航站楼东侧毗邻运营中的虹桥机场 1 号航站楼及现状飞行跑道,现状跑道中心线距离高铁客站东侧第一股道中心线距离为 1750m,距离新建航站楼西边线 1240m。航站楼西侧为东交通中心，地下两层为2号线、10号线，盾构从东侧横穿航站楼进入，从东交通中心出洞。

航站楼的施工必须考虑不停航施工的要求，还需考虑东侧与机坪地基处理相协调一致，西侧与高架和东交通中心的桩基工程、围护工程、上部结构相协调一致，下部满足地铁盾构穿越的需要（盾构出洞前结构完成），上部满足横跨航站楼与东交通中心92m钢结构通廊的吊装要求，桩基工程须与河道的填埋、管线的搬迁、道路的改造、动拆迁等相协调一致。航站楼、高铁虹桥站与周边拟建构筑物关系如图3-8、图3-9所示。

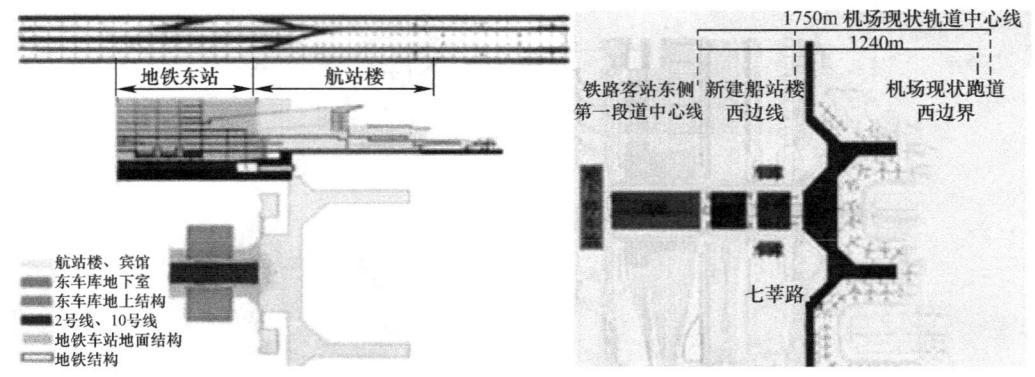

图3-8 航站楼与周边拟建构筑物之间相互关系图

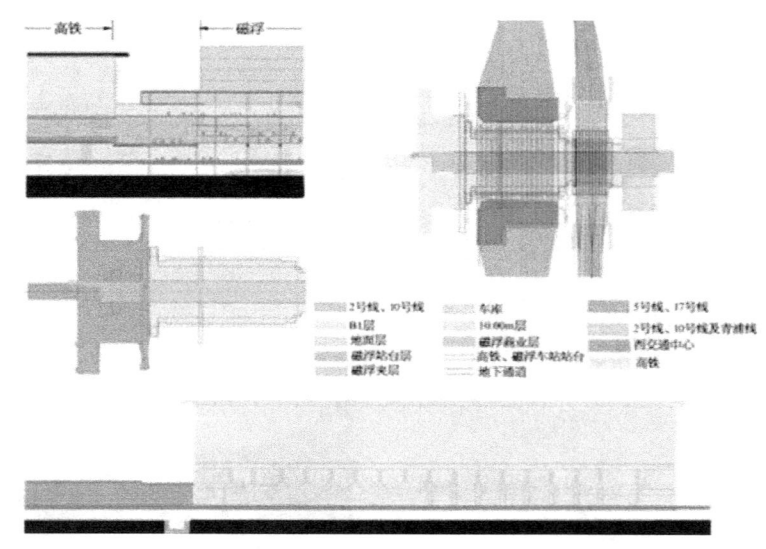

图3-9 高铁虹桥站与周边拟建构筑物之间相互关系图

高铁虹桥站东接磁浮虹桥站，西邻西交通中心，南北为楼前高架，地下2号线、10号线及青浦线东西向横穿，5号线、17号线南北向贯通，形成十字交叉形多线路车站，地面上为南北向贯穿的高铁线路，受周边环境制约因素多，施工难度大，特别是高铁线路及楼前高架的实施使得原来从南北向进入站房区域的通道中断，给道路交通带来极大不便。如何有效地解决道路交通，是确保站房顺利实施的关键。站房四角有4个从地面至地下一层的出租车车道，如果能够提前实施，借用出租车道作为进出场材料的通道将解决后期材料、设备运输困难的问题，站房的施工与西交通中心密切相关，在施工过程中可以西交通中心作为临时驳运站，向西交通中心"借路"。实施过程中，高铁虹桥站曾在挖土及结构施工阶段两次向西交通中心"借路"。图 3-10 为高铁虹桥站及西交通中心基坑开挖阶段周边道路图,图 3-11 为高铁虹桥站施工两次向西交通中心借道示意图。

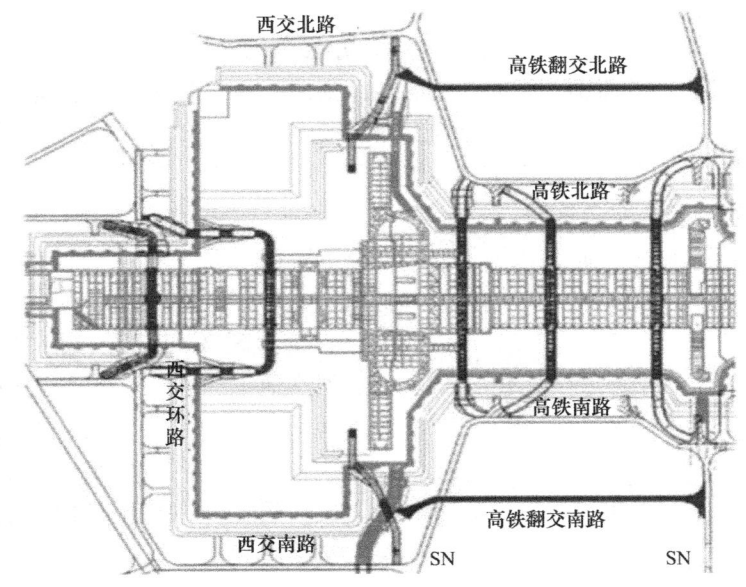

图 3-10 高铁虹桥站及西交通中心基坑开挖阶段周边道路图

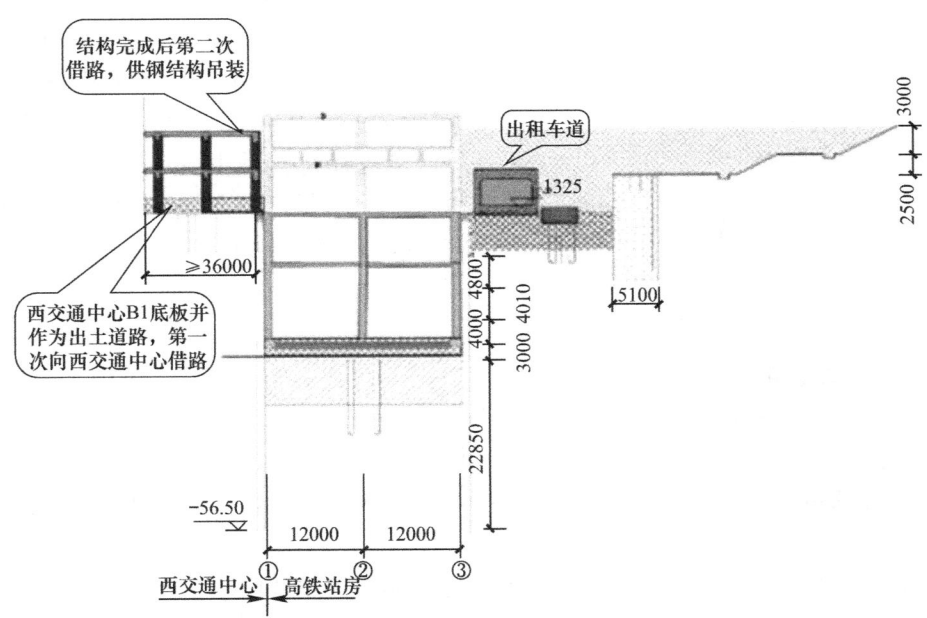

图 3-11 高铁虹桥站施工两次向西交通中心借道示意图

基坑开挖阶段,西交通中心向西延伸 50m,然后作为 5 号线、17 号线基坑的土方开挖道路,西交通中心施工底板留设 20m 作为 5 号线、17 号线基坑的土方开挖道路,预留段与 5 号线、17 号线的 B2 层顶板同步施工。

当西交通中心结构出±0.00m 后,高铁虹桥站上部钢结构正进行大流水吊装施工,当 4 台行走式塔吊由中间退至西侧时,借助西交通中心与高铁虹桥站之间的申贵路作为胎架拼装场地和塔吊吊装场地。

## 3.2 总平面布置的策划

整个大临设施采取一次规划、分期实施。办公生活区布置依据"集中布置、零星为辅、不影响近期开发"的原则,同时考虑满足施工期间的文明标准化管理的要求。施工道路、临水、临电、排水布置以尽可能地利用原有的道路交通、水、电、水系为主要原则,满足核心区工程的桩基、结构、钢结构和装饰各个阶段的施工需要。

### 3.2.1 办公、生活区的布置策划

办公、生活区大临的实施是依据工程进展分阶段进行的。第一阶段,航站楼、东交磁浮工程先行开工,因此首先布置青虹路北侧的办公、生活区(一)。第二阶段,随着高铁工程、西交通中心及延伸段工程、中央轴线公共配套地下空间等一些西区工程的开工,大量施工工人的进场,布置办公、生活区(二)。第三阶段,随着核心区工程主体结构渐入尾声及周边市政配套工程的开工,部分大临设施需拆除退场。大临布置如图 3-12 所示。

因为现有场地标高均为 4.00m 左右,而规划周边道路为 4.80~5.00m,现有道路一般为 4.00m 左右,在不进土方的前提下,生活区场地标高只能做到 4.20m 左右,临时道路标高约 4.50m,因此生活区的排水问题需分阶段考虑。位于横沥港边的生活区,由于就地平整搭设,现场场地标高 3.80m,低于临时道路

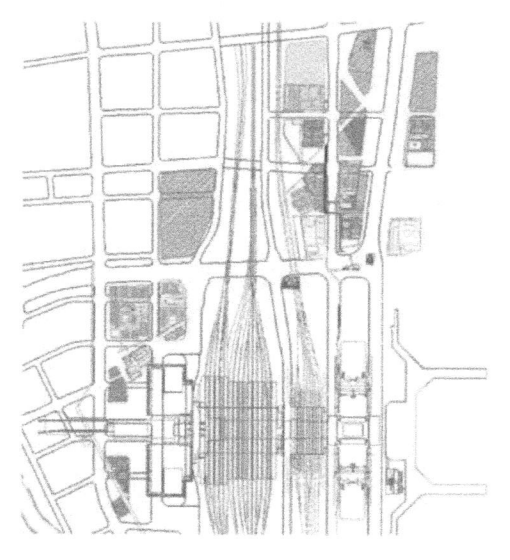

图 3-12 大临布置图

路,在汛期河道排水不畅的情况下两次被淹,造成一定的经济损失,这也给今后大临的搭设带来经验教训。

### 3.2.2 施工区水、电的策划及实施

施工区域内用水用电分南北两路,并且依据工程的进展分阶段布设。

(1)施工区用水实施

整个施工区的用水布设依据工程的进展分两阶段,布设原则尽可能做到一次到位,利用原有管网。

第一阶段:航站楼、东交磁浮工程先行开工,施工区域内用水主要满足东区工程。上水管网北侧从航宇路、吴翟路路口接入,沿青虹路高架向东布设,沿途在 SN5 路、SN6 路、七莘路处预留 $\phi150$ 水头;南侧从航建路、华建路路口接入,沿徐泾中路高架外侧布置,并在 SN5 路、SN6 路、七莘路处预留 $\phi150$ 水头,同时在 SN4 路处预留水头以备西区高铁工程、西交通中心及延伸段工程和中央轴线公共配套地下空间工程之用。第一阶段上水布置如图 3-13 所示。

第二阶段:西区工程陆续开工,航宇路断路,北侧上水管网需重新考虑,从华翔路水头接入一根 $\phi500$ 上水管,沿青虹路高架布置至 SN5 路与原预留的总 2、总 3 接头相接,

解决东区工程之用,同时在 SN2 路、SN3 路、SN4 路处预留水头解决西区工程用水。第二阶段上水布置如图 3-14 所示。

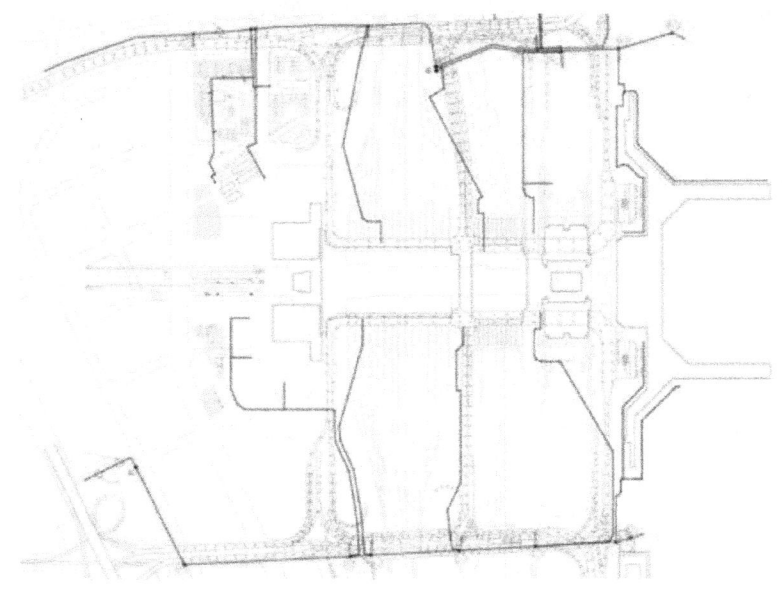

图 3-13　第一阶段上水布置图

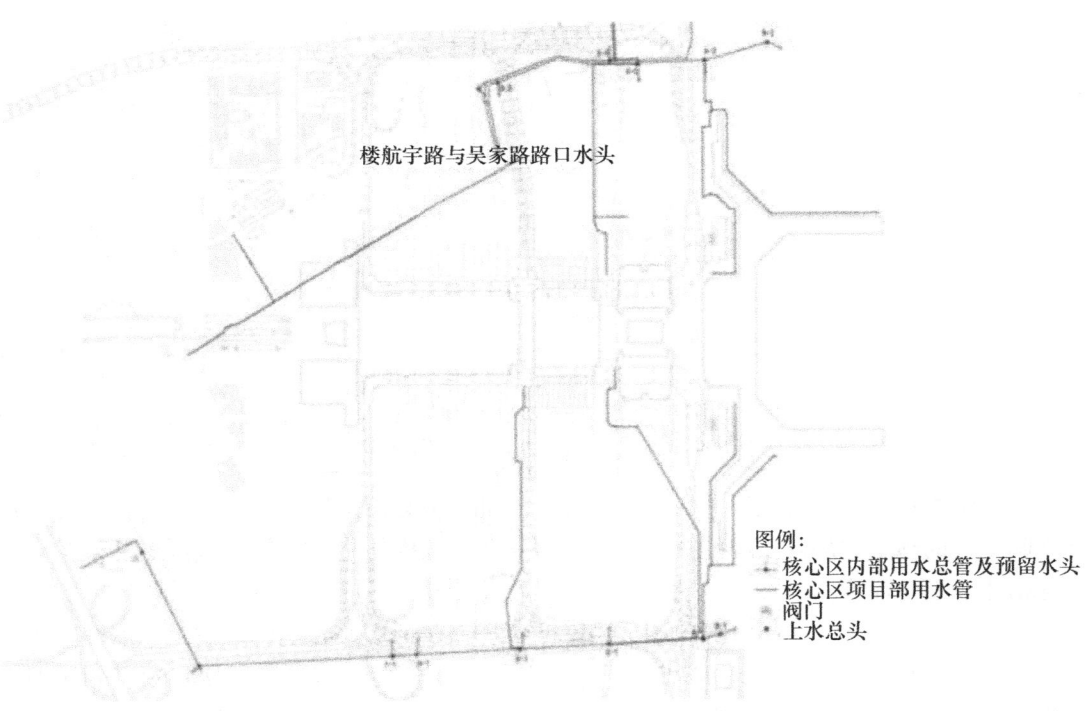

图 3-14　第二阶段上水布置图

(2) 施工区用电

施工用电的布设包括箱变的设置及用电线路的布设,考虑利用核心区西侧 35kV 原有变电站作为整个施工阶段的供电唯一来源,建立"西电东送"供电系统。整个施工区的用电布设依据工程的进展分三阶段。

第一阶段：主要用于航站楼、东交磁浮施工。施工线路分南北两侧接入，北侧从吴翟路原有线路接入，沿磁浮、东交基坑北侧一线布置至航站楼（北）基坑边，北侧设置施9、施7、施3、施1四只箱变，其中施1、施3容量为800kV·A供航站楼施工，施7、施9容量为1000kV·A供东交磁浮施工；南侧从原35kV变电站接出，沿原华宇路、规划徐泾中路高架外侧（穿越高架处预埋电缆）至老的吴翟路，再沿吴翟路布置至东交通中心车库基坑边，向东、向西沿基坑边布置线路，基坑南侧设置施10、施8、施5、施6四只箱变，其中施5、施6容量为800kV·A供航站楼施工，施8、施10容量为1000kV·A供东交磁浮施工。第一阶段施工用电布置如图3-15所示。

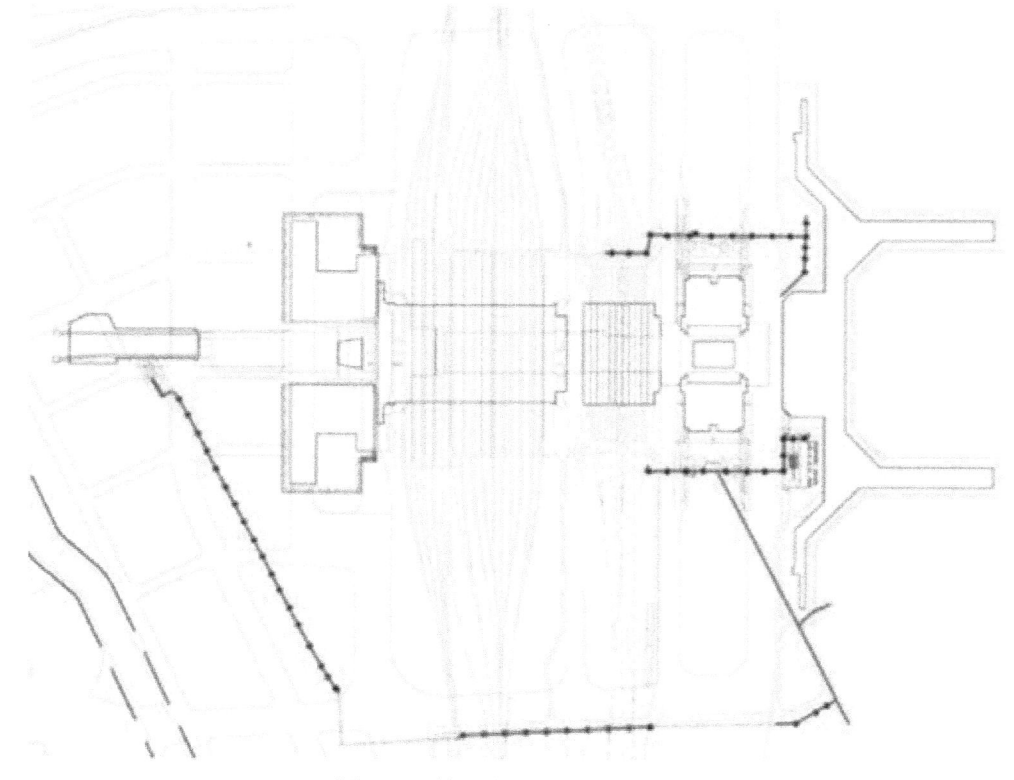

图3-15 第一阶段施工用电布置图

第二阶段：增加箱变及线路服务于高铁、西交通中心及延伸段、中央轴线公共配套地下空间工程的施工。随着工程的进展，原用于航站楼工程的施1、施3、施5、施6搬迁至东交南北规划地面停车场；在高铁基坑南北两侧设置施11~施14、施17~施20共8只箱变（每只箱变1000kV·A，其中施19、施20用于西交通中心施工，其余用于高铁工程施工）；在西交通中心南北车库基坑西侧增加施23、施24（容量为1000kV·A），用于西交通中心施工；由于高铁、西交通中心基坑施工造成航宇路的断路，原航站楼、东交通中心、磁浮北侧用电无法满足，因此需从原35kV变电站沿西交通中心、高铁基坑北侧新建一路线路接通原磁浮北侧线路，新建线路在穿越规划高架时预埋电缆。

第三阶段：随着工程进展，线路局部搬迁。由于西西延伸段的开工，造成华宇路的线路中断，故需从35kV变电站重新沿西西延伸段施工便道外侧布置一路线路与核心区北侧线路相接；同时，高铁线路的加固施工造成高铁南北两侧用电线路中断，高铁以东工程用电需重新考虑：南侧供电利用已布置的线路从徐泾中路高架接入，进入核心区工程后沿施工便道由东向西布置，由于航站楼工程先行竣工而东交通中心、磁浮工程尚处于用电高峰，这就给最终断电退场带来一定麻烦；北侧供电线路由原来的架空线改为埋地电缆。

### 3.2.3 道路的布置策划及实施

(1) 道路布置的策划

① 利用原有道路的布置

工程开工初始，特别是桩基施工阶段，可以充分考虑利用场区内原有道路。南北向道路：吴宝路、吴翟路、吴漕路、刘范路；东西向道路：航宇路、航建路、吴翟路710弄、770弄、585弄。

② 修建施工便道

随着工程的进展，场区内原有道路因影响工程施工需逐步废除，这时需考虑修建临时施工便道，临时施工便道考虑为三大道路系统。

A. 第一大道路系统——青虹路、徐泾中路道路的布置在2007年年初，飞行区跑道开始地基处理，一旦飞行区跑道施工，从南侧沪青平公路沿吴宝路进入核心区的道路被切断，并且北侧的北翟路路况差，交通十分拥堵，故利用华翔路作为主要的施工道路。随着工程的陆续开工，进入核心区的道路陆续废除，特别是东西向道路，基本上没有一条完整的便道，因此考虑修建两条横向道路，以便车辆从华翔路向东进入核心区。第一大道路系统布置综合考虑以下因素：

- 道路布置在高铁和磁浮的路轨咽喉区部位外侧，这样可将道路对铁路站场施工影响减少到最小，且施工道路减少返交次数，延长了道路的使用寿命。
- 飞行区土方量进出约250万 $m^3$，道渣石子进出几百万吨，为满足飞行区施工材料的进出，道路延伸至飞行区。
- 道路布置综合考虑了核心区地下空间大开挖的施工，高架匝道施工时大量材料的进出。
- 施工道路将青虹路、徐泾中路高架围在里面，考虑围墙内统一由一家施工单位协调青虹路、徐泾中路高架施工对核心区施工的进度影响，可以减少协调工作量。
- 施工道路修筑时，考虑将青虹路作为今后的景观道路；徐泾中路筑通与磁浮车辆段之间的施工道路。

B. 第二大道路系统——SN2路~SN6路及七莘路道路的布置

第一大道路系统至核心区中轴线尚有约800m距离，为方便车辆从主干道进入施工区域，需要布置几条纵向道路。根据工程进出场车流量并依据规划总图，在规划SN2路~SN6路及七莘路道路外侧布置6条纵向道路，依次服务中央轴线公共配套地下空间工程、西交通中心及延伸段、高铁虹桥站、磁浮虹桥站、东交通中心、航站楼工程。

C. 第三大道路系统——基坑周边道路的布置

航站楼工程沿基坑周边布置环基坑道路，东交通中心、磁浮、高铁工程在基坑南北两侧布置临坑道路，西交通中心及延伸段、中央轴线公共配套地下空间工程沿基坑周边布置环形道路。所有基坑道路横向沟通，并与7条纵向道路相连，构成一套贯通的道路体系。

③ 利用永久规划道路

根据工程进度安排，从2008年的下半年开始至2009年年底为整个工程施工的高峰期,也是整个道路交通组织最紧张、最艰难时期。一方面,核心区各单体不同工种同步施工,如2008年下半年,东区(航站楼、东交通中心、磁浮虹桥站)结构施工与西区(地铁西站及西交通中心)土方开挖同时进行;2009年上半年,航站楼机电安装、东交通中心、磁浮虹桥站和西区各单体的结构施工同步进行,车流量大(高峰期的车流量估计在5740辆次/d),且有很多超长、大件车辆;另一方面,飞行区、高铁线路、地铁、配套项目、外围道路、磁浮线路等同时施工,特别是高铁线路的施工,截断了原来的东西向道路,将整个道路系统分割成东西两块,枢纽内已无一条完整的东西贯通道路;再加上因市政管网及隧道的施工造成局部道路的翻交,此时的道路系统很难满足大流量的交通组织。为解决交通瓶颈,在道路体系策划中考虑提前启用几条永久规划道路,根据道路规划情况,考虑到现场道路实施条件,利用规划的SN2路、SN6路道路作为东、西区南北贯通道路,利用W2路隧道连接南北道路的东西联络通道,同时考虑到装饰、机电安装阶段材料的进场,建议及早开通楼前高架。随后的实施效果证明,利用规划道路很好地解决了交通瓶颈,确保了工程的有序进行。图3-16为道路开通策划示意图。

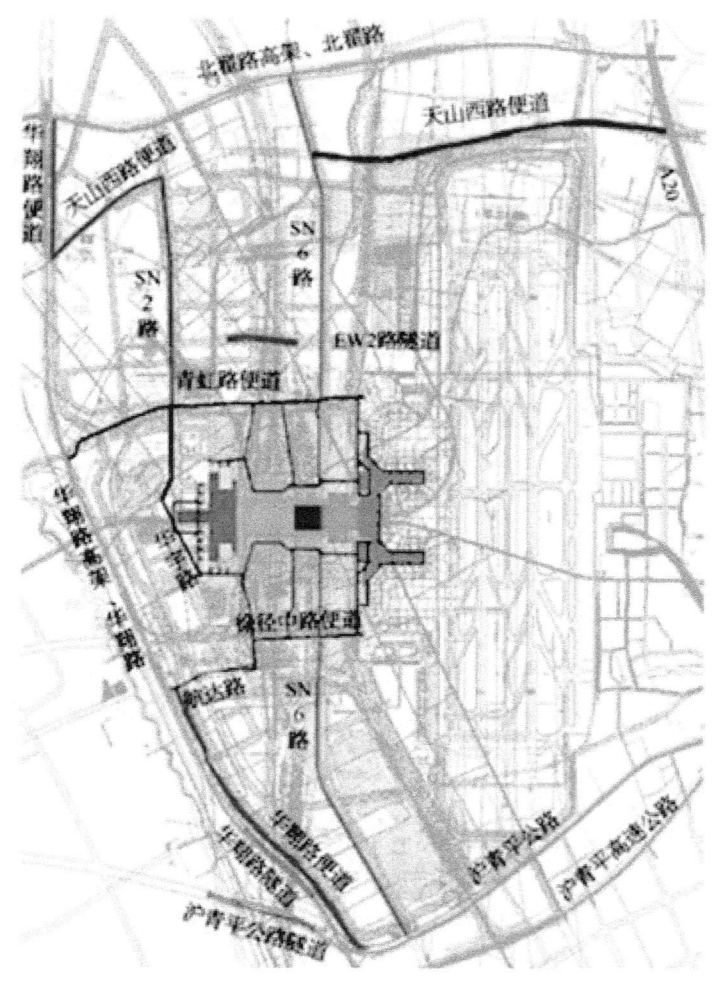

图 3-16 现场道路开通策划图

(2) 道路的布置的实施

道路的实施依据工程的进展分阶段进行。其中，青虹路、徐泾中路外侧便道先行施工，道路宽 12m。第一阶段：利用原有道路。工程初期，利用区域内原有道路作为进出场通道，吴翟路、吴宝路、吴漕路三条是工程前期最主要的交通道路，与外围的北翟路、华翔路及沪青平公路构成初期的交通体系。第一阶段道路交通图如图 3-17 所示。第二阶段：修建临时施工便道。

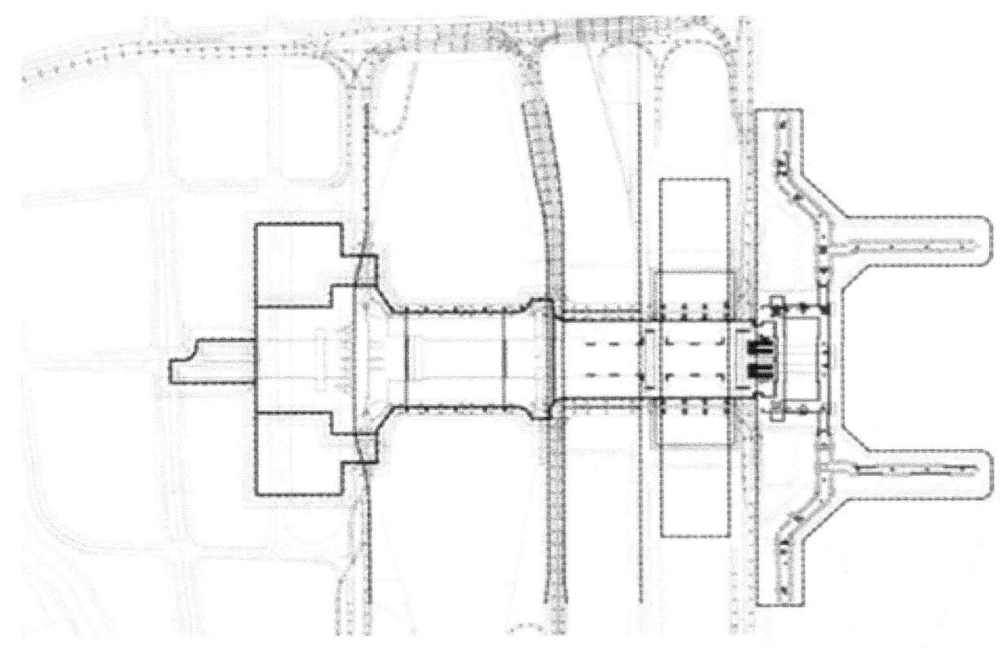

图 3-17 第一阶段道路交通图

航站楼、东交磁浮工程基坑周边道路先行实施，同时实施七莘路、SN6 路、SN5 路 3 条纵向道路，所有道路宽 7.5m；随着高铁、西交通中心及延伸段、中央轴线公共配套地下空间工程的开工，实施其环基坑道路，同时沟通 SN2 路～SN4 路 3 条纵向道路，所有道路宽 7.5m。第二阶段道路交通图如图 3-18 所示。

第三阶段：道路的翻交及规划道路的逐步启用。随着工程不断推进，原施工道路根据实际情况进行翻交。主干道因高铁线路施工断路，以规划 SN5 路为界，西区北侧从华翔路沿青虹路分别从 SN2 路、SN4 路便道进入施工现场；南侧从华翔路沿航达路、华宇路、SN4 路便道进入施工现场；东区北侧从外围经青虹路沿 SN6 路便道进入施工现场，南侧从 SN6 路经 SN6 路便道进入施工现场；航站楼区域施工便道废除，启用规划道路；东交南（北）路翻交至地面停车场处，道路宽度、做法同原施工便道；高铁南（北）路向外翻交至站台外侧，道路宽 7.5m。当外围规划道路和楼前高架形成时，临时便道逐步废除，规划道路和高架成为进出场的主要交通道路。第三阶段道路翻交示意图如图 3-19 所示。第三阶段道路交通图如图 3-20～图 3-23 所示。

### 3.2.4 排水的布置及实施

(1) 核心区阶段性排水的策划

策划原则包括：尽可能利用原有的河道、池塘，或作为最终雨水汇集点，或作为临时

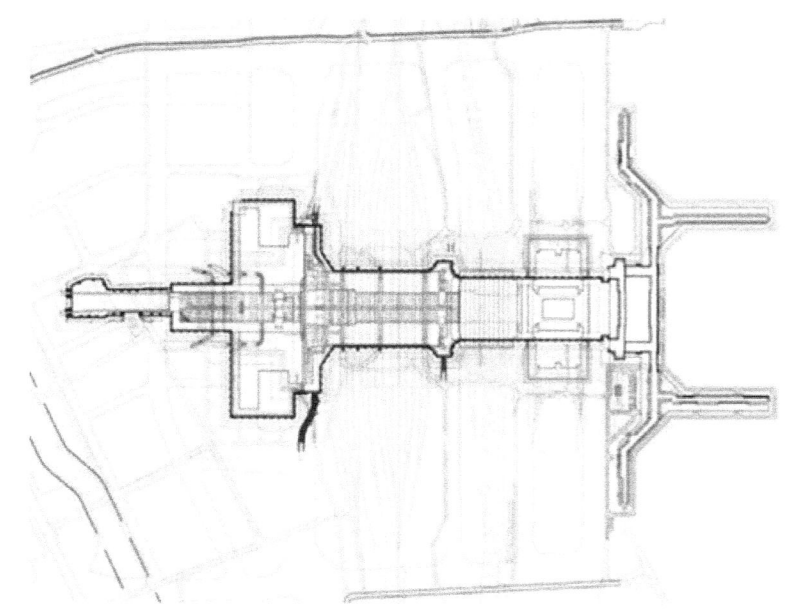

图 3-18 第二阶段道路交通图

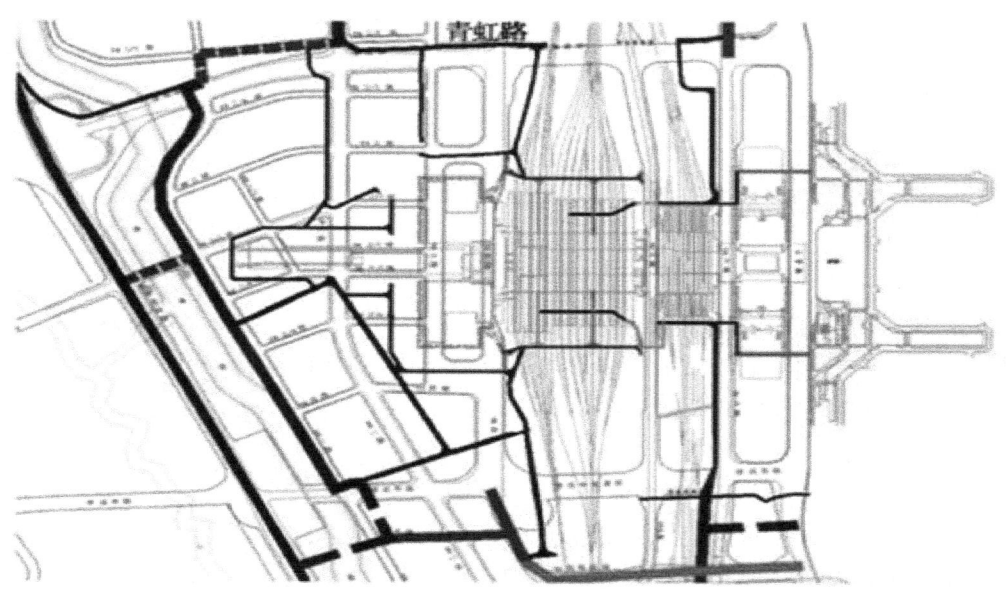

图 3-19 第三阶段道路交通示意图

集水池；施工便道两侧排水沟宽度、深度需满足区域内排水要求，依据汛期排水需要设置；利用规划的市政管网排水，这需要配套的泵站等配套设施可以尽快启用。

核心区工程考虑阶段性排水。工程前期，考虑尽可能利用原有河道，沟通施工便道两侧排水沟，保证排水畅通。随着工程进展，原有的河道回填，可以适当新开临时排水沟与原有排水体系沟通，以保证工程排水顺畅。当规划水系形成时，考虑沟通核心区排水体系与外围规划水系，以保证区域内水流顺利排水。

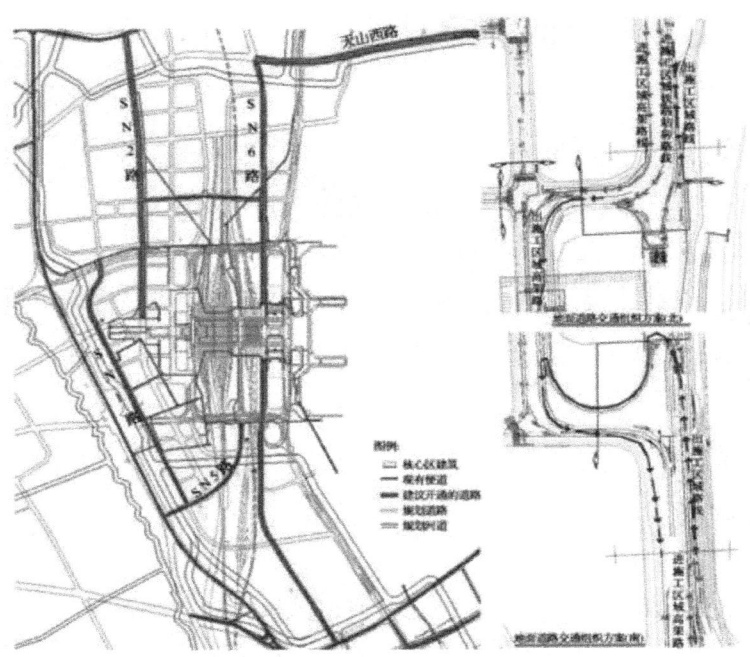

图 3-20 第三阶段道路交通图（利用规划道路）

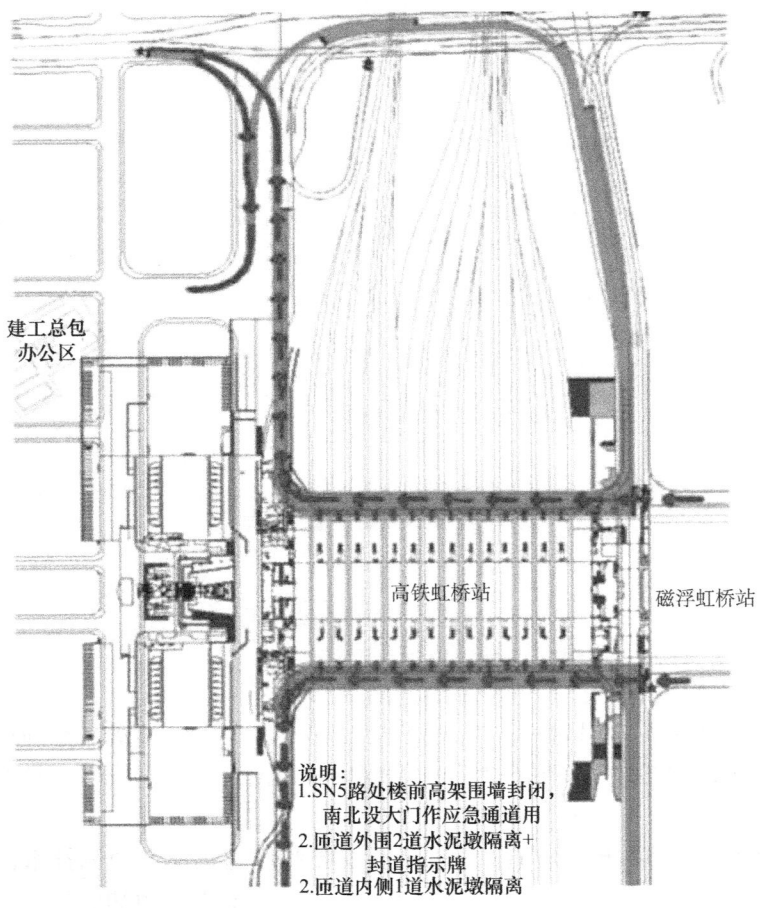

图 3-21 第三阶段道路交通图（利用高架）

图 3-22　第三阶段道路交通图（利用高架层楼板）　　图 3-23　第三阶段道路交通图（利用出租车道路）

（2）实施

虹桥综合交通枢纽工程施工周期长，跨越 2007—2009 年的汛期，因此区域内的排水分阶段考虑实施。

第一阶段（2007 年），原有场区内的几大河道（横沥港、北潮江、郭浦港、唐家浜、门前浜）仍然存在或局部河道存在，将区域内水从施工道路两侧的排水沟直接排入就近的河系，为保证排水的畅通，在适当位置安排强排点。第一阶段排水平面图如图 3-24 所示。

图 3-24　第一阶段排水平面图

第二阶段（2008 年），场区内大部分河道均已回填。此阶段排水主要利用施工便道两侧排水沟以及尚未回填的北潮江和已经开通的规划 2 号河。第二阶段排水平面图如图 3-25 所示。

第三阶段（2009 年），规划河道外围形成。主要利用施工便道两侧排水沟将区域内雨水向北排入规划张正浦，向南排入规划 2 号河，向西排入规划新角浦。第三阶段排水平面图如图 3-26 所示。

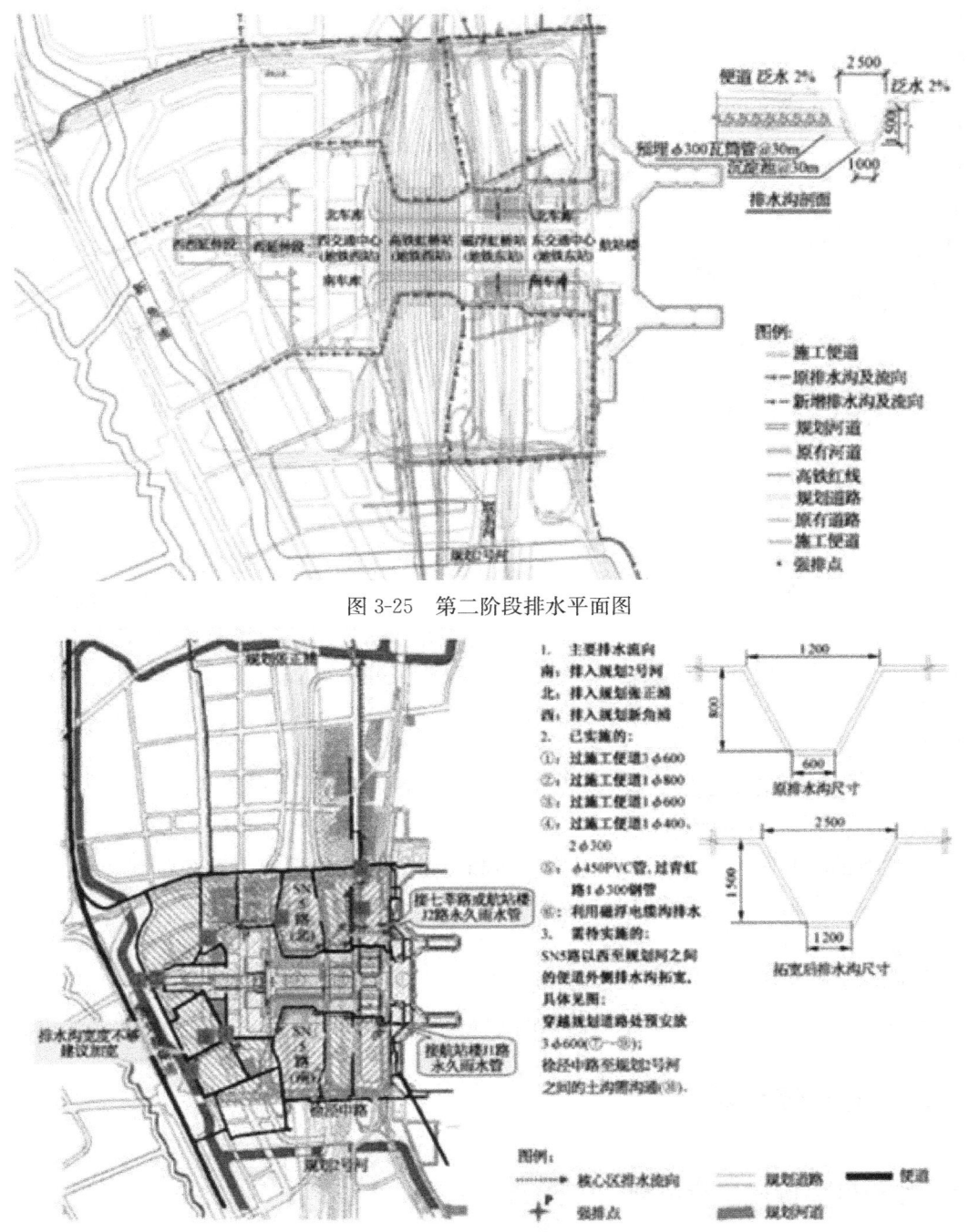

图 3-25 第二阶段排水平面图

图 3-26 第三阶段排水平面图

### 3.2.5 临时驳堆点的布置

（1）临时驳堆点方案的策划

整个虹桥综合交通枢纽基坑工程从东向西依次划分为：航站楼、东交磁浮、高铁、西交通中心及延伸段、西西延伸段，基坑开挖面积约 59 万 $m^2$，最大开挖深度 31m，总土方量约 620 万 $m^3$。完成如此巨大的土方工程存在以下问题：

① 场地周边交通状况比较差，外运如此多的土方量，工期难以得到保证。

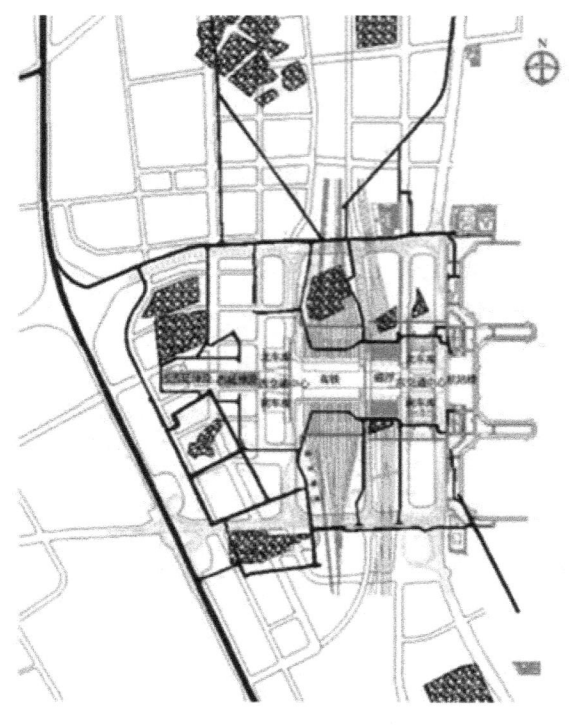

图 3-27 现场土方堆点布置平面图

② 开挖的土方中有部分土方适合回填，如若将该部分土方外运，一方面增加来往运费，另一方面增加工期，得不偿失。

③ 整个枢纽区域内存在合适的土方驳堆点。

按内驳费用在 3km 范围内落实卸点进行土方的临时堆放。同时，现场临时土方驳堆点不能影响现有道路、河道及规划项目的施工用地。因此，在总平面布置过程中考虑。

临时土方驳堆点堆放土方共计 71.43 万 $m^3$。现场土方堆点布置平面图如图 3-27 所示。

（2）实施与管理

现场堆放如此数量的临时土方，其管理必须规范，因此在制定临时土方驳堆点方案的同时，也需考虑对临时土方驳堆点的管理。

① 临时土方的驳堆要严格遵守各类安全制度，如在高压线、预埋管线周边限定 10m 范围内严禁堆土，并对高压线、预埋管线予以保护。

② 驳堆场地离道路管线及河浜边线要有一定安全距离（一般为 10m），原有河浜、沟渠等排水设施周边严禁回填和堆土。

③ 预留的临时驳堆点距离规划道路红线和河道蓝线一定距离（距离红线 10m、蓝线 30m），并根据规划图纸预留出规划建筑物。

④ 临时驳堆点限高 3m。

⑤ 临时驳堆点堆土前，应对原场地标高进行测量，作为以后原场地恢复的依据。

⑥ 临时驳堆点堆土做好防尘环保工作。

# 4 工程的总体部署

## 4.1 核心区关键施工段控制性节点

**各工程关键节点**

根据虹桥综合交通枢纽工程指挥部的要求，2007 年年初确定关键节点：2007 年上半年部分工程开工；2007 年下半年至 2008 年初，工程相继开工；2009 年年底综合配套工程基本完工；

2010 年 4 月，满足上海世博会投入使用的要求。

（1）航站楼工程

2007 年 4 月，开始航站楼工程正式打桩。

2007年6月，基坑围护工程开工。

2007年8月，桩基工程完工，基础工程开工。

2008年2月，基础工程完工，机电安装工程开工。

2008年6月，土建结构完工。

2008年8月，完成钢结构吊装及屋面封顶。

2008年12月，登机桥固定端土建结构完工。

2009年5月，幕墙工程完工。

2009年10月，完成精装修工程。

2009年11月，完成机电及其他弱电类设备安装及系统调试。

2009年12月，竣工及初验完成。

(2) 东交通中心和地铁东站工程总进度控制节点

2007年7月，具备施工条件，开始地铁东站工程桩基施工。

2008年1月，完成地铁东站桩基和基坑围护施工，开始土方开挖和支撑围护施工。

2008年12月，完成地铁东站地下结构和结构标高±0.00m楼板施工。

2008年12月，具备地铁东站2号线、10号线地铁盾构出洞和地铁专业设备安装及调试条件。

2009年6月，完成东交通中心主体结构封顶。

2009年7月，完成东交通中心车库土建施工。

2010年3月，完成东交通中心机电及其他弱电类设备安装及系统调试。

2010年4月，东交通中心和地铁东站竣工及初验完成。

(3) 磁浮虹桥站工程总进度控制节点

2007年7月，完成开工前准备工作，开始桩基施工。

2008年1月，完成桩基和基坑围护施工，开始土方开挖和支撑围护。

2008年12月，完成结构标高±0.00m楼板施工。

2009年7月，完成主体结构封顶。

2010年3月，完成机电及其他弱电类设备安装及系统调试。

2010年4月，竣工及初验完成。

(4) 高铁虹桥站（地铁西站）工程总进度控制节点

2008年1月28日，高铁虹桥站（地铁西站）桩基施工。

2008年6月，高铁虹桥站（地铁西站）土方开挖。

2009年5月，高铁虹桥站（地铁西站）至结构标高±0.00m。

2009年6月，高铁虹桥站（地铁西站）混凝土结构完工。

2009年11月，高铁虹桥站（地铁西站）钢结构完工。

说明：特指高铁虹桥站下方的地铁工程。

(5) 西交通中心（地铁西站）工程总进度控制节点

2007年8月，开始西交通中心（地铁西站）试桩。

2007年9月，开始西交通中心（地铁西站）桩基施工。

2008年12月，完成西交通中心和地铁西站地下结构，至结构标高±0.00m。

2008年12月，具备地铁专业工程施工和专业设备安装及系统调试条件。

2009年7月,完成西交通中心车库土建施工。

2010年3月,完成西交通中心和地铁西站机电及其他弱电类设备安装及系统调试。

2010年4月,西交通中心和地铁西站竣工及初验完成。

(6) 高铁虹桥站工程总进度控制节点

2008年7月20日,高铁开工。

2008年11月,土方开挖完毕。

2009年5月,下部结构完成。

2009年11月,上部钢结构吊装完成。

2010年5月,楼层混凝土、屋面板、幕墙完成。

2010年6月,装饰施工完成。

2010年6月,机电安装施工完成。

2010年7月1日,沪宁城际高速铁路开通。

2010年9月1日,沪杭城际高速铁路开通。

2011年7月1日,京沪高速铁路开通。其中,四电时间安排如下:2010年1—3月,进行综合布线,客服终端设备布点安装;4月1日—5月10日,进行综合引导显示系统、综合监控系统、客源广播系统、办公管理等系统联调;5月10日—20日,完成。

(7) 楼前高架工程总进度控制节点

2008年11月,开始楼前高架桩基工程施工。

2008年12月,开始楼前高架承台、立柱施工。

2009年12月,东段高架竣工验收。

2010年4月,西段高架竣工验收。

## 4.2 总体施工流程策划

由于核心区各单体工程场地分批移交,各单体的开工时间前后有别。以 SN5 路为界,东区各单体(航站楼、东交通中心、磁浮虹桥站)较早动工,当其进行桩基施工时,西区(高铁虹桥站及西交通中心)尚处于场平阶段;当东区各单体进行围护及挖土施工时,西区各单体进行桩基施工,机械设备也随着工程的进展逐批投入使用。图4-1~图4-5反映了整个工程的总体流程。

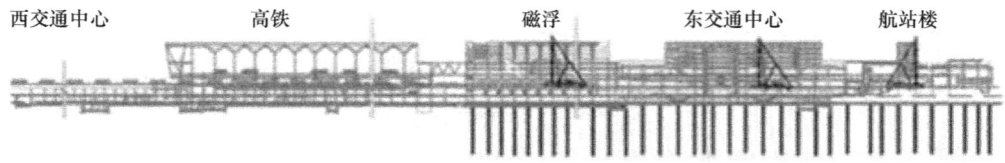

图 4-1 2007年4月—2008年1月东区各单体进行桩基施工

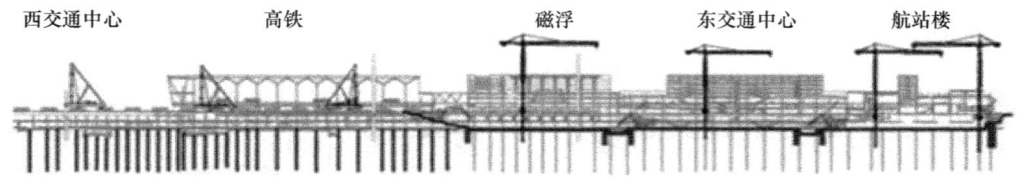

图 4-2 2008年6月东区各单体围护及挖土施工和西区各单体桩基施工

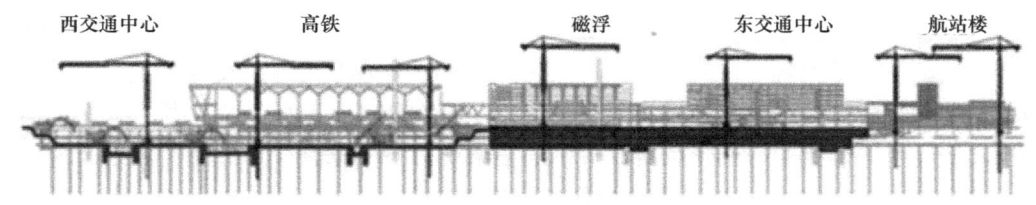

图 4-3　2008 年 12 月东区各单体结构施工和西区各单体围护、挖土施工

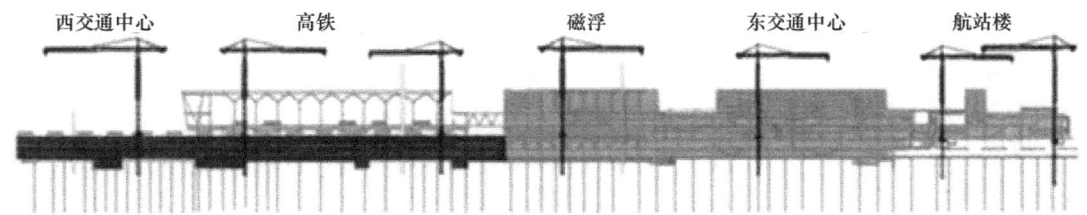

图 4-4　2009 年东区航站楼二结构施工、东交磁浮上部结构施工和西区各单体地下结构施工

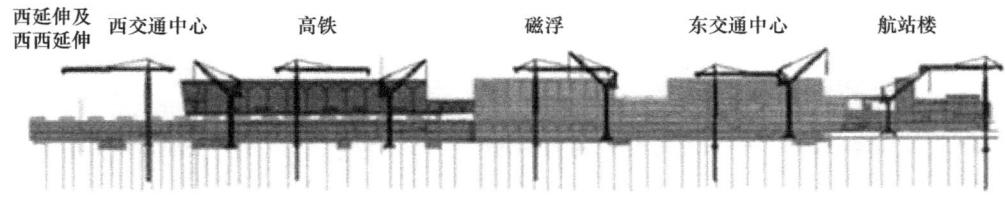

图 4-5　2009 年各单体施工

## 4.3　地铁盾构布置

### 4.3.1　地铁盾构进出情况简介

虹桥综合交通枢纽共有 2 号线、5 号线、10 号线、17 号线、青浦线 5 条地铁。其中，2 号线、10 号线从地铁虹桥东站地下二层由东向西穿越航站楼后进入枢纽，为过境站，2 号线、10 号线在地铁虹桥西站地下二层设站；青浦线在地铁虹桥西站地下二层由西向东穿越 SN1 路后进入枢纽，5 号线从地下三层南侧穿越 SN4 路后进入枢纽，17 号线从地下三层北侧穿越 SN4 路后进入枢纽。2 号线为过境站，向西延伸至诸光路站，其他 4 线为始发站。地铁虹桥东站 2 号线、10 号线端头井布设在航站楼与东交通中心相接处，地铁虹桥西站 5 号线、17 号线端头井分别布设在地铁虹桥西站南北两端，地铁虹桥西站 2 号线、青浦线端头井布设在中央轴线公共配套地下空间西端，如图 4-6 所示。

### 4.3.2　地铁虹桥东站盾构进出的策划

从前述分析可知，航站楼的工期十分紧

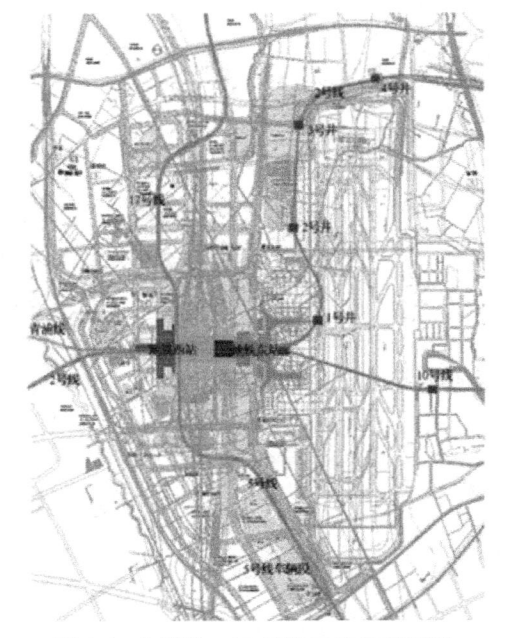

图 4-6　2 号线、10 号线工作井布置图

张，东交通中心的工期也非常紧张，因此二者分界处的盾构工作井如果作为区间盾构的出发井，必然涉及大量的隧道管片进入和泥浆的外运，需要较好的道路交通及提供较大的施工场地，从而必将严重影响航站楼和东交通中心的正常施工，因此地铁虹桥东站的工作井宜作为地铁盾构的接收井，而作为接收井则需要解决以下问题：

① 需满足解体后盾构构件吊出的操作空间。
② 需满足盾构构件外运的平板汽车运输条件。
③ 需满足航站楼结构的沉降变形已基本趋于稳定。
④ 需满足盾构底下穿越航站楼不对航站楼的桩基产生影响。
⑤ 盾构进洞的土体加固需符合要求。

根据上述要求和航站楼、东交通中心工程进度安排以此最终确定2号线、10号线盾构的进洞时间，并固化地铁盾构最终确定平面图，如图4-7所示。

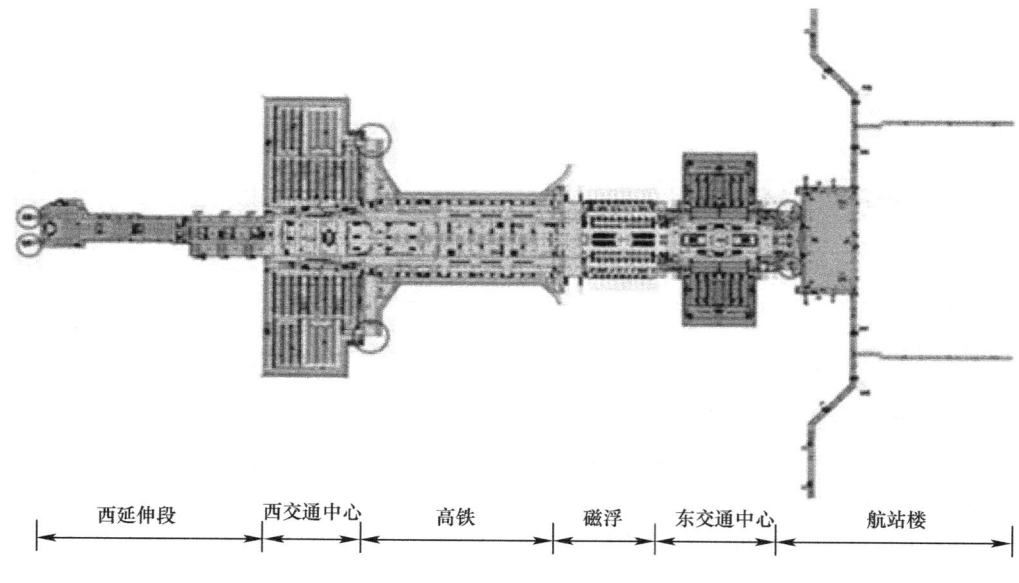

图4-7 地铁盾构最终确定平面图

（1）盾构进洞方案的确定

2号线、10号线盾构出洞时，虹桥东站上部结构正处于紧张施工阶段，进洞端头井上方的梁、板、钢结构均已施工完毕，为配合盾构出洞，在进洞端头井的北侧预留类似扩大端头井结构（其上结构板结构后做），盾构进洞后，平移至扩大端头井，然后解体退场，交还施工场地。盾构吊装所用主要起重机械为200t起重机和140t液压式起重机。10号线由于时间上无法满足东交通中心施工的进度计划要求，采用了刀盘就地分割解体，其他组成部分沿隧道原路返回至前一工作井的盾构出洞方式。图4-8为东交通中心盾构出洞示意图。

（2）盾构进洞的加固方案

盾构进洞在穿越航站楼区域进行加固，加固方案由设计院设计，在基坑围护施工的同时实施，如图4-9所示。

（3）盾构出洞监测盾构底下穿越航站楼进洞过程中对航站楼厅柱的沉降进行了实时监测。2号线根据自身的进度安排确定最终进洞时间：上行线2009年6月中旬，下行线

2009年4月底5月初。10号线根据自身的进度安排确定最终进洞时间：上行线2009年11月下旬，下行线2009年12月下旬。

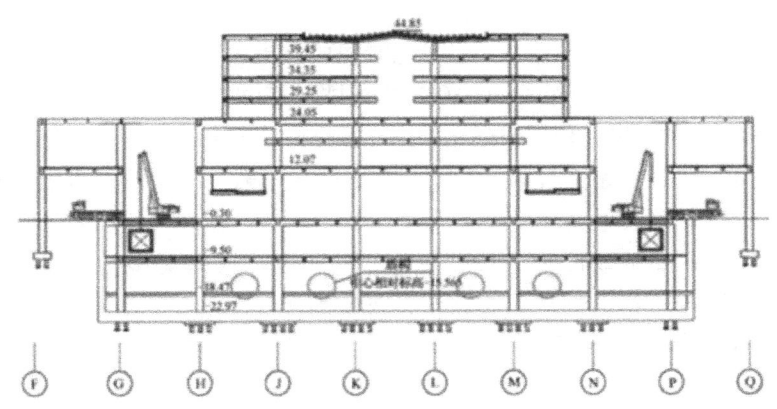

图 4-8　东交通中心盾构出洞南北向剖面示意图

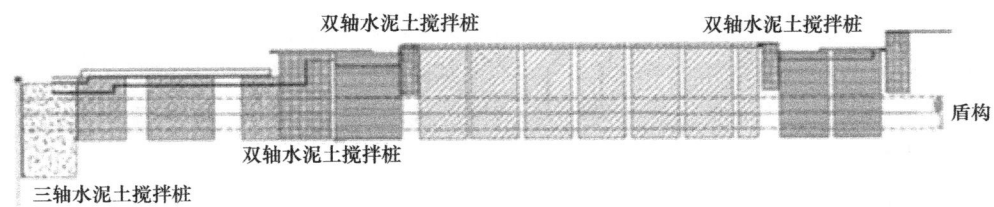

图 4-9　航站楼配合盾构出洞地基加固东西向剖面图

### 4.3.3　地铁虹桥西站盾构进出的策划

5号线、17号线对本次工程实施而言，仅需考虑对其位置进行预留，故施工过程中无需专项考虑盾构的进出问题。

### 4.3.4　中央轴线公共配套地下空间盾构进出的策划

在西西延伸（中央轴线公共配套地下空间）西侧考虑2号线的端头井，由于西侧地势平坦，周边无建筑物影响，无论是设置为地铁盾构的接收井还是出发井，都对工程建设本身不会产生影响。西西延伸2008年11月设计方案稳定下来，此时2号线诸光路站已经开工，再结合虹桥枢纽核心区工程建设体量大，因此考虑此处端头井作为盾构的接收井较为合理。对本次工程实施而言，也仅需考虑对青浦线车站位置进行预留，且其端头井位置特点与2号线端头井相同，故今后考虑作为盾构的接收井为宜。2号线、10号线工作井布置如图4-6所示。

## 4.4　桩墙施工的布置

### 4.4.1　工程地质情况介绍

（1）工程土质情况

拟建虹桥综合交通枢纽区域建设前地形主要为农田、民宅、厂房、道路、河道等，场地深度81.00m范围内的地基土主要由黏性土、粉土和砂土组成，属晚更新世Q3时期以来的沉积层。按其沉积时代、成因类型及其物理力学性质的差异，可划分为3个主要层组、8个主要层次：

A. 浅部层组为填土和全新世第四纪 Q42~Q43 沉积物，以黏性土为主，受沉积环境影响，土层土性变化较大。包括第①1层填土、第①2层浜填土、第②层粉质黏土、第③层淤泥质粉质黏土夹砂质粉土、第④1层灰色淤泥质黏土。

B. 中部层组为全新世第四纪 Q41~Q42 沉积物，以饱和软黏性土为主，成因类型为滨海—浅海、滨海—沼泽相沉积，包括第④2-1层粉质黏土夹黏质粉土、第④2-2层砂质粉土夹粉质黏土、第⑤1-1层黏土、第⑤1-2层粉质黏土、第⑤2层黏质粉土、第⑤3-1层粉质黏土、第⑤3-2层粉质黏土夹砂质粉土、第⑤4层粉质黏土。

C. 深部层组为上更新世第四纪 Q31~Q32 沉积物，成因类型为河口—滨海相沉积，包括第⑦1层砂质粉土、第⑦夹层粉质黏土夹黏质粉土、第⑦2层粉细砂、第⑦3层粉砂、第⑧层粉质黏土夹粉砂、第⑨层粉细砂。

（2）工程水文地质

拟建场地地下水主要有浅部土层的潜水、中部土层的微承压水（第④2层、第⑤2层）及深部砂土层（第⑦层）中的承压水。潜水补给来源主要为大气降水与地表径流，潜水位埋深随季节、气候等因素而有所变化，勘察期间测得钻探孔中地下水埋深 0.35~1.80m，相应绝对高程为 4.51~2.50m。上海市年平均高地下水水位埋深为地表面下 0.5~0.7m，低地下水水位埋深为地表下 1.5m。根据上海地区的区域资料，微承压水头埋深一般在 3~11m，一般呈周期性变化，随季节、气候、潮汐等因素变化。

### 4.4.2 桩基工程策划

虹桥综合交通枢纽工程桩采用预应力管桩（PHC 管桩）和钻孔灌注桩，除航站楼和东交通中心南、北车库采用 PHC 管桩，其他桩均为钻孔灌注桩。虹桥综合交通枢纽工程桩布置平面图如图 4-10 所示。

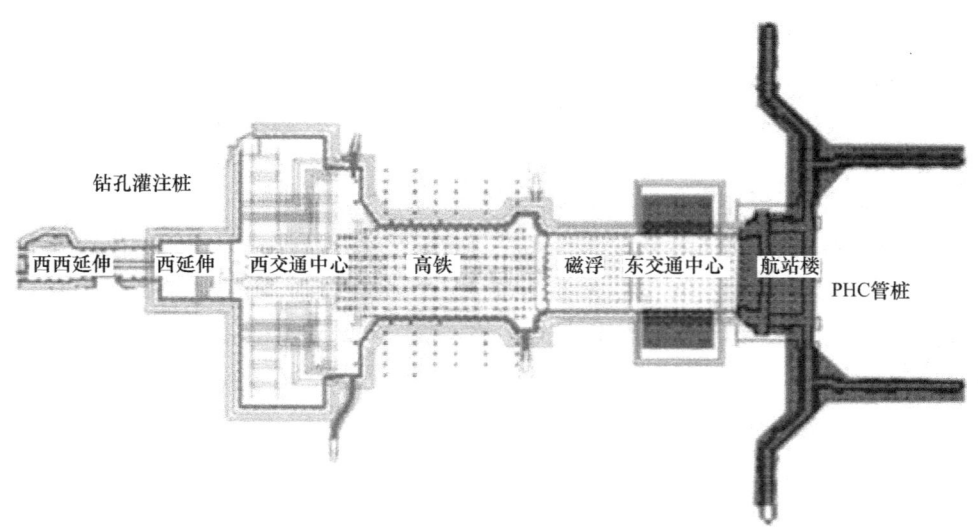

图 4-10　虹桥综合交通枢纽工程桩布置平面图

（1）相邻桩、墙的施工组织和控制

工程桩实施过程中，基本按照：航站楼→东交通中心→磁浮虹桥站→高铁虹桥站→西交通中心→西交通中心延伸段→中央轴线公共配套工程的总流程施工。每个单体施工区域内，在总体流程上考虑地下连续墙优先施工，在不影响地下连续墙施工的范围内钻孔桩同步施工桩墙相邻的位置（净距2.5m以内），先施工地下连续墙，后施工钻孔桩。以东交通中心、磁浮为例，其桩基施工流程图如图4-11所示。

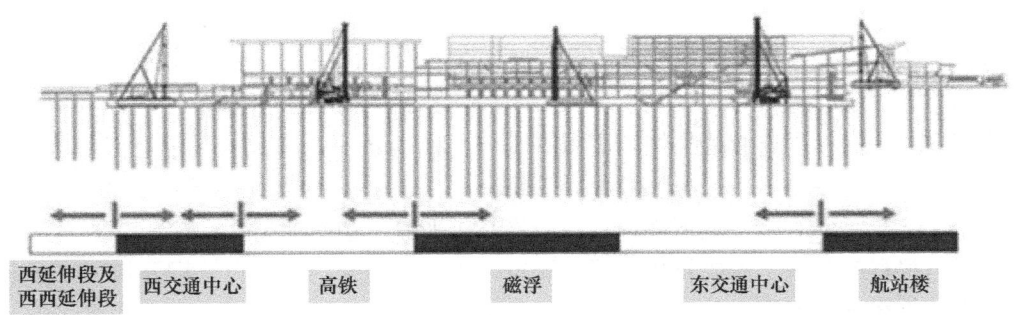

图4-11　桩基施工流程图

（2）PHC管桩施工策划

根据设计，航站楼和东交通中心南、北车库采用PHC管桩，共5314根，PHC管桩送桩深度普遍在10～12m。在桩基施工阶段，航站楼所在区域尚有部分动拆迁未完成，PHC管桩的施工必须考虑适当的施工工艺及施工流水作业。

（3）钻孔灌注桩施工策划

本工程除航站楼和东交通中心南、北车库外，均采用钻孔灌注桩，总桩数超过1.8万根，大部分桩的持力层在⑦层和⑨层。

A. 超长落深钻孔灌注桩施工策划。在桩基施工过程中，相当部分钻孔桩需穿越⑦层进入⑨层中的细砂层，为保证成桩质量，一方面，在成孔穿越砂层时，采用除砂器，降低泥浆中的含砂率，控制泥浆性能，减少成孔后清孔质量和时间；另一方面，在成孔过程中，严格控制泥浆参数、泥浆液面标高、钻压和成孔速度等成孔技术参数，同时制定合理的施工流水线，控制相邻成孔间的施工间隔。

B. 大规模扩底钻孔桩施工策划。在工程的地铁西站范围内，有1100多根扩底桩采用AM工法扩底施工（桩径由850mm扩至2000mm，扩底角45°），施工难度比较大，根据施工经验结合工程地质特点，选用技术相对成熟的机械式扩底钻头，扩底至1500mm，桩底扩底角为30°，按照直线桩施工方法，钻至设计桩端标高，并清孔一次。

C. 后注浆施工。为提高单桩承载力，本工程相当数量的桩采用桩底注浆，最大注浆深度超过90m，因此在施工过程中，必须设计和安装合适的注浆器、注浆管，严格控制清水劈裂施工，同时控制好注浆压力和注浆量。

### 4.4.3　地下连续墙工程策划

虹桥综合交通枢纽工程B2、B3层结构采用地下连续墙两墙合一的围护形式，整个地下连续墙长约7120延长米（1181幅），墙宽有800mm和1000mm两种，顶部落深10～20m，有效长度16～42m，最大墙深52m。为保证地下连续墙的质量控制，墙趾和墙后采用注浆技术。

（1）地下连续墙施工组织策划

本工程按照从东往西方向依次施工，大致可分为三个施工阶段：

第一阶段（2007年8月—11月）：地铁东站（磁浮）桩基、地下连续墙施工，地铁东站、磁浮安排4台成槽机由东至西进行施工。

第二阶段（2008年1月—11月）：地铁西站桩基、地下连续墙施工；高铁、西交通中心及延伸段桩基施工，高铁根据土建开挖顺序，施工流程从⑩轴~①轴，由东至西施工。

第三阶段（2008年10月—12月）：中央轴线公共配套工程桩基、地下连续墙施工。由于地下连续墙成槽深度较深，安排4台利勃海尔及大真砂成槽机施工，施工流程大致为由南北两边向中轴线施工。

施工道路：沿地下连续墙外侧四周布置10~12m宽的施工便道，桩基道路采用6m宽施工便道，结构层为400mm建筑垃圾，50mm石子找平勾缝，上铺设双向φ12@200钢筋，50mm厚C20混凝土。地下连续墙钢筋笼制作平台、钢筋加工平台和泥浆系统在道路外侧布置，根据实际施工需要及场地限制设置。桩基钢筋笼制作平台、钢筋加工平台和泥浆系统则根据场地情况设置，基本配置为每个工区一个钢筋笼制作平台、一个废浆池、若干个泥浆循环池。地下连续墙施工流水平面如图4-12所示。

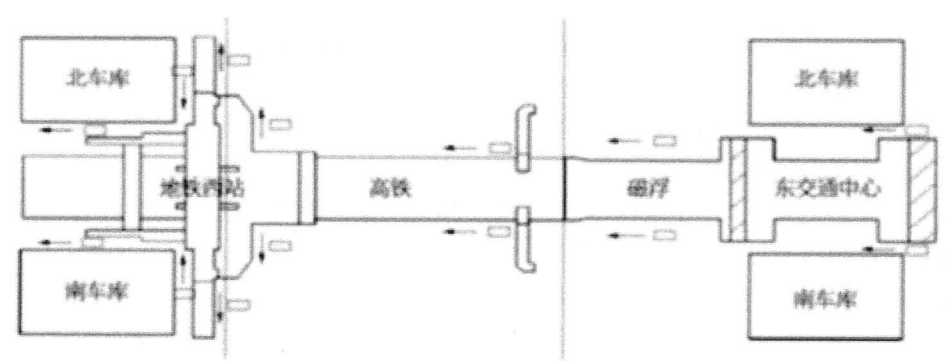

图4-12 地下连续墙施工流水平面图

（2）地下连续墙落深策划

地下连续墙墙顶标高落低9~20m，前期策划时对空腔部分的处理考虑了多种方案：不浇、隔一幅浇一幅、隔两幅浇一幅等，经过综合对比，决定采用配安装措笼和隔幅浇素混凝土的施工技术方法，在空腔部分进行一幅隔一幅的C20素混凝土充填处理，其余空腔部分回填素土。

## 4.5 基坑工程的布置

虹桥综合交通枢纽工程最大的特点就是工期非常紧，而地下工程施工又是工程施工中周期最长的内容之一。因此，考虑如何能够缩短施工工期是本次基坑工程施工策划的关键。

### 4.5.1 围护形式的策划

核心区围护工程体量巨大，因此策划中必须达到工程总体方案的成本最优（即成本低并具有可实施性）。地下一层（以下简称B1层，挖深约10m）的土方量达整个工程挖土量的60%，如果能够采取大开挖或采取无支撑的开挖方式将对工程进展起到关键作用，在分析比较了多种围护方式的基础上，利用重力坝可以自立的特点（其最大性价高度应为

5m），采用"两级放坡＋重力坝"的围护形式。地下二层（以下简称 B2 层，挖深约为 17m）、地下三层（以下简称 B3 层，挖深约为 31m）多为地铁的站台层及地铁区间，采用地下连续墙的围护形式，多个地铁风井位置可以采用钻孔灌注桩或地下连续墙作为围护，地下连续墙考虑采用两墙合一的方法，采用钻孔灌注桩则另外设结构墙体。基坑围护形式平面图如图 4-13 所示。

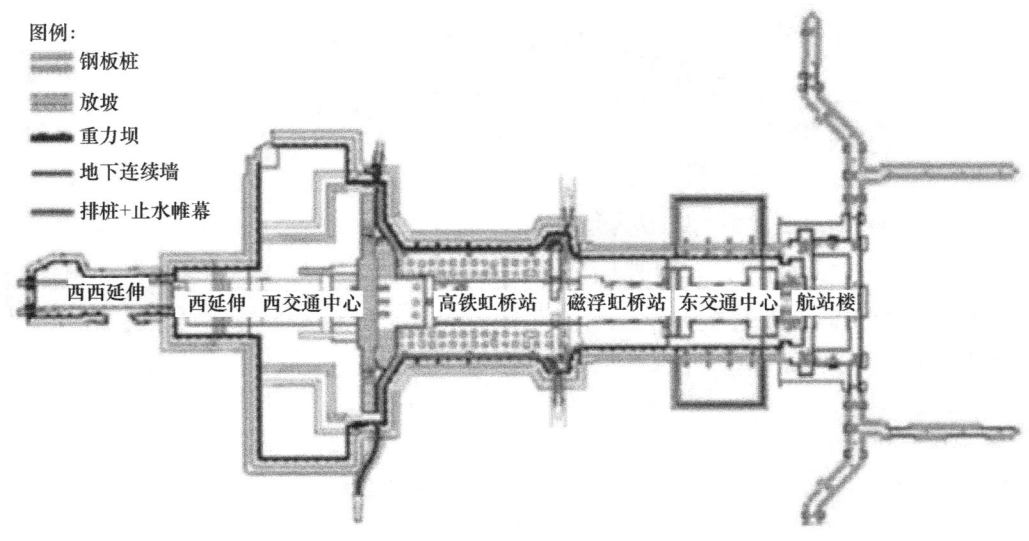

图 4-13 基坑围护形式平面图

### 4.5.2 大面积土方卸载的策划

本工程现状标高为 4.50～3.95m（绝对标高），在正式施工前，考虑到如下因素，对场地进行了大面积的土方卸载，卸载高度在 2m 左右。

（1）根据设计围护方案要求，场地的设计自然地坪标高低于现状场地标高，为满足桩基、围护、地墙施工对地坪的要求，考虑对场地进行土方卸载。

（2）本基坑工程为三级基坑多种围护形式，第一级基坑基本都采用以"重力坝＋二级放坡"为主的支护方式，第二、三级基坑主要采用"地下连续墙＋钢筋混凝土桁架支撑"的支护体系，局部较窄基坑段采用"地下连续墙＋钢管支撑"体系。大面积土方卸载可以有效地降级重力坝及地下连续墙的有效高度，从而达到节约成本的目的。

（3）本工程的基坑围护所采用的重力坝为落低重力坝，地下连续墙为大落深加空腔形式，大面积的土方卸载可以减少基坑的开挖深度，对于保证基坑安全、节约工期具有重要的意义。

（4）大面积的土方卸载能够很好地暴露出地下障碍物，对地下障碍物的清障十分有利。

（5）本工程的桩基大部分为钻孔灌注桩，大面积的土方卸载可以降低桩基施工时空转的高度，从而可以达到降低工程成本的目的。

（6）卸载的土方本属于需要清除的，因此大面积的土方卸载并未增加工程成本。

（7）本工程具备大面积土方卸载的条件，周边均为动拆迁场地，场地空旷，可以实施大面积的土方卸载。

（8）本场地深度 81.00m 范围内的地基土主要由黏性土、粉土和砂土组成，其中第①1 层填土、第①2 层浜填土、第②层粉质黏土、第③层淤泥质粉质黏土夹砂质粉土，考虑到卸载之后场地地坪施工的要求，卸载到第②层粉质黏土层，卸载的高度定在2m左右。基坑土质剖面图如图4-14所示。

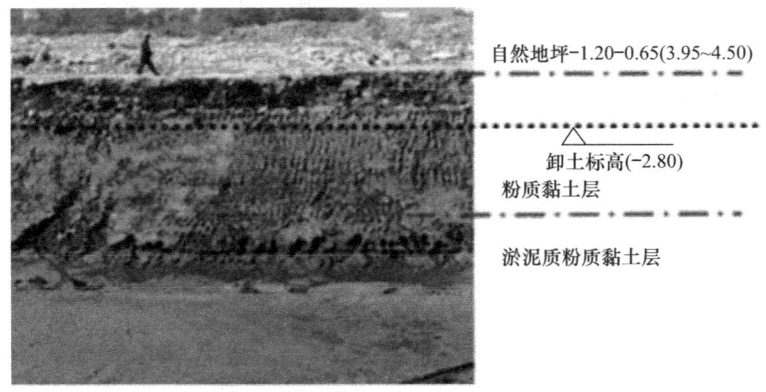

图4-14 基坑土质剖面图

同时，大面积的土方卸载导致施工场地标高降低，对于整个场地总平布置，诸如道路、水电、排水、现场大临的布置产生重要影响。因此，在总平面策划中尚需考虑大面积土方卸载的因素。

### 4.5.3 障碍物清障策划

位于枢纽西侧的西交通中心（地铁西站）工程区域原本为工业厂房区，原有建筑物基础形式多为混凝土条形基础与独立承台，并存在预制管桩（$\phi 400$）和方桩桩基础（350mm×350mm、300mm×300mm、250mm×250mm、200mm×200mm），总桩数为6079根，其中影响地下连续墙施工408根，包括地铁西站182根、西交通中心226根，桩长最长的约20m，桩顶距自然地坪以下1.8~1.9m，断桩距自然地坪以下5~6m。为了不影响地下连续墙的成槽质量，对与设计地下连续墙位置相冲突的原有桩基必须进行拔除。地下障碍物分布平面图如图4-15所示。

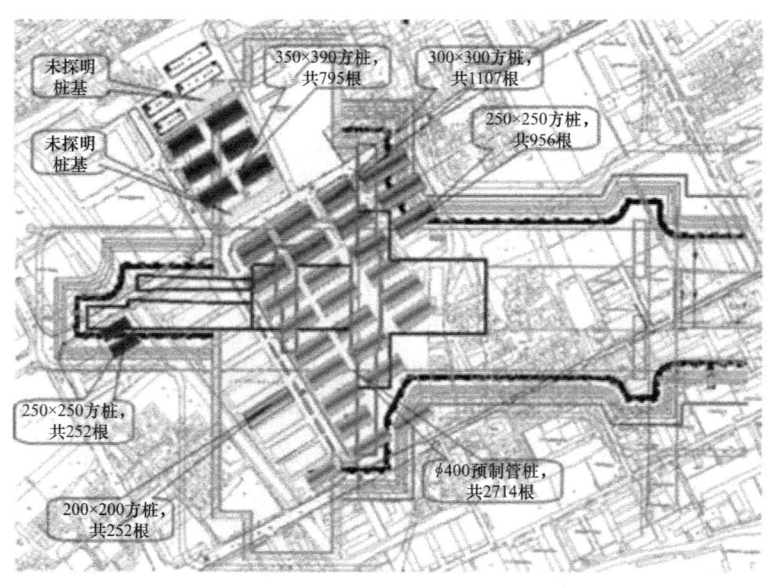

图4-15 地下障碍物分布平面图

(1) 障碍物清除范围的确定

由于工程范围内原有的工程桩数量比较多，如全部拔除势必会增加成本，对地下连续墙的施工进度也有影响，项目部在经过多次讨论之后确定地下连续墙施工影响范围定为地下连续墙墙身厚度及两侧各1m以内，对桩身全部在影响范围内的桩基必须拔除，对桩身局部在影响范围内的桩基，经现场勘探后再行决定处理措施。

(2) 障碍物的清除

① 清障方案的比选。地下障碍物的清除方法比较多，主要有振动水冲法拔桩施工和FCEC快速旋转切割施工。经过对这两种方案的施工原理、适用范围、施工工效、施工质量、环保状况、安全可靠性及工艺流程等多方对比，并且结合实际工况，最终选择FCEC快速旋转切割施工工艺为地下障碍物清除方案。

② 清障的主要技术思路。结合现有图纸及现场实际情况，经与专业单位讨论策划，本工程旧桩处理分为两部分：一是对于不影响地下连续墙、钻孔灌注桩桩基、搅拌桩围护施工的旧桩暂不处理，待基坑开挖时暴露后分节截断挖除；二是影响后续地下连续墙施工的范围内旧桩探明位置后进行拔除，并回填桩孔后进行地下连续墙围护的施工。

③ 清障过程中对断桩的处理。在清障过程中，如果发生断桩意外，则可以采用以下方法：一是FCEC正逆同步旋转的驱动装置，外钢套管逆转、内螺旋钻正转，正逆同步旋转一体机对残留桩体作绞碎处理，通过螺旋钻的提升将桩体破碎后的残渣清出地面；二是全液压全回转套管机驱动钢套管边旋转、边钻进、边切割，边利用抓斗将障碍物抓出清除，底端镶嵌钛合金钻头的钢套管具有很强的切割能力，能将残留断裂桩体分段切割，利用抓斗分段清除。

### 4.5.4 基坑工程施工流水段划分的策划

鉴于基坑超长、超宽，为了方便施工的组织，采取分而治之的方式，整体上从东向西分为四个大的基坑：航站楼基坑、东交及磁浮基坑、高铁和西交基坑、延伸段及西西延伸段基坑。基坑施工流水图如图4-16所示。基坑的分隔（主要是B1和B2层的分隔）考虑以下原则：

(1) 基坑投资界面属于不同的投资主体，投资方在工期上不明确或规划上不确定，在B2层采用地下连续墙分割。

(2) B1层的位置采用搅拌桩进行隔水处理。

磁浮虹桥站与隔水处理，B2层采用地下连续墙作为临时封堵；B1层在高铁部分采用水泥土搅拌桩隔断（②轴$\phi 700$），主要考虑是挖土和桩基施工之间不产生相互的影响而采取的处理措施。另外，西区的施工是在东区施工的基础上进行的，吸取了东区的经验和教训。地铁西站与西延伸之间，因规划不确定，B1层采用水泥土搅拌桩做隔水处理，B2层采用地下连续墙作为临时封堵；西交通中心考虑到南北长度约700m，原准备设置重力坝或止水隔断，后来考虑到西交通中心车库的进度可以和地铁西站同步进行，从而取消其隔断；东交通中心考虑到整个基坑南北长近400m，东西长约200m，中间为地铁东站，南北两侧为车库，如果基坑进行整体开挖，中间核心部分的场地布置、材料堆放将受到很大的影响，考虑到整个工程中工期最紧的是东交通中心中间核心部分，而南北两侧车库的工期相对比较宽松，因此将东交通中心的基坑一化为三，并采用相对比较容易处理的水泥土搅拌桩进行分割。

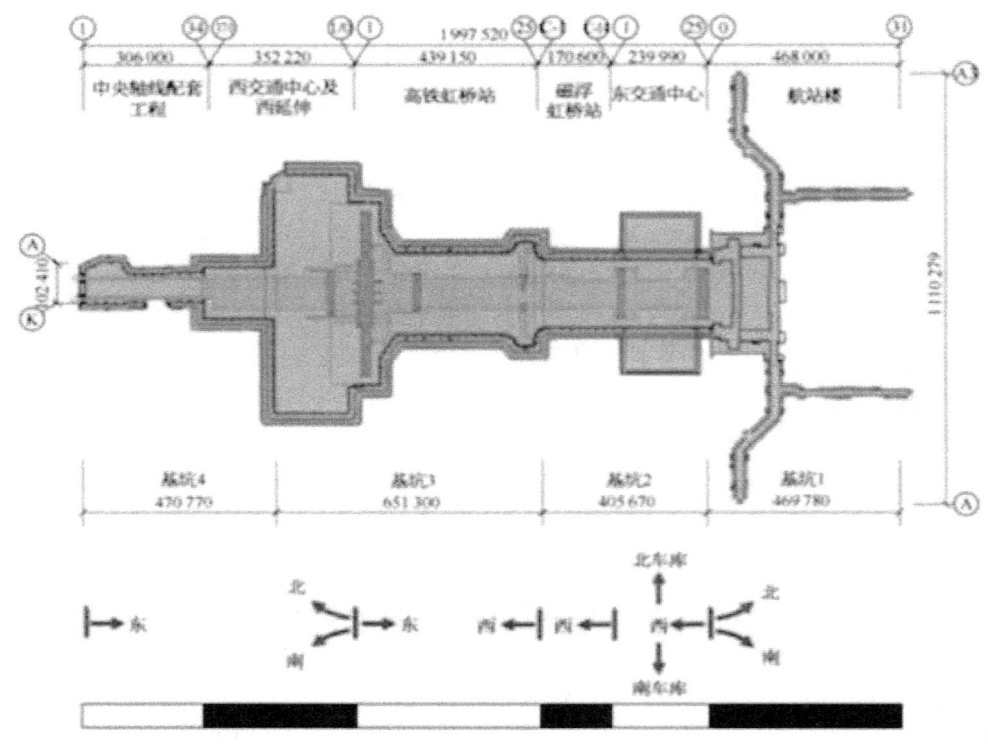

图 4-16 基坑施工流水图

航站楼的基坑大致延续了浦东机场 2 号航站楼基坑的围护方式，主要采用钢板桩＋预应力拉锚，在有河浜或不利地基的位置采用重力坝做围护。在主楼与东交通中心接壤位置挖深仅为 8m，采用与东交通中心相结合的施工方式，即重力坝。因水泥土搅拌桩在本工程中使用量很大，因此控制其工程施工质量将是十分关键的内容，故现场做了专项试验和控制措施。

**4.5.5 相邻施工界面处理的策划**

整个基坑工程涉及四处内力体系的转换，即磁浮工程与高铁工程交界面，地铁西站 C 区与 D 区交界面，地铁西站 D 区与西西延伸段交界面，5 号线与 17 号线整体开挖。基坑相邻施工界面平面图如图 4-17 所示。

（1）磁浮工程与高铁工程交界面

地铁东站基坑开挖时高铁工程尚未开工，因此需要在两个基坑之间设置临时围护封堵。中部地铁区间深坑区域采用地下连续墙封堵，与南北两侧地下连续墙形成整体；浅坑区域由于整体基坑未设置支撑，无法设置垂直封堵，只能采用放坡或者重力坝，考虑临时封堵位于基坑内，如设置搅拌桩重力坝会大大增加挖土难度，而且增加工期及费用，因此最终决定采用四级放坡形式。由于地铁东站基坑开挖时，高铁正在进行桩基及围护施工，放坡区域设置在地铁东站基坑内。为了确保围护体系稳定性，磁浮基坑混凝土支撑在靠近高铁部位设置成角撑形式，在高铁虹桥站开挖后，由于来自高铁方向土压力消失，该处存在受力体系的转换，即将角撑转换为对撑，钢支撑与混凝土支撑及围檩连接点采用植筋埋件处理。

（2）地铁西站 C 区与 D 区施工交界面处理

地铁西站 C 区与 D 区先后设计，原设计在 C 区与 D 区设置临时封堵墙，先行施工 C

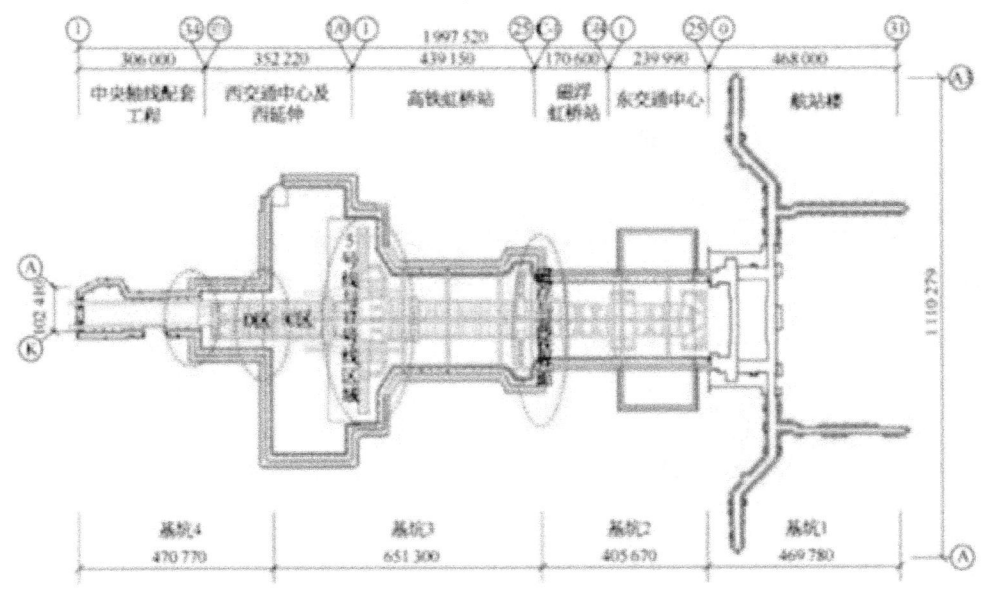

图 4-17 基坑相邻施工界面平面图

区基坑,待结构完成后再开挖 D 区基坑,在西侧与 D 区连接区地下连续墙处支撑形式设计为角撑。考虑到工期因素,将 C 区与 D 区基坑合并为一个基坑实施,考虑将 C 区角撑调整为对撑,D 区设置对撑,两侧同步施工,使中间的中隔墙不受侧向力。由于 C 区支撑立柱已按角撑方案施工完毕,角撑改成对撑后缺少立柱桩,因此利用已有立柱桩和分隔墙,对 C 区对撑布置进行了局部调整,使部分次梁搁置在分隔墙上,分隔墙作为垂直受力体系,并承受局部由于施工时间差引起的侧向土压力。

(3) 地铁西站 D 区与西西延伸段施工界面处理

地铁西站 D 区与西西延伸段交界处工况与 C、D 区交接相似,不同的是 C、D 区基坑宽度相同,而 D 区与西西延伸段基坑宽度不同,西西延伸段基坑单边缩进,造成 D 区仍需设置单边角撑,同时考虑到支撑安全情况,在 D 区增加一块平板以增大支撑刚度。

(4) 5 号线与 17 号线整体开挖

在 5 号线、17 号线区域原围护设计分为三个基坑支护,二次开挖(先开挖中间基坑,待中间基坑结构浇筑至 B1 板后,再开挖两端基坑)。考虑到工期因素,需将三个基坑合并考虑同步进行施工,为确保在支撑轴力不平衡的施工工况条件下的基坑安全,需对基坑西侧的局部混凝土支撑进行调整修改,即在原分隔墙两侧的第一、二、四道支撑梁之间的空挡部位上增加 300mm 厚的板,锚入分隔墙顶部使其连成整体,确保封堵墙两侧的支撑力平衡。

## 4.5.6 基坑降水策划

本基坑工程的开挖深度较深,B2 层普遍的挖土深度在 20m 左右,B3 层的 5 号线、17 号线及多处风井的局部基坑开挖深度达 29~31m。且地质条件差异较大,不同区域的施工时间及工况要求不同,因此需结合本工程特点及降水要求,采取轻型井点加深井的同步分层降水的控制措施。基坑降水平面布置图如图 4-18 所示。

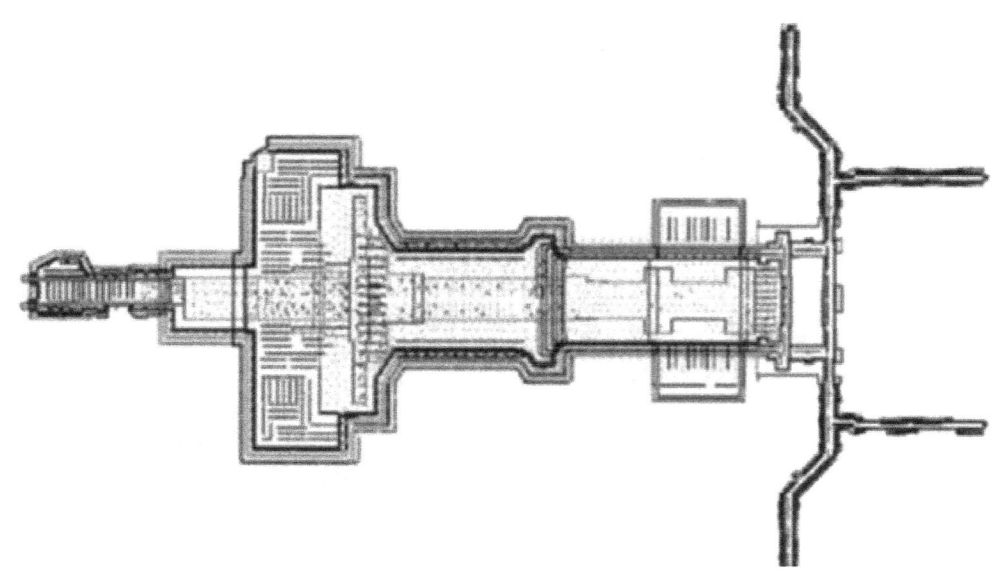

图 4-18 基坑降水平面布置图

## 4.6 结构工程策划

虹桥综合交通枢纽核心区工程为超长超宽结构,在结构施工过程中,土建、钢结构及预应力等多种结构交叉施工,因涉及内容较多在此就不赘述。结构阶段的塔吊布置如图 4-19 所示。

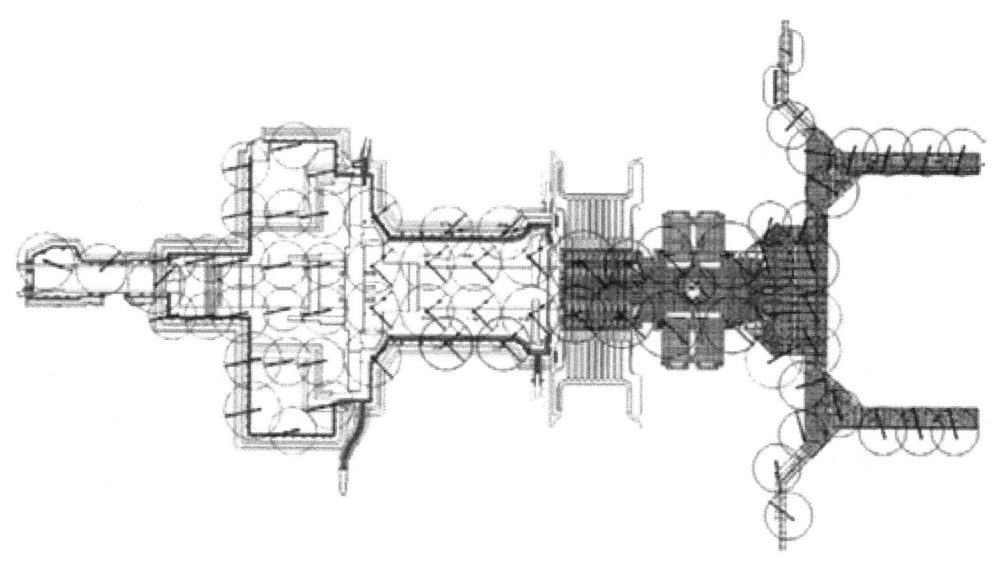

图 4-19 结构施工阶段的塔吊平面图

## 4.7 钢结构工程布置

整个虹桥综合交通枢纽的钢结构主要分布在四个单体上,即航站楼、东交磁浮、高铁及楼前高架。

**4.7.1 东交磁浮钢结构施工策划**

东交通中心钢结构与混凝土结构互相交叉融合,12.03m 层与 24.07m 层之间有大量劲性钢柱、钢梁,而二者之间的 18.97m 标高处又分布有钢夹层。同样的磁浮虹桥站钢结构与混凝土结构也相互交叉融合,7.65m 为钢结构层,12.05m 为混凝土层(部分为劲性结构),18.65m 为钢结构层,24.00m 为混凝土层(其中部分为劲性结构),24.00m 以上为全钢结构。因此,在施工过程中,钢结构与混凝土结构交叉进行。

东交通中心钢结构安装分两阶段进行。

第一阶段,混凝土结构 B0 板完成以后(标高-0.45m),且具备一定强度之后,采用 2 台 ZSL650(650t·m)行走式塔吊开行其上,进行 12.03m 以下劲性钢结构的流水安装,2 台 150t 履带吊停机南北两侧跨端进行构件就位及翻驳。待 12.03m 以下劲性钢结构安装完毕之后,交土建单位进行结构施工。

第二阶段,12.03m 混凝土楼层施工完毕且具备一定强度后,进行 12.03m 以上劲性钢结构的流水安装,采用 2 台 650t·m 的 ZSL650 型起重机开行在 12.03m 混凝土楼层,2 台 150t 履带吊停机 SN6 路旁进行构件就位及翻驳;6.6m 悬挂钢结构采用 1 台 12t 汽车吊在 12m 板施工完毕后,停机在-0.45m 混凝土楼层(B0 板)进行安装;幕墙钢柱及横梁的安装需待楼前高架施工完毕后,采用 2 台 25t 汽车吊停机在其上进行流水安装。东交通中心钢结构施工工况示意图如图 4-20 所示。

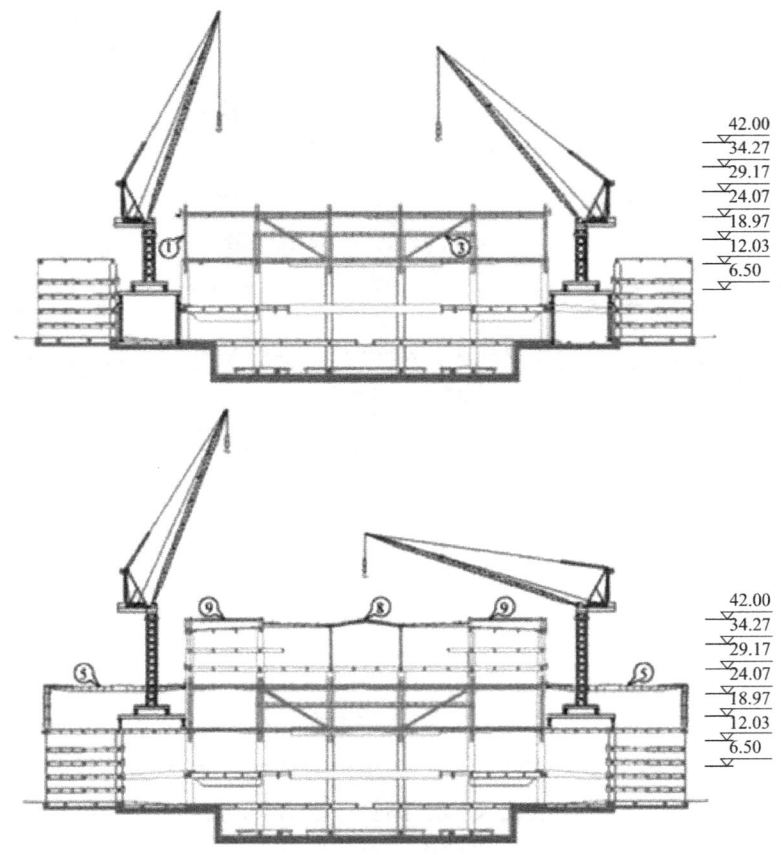

图 4-20 东交通中心钢结构施工工况示意图(一)

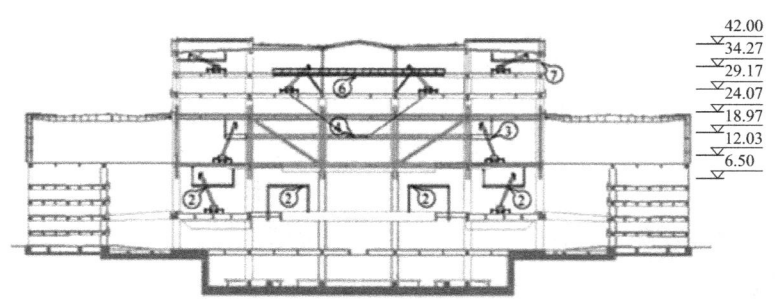

图 4-20 东交通中心钢结构施工工况示意图(二)

### 4.7.2 高铁钢结构策划

高铁虹桥站主站房为钢结构,包括 10.00m 标高的立柱、6.50～10.00m 标高桁架层、16.00m 和 21.85m 标高的夹层、30.00m 标高屋面结构层,以及 40.00m 标高的屋盖结构层。

施工过程中以钢结构吊装为关键工序,土建施工配合钢结构吊装。根据该工程钢结构体量大、分布广、场地狭小、工期紧等特点,钢结构采取大流水施工作业。8 台大型行走式动臂塔吊从中间开始,向东、西两侧退跨吊装。每一跨吊装时采用综合吊装方法,先安装立柱,然后依次安装桁架层、夹层、屋面结构层及屋盖结构层。吊装示意图如图 4-21、图 4-22 所示。

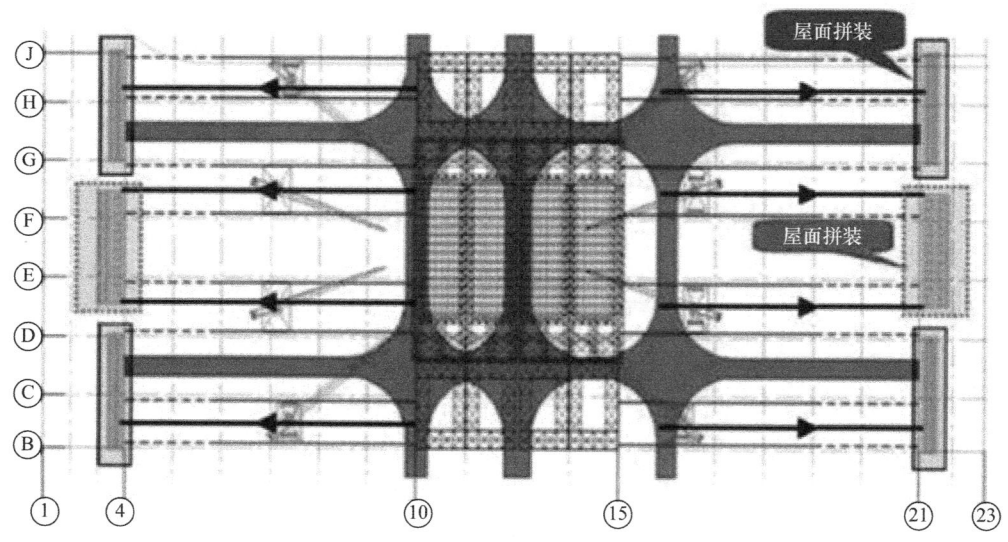

图 4-21 高铁钢结构吊装平面示意图

## 4.8 高架施工的布置

快速集散系统工程 1 标段高架桥(简称楼前高架)位于虹桥综合交通枢纽主体工程核心区内。桥梁工程 1 标段分东段和西段,下部结构为桩基、承台及混凝土墩身结构,上部结构为钢箱梁桥面结构。跨越主要交叉口、高铁、磁浮咽喉区,当跨度达到 45m 以上时,结构为变宽度,采用钢—混凝土叠合梁结构;对于跨度较大而曲率半径又较小的部位采用钢连续箱梁结构,且支座范围采取桥面、底板加厚和劲板加密方法;在高架桥梁与地下建筑重叠时，桥面采用不规则箱梁和墩柱呈任意三角形交叉平面布置方法。如图 4-23 红颜色部分为钢结构高架。

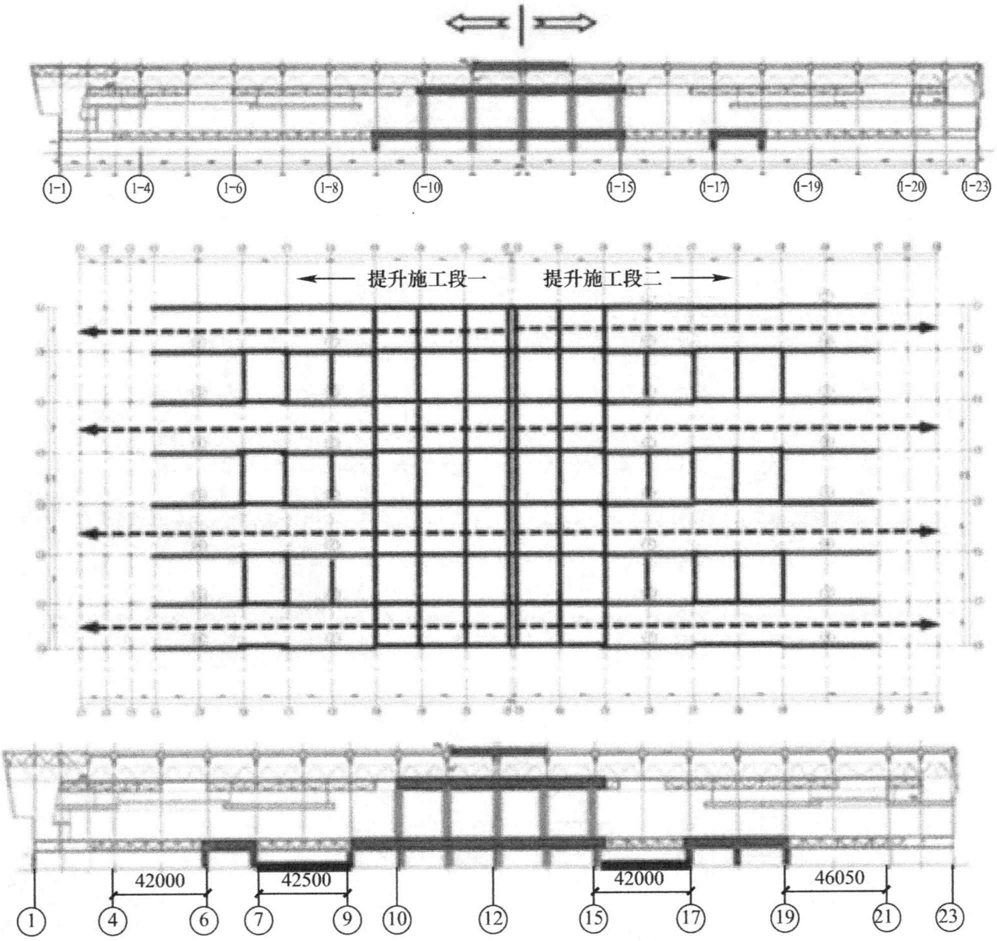

图 4-22 高铁钢结构吊装顺序示意图

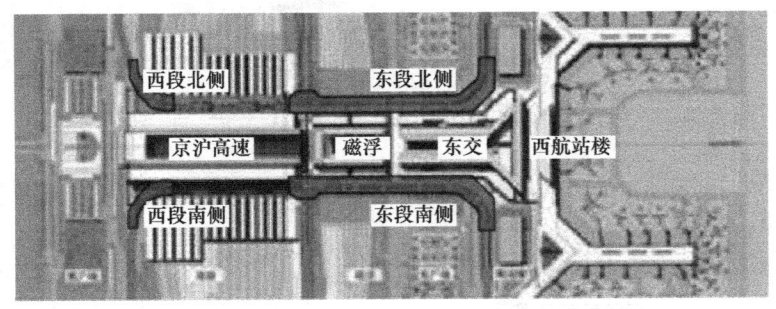

图 4-23 高铁钢结构吊装顺序示意图

① 整个高架范围存在已建共同沟、出租车地道及"东交"南北车库。②高架施工期间，其沿线紧靠高铁、磁浮、东交、航站楼等在建工程，而且高架跨越 SN5 路、SN6 路，吊装时需考虑道路的畅通以及高铁、磁浮、东交、航站楼的同时，交错施工，界面协调

多。③高架周边的场地基本都已被利用,留给拼装用的场地极为有限。④高架墩身纵横交错(三角形布置),对吊装构件分块、临时支撑设置、吊机开行路线、构件运输车辆道路而言布置极其困难。⑤西段部分高架桥面的墩身与高铁大雨篷柱共用,且高架桥面和墩身在地铁出租车地道上方,对结构的施工顺序以及受力都提出了很高的要求。滑移段施工如图 4-24～图 4-26 所示。

图 4-24 吊装滑移示意图及照片

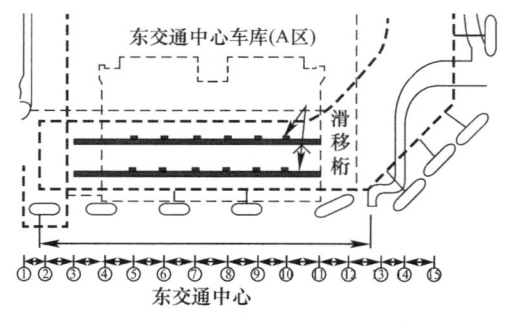

图 4-25 高架和车库位置关系示意图

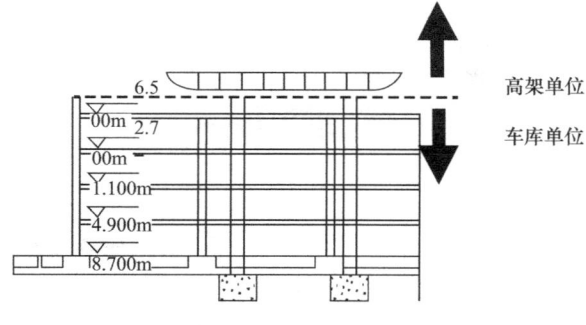

图 4-26 滑移平面示意图

## 4.9 其他专业工种的施工布置

其他工种比如清水混凝土、幕墙、机电安装、装饰、管线、道路等工程由于没有对工程整体产生影响,就不一一进行赘述。另外外围的道路工程、高架工程、配电站(220kV、35kV)、隧道、泵站等工程,只要能够满足道路通行的要求,在工序安排的时间上具有一定的富余量,不构成关键工序。

# 5 总承包管理组织构架

## 5.1 总承包组织管理原则

在上海机场建设指挥部、上海铁路局和上海建工集团领导下,实行总承包项目管理班子集体领导、按线条或按单位工程分工进行管理的机制。

## 5.2 总承包组织管理机构

在虹桥综合交通枢纽工程前期策划中及工程进展初期,成立了以集团领导为首的工作小组,抽调一批参加过浦东机场一期、二期、磁浮、上海南站及地铁车站等枢纽工程建设的管理骨干共同组成总承包部,在总承包部下面依据各个单体组成各单体项目部,单体项目部下辖各专业承包组。地道工程、高架(西段)非上海建工施工,但由上海建工总承包代管。为方便协调以及方案的一致性,东、西两个项目部的总工程师和指导员均由同一人兼任。随着工程的进展,特别是高铁项目的开通,针对不同的业主(高铁工程的业主为铁道部,其余工程的业主为上海机场),原总承包进行了进一步的细化,分为航站楼总承包部和高铁总承包部,分别管理不同的单体工程。管理范围以磁浮高铁边界为界,磁浮及以东各单体工程属于航站楼总承包部管理范围,高铁及以西单体为高铁总承包部管理范围。高铁项目部和航站楼项目部组织结构网络图如图5-1、图5-2所示。

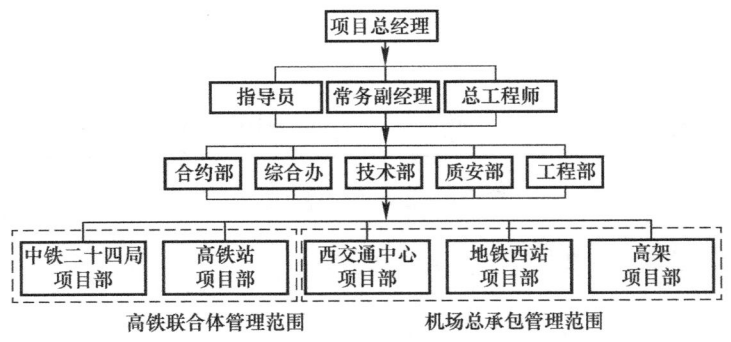

图5-1 高铁(西区)项目部组织结构网络图

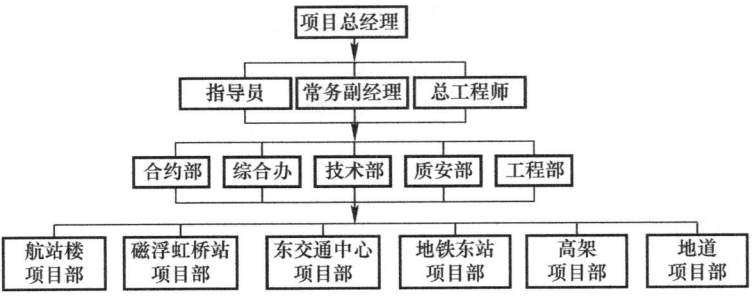

图5-2 航站楼(东区)项目部组织结构网络图

## 5.3 工程管理的界面划分

虹桥综合交通枢纽工程规模庞大，参建单位数量众多，作为总承包单位，除了做好各方面的协调工作以外，还必须管理好众多的施工单位，这就要求总承包必须建立一套行之有效的管理机构。核心区工程实行的是上海建工（集团）总公司一家总承包，设三级管理机构：一级为施工总承包（主体结构实行地盘管理）；二级为机电总承包、装饰主承包；三级为各专业分包。

本次工程涉及多家投资主体、多家设计单位、多家监测单位及施工单位，由上海建工集团统一协调管理。各单位界面划分如图 5-3～图 5-8 所示。

为避免相互扯皮，近建筑物的市政Ⅰ标含管线、道路、楼前高架纳入建工总承包的管理范围。

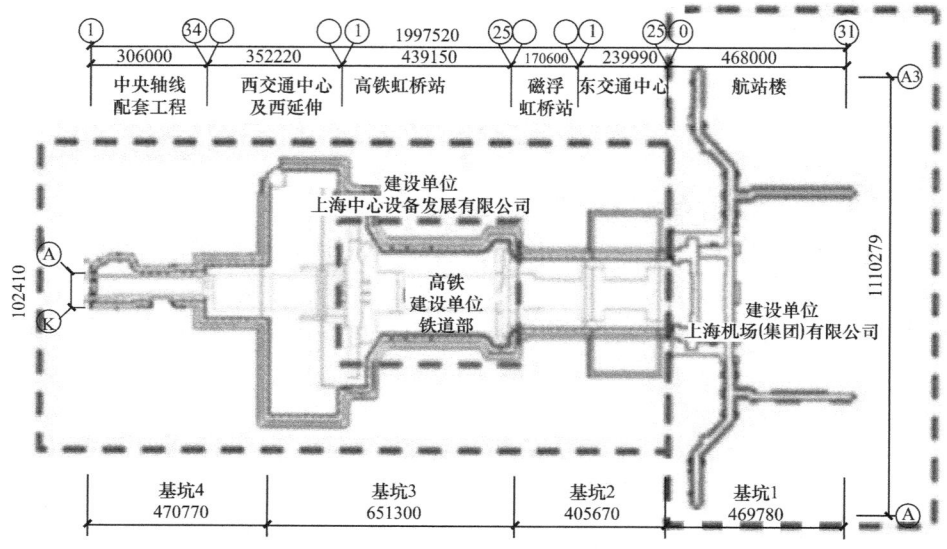

图 5-3　建设单位界面划分

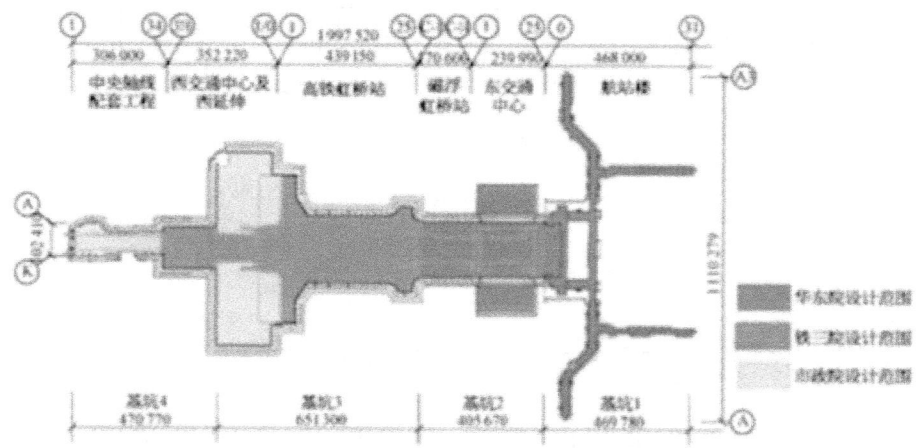

图 5-4　设计单位界面划分

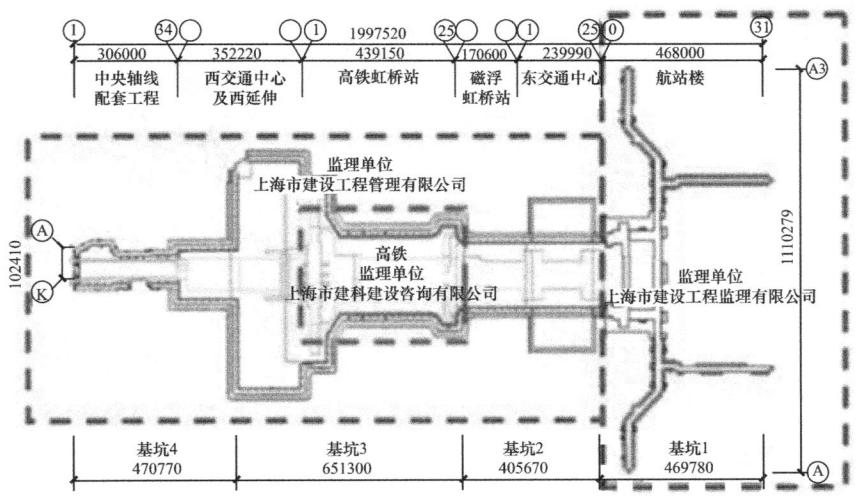

图 5-5 监理单位界面划分

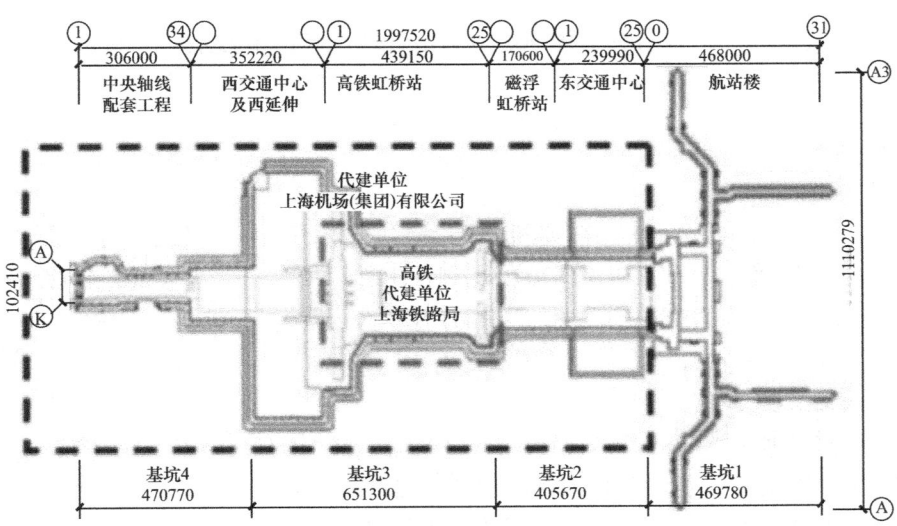

图 5-6 代建单位界面划分

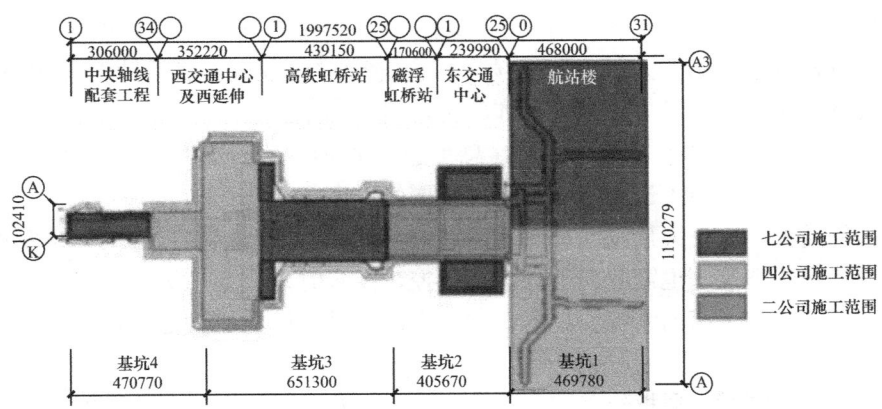

图 5-7 施工单位界面划分

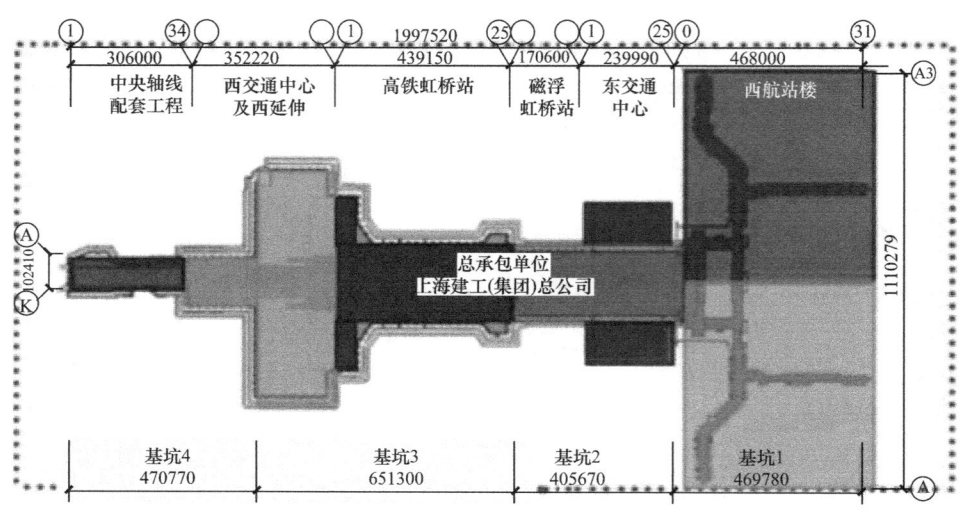

图 5-8 总承包管理范围图

所有方案及界面的划分由总工程师最后审定管理,确保了方案的一致性、界面划分的清楚性。

# 6 总结及结论

策划是工程项目实施的"大脑",科学的策划可以明确项目实施过程中的各项目标,令工程界面清晰明确,保障各项工作衔接紧密、有条不紊地进行,从而提高管理效率,实现产业效益的最大化。其中采用新型的基坑围护形式一项就节省投资 2 亿元。

虹桥综合交通枢纽核心区由一家单位实施总承包,对外与机场飞行区、市政道路高架、市政排水等界面交错,对内核心区各单体工程之间界面也纵横交错,每个工程均至少有 3 个以上的交错界面,对总承包部门来说,对内对外的协调难度大。同时,同一工程,各工种、各工序之间在时空上立体交叉施工,如何正确划分各单体之间的界面关系,妥善处理各工种、各工序之间的搭接,做到工作中不出现盲点、管理上不出现空白,对保证工程顺利进行至关重要。

本文综合分析了施工过程中需要考虑的各种制约因素,如工期紧张、工程庞大及工艺复杂、受周边环境制约因素多等,给出了合理、周详的施工阶段的策划分析。首先,对施工总平面布置进行了策划,并对实际的场布情况进行对比分析,然后针对工程不同特点,对核心区关键工序进行了详尽的策划,如施工道路、排水工程、基坑工程、地铁盾构、结构工程、高架工程、塔吊布置等。另外,总承包的管理组织作为整个工程领导工作的核心,在整个工程策划及施工过程中起着至关重要的作用。

对于工程过程中存在大量技术和管理的结合点问题,是在策划过程难以确定的,它往往不仅是对技术的把控,也需要对管理进行把控,许多时候机会稍纵即逝,还需要工程实施过程的正确判断和灵活的掌控。技术已成为管理中最关键的要素之一,如何熟练地驾驭是其关键的内涵。

通过分析表明虹桥交通枢纽采取的技术路线是具有科学的布局、大胆的突破(科技创新)、周密的安排,以实事求是的态度完成了工程的各项任务和目标,是土木工程科技的创新和突破,也是组织体系的创新和突破。

# 大型复杂机场工程管理体会
## ——虹桥综合交通枢纽工程建设回顾

王晓鸿

(上海机场建设指挥部)

**摘 要**：我国机场建设的数量和规模快速增长，机场建设的复杂性也越来越强。针对大型复杂机场工程的项目管理，本文提出范围管理、组织管理等十一个方面的建设管理经验，并依据虹桥综合交通枢纽的项目管理实践进行了论证。本文在系统总结大型复杂机场工程建设管理经验的基础上，分析了项目风险管理的内涵，并对未来机场建设做出了展望。

**关键词**：大型复杂机场工程；项目管理；风险管理

# Experience of Large-scale and Complex Airport Projects Management
## ——Review on Construction of Hongqiao Comprehensive Transportation Hub Project

WANG Xiaohong

(Shanghai Airport Construction Headquarters)

**Abstract**: The number and the scale of airport construction in China are growing rapidly, and the airport construction is getting more complicated. Aiming at the project management of large-scale and complex airport projects, the article puts forward eleven aspects of construction management experience, including scope management, organization management, and so on. The article also demonstrates them based on the practice of Hongqiao Comprehensive Transportation Hub project management. On the basis of systematically summarizing the construction & management experience of large and complex airports project, the article analyzes the connotation of project risk management, and makes a prospect for future airport construction.

**Key Words**: large-scale and complex airport project; project management; risk management

# 1 引言

近年来,中国民航取得了举世瞩目的成就,特别是机场建设始终保持了快速发展态势。2019年,全行业完成运输总周转量1292.7亿吨km、旅客运输量6.6亿人次,旅客吞吐量1000万人次以上的运输机场达39个。在全球最繁忙机场的前30名中,我国有北京首都、上海浦东、广州白云、成都双流、香港国际机场等5个机场。同时,郑州、重庆、西安、三亚机场以及郑州、杭州、广州、重庆机场分别进入10年来全球客运量和货运量增长最快的前10名机场。我国的机场项目建设数量和规模不断增加。其中,2019年国家发展改革委批复机场项目可研624.5亿元、项目建议书1201.5亿元,民航局批复了9个机场项目总体规划。未来的机场建设面临规模日趋巨大、难度愈加复杂等新的特点,这给机场的项目管理带来巨大的挑战。为此,本文以虹桥交通枢纽工程建设为例,探讨大型复杂机场工程项目的管理成果与经验,以期为今后的机场建设项目提供借鉴和帮助。

# 2 虹桥综合交通枢纽工程概况

虹桥综合交通枢纽是当时世界上规模最大、功能最为多样的空陆一体化交通大枢纽之一,日旅客吞吐量达110万人次,核心区建筑综合体东西长1000m、南北宽约220m,由虹桥机场T2航站楼、磁浮虹桥站、京沪高铁上海虹桥站及东西两大交通换乘广场组成。虹桥枢纽集民用航空、高速铁路、城际铁路、高速公路、磁浮、地铁、地面公交、出租车等功能于一体,开创了多种交通方式之间无缝衔接的先例,实现了跨区域、大范围人流物流的快速集散,大大提高了交通运营的整体效率,是一座世界级现代化交通枢纽。

不仅如此,虹桥综合交通枢纽不但集中了多种交通模式,而且集中了与之相关的配套服务设施,实现了土地资源的集约化、综合配套的集约化、城市环境资源的集约化。交通设施高度集成,不仅节地、节能效果明显,也可将换乘集中在一个交通综合体中得以实现,是社会可持续发展的必然需要。

虹桥综合交通枢纽的整体规划与设计、建设与管理方面具有先进和独立的理念。首先,虹桥综合交通枢纽遵循"功能性即标志性"的理念,回归建筑基本出发点——强调功能、流线的合理安排。通过"水平无缝衔接,垂直上下叠合""三大层面、六条通道、多出入口、多车道边""五条轨道交通四个方向"以及"线路巴士、长途巴士门前内侧车道边上下客"的建筑格局,将每日110万人次旅客在"轨、路、空"等不同交通方式之间用64种可能连接、56种换乘模式的流线进行整合设计,从而满足旅客换乘的便捷和效率。枢纽由东至西分别为虹桥机场西航站楼、东交通中心、磁悬浮、京沪高铁、西交通中心。垂直方向上分为12m出发层、6m到达换乘层、0m到达层、−9.5m到达换乘通道及地铁站厅层、−16.5m地铁轨道及站台层五大层面,其中12m、6m和−9.5m为枢纽三大重要换乘通道,突出便捷换乘、高效中转、公交优先的设计理念。

第二,虹桥综合交通枢纽注重"以人为本人性化设计"的理念,充分考虑旅客需求,注重人性关怀。空间的精心设计增强空间的可读性,标识导向和地图、问询、显示屏等形式较为完整的信息系统突出枢纽方向的辨识度。利用绿化、小品等细节处理创造温馨的室内环境，建筑基色采用了和谐淡雅的主色调，给人以亲切明快的感受，也使导向标识色彩更突出，便于视觉认知，增强旅客印象。

第三，虹桥综合交通枢纽秉持"节能环保绿色设计"的理念，多种交通模式的高度集约，实现了土地资源、综合配套设施以及城市环境资源的集约化，最终达到节地的高效率；自然通风、自然采光、光伏发电、空调冷水直供系统、雨水回用系统等新技术大大降低建筑能耗，实现了项目预期节能目标；其中，航站楼西立面采用清水混凝土墙及室内清水混凝土材料，既实现了节省建材和能源，又创造了材料的质感美，是上海虹桥综合交通枢纽节能环保绿色设计理念体现的典型示范。

## 3 项目管理体会

虹桥综合交通作为典型的超复杂工程项目，单体项目众多、参与组织多、组织界面协调极为复杂，这对项目管理提出了巨大的挑战。在项目的整个过程中形成的项目管理经验能够为今后同类工程项目的管理提供指导和帮助，以下将从范围管理、组织管理等方面进行逐一阐述。

### 3.1 范围管理

大型复杂项目的无所适从，往往是由于对项目范围管理不清楚导致。大量的项目失败案例都是从范围管理的失败开始的。项目范围界定了项目的边界、目标和工作内容，与投资、进度相互影响、相互制约，因此，范围管理堪称项目管理的基石。范围管理是为了成功达到目标而必须完成的工作内容，范围管理首先要明确工程的最终目标，厘清具有的界定特性。需要注意的是，特性必须要梳理清晰，以认可的形式表达出来比如文字、图表或某种标准，以保证被项目参与人理解，切不可含含糊糊、模棱两可。大型机场的范围规划，往往是多个设计院根据业主、航空公司及机场使用单位、管理层多方共同讨论确定的。范围规划不应该简单地理解为多个需求的"堆砌"，而是要认真分析需求的合理性、分析各个设计单位的约束条件，服务运行，同时也要满足未来的发展和需要。其次，范围管理的基础与归宿都是需求，优秀的立项报告能够很好地体现范围管理，范围管理要在此基础上密切关注设计院之间的界面、建设和运行的界面、实施的可行性等。

### 3.2 组织管理

组织论是项目管理的母学科，大型复杂项目组织架构一般分为领导小组、工作小组、指挥部或法人单位。项目越大，领导小组的级别越高。工作小组的领导一般也是指挥部的主要领导，小组成员是领导小组单位的具体责任部门或单位。总指挥是分管建设的政府副秘书长、同时担任机场的董事长，方便调度当地政府各有关部门和机场的建设运行协同。

组织管理要求最好在立项阶段成立项目的运行管理机构，不得晚于初步设计阶段，这样才能保证项目组织管理顺利进行。组织管理一般横向设置工程部、纵向设置职能部门，部门之间的管理界面是指挥部管理的重点。对具体项目而言，不存在组织结构的好坏之分，只有合适或不合适的组织结构。例如，工程部的人员组成可采用"3＋3＋3"模式（1/3 经验丰富的工程管理人员、1/3 有运行管理经验年轻的管理人员、1/3 运行单位新招的毕业生，工程相关专业研究生为宜）。这种模式可以有力缓解工程管理人员紧缺的压力、也能为建设人才、运行人才的培训提供很好的舞台。现场管理以区域化管理为宜，而不应以专业划分，应该按照管理人的具体能力设置管理范围，如按照个人工程经验，每人的管理范围不能超过 20 万 $m^2$（半天能够全面巡视完成），减少管理界面协调和交接的复杂性。对计划二次招标的幕墙、精装修的标段划分组织管理一定要认真研究，充分考虑减少管理界面、降低管理强度、营造竞争氛围等因素。

总承包单位对虹桥综合交通枢纽工程的整个过程意义重大。现在越来越多的机场航站楼、交通中心采取总承包的管理模式，合同金额也越来越大。但现有的总承包组织架构存在诸多的问题，特别是项目经理约束不足。由于航站楼专业过于复杂，总包单位必须保证有明确总包业绩的人担任项目经理，还必须配备有机电安装、钢结构、幕墙、装饰等专业经验的人担任项目副经理。

### 3.3 总体部署

大型工程往往有多个单体项目，涉及多家业主单位、设计单位、施工单位等众多组织。项目间需要统一策划，按照关键线路项目、制约项目、保障项目、配套项目分阶段实施，尽量按照减少不停航施工和立体交叉施工原则组织工程管理。一般而言，机场项目的航站楼往往是关键线路项目。但对大型综合枢纽工程而言，航站楼、交通枢纽、轨道交通和高铁都可能是关键线路项目。因此，总体部署要在关键线路项目确定后，对其余项目按照制约、保障、配套分级管理。制约项目须随时关注，密切协作，特别是施工场地的时间、空间协调，如飞行区地基处理、桩基与下穿工程等存在制约关系的工程。保障项目须保证核心区工程道路、排水、供电、供冷、供热、排污等的调试要求。配套项目可同步或提前开工，提前投入使用。

### 3.4 总平面管理

要统筹机场内所有建设项目，还要考虑到施工对运行和周边居民的影响。施工总平面既满足工程的需要，服从总体规划，保障运行，同时也需要充分考虑施工的便捷和节约投资等问题。在总平面管理中要遵循一定的原则。如一次规划，分期实施原则；临时设施与规划设施充分结合，节约投资，如临时房屋、施工道路、排水系统等充分结合；充分利用现有房屋、路网、水电等设施；生活区布置相对集中以便于管理；道路、材料堆场布置充分考虑材料运输和土方平衡，减少场内运输量。此外，总平面管理必须按照围护、挖土、大型结构吊装、机电安装及精装修阶段分别确定细化。如虹桥综合交通枢纽核心区工程地下部分 48 万 $m^2$，最大挖深 30m，挖土量近 400 万 $m^3$，PHC 桩约 50 万 m、水泥搅拌桩 12.5 万 $m^3$、锚拉钢板桩 4km、钻孔桩 50 万延米、混凝土总量 73 万 $m^3$、钢筋总量 11 万 t、地下连续墙 4.2km。而如此多的单体、如此大体量的工程须在不足 3 年的时间内完成。不仅如此，同期施工的飞行区土方外运近 300 万 $m^3$、山皮石近 200 万 t，枢纽配套的其他市政工程也必须同期施工。因此，施工道路必须进行系统统筹、系统管理，才能保证多单体项目间的顺利进行。

### 3.5 资源组织管理

大型复杂机场需项目要集聚大量的优秀资源，资源组织是保证工程项目顺利实施的基础。浦东机场卫星厅工程建设过程恰逢大兴机场、胶东机场的建设，登机桥的生产、供应、调试能否满足工程建设的需要是资源组织管理的一大问题。虹桥综合交通枢纽工程要在世博会前完成，所有项目基本要同时大面积展开，大量机械设备能否满足工程的需要，如工程需要锤击桩架约 30 台、钻孔桩机 150 台、地下连续墙成槽机约 10 台、水泥土搅拌桩架 15 台、地基加固设备约 10 套、塔吊 70 台、其他吊机 30 台、出洞盾构约 6 台等。此外，虹桥综合交通枢纽密集施工时间恰逢上海市世博会及城市配套工程建设高峰期，给机械设备的协调管理带来了较大的难度。不仅如此，设计院、施工单位的人力资源和复杂项目的特种设备资源也要关注，是否有能力承受高强度、长时间、复杂性工程的攻关。这些资源都是需要建设单位认真评估和准备！

## 3.6　总进度计划管理

虹桥综合交通枢纽核心区工程 2006 年 12 月 28 日开工、2009 年 3 月 T2 航站楼投运、7 月高铁沪杭线通车。核心区工程同周边的楼前高架、磁浮线路、高铁线路、地铁线路等项目一起构成一个互相配合的有机多层立体体系，进度管理要根据各个子系统的进度计划及关键线路，确定总进度计划及关键工序。总进度计划管理不仅要做到规划、设计、招标、施工、安装、调试、运行等各阶段配合一致，还要保证建筑、土建、设备、信息、装饰各专业配合一致。从系统的角度来看，进度计划除了需要在扩建工程系统内配合一致外，还需要与周围大市政配套计划配合一致，例如水、电、煤气、高速公路、轨道交通等的接入。

因此，总进度计划要确保实现两个协调即土建、安装、信息等各个专业的协调和与周围大市政配套计划的协调，如水、电、煤气、通信和市政道路的协调，机场要与地铁、高铁、空管、航油的协调。不仅如此，总进度计划要进行动态调整，一般半年或一年调整一次；少数工程随着编制条件的成熟，必须细化。在总进度管理过程中要维护总进度计划的严肃性，确保进度管理有据可依。

## 3.7　界面管理

大型复杂机场工程由于项目单体数量众多，形成了众多的工作界面，界面协调极为复杂。系统而科学的界面管理有利于项目整体目标的实现。在机场设计过程中，一般是由多家专业设计单位同步开展各项目的规划及设计，为了确保工程的系统性、统一性和完整性，除了各单体、专业规划设计外，设计与规划必须进行总体协调、管理和系统集成，而实现总体设计的前提是确定设计总包单位。在实际推进过程中，由于各个设计单位的风格相差较大、每个方案的深度差异也很大，设计管理可通过签署《合作设计备忘录》明确相关设计院的工作界面及分工。另外，飞行区、航站楼、交通中心、高铁车站等分属民航机场坐标系、轨道交通城市坐标系和高铁线路坐标不同的坐标系统，系统误差对项目的影响是不容忽视的，在招标确定时实施单位需要关注存在的众多界面。

## 3.8　总体实施策划

凡事预则立，不预则废，实施策划作为工程项目实施的前瞻性研究工作，对项目实施具有战略性的指导意义。随着行业发展，实施技术及项目管理水平的不断提升，实施策划的价值越来越受到人们的重视。大型机场建设工程涉及单位众多，实施策划旨在充分熟悉图纸的基础上，通过与项目各参与方的协调沟通，形成效益最大化的总体实施方案。上海机场建设指挥部从浦东 T2 航站楼初步设计阶段就开始进行实施策划工作，开工前基本掌握了工程的技术难点、管理重点，在项目的具体实施中能有效控制了项目的进度、投资和质量。设计图纸深度、认识的深度的逐步细化，尽管总体策划能够有效控制地下工程甚至上部结构的施工技术，但对于后期的机电安装、精装修等控制方面则较难。因此，在重视总体策划的基础上项目管理团队还要分阶段策划，尤其是机电设备安装调试的策划，要从技术上、管理上提前认真准备、认真实施。

## 3.9　以运营为导向

建设是运营的基础，运营是建设的目的，"建设中满足运行、满足最终用户的需求"这个理念贯穿建设全过程、体现在工程建设的各个方面。要实现以运行为导向，组织运营单位（机场、航空公司、驻场单位等）要全过程参与工程建设，包括项目方案讨论、可行性研究、扩初设计评审和施工图审查、工程竣工验收、专项验收和行业验收等，并随时听取运行单位的意见建议；组织机场各方和社会各方要参与开航前的模拟运行，运营管理者要根据各方提供建议进行优化。不仅如此，工程指挥部技术管理骨干转入运行一线岗位，带着项目一同到运行单位、组织设备厂商和施工单位保驾护航，这些措施都有力保障了运行目标的实现。

## 3.10　质量安全管理

上海机场建设指挥部成立 20 年来，形成了很多行之有效的管理制度，有效保证了工程质量和工程安全。①样板及首件引路制度，强化质量意识，规范施工管理，为大面积施工提供参考，对不成熟工艺起到补充和完善作用；②"三不准"原则严把工程开工关，监理大纲和监理细则没有编制、审核和交底不准开工；施工组织设计或专项施工方案没有编制、审核和交底不准开工；样板段未实施或未经验收不准大规模开工；③加强对关键工序及部位的旁站，列出详细的旁站部位、工序清单、控制点及旁站检查内容；④加强隐蔽工程及质量节点验收把关，一道工序不合格，不得进入下道工序施工，使问题在施工过程中能及时得到解决；⑤抓关键技术、工艺的技术攻关，新工艺的质量标准制定，如清水混凝土、大型钢结构的验收标准制定；⑥严格问题的"闭环"处理，过程检查发现问题，签发整改单或书面汇报，必须做到"闭环"处理；分析原因，总结经验，应用于新一轮质量问题的预防上。在工程的实施过程中，要记住衡量投资控制水平是钱，衡量进度管理水平是时间，而衡量质量管理的不是冰冷的指标，而是人心，因此，质量意识是工作的点点滴滴、是每一位参建人员的责任！

## 3.11　重视科技攻关，以科技创新支撑工程建设

上海虹桥综合交通枢纽的成功不仅仅来自组织和管理，科技创新带来的作用也不容忽视。在建设过程中虹桥综合交通枢纽通过上海市科委立项、单位自筹等形式开展了枢纽规划策划、机场信息系统、枢纽绿色策略与节能技术、枢纽防灾与应急技术、地下工程关键技术等多个项目研究。这些科技创新给虹桥综合交通枢纽带来了巨大的收益。如规划策划

研究节约土地 8km²，配套投资节约近 20 亿元；绿色建筑策略研究实现节能 65%，节约投资近 1400 万元；防灾研究获上海市、民航科技进步二等奖；飞行区地下穿越研究指导地铁 10 号线、2 号线、仙霞西路实施，减少线路长度近 2km；地下工程研究节约投资近 3.5 亿元，节约工期 12 个月，确保近 50 万 m² 基坑的安全。

## 4 结语

上海虹桥综合交通枢纽作为国内成功枢纽工程项目的典范，在规划与设计、建设与管理方面形成的项目管理经验将对今后的类似的工程项目管理提供样板和参考。但随着枢纽工程日趋大型化和复杂化，越来越多的项目管理问题需要大家进行思考。第一个思考就是风险管理，随着项目越来越大，不确定性因素越来越多，风险管理难度越来越大，因此风险管理的意识需要贯穿建设的全过程，包括前期工作风险、运行风险、建设风险和管理资源风险等。而每种风险又是由若干因素造成的，如前期工作风险涵盖了报批、土地、环境等对项目的影响和制约；运行风险包括了改扩建对于陆侧道路、飞行区运行、净空管理等的影响，不能因建设导致停航等重大风险事件发生，当然适度的小区域的停航停运也是降低风险的有效手段。如何针对具体措施做好项目风险管理都是需要项目管理者认真思考和研究的。如针对建设风险往往伴随建设的重点、难点产生并带来投资增加、工期延长等问题，风险管理团队可采用超前的技术、管理手段对风险进行有效的管理。第二个思考是关于未来机场的建设的思考，特别是 2020 年初民航局颁布了《中国民航四型机场建设新的纲要（2020-2035）》，明确指出四型机场建设的五大原则、建设目标与五大建设任务。未来的机场建设面对诸多的问题，如何实现机场建设与未来机场的需求的吻合，如何有效合理控制机场建设规模以及提高机场的建设管理水平？为此，未来机场的建设需要根据自身特点先行研究，例如浦东机场 T2 开工前曾分 42 个问题就规划、设计、施工、运行分别进行研究，研究成果为浦东 T2 的投运奠定了坚实的基础！

# 北京大兴国际机场工程进度总控方法与实践

王广斌，林文生

（同济大学经济与管理学院）

**摘　要**：本文以北京大兴国际机场为例，采用进度总控关键技术——进度总控环（A型），从工程、任务和组织三个维度系统分析北京大兴国际机场进度信息集成的方法与过程，并基于此形成北京大兴国际机场工程总进度计划。为确保总进度计划落实，本文进一步探索了基于月度报告和月度报告讲评进行进度跟踪管控的实践。北京大兴国际机场的如期投用为进度总控环（A型）提供了验证的平台，为该方法的有效性和可靠性提供了案例支持。

**关键词**：工程进度总控；总进度计划；跟踪管控；进度总控环

## Method and practice of schedule control in Beijing Daxing international airport project

WANG Guangbin　LIN Wensheng

(Tongji University School of Economics and Management)

**Abstract**: Taking Beijing Daxing international airport as an example, this paper systematically analyzes the method and process of progress information integration of Beijing Daxing international airport from the perspective of project, task and organization by employing the key technology of progress master control (type A). In order to ensure the implementation of the overall schedule, this paper further explores the practice of progress tracking control based on monthly report and monthly report comments. The scheduled operation of Beijing Daxing international airport provides a platform for the verification of the schedule master control loop (type A) and provides empirical support for the effectiveness and reliability of the method.

**Key Words**: construction schedule control; master progress plan; schedule control; the circle of schedule control

## 1　引言

北京大兴国际机场定位为大型国际枢纽机场、京津冀区域综合交通枢纽、国家发展一个新的动力源，强调全面保障各类人群的出行需求，包括支线、低成本及中转旅客等各类未能有效满足的旅客。机场以保障京南、雄安新区及京津冀城市群的出行需求为主，更应创造区域经济发展的新支点和新引擎。同时，北京大兴国际机场具有临空经济区战略地位，将成为京津冀协同发展示范区、国际交往中心功能承载区、国家航空科技创新引领区。机场的投运将形成航空物流区、科技创新区和服务保障区。

在总体规划上，北京大兴国际机场规划目标分为本期规划与远期规划。本期规划：目标年为2025年，满足年旅客吞吐量7200万人次、飞机起降62万架次、年货邮吞吐量200万t的运输需求；远期规划：暂按年旅客吞吐量1亿人次以上规划终端规模，飞机起降88万架次，满足年货邮吞吐量400万t的运输需求。北京大兴国际机场按照终端容量1亿人次以上进行规划。为使机场可持续发展，整个机场采用滚动发展、分期建设的模式。本期满足4500万旅客量，建设70万$m^2$航站楼、5条跑道（含一条军航跑道）、维修区和北货运区；近期满足7200万旅客量，建设约26万$m^2$卫星厅、旅客捷运系统、远机位站坪以及市政配套设施；远期满足1亿旅客量以上需求，建设约30万$m^2$南航站楼、2条跑道、南货运区、南工作区。其外围综合交通网络以"五纵两横"为主干，融合高速铁路、城际铁路、城市轨道、高速公路等多种交通形式。其中"五纵"指京开高速公路、新机场高速公路、轨道交通新机场线、京雄城际铁路、京台高速公路；"两横"包括新机场北线高速公路、廊涿城际铁路。

由此可见，北京大兴国际机场的建设具有多投资主体、多层级和跨区域等复杂大型项目的典型特征，带来了巨大的协调工作量，包括各利益相关方之间的协调、各工程界面的协调、各任务间的协调以及跨区域政府间的协调。其总进度目标是在2019年9月30日开航，要在复杂的环境下确保该项目按期投用，对北京大兴国际机场建设指挥部和各参建方都是极大的挑战，有必要采用系统、科学的方法进行进度总控，包括编制科学合理的进度计划，并基于进度计划进行跟踪管控，对产生的进度偏差采取措施及时调整。

## 2 进度总控理论与方法

进度总控是基于项目总控（Project Controlling）的思想，以现代信息技术为手段，对大型建设工程进行进度信息的收集、加工和传输，用经过处理的进度信息流指导和控制项目建设的物质流，支持项目决策者进行策划、协调和控制的管理组织模式。

结合进度总控理论与多个大型机场建设实践，同济大学进度课题组系统分析了进度总控的关键要素及其相互关系，形成了"系统分析、进度综合集成、关键路径分析、进度敏感性分析和进度管理成熟度评价"五要素的进度总控环（A型）总控关键技术，如图2-1所示。进度总控环包括对工程对象、任务和组织的系统分析，明确工程最终的建设成果，进行结构化的任务分解，梳理组织结构关系。这一系统分析是编制进度计划前必需的准备工作，是进度计划编制的基础。进度总控环充分考虑技术、组织、环境等多方面因素，时刻把握各类平衡关系，协调各方对进度进行综合集成，包括编排合理的任务顺序，确保过程平衡；预控协调交叉作业，确保空间平衡；每项任务对应到相应职责的组织部门，确保组织平衡；考虑工作均衡和建设与运营的衔接，确保界面平衡。关键路径分析环中事件网络图可以全面反映各项工作的名称和时间参数，从事件网络图中可以识别获得关键路径，而关键路径则更为重要，它体现了项目关键节点及其约束关系，决定项目最晚完成时间，因此也是控制总工期的关键技术，梳理关键路径上关键节点之间的约束关系可以对事件网络图进行补充和完善，进而动态演化出新的关键路径。由于各进度影响因素显著性不同，需要重点管控对进度影响大的因素，即敏感性高的影响因素。进度敏感性分析的第一步是分类识别出项目进度的影响因素，包括机会因素、风险因素和不确定性因素；第二步对各类因素的影响权重进行分析，得出敏感性高的因素，以便后续管控时重点关注，加强资源配置，持续进行监督。进度管控工作以进度计划为切入点，进而按计划实施、检查实施情况、对照计划纠偏、改进原有计划，如此往复，每一环节的工作由于经验的积累和反馈信息的获取，逐步成熟完善，随着进度管控工作循环式进行，进度管控水平呈螺旋式上升，促进管理能力提升。

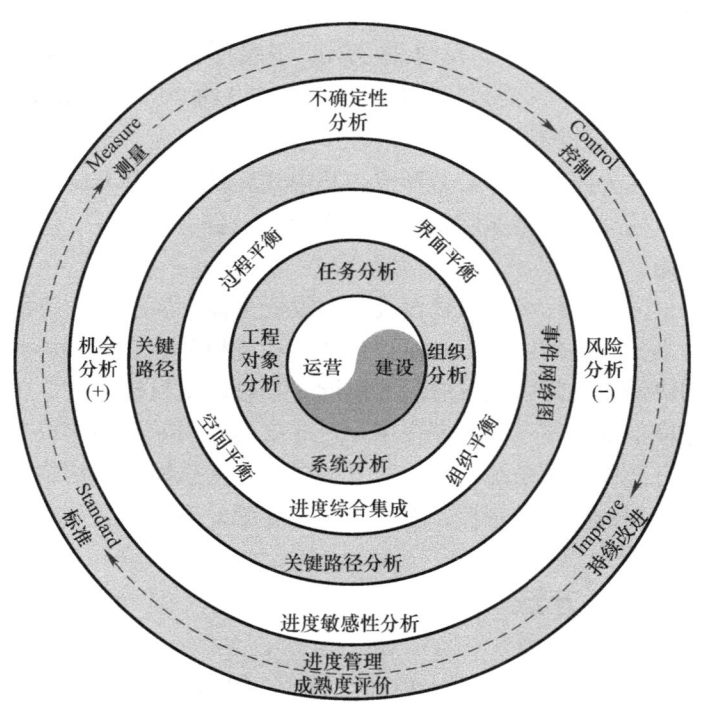

图 2-1　进度总控环（A 型）总控关键技术

进度总控方法中，进度计划体系呈现出金字塔式的层级结构，需要对进度信息集成化统筹，多层级施策、上下贯通、点面协同。进度计划体系包括了四个层级，其中每个层级分别服务于不同的组织与对象，第一层级为领导小组的总进度管控计划，第二层级是建设主体与运营主体的工作计划，第三层级为基础部门工作计划，第四层级为项目施工组织、专项工作计划，如图 2-2 所示。

# 3　基于进度总控环（A 型）的系统分析

对于大型复杂工程，在进度计划编制和管控程中要综合考虑项目系统和进度要素之间的互动关系。针对北京大兴国际机场具有多单体、多区域、多层级等复杂特点，首先对工

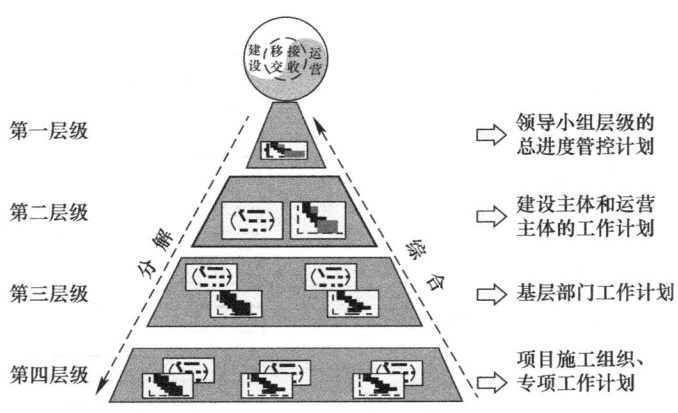

图 2-2 北京大兴国际机场进度计划多层级联动关系图

程系统进行系统分析，北京大兴国际机场工程这个大系统中包括北京新机场建设指挥部（以下简称"指挥部"）管理的工程和非指挥部管理的工程，指挥部管理的工程即机场飞行区、航站区、工作区和货运区等工程，非指挥部管理的工作分为空管工程、航油工程、航空公司基地工程等航空相关的工程，以及高铁、地铁、高速公路、市政基础设施等非航空相关的工程，基于上述工程范围形成项目的结构分解图，如图 3-1 所示。面对北京大兴国际机场庞大的工程建设内容和多投资主体，北京大兴国际机场形成了国家层面、地方层面、行业层面、集团层面、指挥部/管理中心层面多层级的综合一体的统筹协调机制。其中，国家层面成立国家发展改革委北京大兴国际机场建设领导小组；地方层面形成北京市大兴区机场办与河北省廊坊市机场办；行业层面成立民航北京大兴国际机场建设及运营筹备领导小组；指挥部/管理中心层面成立了北京新机场建设指挥部与北京大兴国际机场管理中心，四个层面之间形成组织关系如图 3-2 所示。

# 4 进度信息综合集成与总进度计划

本文以北京大兴国际机场指挥部负责的工程范围为主要研究对象，兼顾分析影响其进度的相关工程和利益相关方的范围，以及北京大兴国际机场进度总控的初始条件和总进度目标。北京大兴国际机场从 2012 年 12 月国务院、中央军委联合发文批复北京大兴国际机场立项，2014 年 12 月飞行区工程正式开工，2019 年 9 月开航投运。基于这一总进度目标，形成了北京大兴国际机场进度计划体系。民航局发布的《北京大兴国际机场建设与运营筹备总进度综合管控计划思维导图》和《北京大兴机场建设与运营筹备总进度综合管控计划》（以下简称"综合管控计划"）作为北京大兴国际机场总进度计划（以下简称"总进度计划"）的纲领性文件。该综合管控计划为领导小组层级的总进度管控计划，包含 4585 工作项、关键节点 268 个，风险追踪问题 23 个，关键问题与对策 23 个。在综合管控计划的领导下，通过进度信息集成形成总进度计划。

## 4.1 进度信息集成范围与思路

为做好总进度计划，进度信息集成范围涉及综合管控计划中的工程范围和指挥部管理的工程范围。其中综合管控计划工作范围是确保 2019 年 9 月开航所涉及的民航、北京、

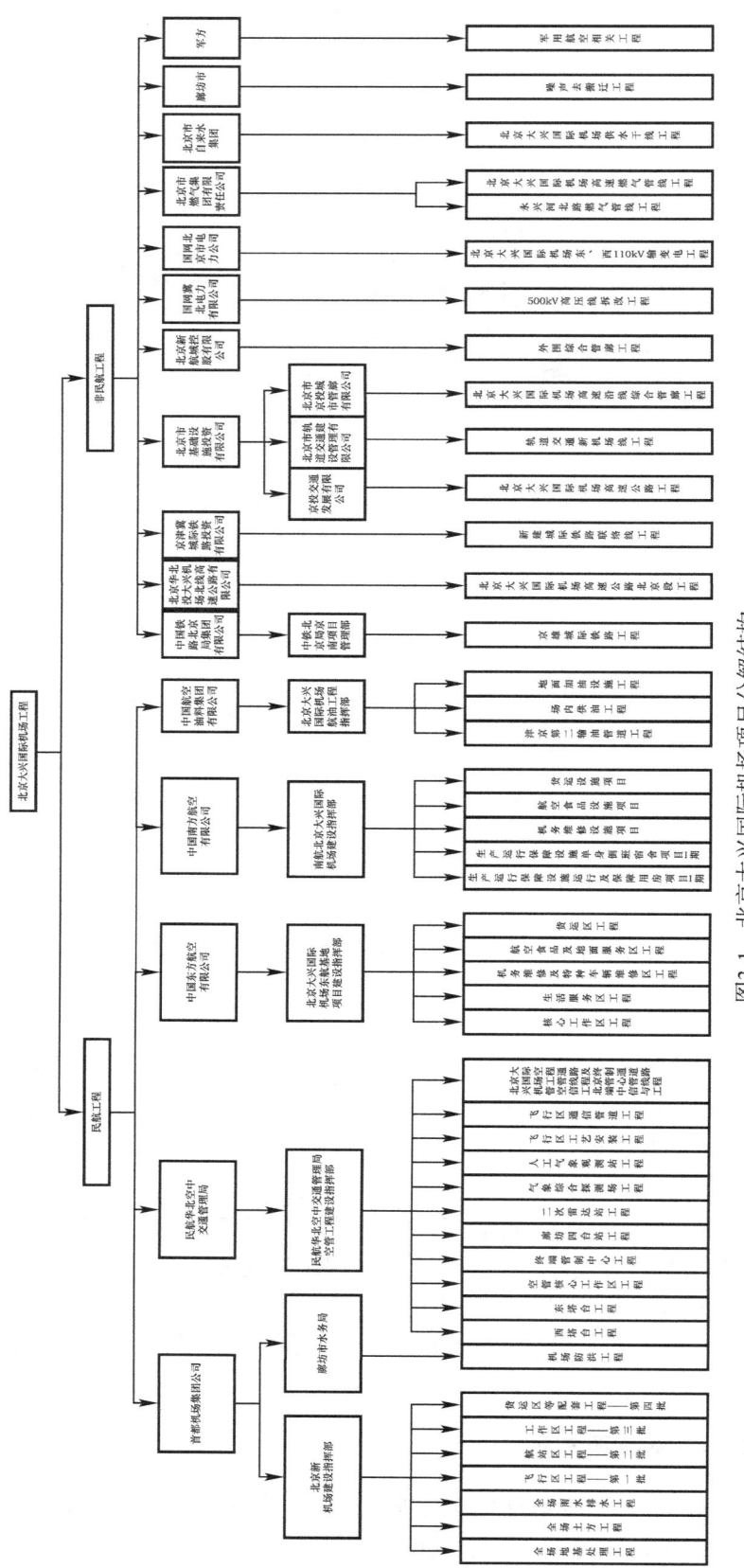

图3-1 北京大兴国际机场项目分解结构

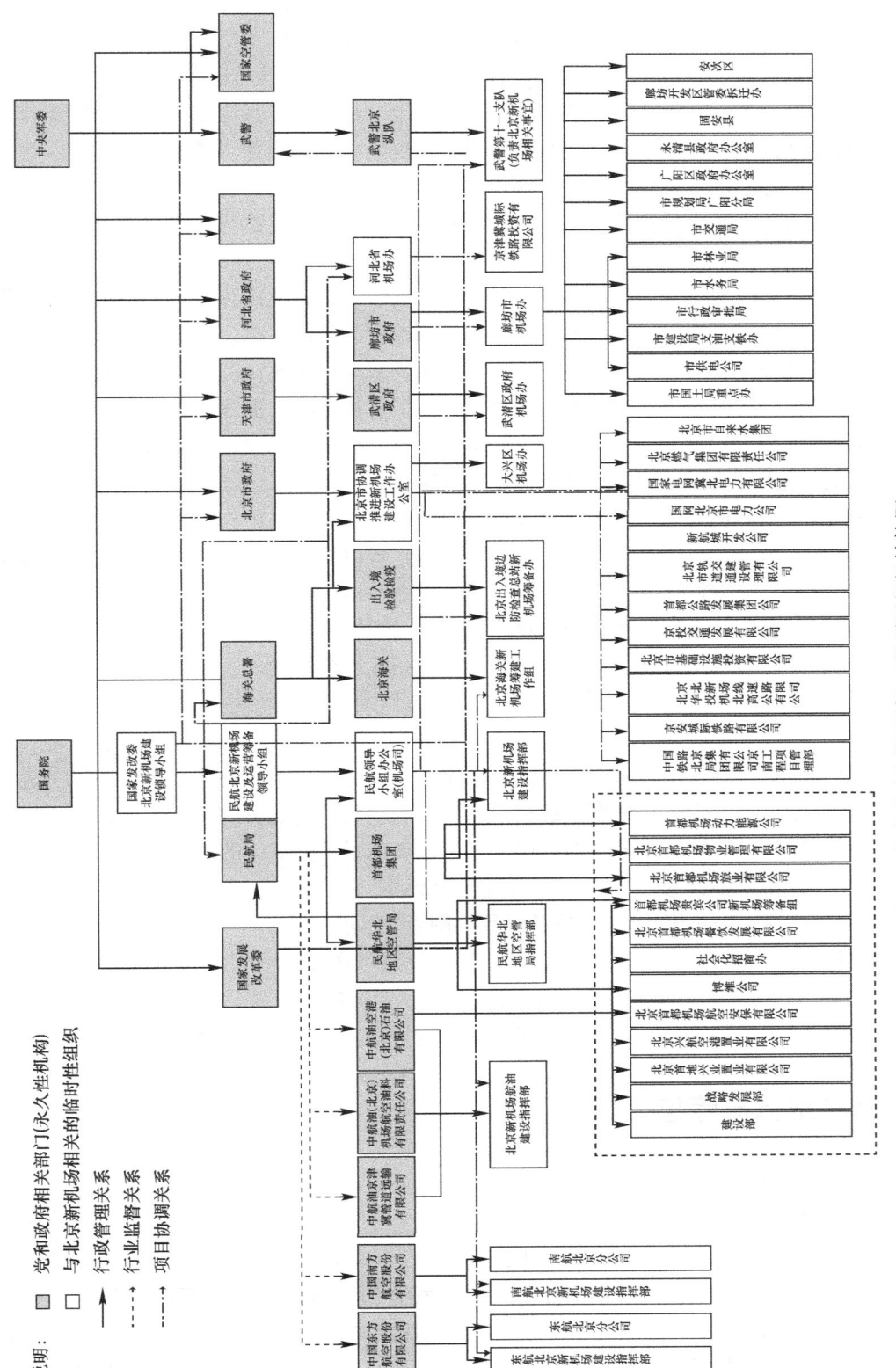

图3-2 北京大兴国际机场工程项目组织结构图

河北、海关等所有组织和单位的工程建设工作和运营筹备工作；时间范围为自 2018 年 7 月至开航剩余前期报批、剩余建设、验收移交及接收和运营准备所有工作。指挥部管理的工程包括飞行区、航站区、货运区和工作区等工程的剩余建设与运营筹备工作，如图 4-1 所示；时间范围覆盖自 2018 年 7 月开始至 2019 年 9 月北京大兴国际机场开航的工作。综合管控计划和总进度计划编制范围具有差异，但是两者共同服务于进度计划工作，为各单位进行建设与运营准备工作服务，实现各自目标和总体目标，综合管控计划满足领导小组层面的管控需求，是领导小组实施工程管控的抓手，是工程建设与运营主体单位安排工作的基础及依据。

进度信息集成要做到内外部协调、各层级计划联动、各维度综合。北京大兴国际机场项目是一个跨区域、跨组织的项目，既包括机场建设、外围水电、机场运营和外围道路建设等，涉及的单位众多，单位之间的协调界面更为复杂。外部协调工作往往超越了参与单位的组织边界，各个单位之间也要做到进度计划的有机衔接，做到不遗漏、不重复。机场项目不仅仅涉及工程建设，运营筹备工作也是关键，如何做到建设与运营之间的衔接尤其重要，因此在内部协同过程中要做到建设与运营一体化。

做好内外部协调之外，从工程出发，还要做到工程维度、工作维度与组织维度之间的综合，工程维度涉及机场工程、空管工程、航油工程以及航空公司工程；工作维度包括了工程前期报批、规划设计、采购、施工、竣工验收、运营筹备、移交及接收等；组织维度包括了机场、空管、航油、航空公司建设指挥部、机场运营主体、配套工程建设主体及运营主体和相关政府机构等。三个维度相互补充，相互综合协调。

## 4.2 总进度计划编制

进度信息集成过程中，采用了广泛的调研访谈、专家评审等关键技术，确保总进度计划编制的科学性与合理性，进度信息集成过程与总进度计划编制过程如图 4-2 所示。

同时，在总进度计划在编制的过程中，综合集成了不同部门的进度计划意见进行了不断的修订，集成与综合分析研究形成进度风险评估与对策，并最终形成了《总进度计划（修订版）》与《专项进度计划》，修订过程如图 4-3 所示。

《总进度计划（修订版）》包括 268 个关键节点（图 4-4）、33 个进度风险追踪问题、4553 个工作项以及 10 个关键问题与对策，形成《专项进度计划》包括 4 项设备纵向投运计划、5 项交叉作业施工计划、5 项特殊专项计划和 1 项验收专项计划。

# 5 进度跟踪与管控

民航北京大兴国际机场建设及运营筹备领导小组办公室于 2018 年 8 月开始实施综合管控计划的管控工作，并于 2018 年 8 月 27 日成立投运总指挥部，全面开展管控工作。投运总指挥部以现场巡查为重要抓手，通过巡查分析风险，对各单位提交的计划完成情况进行复核，形成月度管控报告（以下简称"月度报告"）。指挥部与管理中心总进度计划自 2018 年 9 月起开始管控。每月 25 日组织收集当月计划执行情况，次月 10 日前发布《北京大兴国际机场建设与运筹进度管控报告》；交叉专项计划每两周发布一次《工程建设与运营筹备交叉专项进度计划双周管控报告》；2019 年 4 月起增加月中预警机制，对当月关键

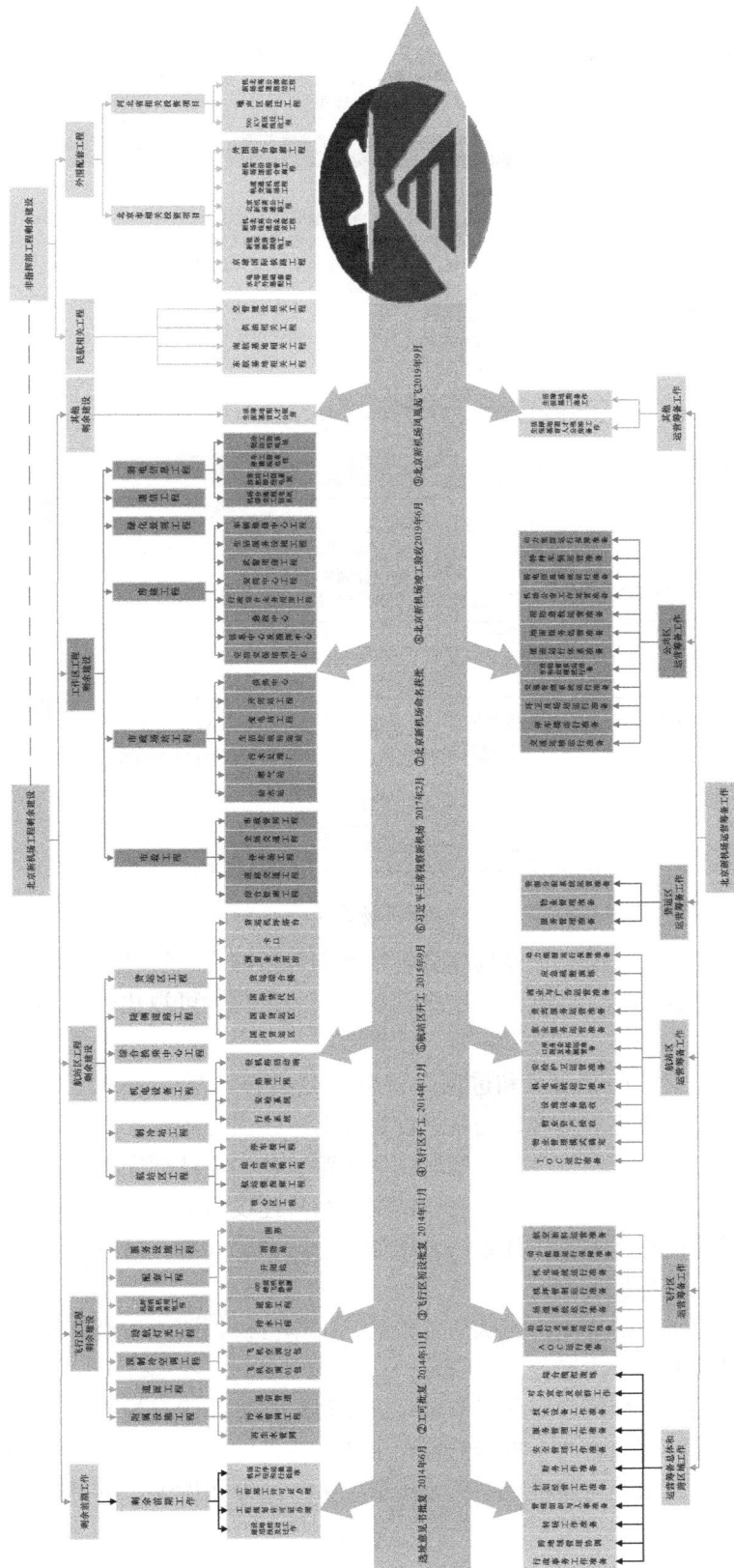

图4-1 北京大兴国际机场建设和运营筹备工作分解图

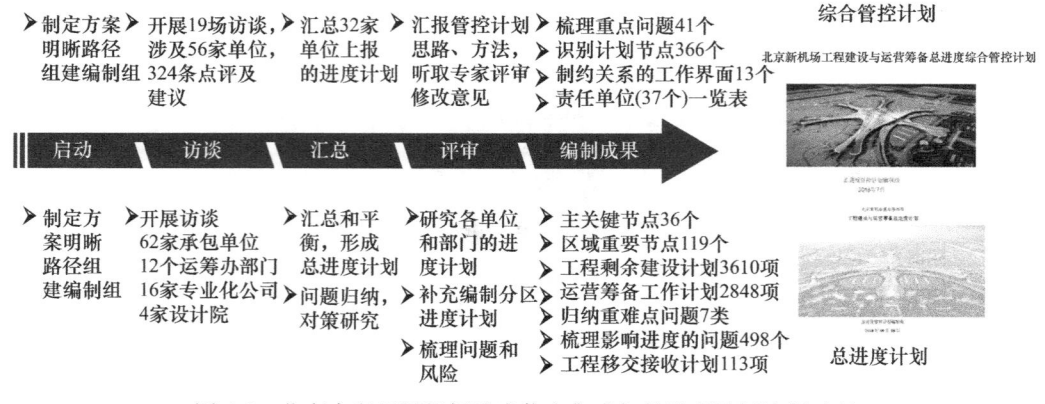

图 4-2　北京大兴国际机场进度信息集成与总进度计划编制过程

图 4-3　北京大兴国际机场进度计划修订过程

节点完成情况进行预警。此外，民航局综合管控计划与指挥部、管理中心总进度计划均开发了相应的信息化管控平台，实现两个层级管控计划的量化、可视化管控，推动管控工作高效实施。

月度报告内容包括了进度信息和进度报告两部分内容，两者之间互为补充、互为支撑。进度信息涵盖了投资完成情况、当月进度完成情况、当月关键节点完成情况、下月关键节点计划、下月进度计划、进度风险问题进展跟踪、各专项计划完成情况。进度报告则包括当月总体进度分析、当月关键节点完成情况、当月建设与运筹工作完成情况、下月关键节点计划、下月建设与运筹工作计划、专项计划总体进展分析、风险提示及重要进度措施、近期重难点工作及建议等内容。

在进度信息渠道采集的方面，团队通过驻场、工作会议、调研访谈、现场踏勘、信息平台数据填报和其他非正式沟通等渠道实现。

除此之外，专门的进度报告讲评环节也是进度跟踪与管控的有效手段。综合管控计划月度报告在投运总指挥部联席会上进行汇报和讲评；总进度计划月度报告于指挥部例会与管理中心工作例会、集团公司新机场工作委员会上进行汇报和讲评。每月形成具有指导性的纸质文件。

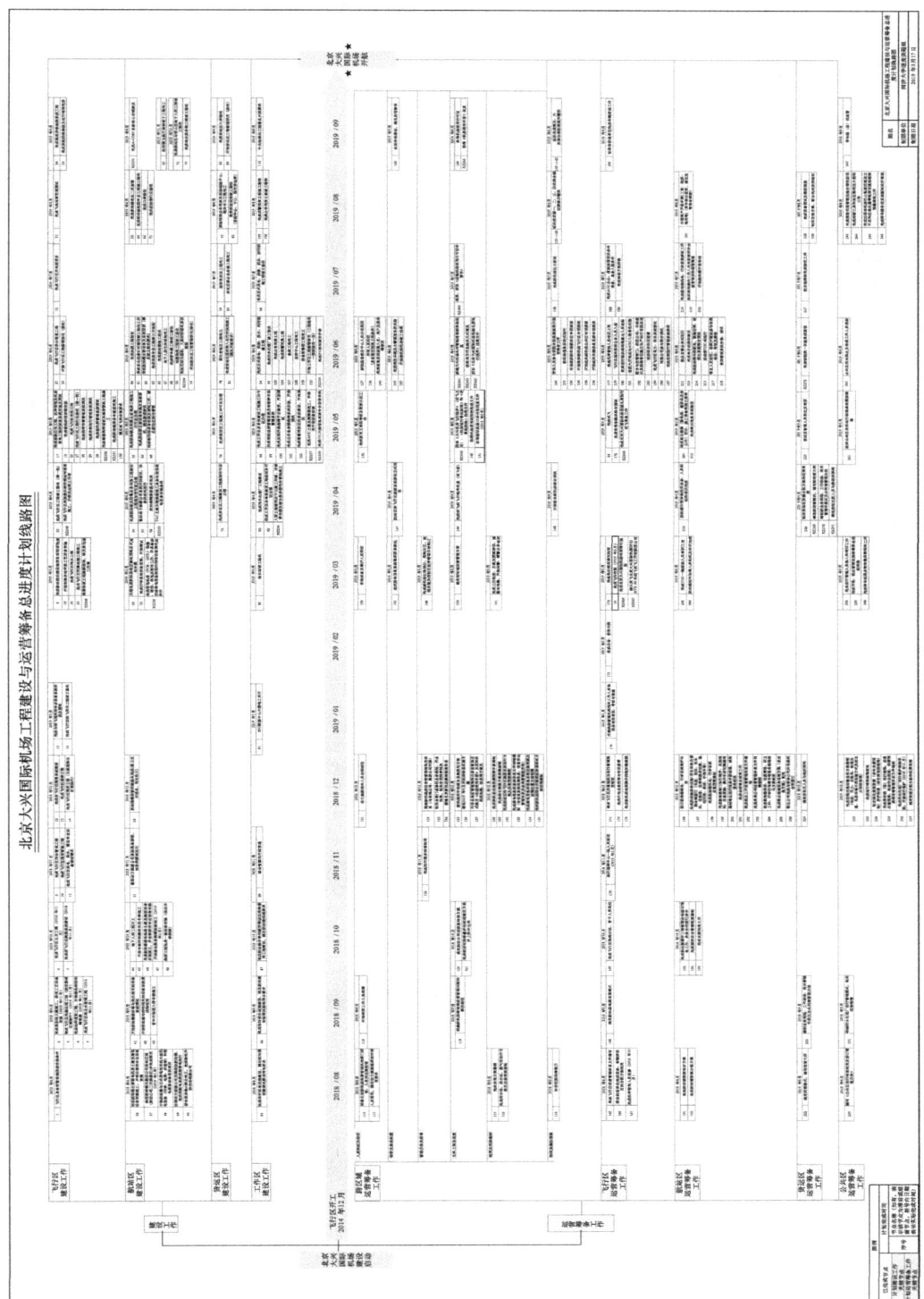

图4-4 北京大兴国际机场工程总进度计划关键线路图

117

# 6 总结与展望

北京新机场建设指挥部以"四个工程"为指导，勇于担当，攻坚克难，自 2014 年 12 月至今，历经 54 个月的艰苦奋斗，特别是自 2018 年 7 月采用综合进度管控技术的科学方法，取得了建设运筹总体关键节点完成率 93%、工程竣工验收率 90% 的优秀成绩，实现了建设北京大兴国际机场两大目标中的第一阶段目标——2019 年 6 月 30 日竣工，圆满完成了建设任务，为 2019 年 9 月 30 日前投运奠定了坚实基础。

北京大兴国际机场项目既有企业层面的施工组织实践、指挥部层面的工程管理实践，也有政府层面的治理实践。管控计划将上述三个层面的实践有机结合，产生协同创新效应，在实现北京大兴国际机场工程进度目标的同时，创建出大型工程治理体系和治理能力现代化的样板。

# 我国民航工程建设数字化转型关键技术发展与趋势

马 磊[1]，吴 敏[1]，胡培婷[2]，李育霖[3]，李飞宇[1]

(1. 广东省机场管理集团有限公司工程建设指挥部，广东广州，510470；
2. 深圳机场（集团）有限公司扩建工程指挥部，广东深圳，518128；
3. 西部机场集团有限公司机场建设指挥部，陕西西安，712035)

**摘 要**：信息技术的发展为我国民航工程建设既带来了新的机遇又提出了更高的要求。本文立足新基建，结合我国民航在"十四五"时期建设"四型机场"的要求，分析了智慧机场作为"四型机场"的关键支撑存在的瓶颈问题，提出了以BIM和5G技术为核心建立"数字孪生机场"，拟通过机场工程全生命周期信息技术应用的策划和实施，构建完整的数据生态、系统生态、设备和应用生态，打通数据边界，促进民航工程向数字化、网络化、智能化转型升级，更好地进行协同、决策、运营、服务和管理，实现民航工程建设与管理的高质量发展。

**关键词**：四型机场；数字孪生；新基建；BIM；5G

# Development and Trend of the Key Technology for the Digital Transformation of China's Civil Aviation

MA Lei[1], WU Min[1], HU Peiting[2], LI Yulin[3], LI Feiyu[1]

(1. Engineering Construction Headquarters of GAA, Guangdong, Guangzhou, 510470;
2. Engineering Construction Headquarters of Shenzhen Airport (Group) CO., LTD., Shenzhen, Guangdong, 518128;
3. China West Airport Group CO., LTD. Airport Building Headquarter, Shaanxi, Xi'an, 712035)

**Abstract**: The development of information technology not only brings new opportunities for our country's civil aviation but also urges it to make further improvements. Starting from the content of a new infrastructure, this article analyzes bottleneck problem of the smart airport as the key support of the Four Characteristics Airport based on requirements of China's civil aviation in the "14th Five-Year Plan". With BIM and 5G technology as the core, it proposes the establishment of a "digital twin" airport. By planning and applying information technology in the entire life cycle of the airport, this paper aims at building a complete data ecology, system ecology, as well as equipment and application ecology, to open up the data boundary while promoting the civil aviation engineering with digitalization, networking and intelligence. Aiming at achieving better coordination, decision-making, operation, service-offering and management, it helps to accomplish a high-quality moving of the civil aviation.

**Key Words**: four characteristics airport; digital twin; new infrastructure; BIM; 5G

# 1 引言

随着中央政府加快数字中国建设、大力推进新基建的要求以及民航局关于《新时代民航强国行动纲要》《中国民航四型机场建设行动纲要（2020-2035年）》等文件的出台，我国民航在"十四五"时期将迎来转型发展的新机遇。特别是习近平总书记在出席北京大兴国际机场投运仪式上要求建设以"平安、绿色、智慧、人文"为核心的"四型机场"，为我国机场未来发展指明了方向。

"四型机场"的关键支撑是"智慧机场"，"智慧机场"的瓶颈问题是数据融合和信息孤岛。新基建融合新一代信息技术，以"数字孪生"将数据边界打通，提高互操作性。BIM技术将机场项目所有工程对象表达为三维可视化的模型单元，建立了与"现实机场"——映射的"信息机场"；以5G为基础的通信网络是"现实机场"促使生产要素物联网，实现了建设与运营的属性数据与模型数据精准关联交互。在我国民航"十四五"时期，要实现机场全面物联、数据共享、协同高效、智慧运行，BIM+5G将引领我国民航进行数字化转型、成为建设"四型机场"的主引擎。

# 2 "十三五"时期信息技术应用现状

## 2.1 应用背景

在"十三五"时期，从中央到地方出台了一系列关于加快建筑业信息化、智能建造、新基建的政策，在工程建设行业大力推行BIM、5G、人工智能、物联网等信息技术，促进产业转型升级。住房和城乡建设部先后颁布了4部国家BIM标准并出台了推动智能建造与建筑工业化协同发展的指导意见。交通运输部出台了推动新基建的指导意见。中国民用航空局颁布了行业BIM标准（总册）及《新时代民航强国建设行动纲要》《促进机场新技术应用的指导意见》《中国民航四型机场建设行动纲要（2020-2035年）》[1]等信息技术指导文件，北京、上海、广东、浙江等地也出台了加快信息技术的标准、指南和指导意见。铁路行业除了制定铁路BIM标准，还通过国际智慧建设联盟（bSI）将铁路BIM标准升级为国际标准。

其他国家和国际组织也在积极推进信息技术。国际智慧建设联盟（bSI）积极推进BIM技术国际化，每年举办两次国际峰会推进国际BIM项目交流（bSI Awards）。

美国总务管理局（GSA）、英国建筑业协会（AEC）、澳大利亚基础设施建设局（IA）、新加坡建设局（BCA）也发布了本国使用 BIM 的要求和准则。国际机场协会（ACI）、国际航空运输协会（IATA）、国际民航组织（ICAO）、国际航空电信协会（SITA）、欧盟（EU）等指导通过实施 AI 算法、生物识别、BIM 等技术来推动未来机场数字化转型[2]。

## 2.2 枢纽机场新兴信息技术应用

在信息技术应用背景下，我国枢纽机场按照建设"四型机场"的要求，推进信息技术应用。北京大兴国际机场采用 BIM 技术深度结合劳务实名制推动"智慧工地"，实施可视化安防、塔吊安全监控、环境智能监测等应用，实现超大型项目的智慧化信息化管理综合应用，如图 2-1 所示。广东机场将 BIM、GIS、数字化施工监控、基于进度的综合管控等技术[3]（图 2-2）在白云机场二期扩建工程，三期扩建工程，湛江机场迁建工程，韶关机场军民合用工程、揭阳机场扩建工程等项目中应用，创建了机场各阶段三维模型并更新，进行三维协同设计、4D 进度模拟、施工交底等应用，搭建了广东机场 BIM 协同平台（图 2-3），建立了广东机场集团 BIM 应用标准，并牵头编写行业 BIM 标准。深圳市机场集团在深圳机场扩建工程中采用 BIM 技术，进行 BIM 标准体系编制、工程 BIM 模型搭建、BIM 协同平台建设 BIM＋GIS4 个方面推进机场建设实现高质量发展[4]（图 2-4），并在运营阶段利用新技术推动数字化转型，实现大运控、大安防、大服务、大管理智慧机场数字化管理[5]。西部机场集团在西安咸阳国际机场三期扩建工程中利用 BIM 技术推动工程建设，以"安全、质量、进度、成本、运维"为五个维度，"统一的模型，协同的平台"为两条工作主线，以"一模到底"为应用目标，编制项目级 BIM 标准手册，在三期扩建工程实施 BIM 技术应用，如图 2-5 所示。上海机场集团除了将 BIM 技术应用于建设和运营外，还确定了"上海数字孪生机场"规划目标和实施路线，以"机场大脑""运行大数据平台""时空大数据平台"为三大抓手，以多项目形式分布并行实施，稳步推进上海数字孪生机场建设，如图 2-6 所示。

图 2-1 北京大兴国际机场智慧工地

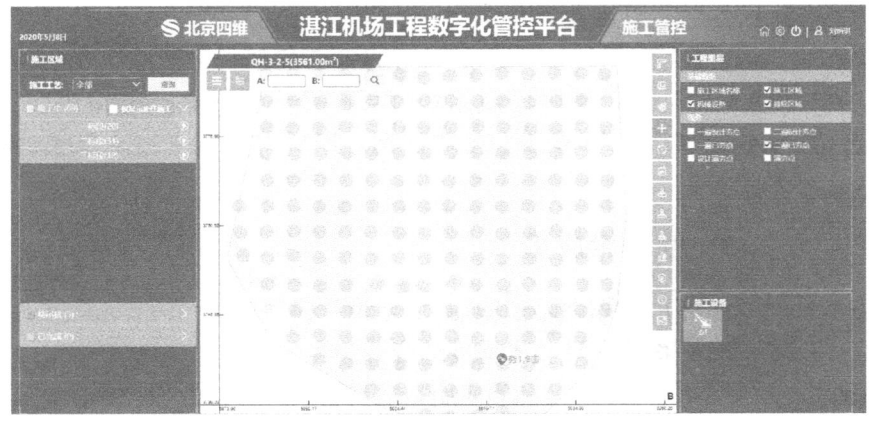

图 2-2 广东机场数字化施工

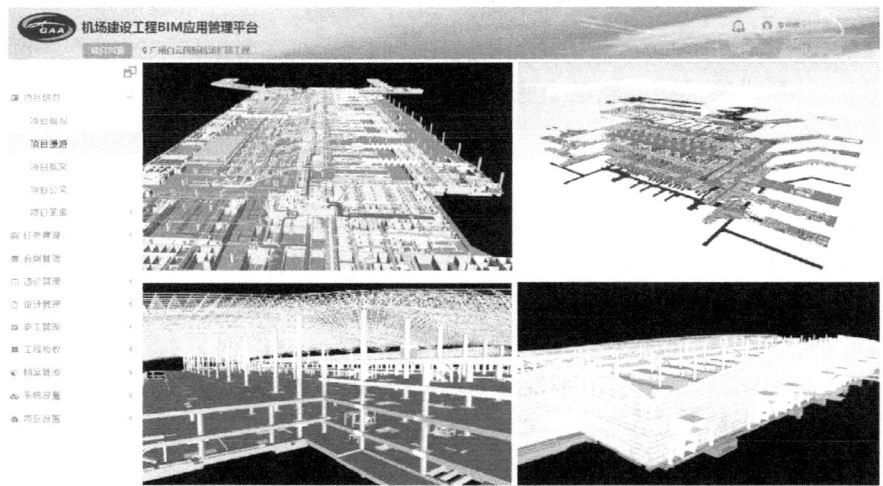

图 2-3 广东机场 BIM 协同平台

图 2-4 深圳机场 BIM 应用

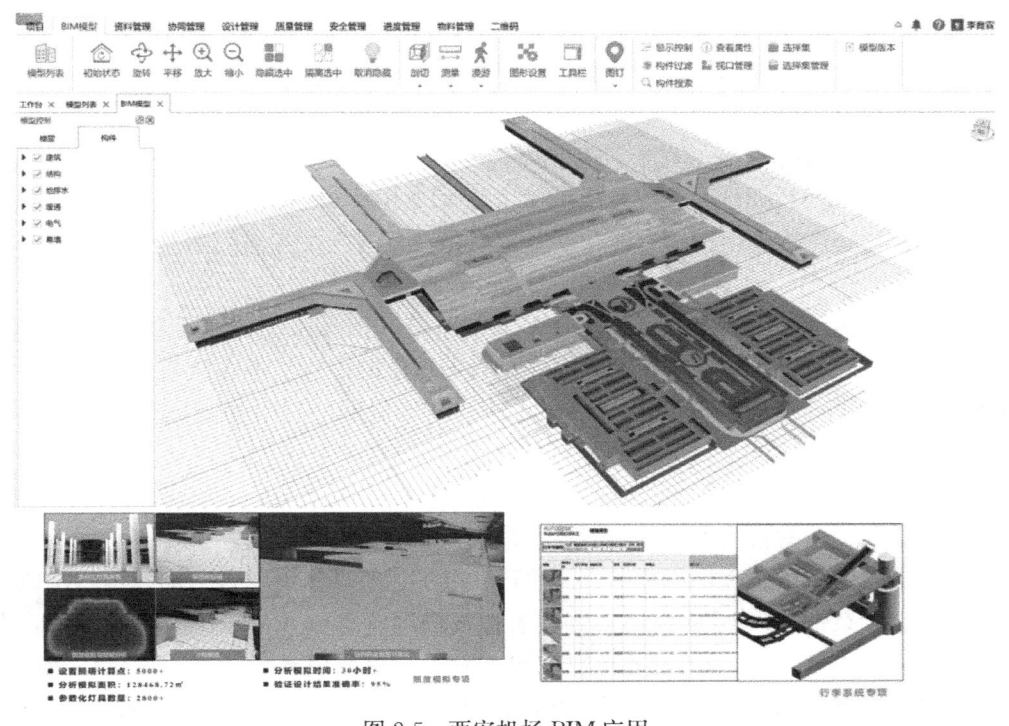

图 2-5　西安机场 BIM 应用

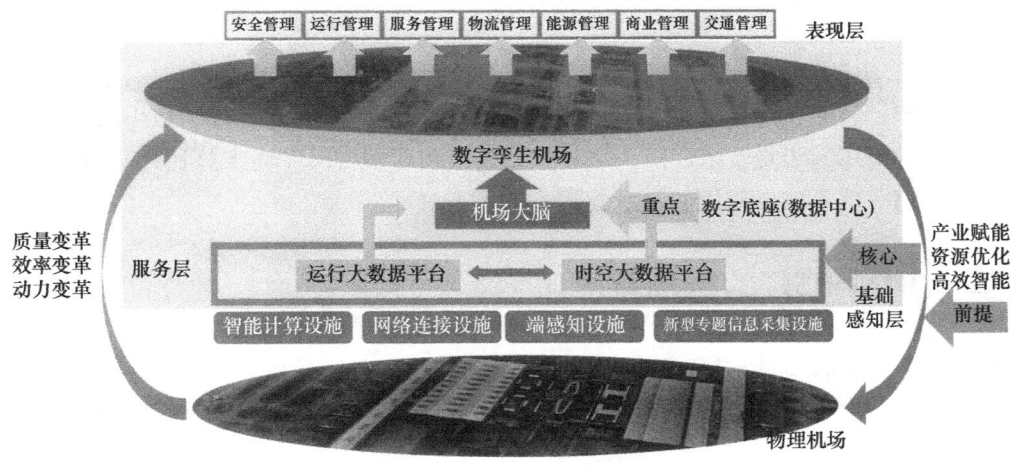

图 2-6　上海机场数字孪生机场

## 2.3　应用成效

近几年，在我国建筑业一系列政策推动下，工程建设领域普遍采用信息技术，促使智能建造能力不断提升，建造标准不断完善。在民航工程建设领域，以枢纽机场为代表采取了新兴信息技术在项目全生命周期应用，助力实现"安全""质量""进度""投资"等方面的管理目标，促使行业进入高质量发展的快车道。

## 3　信息技术的应用瓶颈

由于行业特点和缺少顶层设计，目前我国机场普遍存在一定的信息孤岛和数据壁垒，机场的数据、业务系统、管理应用缺乏深度关联，出现了BIM模型与建设管理数据割裂、信息技术应用与资源投入不匹配、建设与运营的信息难以衔接等问题。

（1）信息孤岛问题

机场建设单位因受资金、团队、工期等条件限制，往往在机场项目中未采用BIM技术进行全生命周期的数据协同，造成信息孤岛及协同问题，具体表现为缺乏信息管理的顶层设计、建设与运营数据仍散落在各个业务部门、信息难以在各部门间互用、信息需要重复录入等。

根据建设和运营需要，机场普遍存在着OA系统、档案系统、合同系统、财务系统、项目管理系统以及机场、航空公司、空管、监管等单位的运行指挥系统。这些系统根据不同业务需要已在不同阶段完成开发，存在协同和共享问题，这也易造成数据壁垒和信息孤岛。

（2）组织割裂问题

机场建设与运营常常由不同的组织负责，指挥部负责机场建设，运筹办负责运营筹备工作，之后成立的机场管理公司负责后续的运营维护。机场建设的这一动态组织加剧了信息技术应用的复杂性。以BIM应用为例，通常机场运营单位在建设阶段介入较晚，在项目准备阶段未提出BIM模型创建要求、在竣工阶段未提出信息交付要求，往往造成运维BIM模型无法创建，机场各生产设施无几何信息及属性信息，造成难以实现基于BIM的智能化运维，这也是很多机场因缺少空间数据无法智慧运营的原因。

（3）应用生态问题

考虑到机场运营安全，机场建设对新技术和新材料的采用比较谨慎，相比铁路工程和轨道交通工程，智能建造在机场的应用还有着很大的空间。主要表现为以BIM为核心的新兴信息技术应用起步晚、未广泛采用装配式建筑和新型材料、尚未打通信息技术应用所需的经费渠道、信息技术应用的专业技术人员仍需培育。

# 4 基于BIM+5G的机场新基建

"十四五"期间，亟待充分发挥BIM技术和5G技术的引领作用，以"数字孪生机场"为抓手，构建完整的数据链、完善的数据平台、完美的集成应用生态，促使机场数字化转型，实现高质量发展。

## 4.1 关键内涵

（1）BIM+5G技术引领

数据完整是数字孪生机场的基础。BIM参数化、可视化、数据化和5G高可靠、低延时、大宽带的特点，决定了其在新信息技术中的引领作用。BIM是建筑业从二维图纸到三维模型的革命，BIM模型除了3D可视化展示，模型单元的属性信息（非几何信息）能够精准地和几何信息进行连接，还能关联进度信息（4D）、成本信息（5D）以及融合诸如3D打印、GIS、AR、VR等其他新兴技术。王广斌等采用共词分析法、社会网络分析工具等识别BIM的研究热点（图4-1），并预测在未来一段时期内BIM技术与其他技术融合应用、改善信息沟通、提高管理协同将成为主要热点[6]。以BIM与GIS技术融合为例

(IFC 和 City GML 为其通用标准),采用 IFC 与 City GML 之间的标准化信息映射能够实现两者集成[7](图 4-2)。在"十三五"时期,枢纽机场普遍采用了 BIM 技术融合其他技术进行进度、安全、质量、投资等方面的全生命周期技术应用。枢纽机场的应用实践也表明,依托 BIM 技术是可视化协同和信息融合的基础。5G 是当前乃至一段时间内通信技术的核心,也是机场万物互联和实时交互的基础。因此,BIM 和 5G 技术,是构成机场完整数据链的基础。

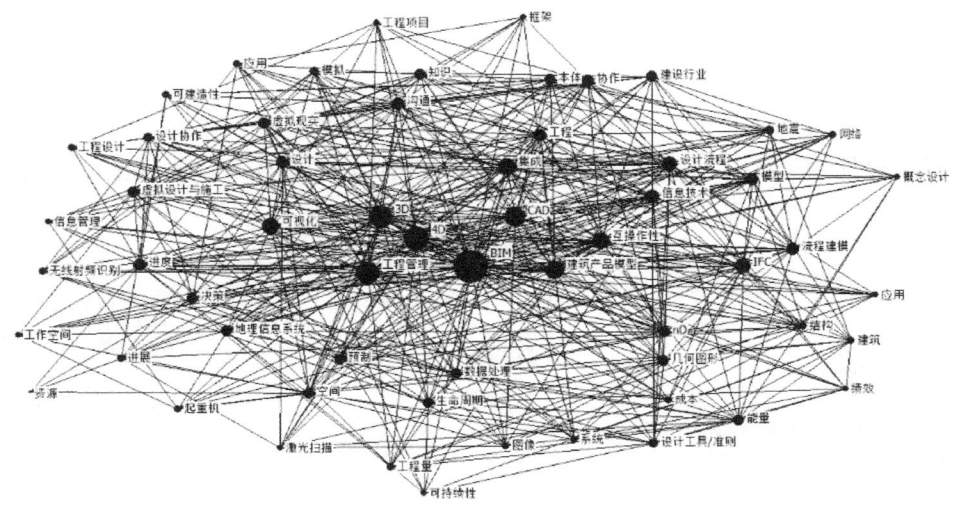

图 4-1　BIM 与其他技术的共现网络

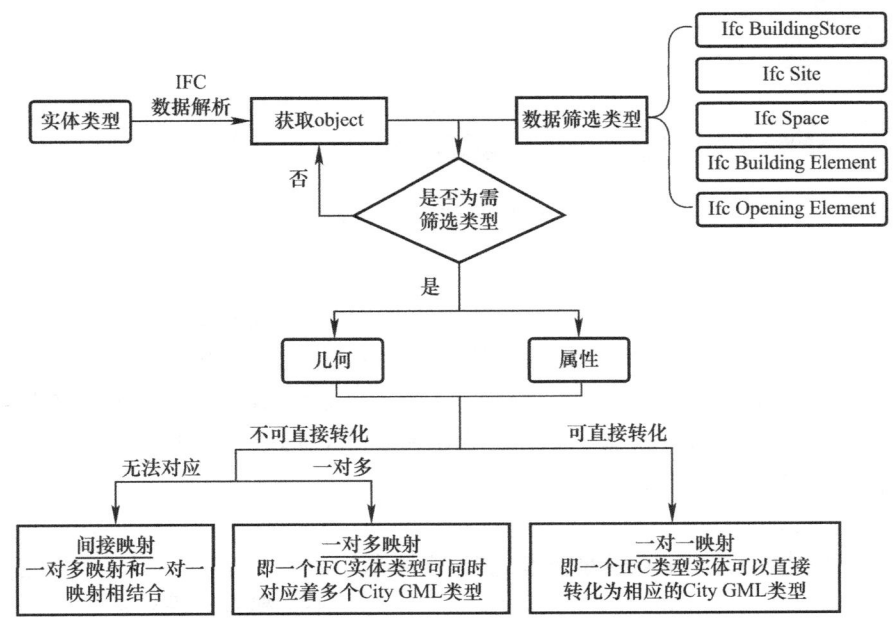

图 4-2　IFC 与 City GML 间的标准化信息映射

(2)数字孪生数据支撑

数字孪生是信息深度融合的抓手。2003 年,Grieves M. W. 教授首次提出"数字孪生"概念[8]，因其集成了"现实世界"的多维度物理数据、高保真的"信息世界"模型及完整的数据映射关系，被应用于航空航天领域、工业制造领域。数字孪生连接"现实世界"和"信息世界"有桥梁和纽带作用，提供更加务实、高效、智能的服务[9]。

为建设"四型机场"，必须以数据驱动与机场物理世界的融合。采用 BIM＋5G 为核心，推进 BIM、5G、北斗卫星导航系统、人工智能、物联网、区块链、云计算、大数据等与机场规划、设计、建设、运营深度融合，从数据生态、系统生态、设备和应用生态"数字孪生"机场。

## 4.2 顶层设计

如何构建 BIM＋5G 的技术引领和数字孪生数据支撑的机场新基建方案，是机场新基建方案顶层设计的关键内容。基于上述讨论，本文提出以数据生态、系统生态以及设备与应用生态互为耦合的架构，如图 4-3 所示。

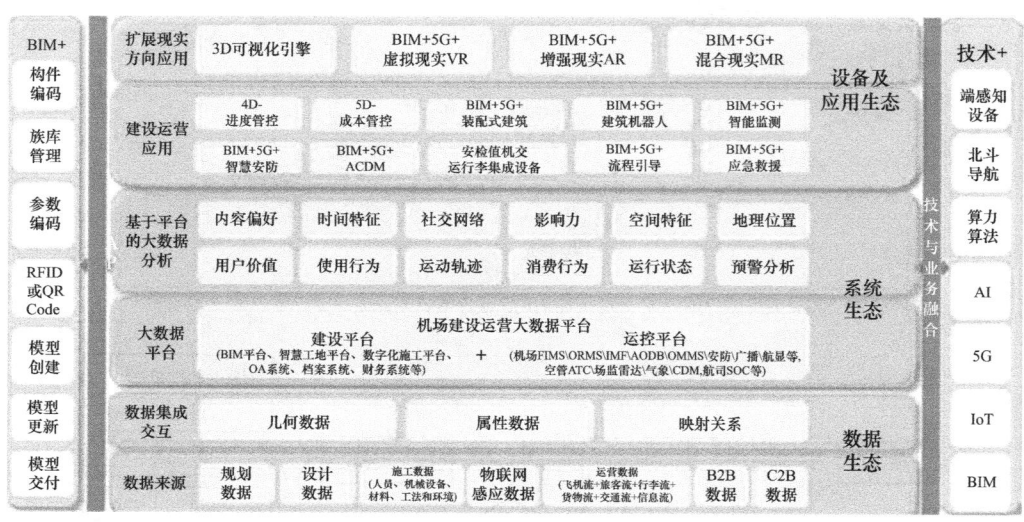

图 4-3  基于 BIM＋5G 的机场新基建方案架构

（1）数据生态

把航站楼、综合交通中心、飞行区等区域所有工程对象在三维模型中映射为模型单元，模型单元的几何信息和属性信息与工程对象实物一一映射。从机场项目规划阶段，采用 BIM 的正向设计，建立 BIM 模型，融合几何信息和属性信息，促使建设过程数字化和智能化应用；基于竣工 BIM 模型，创建运维 BIM 模型，形成完整的机场空间数据、属性数据、融合生产数据，促使智慧运营。

（2）系统生态

第一步：搭建能够加载模型的轻量化 BIM 协同平台。采用基于 IFC 的"分层架构、多级级联、接口开放、体系安全"的插件式、可扩展的平台架构，采用模块化设计，各模块之间建立深度逻辑关联。

第二步：通过开放 API 与机场各业务系统集成。先在建设阶段将企业 OA、ERP、档案、合约、财务、物资、门禁、智慧工地等与 BIM 协同平台集成，再跟进运营需要，对建设阶段的部分功能模块进一步整合至运营系统，形成机场建设、运营一体化管理系统。

第三步：进一步迭代升级形成智慧机场大数据平台。基于 5G、物联网、云平台、视频监控、BIM 空间数据等大数据，算法为核心，持续推进机场运营智慧化，跟进需要完善面向不同群体的移动端。

（3）设备与应用生态

基于建设、运营、服务理念，参照我国航天、高铁、航母的系统工程思维，采用全方位、全过程、集成专用设备。以旅客服务为中心，研发机场一体式的自助安检、行李交运集成专用设备，进行全数字化的一站式流程应用。

受新技术驱使，航站楼部分功能将弱化，值机柜台逐渐消失，交通综合体及商业功能有望强化，更集成、更智能的自助设备将广泛布置。基于生物识别技术，旅客"一张脸"将逐步覆盖出港全流程，如图 4-4 所示，One ID、个人身份账户一体化将成为趋势。

图 4-4　出港旅客"一张脸"覆盖全流程

## 4.3　实施路径

### 4.3.1　关键应用内容

基于 BIM＋5G 的新基建方案的应用点，主要包括以下内容：

（1）BIM＋5G＋XR：基于施工和运维 BIM 模型，通过机场 5G 专网，实现机场 VR（虚拟现实）、AR（增强现实）、MR（混合现实）的交互应用，如 VR 技术交底、辅助施工模拟，机场 VR 商业、VR 应急救援演练，机场 AR 远程塔台（数字塔台），机场 AR 旅客引导服务，机场地下管线 AR 探测、施工、监控，机场特殊设备的 MR 检修等。

（2）BIM＋5G＋装配式建筑：基于 BIM 模型进行预制，基于 BIM＋5G 进行现场拼装、数字安装，如航站楼装配式钢板组合剪力墙、装配式金属屋面、装配式机房、总图、市政桥梁装配式组合钢箱梁、装配式管道以及飞行区装配式预应力混凝土道面、装配式助航灯等。

（3）BIM＋5G＋建筑机器人：基于 BIM 模型场景的通信、定位技术和装配式工艺，参照工业机器人在制造业中的应用模式，在机场中推广建筑机器人，如建设阶段的 3D 打印机器人、装配式预制及安装机器人、施工放样机器人、墙体砌筑机器人；运营阶段的集问询、代步、定位、追踪、信息推送于一体的旅客服务机器人，室内智能巡检机器人（特殊环境下的数据采集、视频监控、故障预警等），空侧智能巡检机器人（围绕空防安全的识别、监控、通信、驱散等）。

（4）BIM＋5G＋智慧工地：基于施工 BIM 模型、数字化施工监控和物联网，创建 5G 智慧工地场景，基于视频数据和 AI 视觉分析技术进行智能识别，将施工人员、机械设备、施工材料、工艺方法和作业环境纳入智慧工地管理范围，对不停航施工、深基坑、高空作业等全方位监测、预警，落实绿色安全文明施工。

（5）BIM＋5G＋智能监测：基于运维 BIM 模型，采用传感器及通信技术，对机场易受自然条件影响的部位进行实时状态监测，及时预警和处理。主要应用于航站楼基坑支护结构监测、钢结构健康监测、运行环境监测、飞行区道面健康监测、下穿工程及跑道的沉降监测等。

（6）BIM＋5G＋信息系统：基于运维 BIM 模型，将 BIM 的协同平台与项目管理平台、运控数据平台打通，形成智慧机场大数据平台。在移动端，面对旅客服务开发基于停车位预约、车位分配、车辆定位与导航的 App，基于航站楼旅客综合服务的"机场通"App。

#### 4.3.2 保障措施

由于新基建方案集成了大量的新技术，在机场中的应用尚不成熟，为打造"四型机场"，建议行业主管部门、机场建设单位、运营单位群策群力、多核驱动，共同创造推动新基建方案的有利于条件。

（1）完善新技术标准指南并孕育有利政策市场环境

建议行业主管部门完善新基建方案涉及的 BIM 技术、装配式建筑、物联网以及"数字孪生"的技术标准、指南、指导意见，组织行业新技术研讨会议，组织新基建优秀项目调研。

（2）机场建设单位主导全生命周期应用及交付成果

建议机场建设单位在机场项目启动时及时进行全生命周期应用策划，决策者发挥"一把手"的带头作用、坚定不移地在项目全过程、全专业实施，并且培养工程管理＋信息化复合的人才，形成高素质的执行团队，确保应用效果和高质量交付。

（3）机场运营单位以新理念实施机场智慧运营新模式

建议机场运营单位一方面要尽早参与建设、落实建用融合；另一方面要根据新时代、新技术和新要求，形成运营新理念，促使运营采取新模式。

（4）引进专业咨询和全过程专业咨询单位补专业短板

新基建方案对建设、运营单位的决策者和执行团队有较高要求，考虑到我国机场大部分建设、运营单位都有一定的专业短板、新基建复合人才紧缺，建议对标优秀行业，引进专业咨询和全过程咨询单位，协助建设单位、运营单位开展新基建方案顶层设计、课题研究、应用实践。

## 5 结语

本文分析了建设"四型机场"的关键信息技术的应用现状和存在问题，提出了新基建方案以"数字孪生"解决机场建设运营常见的信息孤岛问题。在建设民航强国的新时代，新基建给民航业提出了新要求，也给机场建设带来新机遇；新兴信息技术在机场的进一步应用，也将促进机场工程建设和运营管理模式的新变革，进而促进产业转型升级，实现民航业高质量发展。

**参考文献**

[1] 中国民用航空局.《中国民航四型机场建设行动纲要（2020—2035年)》出台［J］. 中国民用航空，2020（2）：72-72.

[2] 张锐，马志刚，徐涛，等. 智慧机场发展研究与实践报告（国际篇）［R］. 北京：中国民航局机场司，2019年12月26日.

[3] 张正. 北京大兴国际机场航站楼核心区工程信息化管理应用研究［J］. 安装，2019（10）：10-15.

[4] 胡培婷，班孝林. BIM技术在深圳机场新一期扩建工程中的应用［C］//刘春晨. 推进四型机场建设实现高质量发展. 北京：中国民航出版社，2019：31-42.

[5] 王田田，苗媛，吴小峰. 深圳机场智慧安检的探索与实践［J］. 中国民用航空，2020（4）：54-56.

[6] 王广斌，聂珂，杨洋，等. 基于共词分析的BIM领域研究热点及其演化分析［J］. 工程管理学报，2014（6）：1-6.

[7] 王孟钧，廖娜，秦岭. 城市轨道交通项目BIM+GIS技术集成探索与思考［J］. 科技进步与对策，2018（24）：102-106.

[8] Grieves M. W. Product lifecycle management：The new paradigm for enterprises［J］. International Journal of Product Development，2005，2（1-2）：71-84.

[9] TAO Fei. ZHANG Meng, CHENG Jiangfeng, et al. Digital twin driven product design, manufacturing and service with big data［J］. The International Journal of Advanced Manufactruing Technology，2017.

# 民航机场工程项目管理数字化转型探索与实践
## ——以深圳机场新一期扩建工程为例

胡培婷[1]，班孝林[1]，马 磊[2]

(1. 深圳机场（集团）有限公司扩建工程指挥部，广东深圳，518128；
2. 广东省机场管理集团有限公司工程建设指挥部，广东广州，510470)

**摘 要**：在新时期民航机场转向高质量发展的要求之下，民航工程管理亦需借助数字化浪潮之势，应用信息化手段，促进民航机场建设管理的变革创新，实现民航机场建设的高质量发展。本文以深圳机场新一期扩建工程建设为例，全面分析民航工程项目管理问题，通过采用BIM技术和基于BIM的数字平台进行流程再造两个对策，探索如何通过BIM技术应用推动民航工程建设项目管理数字化变革，为民航领域工程建设提供参考。

**关键词**：民航工程；数字化转型；BIM

# The Exploring and Practice of Management Digitization Transformation for Civil Airport Engineering Project
## ——A Case Study of Shenzhen Airport New Phase Expanding Construction Project

HU Peiting [1], Ban Xiaolin[1], MA Lei[2]

(1. Engineering Construction Headquarters of Shenzhen Airport (Group) CO., LTD. Shenzhen, Guangdong, 518128;
2. Engineering Construction Headquarters of GAA, Guangdong, Guangzhou, 510470)

**Abstract**: In the demand of civil airport turning to high quality development under new era, civil aviation engineering management need to fully employ the surge of digitization, by using information means to achieve high quality development and renovation of construction management. This article will widely analyze the issues concerning with management of civil aviation engineering projects, with a case study of Shenzhen Airport new phase expanding construction project. And also, we utilize two solutions of BIM technology and BIM-based digital platform to rebuild the project management flow practice, in order to explore how to push the digitization revolution of civil aviation construction engineering projects management and offering reference for construction process via BIM technology.

**Key Words**：civil aviation engineering；digital transformation；BIM

# 1 引言

改革开放四十周年以来，我国经济已由高速增长阶段转向高质量发展阶段，新时代民航机场也转向高质量发展。站在新的历史方位，民航机场把握高质量发展理念具有非凡意义。民航机场规模不断扩大、机场建设项目愈加复杂，民航机场作为多维度、多功能、多类别、多层次的系统工程，其工程项目管理依然深陷多头管理、建设程序复杂、多方参建、多系统界面、专业协调繁琐等沉疴痼疾。随着信息技术的发展，以BIM为首的新兴信息技术为破解上述难题，已在建筑业掀起了变革浪潮。民航机场也亟需借助信息技术推动其建设的变革创新，实现民航机场建设的高质量发展。

深圳机场从小规模航站楼、单跑道的支线机场跨入巨型航站楼、多跑道的枢纽机场，从全球百强机场、世界最繁忙机场的行列跨入民航"十三五"发展规划中具备国际枢纽功能重要节点，"一带一路"倡议布局中更具辐射能力的国家航空枢纽，"粤港澳湾区"的规划布局中连通世界的"湾区之心"，航空市场需求旺盛，对目前正在运营的两条跑道和T3航站楼带来了极大的挑战，亟需通过新一期扩建工程提升航空客货流的承载能力。在此背景下，深圳机场作为具有代表性的机场，新一期扩建除存在常规民航工程建设管理问题之外，还具有地下多条地铁线交叉、地面多方式交通线接驳、各工作区域接口复杂等特殊问题。因此本文拟以深圳机场新一期扩建工程建设为例，探索如何通过BIM技术应用推动民航工程建设项目管理数字化变革，为民航机场工程建设提供参考。

# 2 机场工程项目管理问题与对策

## 2.1 民航机场工程项目管理难点

民航机场工程具有大型、复杂、综合的特点，其工程项目管理难点一般包括审批难、设计难、施工难、管理难等。机场工程项目内部的对接部门和外部的管理部门非常多，内部不仅包括机场部门还包括航空、航油等需求单位，外部除了常规的政府管理部门还涉及民航相关部门，项目报批报建需要地方到中央层层审批。同时民航机场工程作为一个综合且复杂的系统，涉及的范围较广，除本身的航站楼、站坪、跑道等系统外，还包含弱电、空管、安监、行李等系统，其设计、施工和运营管理自成一体，需要统筹规划、衔接协调的接口众多，对技术的硬要求极高，设计、施工难度也非常高。机场工程项目建设工期长，存在工程投资、进度计划难以管控的风险难点，也存在档案、文件、资料易丢失的风险难点。

观隅反三，民航高质量发展就是一个"爬坡过坎"的过程，以期通过对深圳机场新一期扩建工程项目管理的普遍、突出、具有代表性的问题进行总结分析，为国内其他民航机场工程项目管理痛难点问题解决提出新的思路。

与一般民航机场工程项目相比，深圳机场位于珠江口东岸，填海而建，作为立足珠三角、面向亚太辐射全球的国际航空枢纽机场，是中国境内唯一兼具海、陆、空、铁的大型枢纽机场，也是体现国家改革、深圳创新的城市门户。深圳机场新一期扩建工程包括卫星厅及其配套设施、卫星厅站坪、第三跑道、配套联络道和滑行道、B2货站、T3综合值班宿舍、公务机库二期、能源中心等大小工程项目，项目总占地约 128 公顷，项目总投资约170 亿元，建设程序、部门接口、技术接口更加复杂。同时，深圳机场将形成多航站楼、多跑道的巨型的航空枢纽，因此内置捷运系统、综合管廊系统等，需衔接的系统更多、建设要求和难度更高、风险更大。此外，深圳机场扩建这样的大型民航工程建设一般耗时 5~10 年，在建设过程中，报批报建政策、项目人员、项目工程估价等极易变动，工程项目管理难度已进阶，矛盾愈加激化、难点不断升级。

## 2.2 深圳机场新一期扩建工程项目管理的"破局"与"立势"

面对越来越复杂的设计、施工条件以及越来越高的安全质量要求，传统的技术工具和管理手段已不能满足项目生产及管理需求，深圳机场新一期扩建工程在更多程序、更多接口、更多系统和更高要求、更高难度、更高风险的情况下，必须借助更新的技术、创新的项目管理手段，才能应对这一期工程建设的各种风险和挑战。因此，深圳机场新一期扩建工程探索数字化与机场工程管理的结合，一是采用 BIM（Building Information Modeling，即建筑信息模型）技术，利用数字模型对项目进行设计、施工、运维全生命周期管理；二是基于 BIM 的数字化平台，对工程项目管理业务流程梳理再造，实现流程融合先进建造，将纸质表单电子化、业务审批线上化、各方办公协同化。

深圳机场新一期扩建工程通过以全专业全过程采用 BIM 数字技术"一条主线"，打造数字化建设管理平台，落实工程项目管理数字化转型实施路线，提高民航机场工程项目管理效率，提升工程品质，解决工程管理难题。

# 3 基于 BIM 的项目管理数字化转型框架

## 3.1 规划引领，构建数字化转型实施架构

本着"规划引领，标准先行"的思路，在策划阶段，深圳机场集团对本期扩建工程的BIM 实施作总体规划，依托《民用运输机场建筑信息模型应用统一标准》，编制了《深圳机场新一期扩建工程 BIM 实施规划》（以下简称《实施规划》），从而确定全过程、全专业、全业务落实 BIM 实施的方针，即从规划设计到竣工移交，所有项目、全部业务、参建各方均利用 BIM 技术及数字化平台进行协同工作。

### 3.1.1 制定 BIM 数字化实施标准体系

《实施规划》作为 BIM 工作开展的指导性文件，明确项目目标、BIM 标准体系、实施管理模式及组织架构的要求，并对各阶段各参与方的工作职责、信息化协同平台功能架构及项目实施保障措施等提出了明确要求，确保本期扩建工程建设信息化转型顺利实施。同时又根据《企业标准体系表编制指南》，相继编制了系列实施管理办法、实施方案、技术标准及应用指南等文件，相关标准及方案共同构成了数字化转型实践的保障性文件，为深

圳机场本期扩建工程数字化转型实施提供支撑和依据。确定深圳机场 BIM 标准的企业标准体系框架如图 3-1 所示。

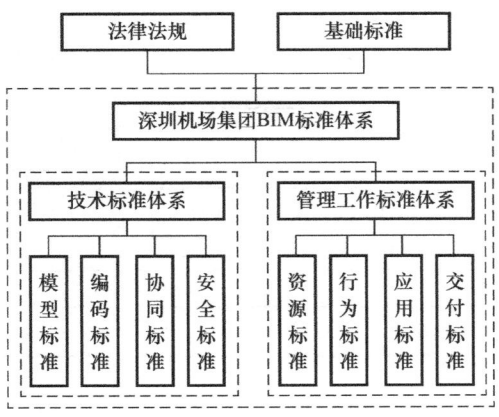

图 3-1 深圳机场集团 BIM 标准体系框架

在标准编制过程中，应尽可能与国际通行标准接轨并针对具体项目进行修订编制。为确保新一期扩建工程项目 BIM 顺利实施，深圳机场集团在 BIM 实施准备阶段组织编制相关标准，具体要求如表 3-1 所示。

**BIM 实施标准体系** 表 3-1

| 序号 | 类型 | 名称 | 内容 |
|---|---|---|---|
| 1 | 管理办法 | 深圳机场新一期扩建工程 BIM 实施管理办法 | 明确 BIM 实施原则、实施组织架构及参建方职责、实施管理的流程、评价管理、议事规则及保障措施 |
| 2 | 方案 | BIM 协同管理工作方案 | 规定了管理平台的功能架构、各自定位及用户权限及工作职责等 |
| | | 深圳机场新一期扩建工程文档管理实施方案 | 明确档案移交范围、内容、各方职责及工作流程 |
| 3 | 标准 | 深圳机场新一期扩建工程 BIM 模型技术标准 | 详细规定各专业、各阶段模型几何图形和属性信息的内容及深度 |
| | | 深圳机场新一期扩建工程 BIM 数据编码标准 | 在国标的基础上，结合深圳机场本期扩建工程规定了机场工程各个专业的编码信息 |
| | | 深圳机场新一期扩建工程 BIM 数据移交标准 | 详细规定了数据移交的流程及数据移交的内容和要求 |
| 4 | 指南 | 深圳机场新一期扩建工程 BIM 应用指南 | 详细介绍了工程各阶段的 BIM 技术基本应用点及每项应用点的应用目的、前置条件、应用流程以及成果文件等内容 |

### 3.1.2 构建 BIM 数字化转型组织

数字化转型意味着对业务流程的梳理再造，本期扩建工程项目管理数字化转型由深圳机场集团扩建工程指挥部牵头，通过构建领导组织架构，推动工程项目管理数字化转型实施。引进专业咨询单位提供相应管理咨询服务，确定通过引入 BIM 技术，以点带面推动新一期扩建工程项目管理数字化转型，建立了项目 BIM 实施工作框架。要求各参建方配备 BIM 专业技术人员，为后期 BIM 工作开展打下基础，为数字化工程项目管理创造条件。

在深圳机场新一期扩建工程项目实施准备阶段建立组织，并在实施过程中不断优化项目参建单位组织形式，组织架构如图 3-2 所示。

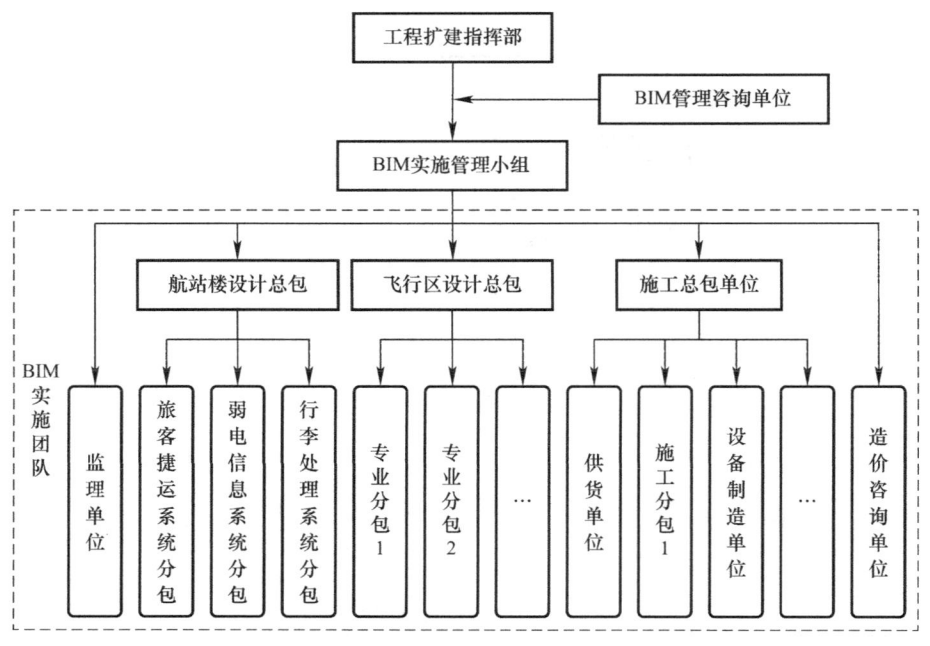

图 3-2 项目 BIM 实施管理组织架构

### 3.1.3 开启 BIM 常规化管理模式

机场工程项目的独特性使得机场工程项目过程管理是个不可复制的过程，项目过程长、信息杂，将 BIM 实施管理模式总结为"过程管控、责任各领"。

过程管控，BIM 管理咨询单位经扩建指挥部授权代表招标人对新一期扩建工程进行全过程管控，提供 BIM 协同管理平台、BIM 建设管理平台以及项目建设管理咨询服务。

责任各领，根据项目建设需要和签订合同，项目参建各方完成项目建设过程中自身对应的工作任务，各方 BIM 相关责任由 BIM 管理咨询单位进行策划，经扩建指挥部审核通过后落实到对应招标文件和相应合同内。

## 3.2 深入探索，全专业全过程引入 BIM 技术

### 3.2.1 基于 BIM 的协同设计管理

深圳机场在设计阶段引入 BIM 技术进行管理设计，提前对建设工程进行管线碰撞、管线综合及净高分析等工作，减少施工阶段中的"错漏碰缺"问题，为设计指明优化方向，提高设计管理及审查效率。

（1）碰撞检查

深圳机场新一期扩建摒弃二维绘图限制，应用 BIM 软件对工程进行三维建模并对模型进行碰撞审查，出具模型碰撞分析报告。设计单位在结合碰撞分析报告，对设计进行了优化调整（图 3-3），将严重碰撞点压缩到 0，中等及轻微碰撞可结合施工现场情况一并解决。

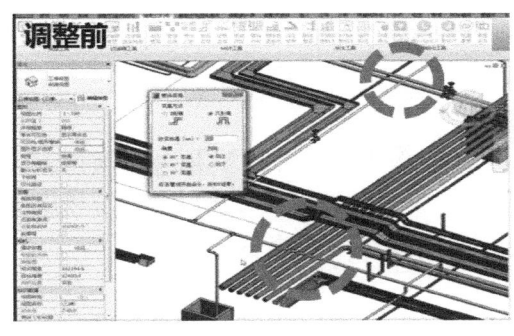 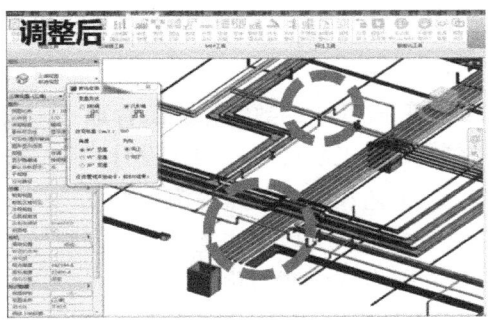

图 3-3 管线碰撞问题

(2) 管线综合及净空分析

深圳机场扩建工程基于 BIM 技术，发现涉及净高问题的重要碰撞和综合管线排布区域。基于 BIM 技术，经审查发现涉及净高问题的重要碰撞多数位于管廊、走道等通行路径狭窄、净空要求较高区域（图 3-4、图 3-5）。此类问题提前发现，有利于稳定设计方案，提高设计质量，减少设计变更。

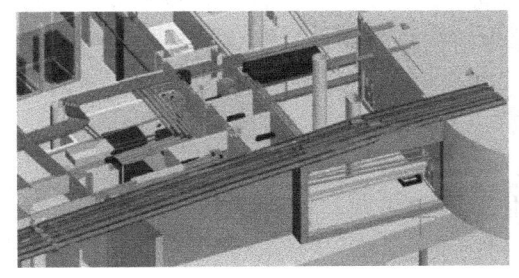 

图 3-4 卫星厅与捷运连接区域　　　　　图 3-5 地下一层管廊通行路径

(3) 接口条件分析

深圳机场扩建工程在设计阶段，深圳机场通过将卫星厅模型、卫星厅站坪模型、捷运模型、行李系统模型、综合管廊模型和能源中心模型进行总装，发现登机桥桩基承台与下穿隧道冲突、登机桥桩基与行李隧道的冲突（图 3-6）、穗莞深保护转换板桩基与穗莞深隧道冲突（图 3-7）、综合管廊与能源中心接口等多处问题，推动了设计成果稳定，提高设计产品质量。

 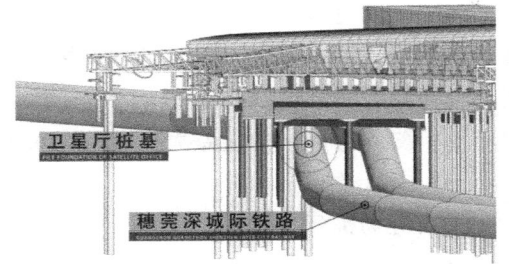

图 3-6 登机桥桩基与行李隧道冲突　　　图 3-7 桩基与穗莞深隧道接口

(4) 辅助工程量统计

深圳机场通过创建模型时设置工程分类属性，自动生成或根据需要手动编制清单项，直接由设计模型输出主要工程量清单表，辅助工程算量及招标清单编制，辅助工程招标投标管理。

### 3.2.2 基于 BIM 的数字化施工管理

在项目施工阶段，模型在设计阶段的基础上进行深化，利用 BIM 模型对新型式、新结构、新工艺和复杂节点等施工难点进行分析模拟，从而改进设计方案以利于现场施工实现，使原本在施工现场才能发现的问题尽早在施工深化阶段得到解决。

（1）全专业协调深化

深圳机场新一期扩建工程在施工阶段制定各专业协同规则，从协同质量及进度上把控各专业深化协调设计。在时间（工序）和空间（交叉碰撞）上完成满足实际施工需要的成果（包含各分部分项施工平面图、三维图及大样图等施工图纸），在 BIM 模型基础上对施工计划和施工方案进行分析模拟，充分利用空间和资源，消除冲突，得到最优施工计划和方案，指导现场施工。

（2）工程复杂节点可视化

深圳机场使用 BIM 软件对结构复杂节点进行三维建模，利用 BIM 模型成果，对技术方案中的细部节点生成二维图纸及图像。同时借助可视化手段对装饰安装技术方案进行展示或探讨。通过 BIM 组技术建立专业模型、深化结构机电洞口、深化结构复杂节点，出具钢筋节点详图，每个共性节点出具一个详图，提前发现图纸误差，并对现场工作人员进行可视化交底。

（3）工程物料采购智联

深圳机场工程项目利用 BIM 模型的可视化特性和预制、设备供应商、用户等对设计方案提前进行沟通，导出图纸及相关数据，提前交由钢模厂家进行生产加工。同时通过 BIM 平台对机电安装设备、钢结构构件、幕墙构件等关联 BIM 模型全过程状态进行跟踪记录，支持造价、采购、库存、财务等的动态和精确管理，实现施工过程的精细化控制。

（4）三维激光扫描辅助施工

深圳机场卫星厅项目引入三维激光扫描技术，利用三维激光扫描技术快速扫描异形、不规则的基坑现场，快速计算出基坑及土方量的体积，通过后处理软件进行任何横断位置填挖方的体积计算，节省了人工和时间，有效地缓解工作面大、人员不足的情况。

深圳机场卫星厅项目异形装饰面定位难，现场预留预埋及安装定位复杂繁琐，依靠原有手段无法满足高品质、高质量的安装要求。施工前引用 BIM 技术，应用三维激光扫描获取现场重点部位模型，通过 Point Sense for Revit 等软件模型比对，复核现场土建及结构情况（图 3-8），根据误差大小制定应对措施，确保过程精品建造。

（5）BIM 质量虚拟样板

深圳机场扩建工程质量要求高，利用 BIM 三维交底可视化样板施工要点和施工工序，建立工法样板精细模型，采用模型样板进行引路交底，将施工重要样板做法、质量管控要点做成施工模拟动画，更加直观进行技术交底（图 3-9、图 3-10），且可以随时反复交底，减少现场场地需要及资源浪费，缩短施工工期，达到节能、绿色、环保的目的。

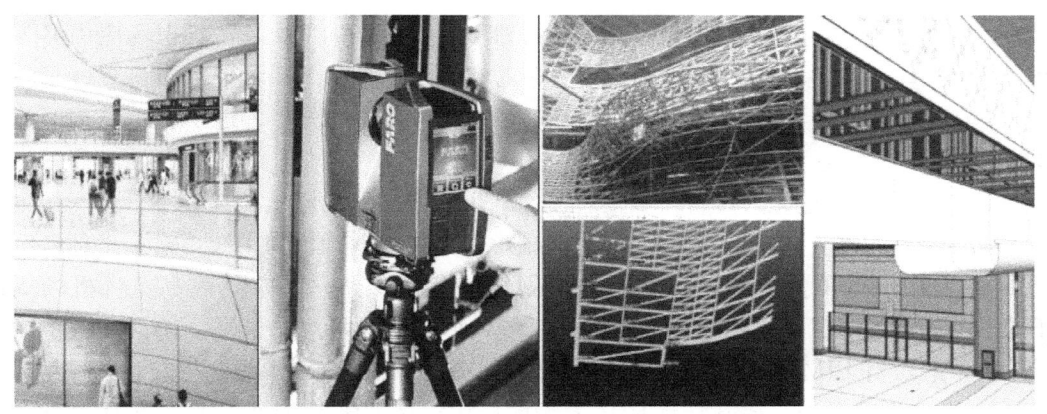

图 3-8　异形曲面装饰部位三维扫描现场和模型对比

图 3-9　BIM 质量虚拟样板

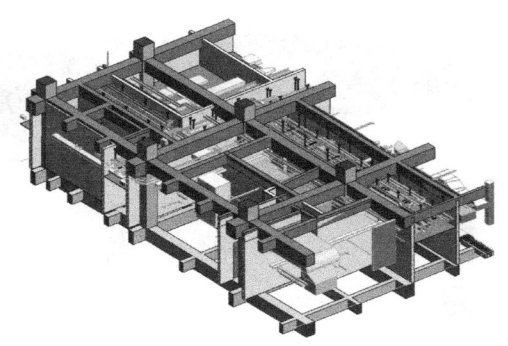

图 3-10　机电工法样板精细模型

### 3.2.3　基于 BIM 的竣工模型辅助运维

工程竣工后，利用各参建方移交的 BIM 竣工模型，集成为运维模型。组织机场股份运维部门提出模型运维需求，根据后期运维的要求，打造可移交至工程运维期的数字机场体系。在数字化平台上实现需求化的档案管理、资产管理、设备运营维护、备件库存管理等功能，通过网络推送及权限控制，让运维过程中相关部门及人员及时参与；从而提高运营管理的质量和效率，降低运维成本；为科学决策提供数字化的技术支持，保证机场运营的安全、优质和经济。

## 3.3　集成创新，打造项目建设数字化管理平台

为了解决深圳机场本期扩建工程规模大、系统多、标准高所带来的项目管理问题，深圳机场集团引入了建设管理平台，旨在为各参建方提供协同工作环境，解决集群项目各方信息沟通不畅、"信息孤岛"问题，实现传统管理手段向信息化、数字化管理模式的转变。

通过深入挖掘、高度整合各参建方各部门工作任务、工作内容、工作流程特点，将数字化理念、管理价值融入平台建设，编制 BIM 平台开发建设需求任务书，科学定制 BIM 平台模块，梳理划分平台功能，集成不同应用方向的数字化平台，推动机场工程项目智慧建造。

### 3.3.1　BIM＋GIS，"一张蓝图"辅助项目规划决策

针对深圳机场工程项目在建设过程中常面临用地权属复杂、用地性质多样、用地主体

分散的问题,规划指标与实际不符,用地情况难以支撑规划的情况,深圳机场应用BIM+GIS综合技术,构建深圳机场土地与规划管理时空大数据平台(平台架构如图3-11所示),将BIM应用领域拓展至土地利用及规划、交通分析、微环境分析、地下管网管理等诸多领域。

深圳机场首先通过无人机航拍收集建立深圳机场范围内的地理信息模型,作为规划建设底板。其次,以统一的地理空间架构为基础,以用地规划管理为主线,对土地的各种空间及属性数据进行采集处理,将空间性规划管控条件,如三维空间限高、将机场周围WECPNL等值线图、法律法规等条件内置系统,形成覆盖机场全区域、协调一致的"一张蓝图"。最后对BIM与GIS进行跨界融合,使微观领域的BIM数据与宏观领域的GIS信息实现交换和互操作,提升已有BIM模型的应用深度,将BIM的应用从单体延伸到深圳机场城市级建筑群的应用。

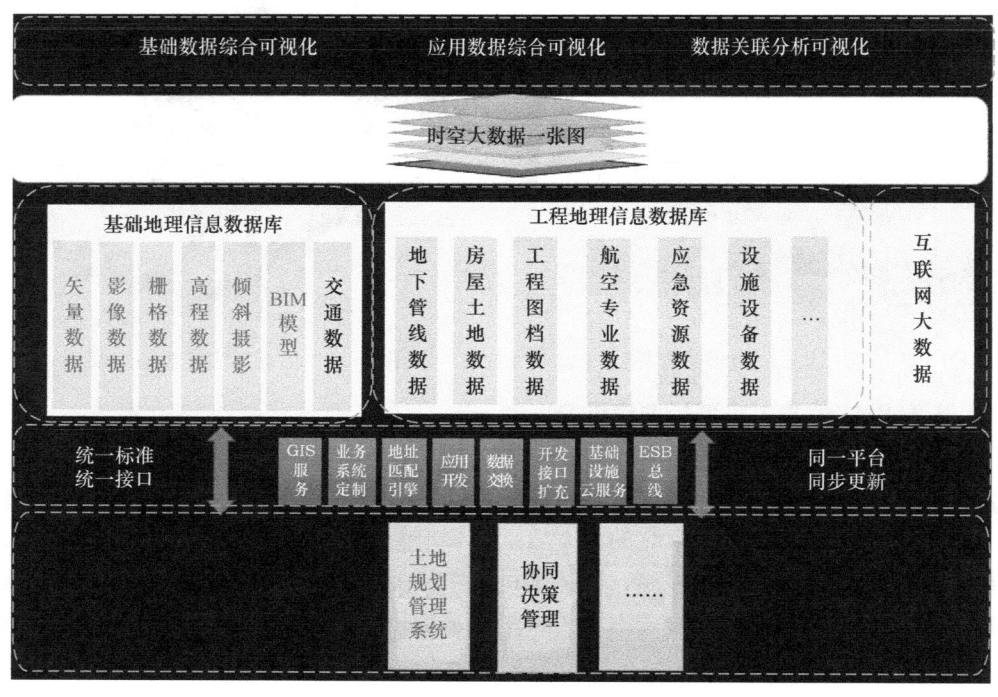

图3-11 深圳机场土地与规划管理时空大数据平台整体架构

### 3.3.2 BIM+平台,"一条主线"优化工程建设管理

以机场工程项目建设全过程为主线,旨在解决深圳机场新一期扩建工程管理的问题,搭建适应BIM应用协作、数据共享、流程管控、模型展示等的工程建设管理数字化平台,以业务流程梳理再造,流程融合先进建造。

(1)项目资料线上存档,工程管理透明可控

深圳机场为确保项目档案完整、准确、系统、真实,深圳机场扩建工程指挥部梳理工程建设管理过程中档案工作内容,贯彻"同步形成、同步收集、同步整理移交"和"全员参与、全过程管理"的原则,开发平台档案管理功能,通过全过程档案整理、归档和数字化移交模块,实现项目文件、档案全过程管理与档案信息资源共享,提升项目文档信息化

水平，实现完整、规范管理。

（2）报批报建流程梳理，有力推动项目建设

深圳机场工程建设涉及海陆空铁各部门的批复，先申请再依据政府意见再修改补充申报资料的传统报建方式已无法适应新一期扩建工程工期的要求和报批报建工作高效开展的要求，影响着机场项目建设整体进度。工程建设管理平台针对上述痛点，对深圳机场重点典型项目报批报建事项进行梳理，明晰项目过程报批报建事项，实现报批报建工作线上化、电子化、全程化管控。

（3）合理编制进度计划，全程跟踪进度执行

深圳机场在工程建设管理平台内开发进度管理功能，在平台中上线工程进度计划，基于甘特图，实现进度计划的协同编制，实现业主方、施工方、监理方等多方对于施工过程的进度的协同管控，定期提交反映进度材料，实时对工程进度与计划进行对比跟踪，及时修正工程进度，方便项目管理人员查询进度执行情况，为进度管理决策提供参考依据。

（4）管理工程变更时效，管控工程建设成本

深圳机场结合实际业务需求，设计变更管理平台功能模块，将工程变更管理制度中的可执行内容程序化，提供变更管理变更申请入口，提交变更依据、资料（图纸、文件、BIM模型等），填写及统计变更金额，实现变更内容直观化、变更管理规范化；同时提供对工程变更手续、文件、金额等进行审查功能，实现变更全过程管控与跟踪，有效解决了变更数量大、审批权限不清、审批不及时、效率低等问题。

深圳机场平台支付管理功能实现线上执行和记录各阶段款项的申请与审批，并进行数据归集，便于各方对支付数据管控与跟踪。通过支付管理实现线上项目款及时报批与支付，便于支付数据管控与跟踪，有利于加强工程款支付管理，监控工程进度；有利于及时准确结清债权与债务关系；有利于工程竣工决算的编制。

# 4 数字化转型实践成效

回顾机场工程项目管理的数字化转型历程，深圳机场始终坚持全过程、全专业引入BIM技术，创新工程项目管理模式，通过BIM技术在项目全生命周期应用和全业务流程BIM平台集成两大数字化技术，解决了民航机场工程项目管理存在的问题，取得了丰硕的成果。

（1）提高了民航工程项目设计效率及质量

本次卫星厅工程施工图模型经审查发现碰撞点数共计10166个。经分析统计，涉及净高问题的重要碰撞和综合管线排布区域37处，严重碰撞点占总碰撞点数的10%左右。同时发现登机桥桩基承台与下穿隧道和行李隧道的冲突、穗莞深保护转换板桩基与穗莞深隧道冲突、卫星厅地下一层管廊多处通行路径、综合管廊与能源中心接口等多处问题。基于BIM的设计与咨询，提前发现了设计中存在的问题，避免了后期大量的图纸修改和变更工作，提高了设计效率，提升了设计产品质量，同时也为实施阶段项目推进提供了有力保障。

（2）提高了民航工程项目建造效率及品质

实施阶段基于BIM的专业协同深化、三维技术交底、协同管理等，有助于施工单

位进行快速建造、精确算量、进度质量管控和安全管理，最终实现工程品质提升、降低成本缩减8％建造费用、缩短约5％项目工期、实现建造过程精细化管理，提高整个项目的建造效率及品质；同时也为运维阶段实现数字化的档案管理、资产管理奠定了基础。

（3）提升了参建方协同办公效率

深圳机场扩建工程建设管理平台为各参建方提供协同高效的工作环境，解决建设过程中的"信息孤岛"问题，实现工程建设全过程精细化管控，达到"线上办公，管理留痕"的目的，从而改变传统的工作方式，避免了文件丢失、无法查询的现象。建管平台搭建完成后，已正式投入生产实践。从业主方内部业务，到乙方外部业务，按项目不同阶段全线打通，有效地解决了集群项目各方信息沟通不畅的问题，实现传统管理手段向"线上＋线下"模式的转变。

（4）促进了项目文档规范化管理

深圳机场新一期扩建工程档案管理在数字化建设管理平台上预先建立合理的目录体系，电子文件按计划节点要求分门别类上传，将档案整理工作分阶段整理，为后续科学整理立卷和按时移交夯实基础。深圳机场可通过建管平台档案管理模块，对工程合同的文件收集、档案整理移交情况进行实时监控，及时督促整改，责任明晰，记录留痕，提升了文档全过程管控成效，提升了档案审核与移交效率。同时对项目建设全过程形成的具有归档保存价值的文件和档案进行了有效归集，用户可在权限范围内对文件、档案进行查询检索、浏览、下载、借阅。在确保数据安全的前提下，实现档案信息资源的充分共享，为项目建设服务。

（5）提高了项目规划决策科学化

深圳机场土地与规划管理时空大数据平台的搭建可为全面管理机场区域内土地，挖掘区域用地潜力，实现土地与规划管理的信息化，构建机场BIM＋GIS三维数字化底板，也为深圳机场已建和待建工程项目建设提供基础信息，对深圳机场实现数字化机场管理十分必要。同时可基于地理信息基础上的"一张蓝图"，提高深圳机场新一期扩建工程这种长线工程、大规模区域性工程的管理能力。

# 5 展望

数字化转型对民航机场高质量发展而言，不是一种选择而是发展的必然。数字化转型的根本目的，是借助信息技术的可视化、可量化、可管理等的能力，促进企业管理模式创新，对企业文化、理念、战略、运营组织乃至内外部合作的变革，最终以更低的成本、更高的效率，为民航机场工程项目管理问题提供更好的解决方案。而同时，民航机场工程管理数字化转型不是一蹴而就的，在民航机场工程项目全过程、透明化、高效率管理方面还可以存在更多的可能。从微观层面看，机场的建设项目管理在BIM的基础上可与物联网、大数据、机器人等新兴技术的融合，打造设备物联、物资管理、环境检测的智慧工地系统。从宏观层面看，机场相当于一个小城市，BIM技术的深入应用将为基于CIM（City Information Model）的机场工程项目数字化管理、搭建智慧机场时空一体化管理平台提供了基础。

**参考文献**

[1] 冯正霖. 以新发展理念为引领推进民航高质量发展［J］. 民航管理，2019，339（1）：6-16.
[2] 马会先. 中国机场建设现状及未来展望［C］. 大连第五届中国机场安全（安保）大会，2017.
[3] 中国民用航空局. 发展规划：中国民用航空发展第十三个五年规划［EB/OL］. http://www.caac.gov.cn/XXGK/XXGK/FZGH/201704/t20170405_43502.html. 2017.
[4] 中共中央，国务院. 粤港澳大湾区发展规划纲要［M］. 北京：人民出版社，2019.
[5] 深圳机场（集团）有限公司. 深圳机场集团2019年工作报告［R］. 2019.
[6] 魏山岭. 基于民用机场建设项目工程管理特点的研究［J］. 建筑工程技术与设计，2017（20）：3330-3330.
[7] 杨磊. 民航机场工程管理建筑信息模型应用框架［J］. 科技创新与应用，2018（19）：54-56.

# (三)
# 运营管理篇

# 虹桥国际机场陆侧交通运营管理的实践与思考

贺胜中，林　浩

（上海机场（集团）有限公司虹桥国际机场公司）

**摘　要**：策划、规划、建设与运营一体化是大型交通枢纽工程建设的重要理念，虹桥综合交通枢纽工程作为我国第一个标志性大型交通工程，其运营管理经验对其他枢纽工程的建设运营有比较重要的借鉴参考作用。本文以虹桥枢纽的重要组成部分——虹桥国际机场陆侧交通系统为例，分析了规划指标和运营管理状况的差异性，参考比对了国内几个大型机场的陆侧交通系统，且从微观具体的视角分析了虹桥机场东交停车库运营面临的难点重点，全面阐述了在超设计容量状态下如何实现平稳高效运行的创新管理举措，这对其他在建或投运的交通枢纽超负荷运行状态下的运营管理具有一定的指导意义。由点及面，诠释了策划、规划、建设与运营一体化理念：策划就是概念落地，规划就是项目落地，建设就是将图纸变成现实，而运营的作用则是充分发挥建成设施的资源容量。最后，就虹桥综合交通枢纽的未来运营管理和规划扩容作了展望。

**关键词**：虹桥国际机场；陆侧交通管理；运营管理；创新

# The practice and reflections of the landside transportation operation management of Hongqiao international airport

HE Shengzhong, LIN Hao

(Shanghai Airport Group, Shanghai Hongqiao International Airport Co, Ltd)

**Abstract**: The integration of planning, design, construction and operation is an important concept in the construction of large-construction transportation hub projects. As the first landmark large-construction transportation project in China, the experience operation and management in Hongqiao comprehensive transportation hub project can provide an important reference for the construction and operation of other hub projects. Taking the landside traffic system of Hongqiao international airport, an important part of Hongqiao hub, as an example, this paper analyzes the difference of planning index and operation management status, and compares the land-side traffic system of several large airports in China. In addition, the paper analyzes the difficulties and key points in the operation of the westside parking garage of Hongqiao airport from a microscopic and specific perspective, and comprehensively expounds the innovative management measures on how to realize smooth and efficient operation under the condition of super design capacity, which has certain guiding significance for the operation management under the overload operation of other transportation hubs under construction or operation. From the point and surface, this paper explains the concept of integration of planning, design, construction and operation: planning is the process of project into practice, construction is the process of transforming the drawing into reality, and the role of operation is to give full play to the resource capacity of the completed facilities. Finally, the future operation management and expansion planning of Hongqiao comprehensive transportation hub are prospected.

**Key Words**：Hongqiao international airport；landside transportation；operation management；innovation

# 1 上海虹桥综合交通枢纽概况

上海虹桥综合交通枢纽（以下简称"虹桥枢纽"）作为上海"十一五"期间规划建设的重大工程，是一个包括高速铁路、航空、轨道交通、高速公路等各种交通方式在内的巨型综合交通枢纽。自2009年底基本建成、2010年3月正式投入运营以来，经历了虹桥机场T2航站楼和长途客运站运营、沪杭高铁开通、京沪高铁开通等多个重要时间节点，至今已经平稳运营近10年。作为国际枢纽门户之一，虹桥枢纽为上海乃至长三角地区的发展做出了卓越的贡献。

虹桥枢纽具有以下四个特点：①服务型。服务长三角、服务全国、建设上海五个中心（国际经济、金融、贸易、航运、科技创新）的重大骨干工程；②综合型。多种交通方式综合设置，形成内外交通紧密衔接、不同交通方式集中换乘、国际一流的现代化大型综合交通枢纽；③超大型。独特的陆空联运枢纽，国内航空联运，国内铁路联运，日处理能力达110万人次以上；④高能型。长三角区域人流、物流、信息流等的汇集地，具有重要经济、地理区位能级，对长三角一体化发展战略影响深远。

## 1.1 虹桥枢纽总体功能布局

虹桥枢纽主要由虹桥机场、铁路虹桥站、磁悬浮虹桥站（未建成）、东西交通中心、城市轨道交通等功能部分组成（图1-1）。其中，上海虹桥国际机场（以下简称"虹桥机场"）有两条跑道，间隔365m，东西两侧各有一座航站楼，西（T2）航站楼与铁路虹桥站连为一体。铁路虹桥站规模为30股道、16站台。磁悬浮虹桥站设置在铁路虹桥站以东，规划规模为10线10台，由于接入线路没有建成，故磁悬浮场站设施没有启用[1]。

从平面布局来看，虹桥枢纽建筑综合体由东至西分别是虹桥机场T2航站楼、东交通中心、磁悬浮虹桥站、铁路虹桥站、西交通中心（图1-1）。在东交通中心的0m层，设有公共交通枢纽站，包括常规公共汽车和机场巴士，服务于机场到达旅客。在公共交通枢纽站南北两侧分设单元式社会车辆停车库，服务于机场到发乘客。在西交通中心组织公共交通西站，并设置大型地下停车库，服务于虹桥火车站到发旅客。

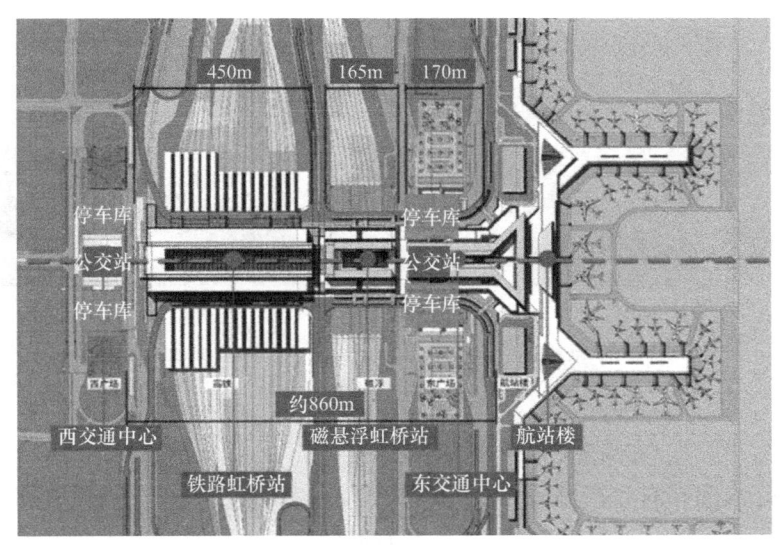

图 1-1　虹桥枢纽平面布局示意图

从垂直层面来看（图 1-2），整个枢纽 12m 层为高架出发层，6m 层为机场、磁悬浮段与东交通中心沟通的换乘廊道层，0m 层为轨道交通及站台层，−9.5m 层为地下大通道层，−16.5m 层为地铁站台层。其中，12m 高架出发层、6m 换乘廊道层和−9.5m 地下大通道层是虹桥枢纽的三大换乘层。

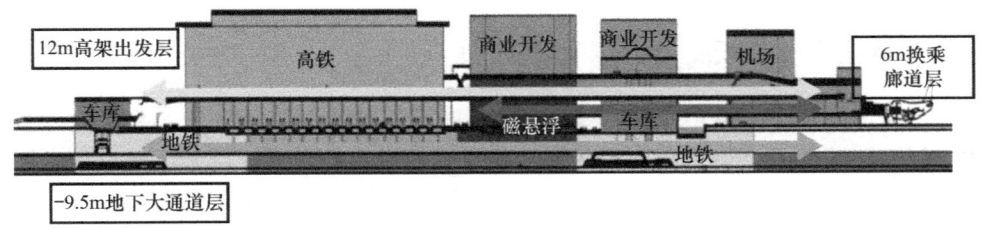

图 1-2　虹桥枢纽垂直布局示意图

## 1.2　虹桥枢纽建设历程

2006 年 12 月，虹桥枢纽全面开工建设。2010 年 3 月 26 日，虹桥机场 T2 航站楼正式投入运行，同步投入运行还有地铁 2 号线。2010 年 7 月 1 日，虹桥火车站正式投运，沪宁城际正式通车。2010 年 10 月 26 日，沪杭高速铁路正式开通运营。2010 年 11 月 30 日，地铁 10 号线投入运行。2011 年 6 月 30 日，京沪高铁全线正式通车。2017 年 12 月 30 日，地铁 17 号线开通运行（图 1-3）。

## 1.3　虹桥枢纽客流量规划

根据交通量预测，2020 年，虹桥枢纽交通集散总量为每天 110 万人次，每天 13 万～22 万 PCU。对外每天 60 万人次，每天 3 万～4 万 PCU；对内每天 50 万人次，每天 10 万～18 万 PCU。

根据大交通专业规划和综合平衡，铁路、磁悬浮和机场等主要对外交通 2020 年旅客

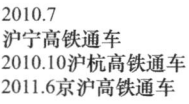

图 1-3 虹桥枢纽建设历程图

总吞吐量在 2 亿人次左右,高峰日可达 60 万人次。为了承担每日 60 万人次的大交通量,配套城市集疏运系统每日要具备 50 万人次左右的能力,其中旅客每日 40 万人次,接送客每日 6 万人次,枢纽工作人员每日 4 万人次。

从客运方式来看。航空方面,2020 年,虹桥机场规划年吞吐量 4000 万人次,其中,T1 航站楼 1000 万人次,T2 航站楼 3000 万人次,虹桥机场两座航站楼共计每天 11 万人次;铁路方面,铁路虹桥站年到发量 12200 万人次,每天 33.4 万人次;长途客运方面,年到发量 1000 万人次,每天 2.7 万人次;磁悬浮方面,年到发量 3400 万人次,每天 9.3 万人次。

## 1.4 虹桥枢纽运行概况

对外大交通方面。虹桥枢纽自 2010 年投入运营。对外交通设施包括航空、铁路、长途客运、磁悬浮四部分。磁悬浮由于接入线路没有建成,故磁悬浮场站设施没有启用。

2018 年,虹桥枢纽全年对外旅客到发量达到 1.77 亿人次,日均对外客运量 48.5 万人次。虹桥机场吞吐量为 4364 万人次,铁路虹桥站客运量 13603 万人次,长途客运送旅客 354 万人次,磁悬浮场站运送旅客量为 0(没有启用)。

从表 1-1 可以看出,航空和铁路客运量均已超过设计规模;长途客运受铁路竞争影响吸引力逐年下降,2018 年客运量为规划值的 35%,与预期有较大差距。

**2018 年虹桥枢纽对外客流量与规划值对比**　　表 1-1

| 客运方式 | 规划客流量/万人次 | | 2018 年实际对外客流量/万人次 | | 实际/规划 |
|---|---|---|---|---|---|
| | 年客流量 | 日均客流量 | 年客流量 | 日均客流量 | |
| 航空 | 4000 | 11.0 | 4364 | 12.0 | 1.09 |
| 铁路 | 12200 | 33.4 | 13063 | 35.8 | 1.07 |
| 长途客运 | 1000 | 2.7 | 354 | 1.0 | 0.35 |
| 磁悬浮 | 3400 | 9.3 | 0 | 0 | 0 |
| 总计 | 20600 | 56.4 | 17781 | 48.8 | 0.86 |

受到磁悬浮未建和长途客运客流偏低的影响,虹桥枢纽外—外中转客流总体规模偏低(图 1-5),外—外中转客运总量占枢纽对外客流总规模的 7%,只达到规划值的 17%。

航空和铁路对外大交通的超设计规模运行,给配套城市集疏运系统也带来了极大压力。

城市集疏运系统方面。2018年,虹桥枢纽全年城市交通集散量达到2.04亿人次,日均对外客运量55.9万人次(图1-4)。

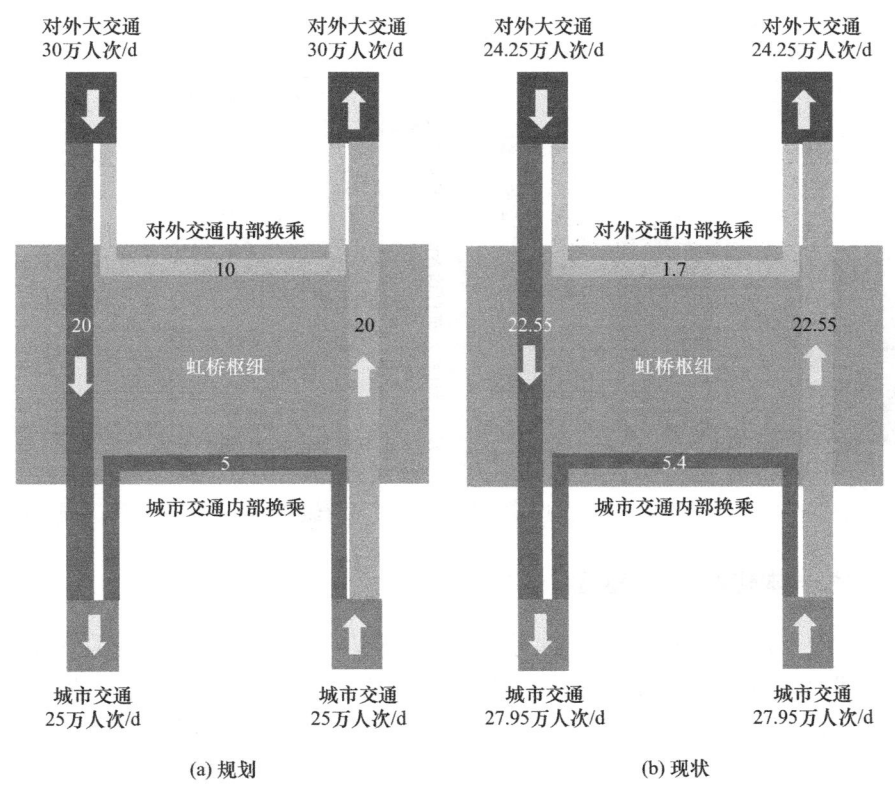

图1-4 虹桥枢纽现状集散交通总量与规划对比

在日均55.9万人次的枢纽集散总量中,45万人次为旅客,6万人次为接送客,5万人次为枢纽及周边员工。虹桥枢纽配套城市集疏运系统日均规划能力为50万人次,2018年实际集散量已经达到规划值的112%,城市交通的集散压力较大。

从各交通方式集散比例上来看,以公共交通(轨道交通、公交巴士等)方式为主,比例约为56%,个体交通(私家车、网约车、出租车)比例为44%,各种交通方式规划与现状集散比如图1-5所示。相比于规划,公共汽车集散比为4%,低于规划值6个百分点,而低的这一部分则由社会车辆承担。社会车辆占比26%,比规划高了6个百分点。由于公共汽车采用场站内上客,使得从机场、铁路车站步行到达上客点的距离较远,特别是西交通中心距离铁路车站的换乘距离约为300m,东交通中心公交车站设置又让旅客很难寻找,这就使得乘坐公交车远不及出租车、社会车辆和轨道交通方便。

另外,虹桥机场旅客明显倾向于使用出租车和社会车辆(私家车、网约车),比例约为60%,铁路旅客倾向于使用轨道交通(62%)。究其原因,机场以商务客偏多,在资金充裕、公费出差的情况下,旅客更倾向于选择点对点直达、方便快捷的个体交通;另一个原因,往市区方向,上一站虹桥火车站大量上客,轨道交通已处于拥挤状态,此时机场旅客乘坐体验不佳,转而选择出租车和社会车辆。

虹桥枢纽到发日均总量方面。根据最新数据,2019年1—7月,虹桥枢纽对外交通到发旅客日均到发 50.9 万人次，对内集散交通旅客日均到发 64.7 万人次，日均到发总旅客 115.6 万人次（图 1-6），较 2011 年增长 1.2 倍，超设计规模 110 万人次 5.1%。2019 年 5 月 1 日，最高峰日流量更是达到 145.6 万人次。

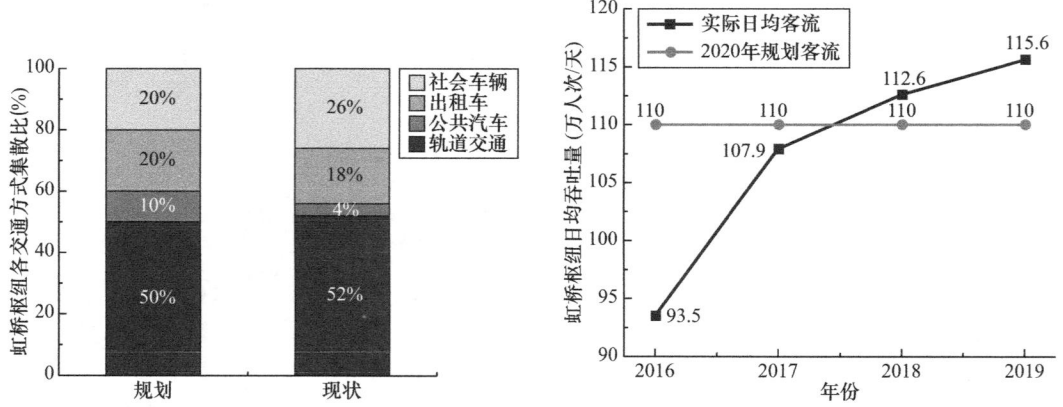

图 1-5　虹桥枢纽规划与现状交通结构对比　　图 1-6　虹桥枢纽 2016—2019 年日均客流与规划值对比

## 1.5　长三角一体化与虹桥枢纽

2019 年 12 月 1 日，中共中央、国务院印发《长江三角洲区域一体化发展规划纲要》。纲要指出，到 2025 年，长三角一体化发展将取得实质性进展，在科创产业、基础设施、生态环境、公共服务等领域基本实现一体化发展。在交通方面，纲要提出，要提升长三角基础设施互联互通水平。①协同建设一体化综合交通体系。共建轨道上的长三角，加快建设集高速铁路、普速铁路、城际铁路、市域（郊）铁路、城市轨道交通于一体的现代轨道交通运输体系，构建高品质快速轨道交通网。②提升省际公路通达能力。加快省际高速公路建设，对高峰时段拥堵严重的国省道干线公路实施改扩建，形成便捷通达的公路网络。③合力打造世界级机场群。编制实施长三角民航协同发展战略规划，构建分工明确、功能齐全、联通顺畅的机场体系，提高区域航空国际竞争力。巩固提升上海国际航空枢纽地位，增强面向长三角、全国乃至全球的辐射能力。

这份纲要对综合交通枢纽的建设具有非常大指导性。相比于大湾区和京津冀协同发展，一体化是长江三角洲区域发展的突出特点。长三角一体化的基础是交通设施的一体化，虹桥枢纽作为一个容纳高速铁路、航空、轨道交通、高速公路等于一体的综合交通枢纽，未来将在推动长三角一体化的过程中，发挥至关重要的作用。

## 1.6　小结

虹桥枢纽现在的吞吐量已经超过了规划容量，从运营的角度来讲，已经实现了当年的规划目标。但是，超规划容量的背后却是运营方巨大的压力，城市交通集散压力尤其突出。目前，虹桥枢纽对内集散交通旅客日均到发 64.7 万人次，超规划日均 50 万人次 29.4%。未来，随着长三角一体化的快速推进，虹桥枢纽集散压力将进一步增加。但是，从现有条件看，公共汽车集散占比很难有所提升；目前已开通轨道交通 2、10、17 号线，其他两条地铁线还没有立项，相当长一段时间不会通车，在目前轨道交通拥挤的情况下，轨道交通疏散比很难再有增长；出租车集散因为上海市出租车保有量不足，在目前候车时间已经相当长的情况下，疏散能力已难有上涨空间。因此，社会车辆包括私家车和网约车的疏散压力将进一步加大；虹桥枢纽停车库（场）运营管理就成了重中之重。

## 2 上海虹桥国际机场概况

虹桥机场是虹桥枢纽的重要组成部分。在长三角一体化发展过程中，在以上海"两场"（浦东机场、虹桥机场）为国际航空枢纽打造世界级机场群的进程中，虹桥机场发挥着举足轻重的作用。

虹桥机场位于上海市长宁区与闵行区交界，距市中心 13km，现拥有 2 条 4E 级跑道，两座航站楼（图 2-1～图 2-3）。T1 航站楼 A 楼有中日韩旅游包机、中国港澳台地区定期航班，B 楼供春秋厦门、河北航空使用。除春秋、厦门、河北航空以外的国内航空公司在 T2 航站楼运营。T1 航站楼面积 13.18 万 $m^2$，T2 航站楼面积 36.26 万 $m^2$（实际供旅客使用面积 26 万 $m^2$）。

图 2-1　虹桥机场 T2 航站楼鸟瞰图

根据《上海虹桥国际机场总体规划（2005）》和《虹桥国际机场扩建工程项目可行性研究报告》，虹桥机场终端按满足年起降 30 万架次、旅客吞吐量 4000 万人次、货邮吞吐量 100 万 t 进行规划设计。T2 航站楼承担年旅客吞吐量 3000 万人次，T1 航站楼承担年旅客吞吐量 1000 万人次。

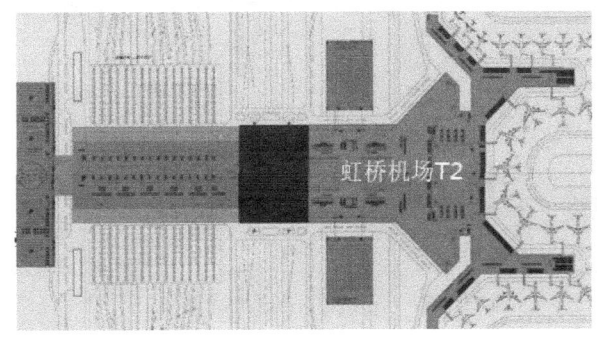

图 2-2　虹桥机场 T2 航站楼平面图

图 2-3　虹桥机场鸟瞰图

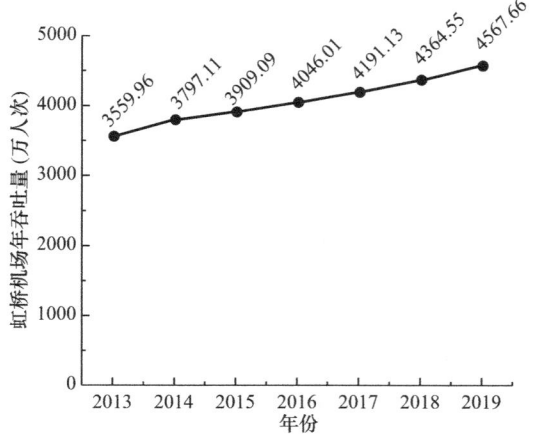

图 2-4 虹桥机场 2013—2019 年吞吐量

近年来，虹桥机场年吞吐量维持在 4% 左右的增长（图 2-4）。2019 年，虹桥机场完成航班起降 27.29 万架次，旅客吞吐量 4567.66 万人次。相比于 4000 万的规划吞吐量，已超出 567.66 万人次。T1 航站楼旅客吞吐国际国内共 802.80 万人次，T2 航站楼旅客吞吐国内共 3764.86 万人次。

在旅客吞吐量能耗方面，虹桥机场单位客运综合能耗 2018 年实际 8.47 吨标煤/万人，低于考核指标 9.54 吨标煤/万人 11.22%，综合能耗净增量 2018 年实际 2497 吨标煤，低于考核指标 4440 吨标煤 43.76%。

在伦敦举办的 Skytrax "2019 世界机场大奖"颁奖典礼上，虹桥机场荣膺国内 4000 万级以上机场中首家 Skytrax "五星机场"认证，并连续第三年获评 Skytrax "中国最佳机场"殊荣，在 2018 年度民航资源网旅客服务测评中，荣获"国内最佳机场"第一名等殊荣。虹桥机场以其精品、高效、人性化的形象，在国内和国际赢得了广泛赞誉。

# 3 虹桥机场陆侧交通体系

虹桥机场陆侧交通体系主要由轨道交通、公共汽车、出租车、社会车辆等组成（图 3-1）。

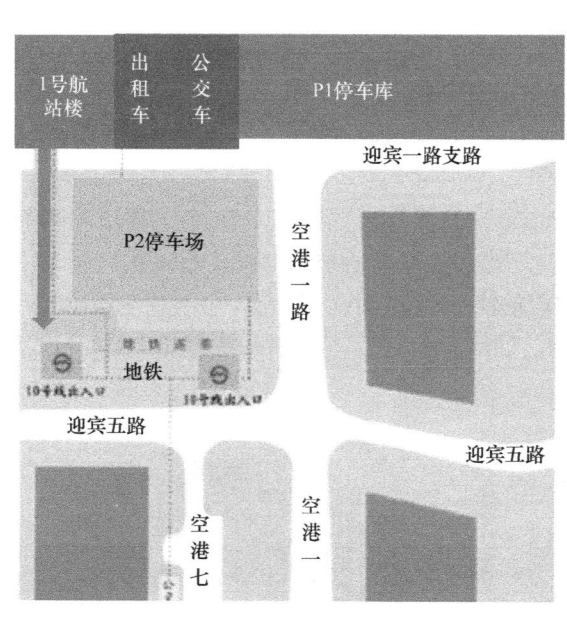

(a) T1航站楼

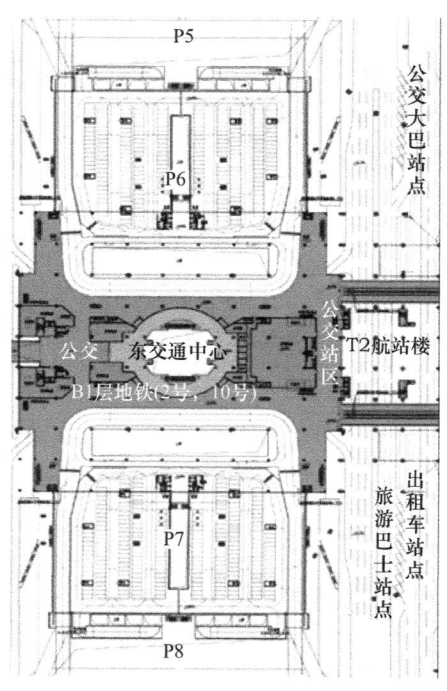

(b) T2航站楼

图 3-1 虹桥机场陆侧交通平面布置图

## 3.1 虹桥陆侧交通体系规划设计

虹桥机场是虹桥枢纽的有机组成部分,与高速铁路、轨道交通和公交运输系统融为一体。

T1 航站楼。因客流量较小,客运道路体系主要依靠地面配套道路。航站楼二层出发层车道边供私家车、出租车以及巴士停靠,一层到达层车道边供出租车停靠。出租车上客点外侧,设置公交车上客点。设有 P1、P2 两个停车库(场)。P1 停车库为地下停车库,分为 B1、B2 两层,设计停车位 1250 个;P2 停车场为露天停车场,主要为员工和大巴停车使用,设计小型停车位 270 个、中巴停车位 18 个、大巴停车位 10 个。轨道交通有地铁 10 号线。

T2 航站楼。客运道路体系在虹桥枢纽外围"一纵三横"的基础上,利用枢纽内部的三条快速通道(青虹路高架、徐泾中路高架、七莘路高架)和地面配套道路,辅以合理有序的交通组织,解决机场客、货、工作人员交通需求。沿航站楼出发层南北两侧设置高架车道边,到达客流利用七莘路地面道路设置到达车道边(巴士及出租车)。布置东交通中心,中心内部为巴士车站,南北两侧为停车库(场)。秉承分类管理、车种分流以及公交优先、以人为本的交通组织原则,楼前车道边要满足社会车辆、出租车、线路巴士、专线巴士和旅游巴士等多种交通方式的停靠和上下客需求,同时突出公交优先的理念,力求乘坐公共交通距离最短、换乘关系最便捷。采用节能环保敞开式停车库,设有 P6、P7 停车库各有 5 层,车库所有层面四面敞开,拥有良好的采光通风。同时设有 P5、P8 两个室外停车场。P5~P8 共 4 个停车库(场)共设计车位 3040 个。轨道交通有地铁 2、10 号线。

关于各种交通方式集散比例,规划中指出,虹桥机场公共交通占比要达到 50% 左右,其中轨道交通 35%,公共汽车(公交、巴士等)15%。个人交通中,社会车辆(私家车)占比 30%,出租车占比 20%。

## 3.2 虹桥陆侧交通系统现状

(1) 公交巴士

T1 公交巴士。①线路共有 807 路和 176 路两条(具体时刻见表 3-1),其中 176 线仅在工作日上下班高峰时段运行;②站点位于 T1 楼前交通中心;③旅客动线流程为经 0m 换乘大厅至 B1 层,而后换乘 P1 停车库内垂直电梯或扶手电梯至地面上客点。

**虹桥机场 T1、T2 公交线路配置情况表**　　　　表 3-1

| 线路 | | 上客点 | 本站首班 | 本站末班 | 上客点位置 | 线路方向 |
| --- | --- | --- | --- | --- | --- | --- |
| T1 | 807 路 | T1 航站楼前 | 5:30 | 23:00 | T1 楼前交通中心 | 清涧新村 |
| | 176 路(工作日运行) | | 上午 7:00~9:30 下午 17:00~19:30 | | | 天山西路福泉路 |
| T2 | 虹桥商务区 1 路 | 虹桥东交通中心 1 层 | 7:00 | 20:00 | T2 东交通中心 | 兰虹路申滨南路 |
| | 机场 1 线 | | 6:00 | 23:00 | | 浦东机场 |
| | 941 路 | | 5:30 | 23:00 | | 上海火车站 |
| | 虹桥枢纽 4 路 | | 6:00 | 23:55 | | 闵行紫竹园区 |
| | 虹桥枢纽 9 路 | | 6:00 | 23:00 | | 嘉定西站地铁站 |
| | 316 路夜宵线 | | 6:00 | 22:00 | | 延安东路外滩 |
| | 闵行 18 路 | | 5:00 | 23:00 | 虹泉路 | 金丰小区(金辉路保乐路) |

T2公交巴士。①线路共有机场1线、941路、虹桥枢纽4路、虹桥枢纽9路、虹桥商务区1路、316路夜宵线、闵行18路共7条；②站点位于东交通中心一楼中庭；③旅客动线流程为经航站楼外南北彩虹桥至东交通中心，而后换乘垂直电梯或扶手电梯至一楼候车室。

（2）停车设施

P1停车库。位于T1楼前交通中心，分为B1、B2两层，通过换乘大厅连接，设计停车位1250个。

P5～P8停车库。位于T2航站楼东交通中心、两侧呈对称布局。其中P6、P7为停车库、各5层，P5、P8为室外停车场，有航站楼外南北彩虹桥连接，设计停车位3040个，后期根据运行管理需求，总停车位数优化至3835个。

（3）出租车站点

T1出租车站点。①排队通道，可容纳约200人排队候车；②发车道，共8条。

T2出租车站点。①排队通道，可容纳约300人排队候车；②发车道，共10条发车道与4条备用发车道，共计14条。

（4）轨道交通

T1航站楼站。位于T1航站楼南地块，为地铁10号线。

T2航站楼站。位于东交通中心B1层，共2号线和10号线两条轨道交通线（具体时刻见表3-2）。

**虹桥机场T1、T2轨道交通运行信息表**　　表3-2

| | | | | |
|---|---|---|---|---|
| 10号线 | 往新江湾城 | 周日—周四 | 首班：5：56 | 末班：22：31 |
| | | 周五—周六 | 首班：5：56 | 末班：23：51 |
| | 往虹桥火车站 | 周日—周四 | 首班：6：21 | 末班：23：25 |
| | | 周五—周六 | 首班：6：21 | 末班：次日0：45 |
| 2号线 | 往徐泾东 | 周日—周四 | 首班：6：05 | 末班：23：47 |
| | | 周五—周六 | 首班：6：05 | 末班：次日0：57 |
| | 往广兰路 | 周日—周四 | 首班：5：33 | 末班：22：50 |
| | | 周五—周六 | 首班：5：33 | 末班：0：00 |

## 3.3 虹桥陆侧交通运行情况

（1）出租车站点运行情况

基本情况。2016—2018年T1与T2出租车站点发车量总体呈逐年增长趋势，且日均发车量趋于稳定。2018年T2与T1出租车站点日均发车量分别约10950车次与2181车次，合计约13130车次（图3-2）。

疏散客流。按每车次1.3人次计，日均疏散客流量约17000人次，疏散客流比约27%。

T1出租车站点排队时间。①全年排队时间20分钟以上次数达257次、40分钟及以上127次，60分钟及以上61次，90分钟及以上14次。②最长排队时间为137分钟。③1小时以上排队时间高峰时段主要集中在每日下午5～7点，周四和周五最严重，占比达52.76%。

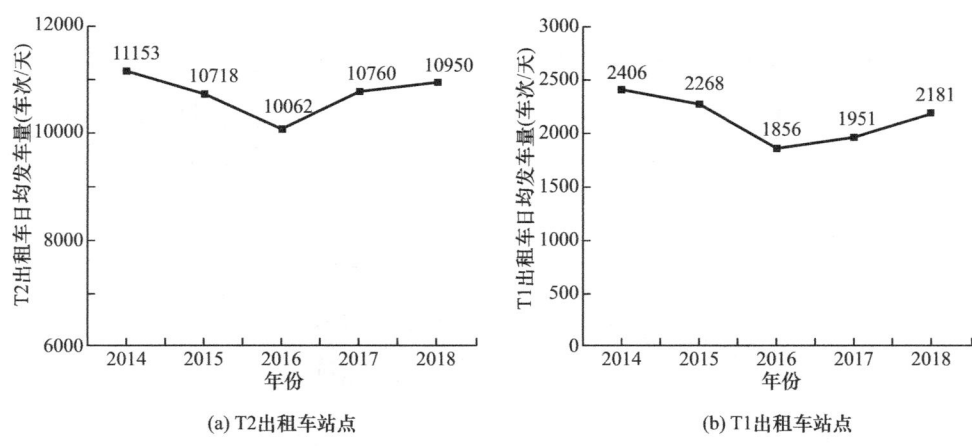

(a) T2出租车站点　　　　　　　　(b) T1出租车站点

图 3-2　虹桥机场出租车站点日均发车量图

T2出租车站点排队时间。①全年排队时间30分钟及以上116次，其中周四和周五占比达56.03%，全年40分钟及以上41次，其中周四和周五28次，占比达68.29%。②最长时间为63分钟。③排队时间高峰时段主要集中在22:00~24:00。

(2) 停车库运行情况

P1停车库。T1交通中心P1停车库于2017年3月26日启用。以2018年运行统计数据为例，①出库车流量，日均约4100车次；②车位使用率，平均不足50%，国庆、春运节假日则基本处于饱和；③出库排队时间，基本控制在5分钟以内。

东交停车库。2013—2019年东交停车库（场）日均出库车流量呈逐年增长趋势，增幅同比超10%（图3-3）。以2019年运行统计数据为例：①出库车流量，日均约22500车次。②每周三至周五为常规运行高峰，日均出库车流量介于2.3万车次至2.5万车次，极端高峰时超过2.7万车次。③车位周转率，平均趋近5，超过规划设计值。④出库排队时间，基本控制在5~10min以内。

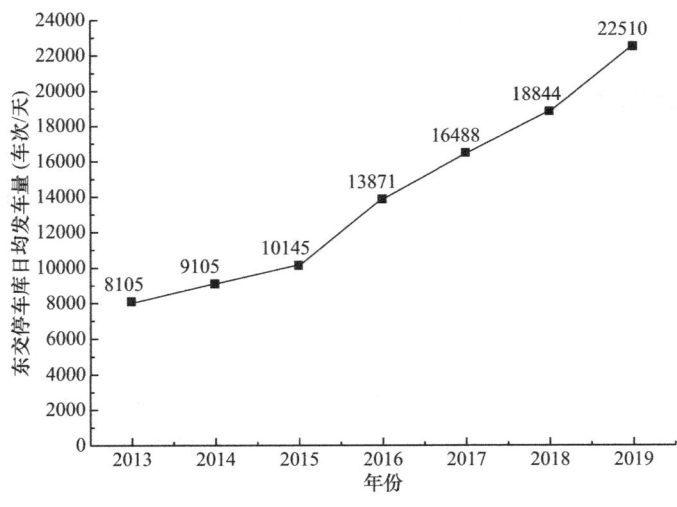

图 3-3　东交停车库2013—2019年日均出库车流量

## 3.4 虹桥陆侧交通集散比规划与现状

从各交通方式集散比规划和现状对比结果看（图3-4），轨道交通集散比与规划相同，公共汽车5%比规划少了10个百分点，社会车辆33%比规划多了3个百分点，出租车27%比规划多了7个百分点。

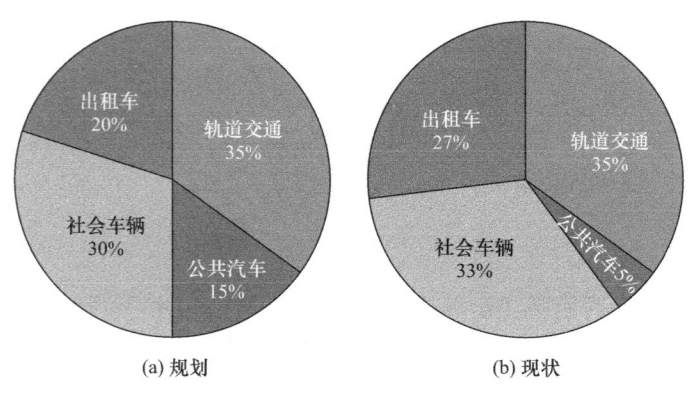

图3-4 虹桥陆侧交通集散比规划与现状对比

T2航站楼东交通中心公交车站设置上存在明显不足，很难寻找，且路途复杂遥远，导致公共汽车集散比明显较低。机场商务客偏多，旅客更倾向于选择搭乘出租车。网约车的兴起、公共汽车集散能力的不足，使得社会车辆占比较高。

## 3.5 小结

虹桥机场陆侧交通体系主要由轨道交通、公共汽车、出租车、社会车辆等组成。存在公共汽车集散比过低，出租车、社会车辆集散比较高，出租车排队时间过长，停车库超饱和状态运转等比较突出的问题。未来随着机场联络线的开通以及机场和铁路虹桥站旅客数量的不断增加，虹桥机场陆侧集散压力将进一步加大。

# 4 其他机场陆侧交通体系

本文对"北上广深"中北京、广州、深圳三个城市的机场陆侧交通体系进行分析，并与虹桥机场陆侧交通体系进行一个对比。

## 4.1 北京大兴国际机场

北京大兴国际机场（以下简称"大兴机场"）位于北京市大兴区与河北省廊坊市广阳区交界处，距离北京天安门46km，距离廊坊市26km，距离雄安新区55km，距离首都机场67km。大兴机场于2014年12月开始动工，2019年9月25日正式投入运营。

大兴机场按照2025年旅客吞吐量7200万人次目标设计。航站楼采用五指廊放射构型，陆侧的综合服务楼形同航站楼的第六条指廊，与航站楼共同形成了一个形态完整、特征鲜明的总体构型。航站楼在旅客步行距离、首件行李到达时间、四项主要中转时间、节能环保、无缝衔接的综合交通枢纽等方面树立了全新标杆。航站楼内,在陆侧交通换乘区约500m宽、100m进深的范围,停车楼、轨道交通、车道边以及配套服务设施均实现无缝衔接,形成了高效便捷的综合交通枢纽体系。

### 4.1.1 大兴机场陆侧交通体系

大兴机场陆侧交通体系主要由铁路、轨道交通、大巴、公交、社会车辆、出租车等构成(图4-1)。轨道交通南北穿越航站楼,停车库位于航站楼前东西两侧,航站楼一层前内侧车道边供出租车使用,外侧则提供给了团体巴士、机组班车和酒店班车。同时,西侧靠近指廊位置设有VIP室外停车场、省际巴士公交区域,东侧靠近指廊位置设有场区室外停车场、北京市内巴士域。

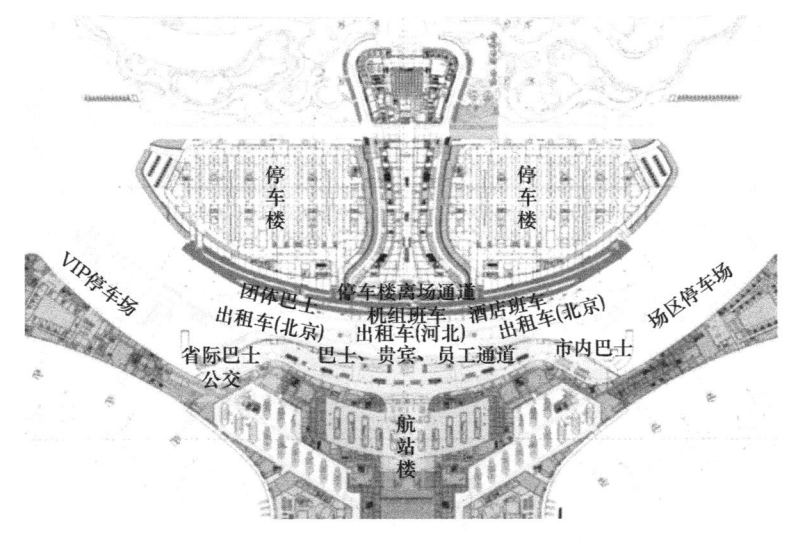

图4-1 大兴机场陆侧交通布局图

(1) 车道边。为了更好地保障7200万旅客量的陆侧交通需求,航站楼一层设置四组车道边,车道为2+4+2+2布局,分别供巴士、出租车、公交和小客车等车辆使用。在3层、4层出发层,设置双层出港车道边,3层出发层共设置2组车道边,车道为3+3布局,供出租车及小客车使用,并在东西端部连接桥两侧设置高端旅客专用停靠车道边。4层出发层设置3组车道边,车道为2+3+4布局,分别供巴士、出租和小客车使用。

(2) 停车库(场)。大兴机场东西停车楼地下1层(长时停车)、地上3层(临时停车),规划设有4200个停车位,后经过优化设计,停车楼的车位数量增加至4321个,在规划基础上增加了321个车位。之所以能在原有规划基础上增加车位,是得益于很多智能化措施的应用,比如方向寻车系统和自动泊车机器人(图4-2)的应用。"反向寻车"功能可以通过在反向寻车机上输入车牌号,获得车辆的准确位置和乘客到达的具体路线。自动泊车系统主要是通过AGV自动机器人泊车装备来实现自动泊车,开车的乘客只要把车停到1层的入口,机器人便能帮助完成后续的操作,而取车时,提前在手机客户端上点"取车"按钮,机器人便可以提前把车停在出口等待乘客,其智能化、无人操作、车辆近、省空间的特点将会引起越来越广泛的关注和应用。

图 4-2 自动泊车机器人

另外,大兴机场还设有内部交通场站、地面停车场(近端、远端)及飞行区卡口停车场(图 4-3)。远端地面停车场面积 76067m²,小车位 1438 个,中车位 118 个,大车位 100 个;近端地面停车场面积 80916m²,小车位 1401 个,中车位 0 个,大车位 70 个;航站楼前停车场面积 41957m²,小车位 48 个,中车位 26 个,大车位 290 个;内部交通场站面积 8170m²,小车位 30 个,大车位 24 个。

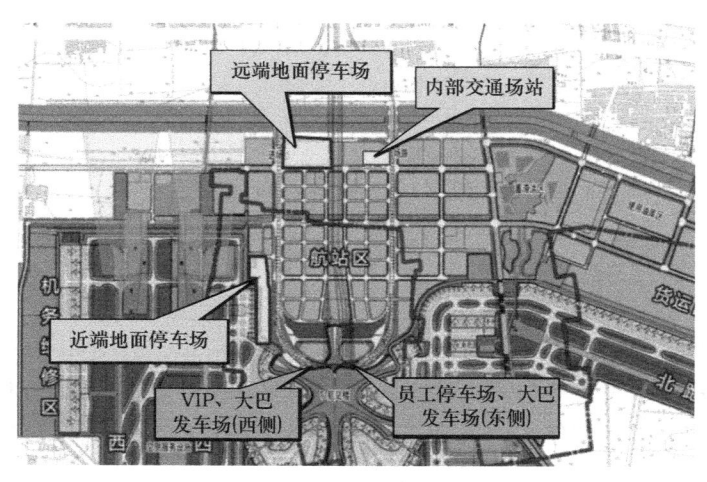

图 4-3 大兴机场停车场布置图

同时,在航站楼前东西两侧设有大巴停车场。需要特别说明的是,大兴机场根据自身定位,配置了大量的省际巴士和市内巴士线路,且将巴士售票点和候车区均在航站楼内,提升了乘客候车体验。

(3)轨道交通。有大兴国际机场线(2019 年 9 月 25 日通车)、京雄城际铁路(2019 年 9 月 25 日通车)、廊涿城际铁路(在建)、R4 线(规划中,连接首都机场和大兴机场,途径中心城区的大站快线),并预留一条轨道线(图 4-4)。

(4)巴士。开通 6 条市内机场巴士线路。其中,白天班线 5 条,分别由大兴机场发往北京站、北京南站、北京西站、通州、房山方向,运营时间为早 5 点至晚 23 点;夜间班线 1 条,由大兴机场到达前三门地区,运营时间为晚 23 点至当天的航班全部结束。同时,开通 6 条省际客运班线，分别通往天津、廊坊、唐山、保定等方向，每日双向发车 4～10 个班次不等。

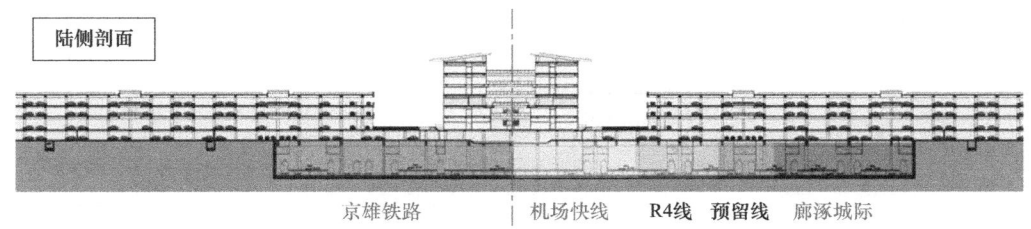

图 4-4　大兴机场轨道交通布置图

（5）出租汽车。在出租汽车方面，大兴机场按照"两分开、两统一"出租汽车管理模式，北京市和河北省分开设置出租车蓄车区、候车区，统一设置落客区，车辆由调度站统一调度，方便乘客搭乘。

（6）网约车。大兴机场特意划出了网约车停车专区，网约车停车专区将对接主要的运营商企业，而非与司机本人，节省司机接待乘客的时间。

### 4.1.2　交通服务中心规划

在交通服务中心规划方面，大兴机场拟创立"交通管家"服务品牌。通过在到达旅客动线上设置交通信息和综合交通柜台问询服务，为旅客合理选择交通出行方式进行引导。

设立行李转盘交通信息屏（图 4-5），将交通信息前移，为旅客提供各种交通方式及时刻表、路况、出租车等候时间、天气、购票等信息，让旅客一下飞机，在等待提取过程中，通过在信息屏上的信息获取，选择最便捷的交通方式。

图 4-5　行李转盘交通信息屏

另外，设置交通问询柜台，将交通问询柜台与出发层的问询柜台相结合，采用同等配置标准并赋予轨交、巴士售票功能，初步设置在二层国内到达厅东西侧、一层国际到达厅东西侧及 B1 综合交通换乘厅，共 6 个点位，基本涵盖了到达旅客动线上的全部区域。

### 4.1.3　大兴机场客流集散比规划

大兴机场各规划交通方式客流集散比如表 4-1 所示。

大兴机场规划各交通方式集散比  表 4-1

| 交通方式大类 | 交通方式小类 | 比例 |
| --- | --- | --- |
| 轨道交通 | 机场快轨＋城际铁路＋高铁 | 30% |
| 巴士公共交通 | 省际巴士＋市内巴士 | 24% |
|  | 公交 | 1% |
| 其他 | 出租车 | 26% |
|  | 小客车 | 2% |
|  | 小客车接送＋中型车接送 | 29% |
|  | 酒店客车 | 3% |
|  | 旅游客车 | 5% |

### 4.1.4 小结

中国民航局对飞行区和候机楼有非常明确的标准，但是对于机场陆侧交通，还没有出台明确标准，陆侧交通也往往成了机场的短板。大兴机场创造性地把航空、高铁、城际铁路、轻轨、中长途客运、出租车、私家车、公交等交通方式，在约 500m 宽、100m 进深的范围内融为一体，实现无缝衔接，令人赞叹。同时，其合理性的布局、双层出港车道边的设计，寻车系统和自动泊车机器人的应用等，都为各个机场陆侧交通管理立起了标杆。同时，需要注意的是，在 7200 万规划容量下，在 500m 宽、100m 进深的范围内，安全、平稳、流畅地运行具有相当的难度，这给基础设施的保障提出了相当大的要求，特别是以达到无缝衔接为目的的大量垂直电梯的应用，在春运等节假日客流突增的时刻，如何保障客流及时疏散，还需要更深入的探讨和研究。

## 4.2 广州白云国际机场

广州白云国际机场（以下简称"白云机场"）位于中国广东省广州市白云区人和镇和花都区新华街道、花东镇交界处，距广州市中心约 28 千米，为 4F 级民用国际机场，是中国三大门户复合枢纽机场之一。白云机场拥有两座航站楼，分别为 T1（中国国内及国际港澳台）、T2（中国国内及国际港澳台）共 140.37 万 $m^2$；共有三条跑道，长度分别为 3800m、3800m、3600m；标准机位 269 个（含 FBO）。2019 年，广州白云国际机场旅客吞吐量 7353.00 万人次。

### 4.2.1 白云机场陆侧交通体系

白云机场 T1 航站楼于 2004 年 8 月 5 日投入使用，出发厅通道位于主楼的南北两侧，旅客可搭乘出租车、大巴、网约车及私家车在南北通道下车进入航站楼主楼（图 4-6）。到达厅通道位于东西两侧的 A、B 到达区，旅客可在到达区选择搭乘出租车及大巴离开。需要搭乘私家车的旅客，需要到 P1~P5 停车场上车。乘地铁到 T1，可在"机场南站"下车。

T2 航站楼于 2018 年 4 月 26 日启用，其配套的综合交通中心（GTC）也同步投入使用，其陆侧交通系统包括地铁、大巴、出租车、私家车等多种交通方式。与 T1 不同的是，T2 的交通流线采取"单一方向"设计，接机的私家车等社会车辆需统一进入停车场候客。而国内到达区和国际到达区两个门外各有 16 个发车位，高峰期可让 32 辆出租车同时上客。T2 航站楼设有"机场北站"，T1 与 T2 之间的地铁间设有专用道，往返期间费用全免。

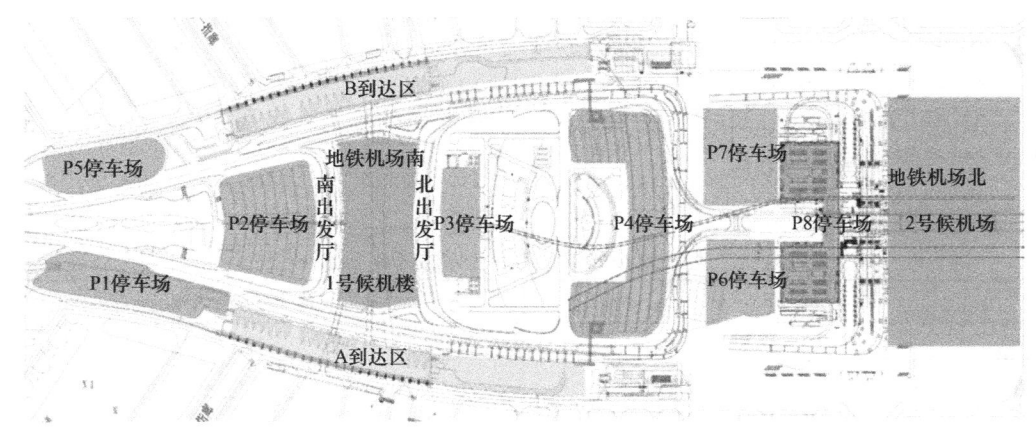

图 4-6 白云机场陆侧交通布置图

（1）出租车。T1 航站楼设置三处出租车上客点，T2 航站楼门前在左右两侧设置两处出租车上客点。为了更好地加强管理、提高效率，白云机场对出租车站点进行统一升级改造，采用车牌识别系统及专用出租车调度管理系统，全面实现了出租车的自动调度。

（2）停车库（场）。白云机场共有 P1~P8 八个停车场，具体位置如图 4-6 所示，共有 9949 个停车位，具体分布如表 4-2 所示。

白云机场各停车库车位数　　　　　　　　　　　　　　　　　　　表 4-2

| 区域 | 停车场 | 车位数 |
| --- | --- | --- |
| T1 航站楼 | P1 | 749 |
|  | P2 | 1363 |
|  | P3 | 1438 |
|  | P4 | 743 |
| T2 航站楼 | P5 | 527 |
|  | P6 | 1356 |
|  | P7 |  |
|  | P8 | 3771 |

白云机场停车库（场）引入智慧停车系统，此系统具有以下四种功能。第一，室内外引导停车。车主进入停车场后，可根据电子引导屏显示的剩余车位数，选择到相应区域停放车辆；第二，车位预定。车主可通过手机进行车位预定，进场后直接进入预定的车位，减少了寻找车位的时间；第三，一键锁车。车主可在手机端实现异地一键锁车，当车主在手机端进行一键锁车后，即使有人付了停车费，车辆也无法驶离停车场，极大提高了车辆在停车场内的安全性；第四，室内外反向寻车。提供二维码反向寻车、公众号反向寻车和自助缴费机反向寻车三种方式，车主只需输入自己的车牌号，即可根据系统提供的停车位置和地图，快速找到自己的车辆。

（3）轨道交通。设有地铁机场南站（T1）和机场北站（T2），机场南站到机场北站间可免费搭乘。

（4）巴士。T1 航站楼设置两处巴士上客点。T2 航站楼 GTC 一层的东西侧各设立了大巴站点。西侧为长途大巴、市区大巴候车点，共有 16 个停车位；东侧为旅游大巴、中转大巴、航延大巴停车区，共有 18 个停车位。

（5）网约车。白云机场在 P4 停车场 A、B 区，P8 停车楼 G 区设置了网约车停放点。同时，增加电子围栏和航站楼内的引导指示牌，建立网约车信用体系等。

### 4.2.2 白云机场客流集散比

白云机场各交通方式客流集散比如表 4-3 所示。

白云机场陆侧交通方式客流集散比　　　　表 4-3

| 交通方式 | 集散比 |
|---|---|
| 出租车 | 30% |
| 公交大巴 | 24% |
| 地铁 | 20% |
| 私家车（含网约车） | 26% |

### 4.2.3 小结

白云机场建有 8 个停车场，9947 个停车位，对于社会停车的车位设置数，确实进行了充分的规划和考虑。智慧停车系统和出租车调度系统的建设，使得白云机场在建设智慧陆侧交通系统上，走到了前列。同时，对于网约车，其也在积极谋划与网约车公司和交通委的合作，后续出台网约车管理规范。另外，其也计划把网约车的管理系统与机场停车管理系统打通，以便更方便管理和调度。总之，白云机场陆侧交通系统在智慧、高效、便捷的道路上飞速迈进。

## 4.3 深圳宝安国际机场

深圳宝安国际机场（以下简称"宝安机场"）位于深圳市宝安区、珠江口东岸，距离深圳市区 32km，为 4F 级民用运输机场。宝安机场拥有一座航站楼（T3 航站楼），占地 19.5 万 $m^2$；共有两条跑道，跑道长度分别为 3400m、3800m。2019 年，宝安机场旅客吞吐量 5293.20 万人次。

### 4.3.1 宝安机场陆侧交通体系

宝安机场形成了以地铁 11 号线、公交、出租车、网约车、私家车、夜间巴士、330 机场巴士、机场码头巴士、长途巴士及机场拼车等多种交通方式为一体的地面交通网络体系（图 4-7）。

T3 航站楼前为地面交通中心（GTC），主要供长途汽车站使用，设有长途巴士候车区和出租车候车区，还有免费接送旅客至机场码头的机场码头摆渡车。东侧为出租车上客区，西侧为巴士、摆渡车上客区，GTC 前面为公交上客区，停车库（场）设立在 GTC 东西两侧以及公交上客区的前面。

（1）出租车。GTC 东侧设立了专门的出租车上客区，采用委托管理的管理模式。

（2）停车场（库）。宝安机场共有 P1～P3 三个停车场，具体位置如图 4-7 所示，东西两侧两个室内停车场（P1、P2 停车场）共有车位 2700 多个，另一个室外停车场（P3 停车场）车位近 1800 个。采用自营的管理方式。

（3）轨道交通。地铁 11 号线设有机场站。

（4）巴士。GTC 西侧设立了机场巴士、机场码头摆渡车、香港过境巴士上客区，采用委托管理的管理模式。

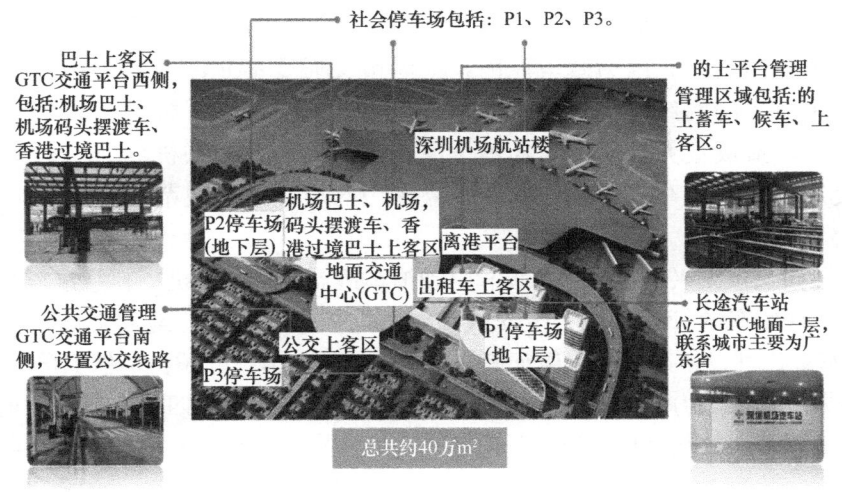

图 4-7 宝安机场陆侧交通布置图

(5) 网约车。宝安机场在 P3 停车场设有专门的网约车上客区域,区域里设有上客通道和蓄车区,共设置有 47 个蓄车候客车位和 24 个即停即走上客车位。同时,设置风雨连廊以提供全天候服务,出租车及其他非网约车辆不得进入,网约车在蓄车区可享受 15 分钟免费停车蓄车。同时,以深圳机场平台为主轴,交委、交警、网约车平台等整个地面交通服务链条单位围绕机场为核心,在车辆的合法营运、现场管理、技术应用等方面做到了协同治理,建立起网约车管理的新生态格局。2019 年,网约车分担率从 2017 年的 8% 上升到现在的 20.48%,已连续两个月超过了出租车的分担率,疏散效果明显,大大缓解了出租车站点的压力。

### 4.3.2 宝安机场客流集散比

宝安机场各交通方式客流集散比如图 4-8 所示。

### 4.3.3 小结

宝安机场在停车库的设置和网约车的管理方面基本做到了全国的最好。宝安机场以建设数字化、智慧化"未来机场"为发展主旨,通过对交通场站视频监控中心平台、地面交通指挥中心平台(GTCC)、车牌识别设备系统、信息发布屏以及出租车信息诱导系统的大力投资和建设,陆侧交通体系优化明显,达到领先地位。

## 4.4 与虹桥机场陆侧交通对比

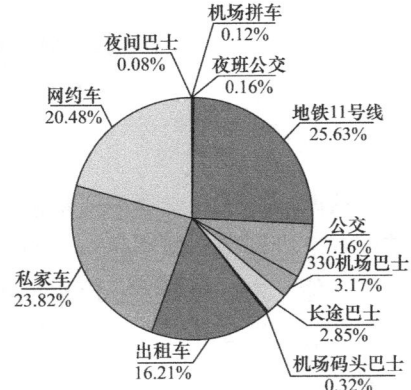

图 4-8 宝安机场 2019 年 1 月客流集散比

从软硬件方面来比较,虹桥机场在公共汽车站点设置引导、停车位数量、网约车规范化管理以及先进技术应用方面还存在差距。

大兴机场、白云机场和宝安机场到达层公共汽车上客区域非常醒目,而虹桥机场却要上上下下、穿越南北步行长廊、停车库等,才能到达公共汽车上客区域。在停车位数量上,大兴机场有近 8000 个停车位,白云机场有 9947 个,宝安机场有 4300 个

（设有专门网约车区域，网约车集散能力很强），相比较来说，虹桥机场停车位数量上存在短板。关于网约车，因为政策原因，上海市交通委不允许网约车在机场运行，但实际上，一定数量的网约车进入停车库，在车辆通道上下客，机场也因为政策原因不能规范化管理，造成很大程度上增加停车库压力的局面。大兴机场、白云机场和宝安机场则与交通委、网约车公司合作，并设立专门区域，进行规范化运行，大大缓解了停车库压力。

在技术层面上，大兴机场寻车系统和自动泊车机器人，白云机场智慧停车系统、出租车调度系统、网约车的管理系统，宝安机场视频监控中心平台、地面交通指挥中心平台（GTCC）、车牌识别设备系统、出租车信息诱导系统等，值得虹桥机场借鉴学习。

从交通方式集散能力上来比较，将四个机场的交通方式分为四大类，即轨道交通（大兴机场包括城际、高铁和机场快轨，其他机场为地铁）、社会车辆（私家车、网约车）、公共汽车（公交、长途巴士、机场巴士等）、出租车。四个机场各种交通方式集散比如图4-9所示。

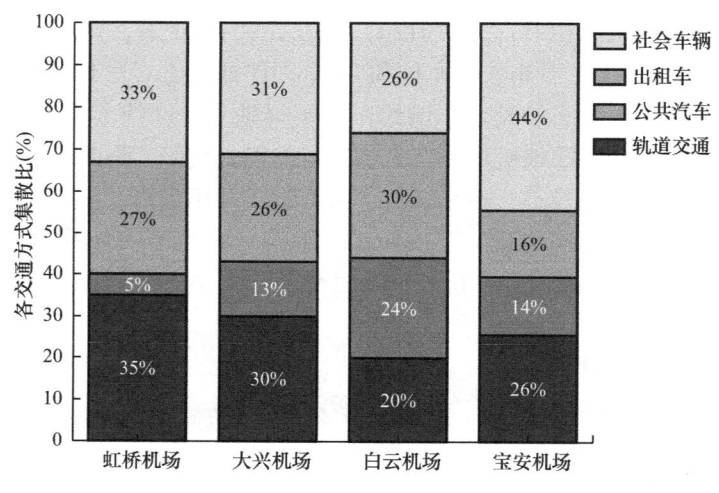

图4-9 四个机场各种交通方式集散比

从四个机场各交通方式集散对比结果看，最大的差异就是，虹桥机场公共汽车集散比其他三个机场相比要小得多，而轨道交通集散能力比其他三个机场要强，社会车辆集散压力比其他三个机场要大，出租车除宝安机场外基本持平。宝安机场网约车体系完善，网约车集散能力达20.48%，这就大大缓解了出租车（16.21%）和私家车（23.82%）的集散压力。

事实上，近年来，虹桥机场也在不断通过比如增加标志标识引导、优化线路、落地前机上引导等多种措施，来改善公共汽车集散比过低的问题，但都收效甚微。高铁站与机场直接相连，极大压缩了机场公共汽车布局的空间，使得上下客站点布局复杂难寻，体验较差，乘客只能选择其他交通方式。

目前，虹桥机场仍然面临出租车旅客排队时间过长的突出问题。为了解决此问题，虹桥机场场区管理部成立项目组，运用引进71路中运量公交车、增设夜宵巴士临时上客点、与AOC（运行指挥中心）联动观察航显系统估算到客人数、与运管执法及出租车公司高效互通等机制，在一定程度上缓解了出租车排队时间过长的问题，但仍然需要更进一步地持续改善。

地铁 2 号线和 10 号线现在已非常拥挤，且高航空乘客对于乘坐体验有较高的要求，轨道交通疏散比很难再有提升。

由于轨道交通、出租车集散趋于饱和，公共汽车一直占比很小，导致社会车辆集散比呈迅速上升趋势，压力持续大幅加大，T2 航站楼东交停车库始终处于超负荷高位运行状态。

因此，从虹桥机场东交停车库运营管理入手，由点及面来反映虹桥枢纽运营管理中的一些问题和方法，具有重要的意义。

## 5 虹桥机场东交停车库运营管理难点及对策分析

虹桥机场东交停车库的运营管理对于整个虹桥枢纽运营管理来说具有相当的典范意义。东交停车库在超负荷高位状态下，运行仍然平稳有序可控，这其中的运营管理方法和手段值得深入研究。下面，着眼于东交停车库运营管理面临的难点和挑战，具体分析其各种管理应对举措及其带来的效果，从而为虹桥枢纽其他设施及其他大型枢纽的运营提供参考。

### 5.1 运行现状

虹桥机场东交停车库是虹桥机场 P5~P8 停车库（场）的统称，位于 T2 航站楼东交通中心、两侧呈对称布局，其中 P6、P7 为 5 层的停车库，P5、P8 为室外停车场。东交停车库通过南北彩虹桥与航站楼连接。按照常规的规划布局，1 万名民航旅客对应 1 个车位，虹桥机场 T2 航站楼 3000 万的旅客规划设计了 3040 个车位，有 40 个预留，后期根据运行管理需求，总停车位数优化至 3835 个。

虹桥机场的旅客吞吐量，从 2013 年到 2019 年，增量在 4% 左右。但是，东交停车库日均车流量却同比增加 10%，近几年更是达到了 20%（图 5-1）。从效益的角度，停车库一年收入接近 1 亿，给企业带来了相当可观的经济效益。但是，从日常运营的角度来看，停车库流量年近 20% 的增幅、高峰日均车流量 2.7 万辆的车次，使得停车库始终在超饱和状态运行，管理人员面临非常大的管理和舆情压力。

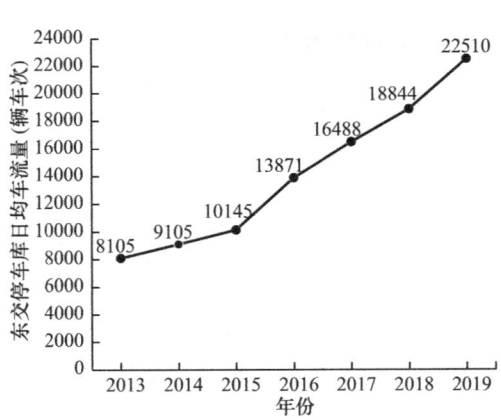

图 5-1 东交停车库 2013—2019 年日均车流量

每周三到周五，是东交停车库的高峰时间。2019 年，东交停车库日均出库车流量介于 2.3 万~2.5 万，车库的平均周转率在 6 左右，进博会期间更是达到了 2.7 万的极端日高峰值。

根据规划，东交停车库日均可满足 2 万车次流量需求，极端高峰值 2.7 万车次与之相比，超了 35%。

未来，东交停车库停车需求量还将不断增加，主要原因有以下三个方面：①T2航站楼旅客数量增加；②高铁旅客量持续增加，导致高铁旅客来机场停车数量在增加；③网约车数量增加。因此，现阶段，不断提升停车位周转率、不断提高运营管理水平和能力，仍然是管理者当务之急。

## 5.2 管理应对举措

为缓解运营压力，一方面是增加停车位数量，另一方面就是提高运行效率。虹桥机场公司主要通过以下四个方面的方法手段来保障停车库超负荷状态下平稳运行。第一，优化流程与空间布局，增加停车位；第二，新技术应用；第三，标志标识及人工引导；第四，价格杠杆。主要管理举措如下：

（1）优化流程与空间布局，增加停车位数量

通过对停车库布局进行优化，使得停车库车位数量从3040个增加到3835个，增加了795个车位，按目前每天平均停车位周转率为6来算，日均可增加4770的车流量，大大缓解了停车压力。从这个角度来看，停车位数仍然是决定停车场容量的关键，通过优化布局来增加车位数，是现有停车设施基础上最行之有效的方法。

（2）入口感应系统

在每个停车库入口，设置了入口感应系统，保证车辆可以快速进库。

（3）无感支付系统

虹桥机场东交停车库是全国第一个无感支付停车库，曾获得全国质量协会金奖。乘客只需将车辆与支付宝、微信、银联或者ETC进行绑定，在出库时，无感支付系统将自动从支付宝、微信、银联或者ETC中扣除停车费，方便、快捷、智能，无需人工操作，大大节省了车辆出库时间，极大减少出库排队情况的发生。目前，在东交停车库，无感支付的比例已经达到70%左右。

（4）CCTV监控系统

在虹桥机场陆侧交通范围内，构建了一套CCTV实时监控系统。这套系统可以对包括东交停车库在内的区域，实时进行监控。如果出现故障、意外或者排队时间过长的情况，将立即派相关人员进行处理，保证停车库高效、平稳、安全、顺畅运行。

（5）人工干预分流

人工干预分流，即在高峰时刻，通过人工干预，将车辆从P7停车库分流到P6停车库。上海的道路交通，大部分车流量是东西走向的，规划建设的北虹翟通道从外环到中环还没有通车，因此大部分车流量都压在南面的延安高架。从图5-2可以看出，进出虹桥枢纽的交通量，44%来自于南侧（P7在南侧），27%来自于北侧（P6在北侧），但是P6、P7停车库是对等设计，车位数相同，造成了P7停车库爆满、P6停车库部分空置的局面。停车库日均周转率方面（图5-3），P6为5.73，P7为6.01；高峰周转率方面，P6为6.89，P7为7.07。通过对比可以看出，无论是平均周转率还是高峰周转率，P7都高于P6。鉴于这种情况，在高峰时刻，虹桥机场对进库车辆实施人工干预，日均分流3~5次从P7到P6分流，极端高峰分流8次（图5-4）。

人工干预分流可以均衡利用所有停车库和停车位，缓解因车流量不均造成的局部爆满的状况。不仅提升了旅客停车体验，还增加了停车位平均周转率，从而提高了停车库容量。

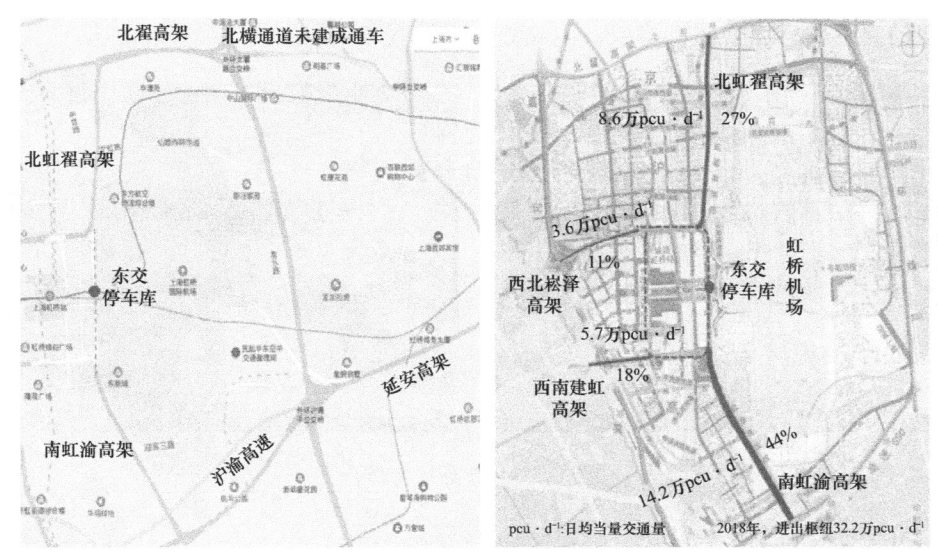

图 5-2 虹桥枢纽周围高架及进场流量分布

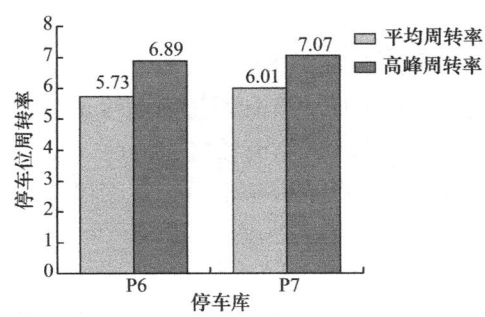

图 5-3 P6P7 停车库周转率

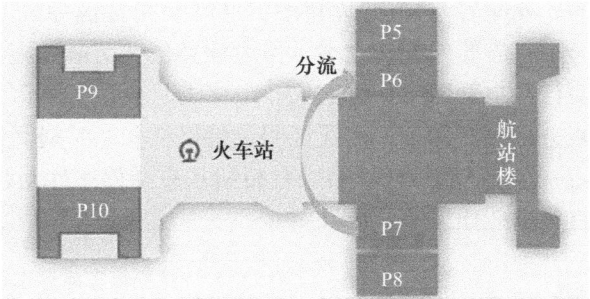

图 5-4 P7 至 P6 车辆分流示意图

（6）标志标识

P6 停车库，每一层用一种动物来代表，P7 则是水果（图 5-5），非常生动形象。至今，已使用 10 年，给旅客留下了非常深刻的印象。同时，在停车库内，建立了停车库指引系统，大大缩短了车主寻找车位、车辆出库的时间。2019 年，虹桥机场东交停车库标志标识进行了全新升级，更加立体、醒目，受到了旅客和网友的广泛好评，东交停车库也成了"网红"停车场。

图 5-5 东交停车库标志标识

（7）主动引导

在 P6、P7 停车库与南北彩虹桥出入通道交界的位置，分别设置了一个会合点（图 5-6），

167

并设有专门人员进行交通问询指引，主动提供引导服务。

图 5-6　停车库汇合点

（8）价格杠杆机制

通过调整停车库的费用价格，特别是过夜车辆（长停车辆）的收费，以期降低停车库的"死库容"，提升周转率。这既是符合倡导公共交通的政府策略，也是满足机场陆侧交通运行需要的现实之举。作为社会公共交通设施，每一次价格调整都是一次艰难过程，需要行业主管部门（民航局、市交委）会同上海市发改委、物价局评审且通过公众听证会才能进行价格调整。实践证明，价格杠杆确是提高停车库周转率的非常有效之途径。

2015 年 2 月 12 日，虹桥机场东交停车库对停车费用做了调整，调整后，东交停车库收费标准如表 5-1 所示。

东交停车库停车收费标准　　　　　　　　　　　　　　　　　表 5-1

| 停车库（场） | 计费时间 | 小型车收费标准 |
| --- | --- | --- |
| 东交停车库<br>P5～P8 | 首 2 小时 | 10 元/小时 |
| | 超 2 小时后 | 5 元/小时 |
| | 24 小时内计费，上限 10 小时 | 最高 60 元 |
| | 24～48 小时内计费，上限 14 小时 | 最高 80 元 |
| | 48 小时及以上每 24 小时计费，上限 20 小时 | 最高 110 元 |

注：① 免费停放时间 00：00～24：00 入库车辆可享受一次 20 分钟内免费出库；
　　② 停车按小时计费，不足 1 小时按 1 小时计，超过 1 小时按 1 小时递进；
　　③ 上述连续停放实行每 24 小时累计收费；
　　④ 表中收费标准为小型车，大型车收费标准是小型车收费标准的两倍。

东交停车库当初在设计时并未考虑过夜停车的需求。2015 年调价前，过夜停车比例最高时达到了 80%。价格调整后，过夜车辆比例大幅度下降，高峰时刻比例由调整前的 80% 下降到了 30%～40%，效果显著。

利用价格杠杆来降低车辆长时停放的比例，缩短平均停车时间，可以有效地增加停车位平均周转率，提高停车库容量。从某种程度上，虽然牺牲了企业停车收入带来的效益，却大大缓解了交通运营压力，提升了旅客停车体验。

## 5.3　小结

增加停车位数量、提高停车位周转率是东交停车库运营管理的两大抓手。通过优化布局来增加停车位数；利用入口感应系统、无感支付系统、CCTV监控系统等技术手段来缩短进出库时间；通过完善升级标志标识、增加主动引导来减少旅客寻找车位时间；通过人工干预分流来平衡南北车库的车位利用率；利用价格杠杆来减少过夜车比例等，这些举措有效保证了停车库在超负荷状态下的平稳运行。

虽然上述管理举措取得了良好的效果，但是要清醒地看到，短期内东交停车库仅有3835个停车位的现实很难改变。未来随着两场联络线的开通、机场旅客的持续增加、汽车保有量的继续提升以及高铁量持续增加带来的乘坐高铁却来机场停车量的不断增长，东交停车库超负荷运行的程度将进一步加重。作为虹桥机场的管理者，还需进行更深一步的思考和探索实践。

（1）线下引导转为线上引导，被动引导变为主动引导。目前，虹桥机场陆侧交通系统线下的标志标识相对来讲是完善的，但还不够。未来，需将引导前移，利用互联网的手段来打通行政壁垒障碍，将交通方式信息比如停车库信息、出租车候车时间、地铁运营时间、公交线路信息、周围路况、天气状况等进行及时有效地发布，让旅客刚下飞机打开手机，就能获取丰富信息，让他们根据所需进行选择，对他们在线上进行引导。

（2）更高层次的软件和更先进技术的运用。技术不可能解决所有的问题，但支撑作用是显而易见的。再丰富的交通方式，要想管理好，没有技术的支撑是不可想象的。近些年来虹桥机场已有一些投入，起到了较好的成效，但这些投入实际上更多的是在前端，且是硬件技术的投入。未来将重点关注在更高层次的软件或更为先进技术的运用投入，尤其是数据采集分析和应用。

（3）智慧决策、精准服务。基于航班计划的安排，通过物联网技术、大数据等技术，对到达旅客的即时人数和旅客目的地分布精准采集和分析，结合虹桥机场每周、每天的旅客到达规律以及高峰低谷时间特征，与陆侧交通方式有效地衔接，为虹桥机场本地客和外地客、国内客和国际客提供更加精准的集散服务。

（4）建立两套评价指标体系。对机场陆侧交通来讲，目前的评价指标体系相对落后，尤其是在大量新技术应用的环境下。目前的服务指标是基于国际民航的评价体系、以旅客的感受度（例如排队时间）来拟定的，是基于感性指标。目前的评价指标体系可以指导日常运行工作，但对深层次、系统性的问题反应并不敏感。在新技术大量应用的前提下，应该从系统中实时采集和分析数据来得到一些更好的指标，可以说成是理性或刚性指标，它可以实时发布、精准应用。这对机场陆侧交通这个行业而言，会起到引领作用和标杆效应。也就是说，应建立两套指标，一是行业指标（内部），二是旅客评价指标（外部），这样更有利于精准施策。

（5）未雨绸缪，及早谋划扩容。东交停车库目前仍能正常运行，但已处于超饱和状态。未来，如果两场联络线建成投运、高铁旅客量持续增加，东交停车库也将处于难以支撑的局面。在继续强化管理手段、提升现有运行效率的基础上，应未雨绸缪，尽早规划建设新的停车设施。目前，虹桥机场正在规划把P5、P8室外停车场建成类似P6、P7但比之容量更大的立体停车库。毕竟，天花板仍然是限制容量的决定性因素，运营管理只能最大限度地释放容量潜力，靠它解决所有的问题也不现实。除了出租车和公交大巴外，还需考虑包括网约车在内的其他交通方式在停车库内运行；以满足旅客需求的多样化和服务的多层次。

# 6 总结与展望

在中国，从虹桥枢纽开始，将高铁引入机场，并与轨道交通、公共汽车、社会车辆、出租车等交通方式融为一体的大型综合交通枢纽越来越多，甚至成了一种趋势和潮流，这些大型综合交通枢纽已然成了城市的新地标，也成了考验城市综合交通管理能力的新平台。

虹桥枢纽已建成投运10年，社会评价很高；从项目全寿命周期管理来看，是科学规划与高效运营相辅相成的结果。10年来，虹桥枢纽独创性、前瞻性、细节完备性的规划已经一步步落地。如今，虹桥机场、铁路虹桥站运营数据分别超规划容量的9%和7%，仍旧运行平稳有序，成功的运营管理更起到了关键的作用。

关于大型综合交通枢纽的运营管理，有以下几点拙见和思考。

(1) 策划规划建设运营一体化。策划的作用是概念落地，规划的作用是项目落地，建设的作用是将图纸变成现实，运营的作用就是充分发挥建成设施的资源容量。项目前期阶段，规划及设计优化重中之重，要以运营为导向，加强项目前期预测研究和规划设计，强化运营单位直接参与建设过程管理并提前介入项目验收、移交及试运行。项目建成后，运营应该充分利用当年规划的空间资源、物理设施和信息系统资源，最大限度地发挥其效率。

(2) 管理的能动性。规划不是天花板，精细高效的运营管理手段以及技术应用可以较大幅度提升交通枢纽的容量上限。

(3) 预测与谋划。体量的大小毕竟是交通设施容量的决定性因素；对持续增加的需求量以及自身受体量限制的供给量需做有效的评估与预测，在容量极值到达之前，尽早进行策划和规划，有序进行建设，及时投入运营，通过设施的增建和扩容，满足旅客服务和运营品质的需求。

(4) 有限的空间，有限的资源，通过运行效率的提升，支撑超规划指标的容量，这更是一种绿色发展理念的实践。土地是不可再生的资源，节地非常重要，不能一味地追求交通枢纽的大规模，也不要盲目地改建、扩建。应该充分发挥运营管理的能动性，让有限的资源发挥最大的效益。

对于虹桥枢纽，未来5年里，可能有沪通、沪苏湖、南沿江等多条铁路客运专线接入铁路虹桥站，铁路到发客流仍将有一定规模的增长，铁路虹桥站的压力会继续加大。对于虹桥机场而言，正在通过改大机型增加吞吐量，每年将有一定幅度的增长，理想目标5500万/年。加上周边虹桥商务区和国家会展中心的逐渐成熟以及进博会的举办，周边区域道路交通压力也会逐年加大。综上，虹桥枢纽未来的承载量还会较大幅度地逐年增加。

在长三角区域一体化发展的战略背景下，作为长三角区域交通一体化的核心——虹桥枢纽，在通过创新高效的运营管理策略来增加容量、提升服务品质的道路上，任重而道远。同时，要对虹桥枢纽所能承载的最大容量进行有效评估与预测，要在容量极值到达之前，对外大交通以及城市集散系统实施扩容。未雨绸缪，有备无患。

鉴于虹桥枢纽的成功，近些年，随着经济活动发展、人口流动的需要，全国各地不断建设大型综合交通枢纽，这些枢纽如何进行运营管理，怎样充分利用当年规划的空间资源、物理设施和信息系统资源，最大限度地发挥其效益，已成为社会和业内关注的重要课题。虹桥机场陆侧交通特别是东交停车库的运营管理就是一个很好的探索和尝试。

未来的虹桥枢纽里，应有最先进的基础设施的建设，有最先进的设计理念体现，有最先进软件和技术的应用，有最先进的服务品质的展现。打通各种交通方式的行政与信息壁垒，采用物联网技术、大数据等技术，将各种交通方式无缝连接，精准采集和分析旅客交通信息，提供精准服务。虹桥枢纽的单位面积能耗更低、占地更少、运转效率更高。总之，大型综合交通枢纽的运营管理，还需进一步研究、探索和实践。

**参考文献**

[1] 王亿方，刘翀，谢辉. 虹桥综合交通枢纽十年发展回顾与展望[J]. 城市交通，2019（5）.
[2] 上海华东建筑设计研究院，上海市政工程设计研究院. 上海虹桥综合交通枢纽总体设计[R]. 上海：上海华东建筑设计研究院，上海市政工程设计研究院，2007.
[3] 上海申虹公司. 虹桥枢纽交通运行月报和统计数据[R]. 上海：上海申虹公司，2010—2018.
[4] 上海交通指挥中心. 上海门户，枢纽传说——虹桥枢纽十年运行数据解析[OL]. 2019.
[5] 吴念祖. 虹桥国际机场总体规划[M]. 上海：上海科学技术出版社，2010.

# 虹桥综合交通枢纽工程规划建设运营一体化的实践
## ——基于规划建设运营主体的视角

胡建忠

（上海申虹投资发展有限公司）

**摘　要**：上海虹桥综合交通枢纽是综合航空、高速铁路、长途客运、城市轨道交通、公交、出租车、社会车辆等多种交通方式于一体的多功能、超大型现代化交通枢纽，工程规划建设规模和复杂性在当前是独一无二的。2020年恰逢虹桥枢纽工程投运10周年，本文从虹桥枢纽规划建设运营的主体——上海申虹投资发展有限公司的角度，分析总结虹桥综合交通枢纽的规划建设运营一体化的实践经验。本文分为六部分。第一部分为引言部分，第二部分为总体策划，回顾了虹桥枢纽的由来和总体策划的内容，经策划研究及后续工作形成的枢纽特色及组织特色。第三部分为规划设计，按时间及规划层次介绍了从结构规划到控制性详细规划的主要内容，并概述了虹桥枢纽设计方案。第四部分为建设管理，总结了虹桥建设指挥部进行枢纽建设管理的主要做法。第五部分为运营管理，总结了枢纽运营的方案，尤其是枢纽运营分为政府层面的应急管理和申虹公司从运营准备到实际运营的方案。第六部分为总结与展望，总结了虹桥枢纽规划建设运营一体化的宝贵经验和思考；并从宏观背景的角度阐述了工程与时代发展的关系。

**关键词**：虹桥综合交通枢纽；规划设计；建设运营一体化；实践经验

## The practice of planning construction and operation integration of Hongqiao integrated transportation hub ——Based on the perspective of the main body of planning, construction and operation

HU Jianzhong

(Shanghai Shenhong Investment Development Co., Ltd)

**Abstract**：Shanghai Hongqiao comprehensive transport hub is a multi-functional and super-construction modern transport hub integrating aviation, high-speed railway, long-distance passenger transport, urban rail transit, public buses, taxis and social vehicles. The scale and complexity of the project planning and construction is unique in that time. The year

2020 coinciding with the 10th anniversary of Hongqiao Hub project operation, from the perspective of Shanghai Shenhong Investment And Development Co., LTD, the main body of Hongqiao Hub planning, construction and operation, this paper analyzes and summarizes the practical experience of the integration of planning, construction and operation of Hongqiao comprehensive transport hub. This paper is divided into six parts. The first part is the introduction, and the second part is the general plan, reviewing the origin of Hongqiao Pivot and the contents of the general plan, as well as the hub characteristics and organizational characteristics formed by planning, research and follow-up work. The third part is planning and design, according to the time and planning level, introducing the main contents from structural planning to control detailed planning, and outlining the design scheme of Hongqiao hub. The fourth part is the construction management summarizing the main practices of hongqiao construction headquarters. The fifth part is operation management, which summarizes the scheme of hub operation. In particular, hub operation is divided into emergency management at the government level and Shenhong company's scheme from operation preparation to actual operation. The sixth part summarizes the valuable experience and thinking of the integration of planning, construction and operation of Hongqiao Hub. The relationship between engineering and the development of the Times is also discussed from the perspective of macro background.

**Key Words**：Hongqiao integrated transportation hub; planning and design; construction and operation integration; experience

# 1 引言

随着虹桥国际机场扩建工程在 2010 年 3 月 16 日通航、沪宁城际和地铁二号线在 5 月 1 日通车、沪杭城际在 10 月 26 日通车、地铁十号线在 11 月 26 日通车，虹桥综合交通枢纽在 2010 年末已经全面投入运营。作为我国第一个融合高速铁路、城际和城市轨道交通、公共汽车、出租车及航空紧密衔接的国际一流的现代化大型综合交通枢纽，无论是工程的规划与设计，还是工程的建设与运营均开创了交通领域的先河，是交通领域名副其实的"先浪"和"前浪"。多年来，上海虹桥综合交通枢纽工程作为综合交通枢纽的范式和促进长三角经济发展的引擎，吸引了国内外交通和区域发展方面的学习与效仿。特别是 2019 年 9 月，国务院印发的《交通强国建设纲要》明确指出我国要依托京津冀、长三角、粤港澳大湾区等世界级城市群，打造具有全球竞争力的国际航空枢纽，推进综合交通枢纽一体化规划建设，大力发展枢纽经济。上海虹桥综合交通枢纽工程作为交通运输和区域经济协同发展的开创者，再次受到了"后浪"们的广泛关注与学习。

2020 年恰逢上海虹桥综合交通枢纽工程正式投运十周年。风雨兼程，十年与共，虹桥综合交通枢纽工程作为行业的"前浪"和"先浪"，在提升综合交通枢纽功能，强化对国际、国内及长三角辐射服务能力方面作用显著。在对虹桥综合交通枢纽工程的综合评估中，不难发现：

（1）虹桥综合交通枢纽大交通功能优势凸显，虹桥枢纽近十年来充分发挥大交通功能,不断服务长三角城市群,保障城市功能有序运行,推动区域规划开发建设,将交通优势变为现实发展优势,服务长三角功能突出,已成为辐射长三角的综合交通枢纽。据统计,高铁虹桥站到发旅客70%在长三角地区,虹桥机场客流约15%来自江浙皖等长三角区域。虹桥枢纽保障上海城市功能充分发挥,虹桥枢纽日常对外客流占上海对外客流总量45%,其中高铁虹桥站占上海铁路总客流量的60%,是上海最大的对外交通门户。城市交通换乘功能超预期,推动周边区域不断发展,商务核心区已入驻企业3000家,入驻员工约3万人,其中约一半员工通过虹桥枢纽内的地铁通勤出行,虹桥枢纽4路公交每天2万人次客流中有近万人次是核心区员工或访客。

(2) 客流规模临近规划预期,枢纽总客流规模持续增长。近几年交通量见表1-1,其中2018年虹桥枢纽日均112.6万人次,提前2年达到110万人次/日的规划预期。2019年总客流量4.22亿人次,5月4日客流量为145.63万人次,为全年枢纽单日客流最大值,也刷新了虹桥枢纽运行以来单日客流最高纪录。

**虹桥枢纽对外交通与城市集散交通情况**(单位:万人次/日)　　　表1-1

| 年份 | 对外交通 | | | | 城市集散交通 | | | | | 总计 |
|---|---|---|---|---|---|---|---|---|---|---|
| | 航空 | 高铁 | 长途 | 小计 | 轨交 | 公交 | 出租车 | 小客车 | 小计 | |
| 2014 | 10.1 | 23.1 | 0.76 | 34.0 | 19.6 | 7.3 | 8.9 | 7.8 | 49.6 | 77.6 |
| 2015 | 10.4 | 26.2 | 0.90 | 37.5 | 21.7 | 7.5 | 8.6 | 9.6 | 47.4 | 84.9 |
| 2016 | 10.8 | 30.5 | 0.97 | 42.3 | 24.7 | 7.4 | 8.5 | 11.6 | 52.2 | 94.5 |
| 2017 | 11.3 | 34.2 | 1.02 | 46.5 | 27.2 | 7.2 | 9.6 | 13.1 | 57.1 | 103.6 |
| 2018 | 11.7 | 35.8 | 0.97 | 48.5 | 29.2 | 6.2 | 10.0 | 18.7 | 64.1 | 112.6 |
| 2019 | 12.4 | 37.6 | 0.92 | 50.9 | 30.9 | 5.5 | 9.7 | 18.5 | 64.6 | 115.5 |

对外交通方面,高铁增长迅速,航空比较稳定,长途日益下降。2019年,高铁虹桥站日均客流37.6万人次/日占虹桥枢纽对外客流73%,同比上升4.73%,是虹桥枢纽对外客流的主力。虹桥机场日均客流维持在11万~12万人次/日。长途客运虹桥站累计到发旅客354.10万人次,日均不到1万人次/日,同比下降5.45%。虹桥枢纽2018年对外交通量与规划对比见表1-2。

**虹桥枢纽对外交通与规划对比表**　　　表1-2

| | 原规划(万人次) | | 2018年(万人次) | | 规划对比 |
|---|---|---|---|---|---|
| | 年到发量 | 日到发量 | 年到发量 | 日到发量 | |
| 机场 | 4000 | 11.0 | 4263 | 11.7 | 106% |
| 高铁 | 12200 | 33.4 | 13063 | 35.8 | 107% |
| 长途 | 1000 | 2.7 | 354 | 1.0 | 35% |
| 磁浮 | 3400 | 9.3 | 0 | 0 | 0% |
| 合计 | 20600 | 56.4 | 17680 | 48.5 | 86% |

城市集散交通方面,轨道交通是主体,小汽车和出租车、网约车比例比较大,公交低于预期。2018年枢纽轨道交通三站进出站日均客流29.3万人次/日,占比集散客流52%,是枢纽主要集散方式。小客车(含网约车)日均4.1万辆次,出租车日均2.8万辆次,分别承载客流26%和18%。地面公交客流6.3万人次/日,占虹桥枢纽城市集散客流4%,

低于规划预期（规划 10%）。受磁浮未开通和长途客流量偏低影响，城市集散规模超过预期。枢纽内部对外交通之间的中转总量规模只有 1.7 万人次/日，低于预期的 30%，大量的对外交通转移由城市集散交通承担，致使城市集散规模已达规划的 112%。

尽管如此，随着长三角一体化发展上升为国家战略，虹桥商务区成为推进长三角一体化发展的重要区域之一，按照国家要求，要将其打造成为虹桥国际开放枢纽、国际化中央商务区、国际贸易中心新平台。此外，随着江浙皖城际铁路网络不断完善和沪通、沪湖铁路建成通车，虹桥枢纽铁路到发客流规模将增至 1.5 亿人次/年（现状 1.3 亿人次/年，高铁虹桥站尚有很大的富余到发能力），虹桥机场旅客吞吐量也有一定的逐年提升。虹桥枢纽将面临新一轮的发展机遇和挑战。上海市人民政府在关于同意《上海市虹桥主城片区单元规划》的批复中指出，要提升虹桥综合交通枢纽功能，强化对国际、国内及长三角区域的辐射服务能力。到 2035 年，虹桥枢纽 1 小时覆盖长三角区域县级以上城市数量比例超过 60%，推动虹桥商务区与长三角区域主要城市形成 2 小时交通圈；完善轨道交通网络和地面道路系统，实现虹桥商务区与相关重要功能区 1 小时内可达；构建中运量网络，完善"七横六纵"的骨干路网体系，实现内部各公共中心 15 分钟可达，全路网密度达到 8.1km/km²。因此，上海虹桥综合交通枢纽将继续在中国和世界发展的浪潮中迎接新的挑战和机遇。

上海虹桥综合交通枢纽工程作为交通枢纽领域的"前浪"，从开始便注定传奇，开创了高速铁路、城际和城市轨道交通、公共汽车、出租车及航空融合一体的枢纽工程规划设计理念，建立了符合中国国情的重大枢纽工程建设管理体系，探索了一条交通枢纽工程盘活交通和经济发展的综合运营开发之路。在经济和交通不断发展和要求下，虹桥综合交通枢纽工程仍以蓬勃的生命力和发展张力不断地满足要求，其成功的经验和历程是"后浪"们需要探索与学习的。当前，国务院提出了交通强国的发展理念，大力建设交通枢纽工程，发展枢纽经济。2020 年又恰逢虹桥交通枢纽工程顺利投运 10 周年，在此契机下，重新学习虹桥枢纽工程这一"前浪"的成功经验，将有利于今后交通枢纽工程建设与发展。为此，本文从虹桥枢纽规划建设运营的主体——上海申虹投资发展有限公司的角度出发，全面分析总结虹桥综合交通枢纽的规划建设运营一体化的实践经验，旨在为类似工程建设提供相应的帮助与参考，同时不断激励继续为交通枢纽的创新与发展提供新动力。

## 2 总体策划

### 2.1 地理位置

虹桥综合交通枢纽（虹桥枢纽）位于上海西南部，地处由北翟路、西外环线、沪青平高速和铁路外环线围合区域，距上海市中心人民广场约 13km。沪宁、沪杭两大交通主轴在此处交汇，虹桥机场是长三角走向世界的窗口和桥梁，所以虹桥枢纽是上海建设面向长三角门户的最佳位置。同时枢纽区域原为虹桥机场发展备用地，枢纽周边有成片的未开发土地，非常适宜建设新兴高端商务区，促进上海和长三角地区社会经济一体化快速发展（图 2-1）。

为后面叙述方便，将虹桥枢纽相关区域命名先做一个简述。自虹桥枢纽启动以来，虹桥枢纽是指东起外环线、西至现状铁路外环线、南起沪青平高速公路、北至北翟路北青公路的 26.3km² 的区域（图 2-2），西北分别扩展至沈海高速公路和京沪高速公路的约 60km² 的区域称为虹桥枢纽拓展区。虹桥枢纽内由四个高架循环圈围成约 1.7km² 的区域，其内聚集了虹桥枢纽主要交通设施，称为交通核心区。

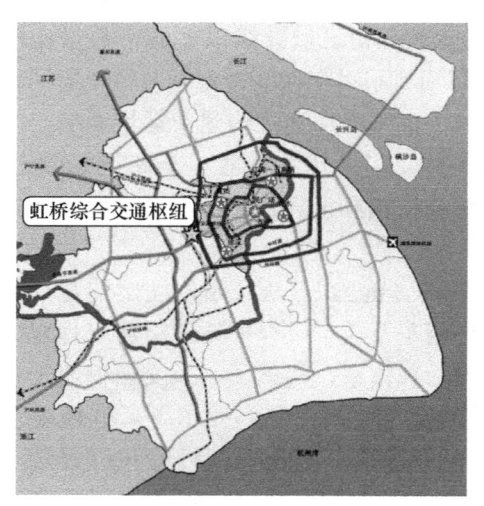

图 2-1 虹桥枢纽地理位置

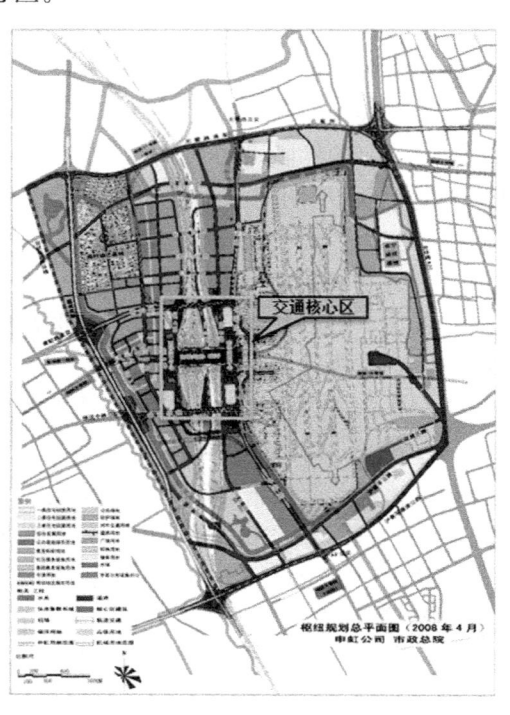

图 2-2 虹桥枢纽范围（2009 年前）

2009 年下半年，虹桥商务区管理委员会成立后，原虹桥枢纽和拓展区共 86km² 的区域改称虹桥商务区，而原虹桥枢纽则为虹桥商务区主功能区，虹桥枢纽一般仅指原交通核心区（图 2-3）。

## 2.2 枢纽由来

虹桥枢纽的雏形最早出自 2003 年的"磁浮 863 计划"研究课题。该课题涉及沪杭磁浮和京沪磁浮建设规划研究，需在虹桥区域建设磁浮交通枢纽站，课题组提出了将磁浮、高铁、机场等多种交通叠合在一起建设成为综合交通枢纽的大胆设想，而同期上海航空枢纽战略规划的修编及京沪高铁车站的选址正在进行，使综合交通枢纽的设想初步具有了可行性。

图 2-3 虹桥商务区区位图

根据上海航空枢纽战略规划确定的"两场"分工和定位，浦东国际机场和虹桥国际机场分别于 2004 年和 2005 年完成了总体规划修编工作。虹桥国际机场总体规划修编将 1993 年规划的 1700m 间距的远距离跑道优化为 365m 间距的近距离跑道，节省出约 8km² 土地，再加上周边区域为机场发展预留用地，为综合交通枢纽的建设创造了充足空间的条件。

而当时京沪高铁正处于规划选线阶段，初步规划在虹桥机场南边设七宝高铁车站，若将高铁车站移至枢纽内、与磁浮车站和机场航站楼结合在一起建设大型综合交通枢纽，不仅区位条件优越、所需投资相对较小，对磁浮、京沪高铁、长三角城际轨道交通的发展也非常有利，而且为上海城市功能向高层次、可持续发展提供了一个契机。

2005 年 5 月，上海市政府和铁道部在北京签署了《关于加快上海铁路建设有关问题的会议纪要》，确定"由部市共同推进虹桥站建设，努力将其建成高铁、城际和城市轨道交通、公共汽车、出租车及航空港紧密衔接的现代化客运中心"，标志着虹桥综合交通枢纽正式进入行动阶段。

虹桥机场扩建规划、高铁上海站重新选址、磁浮城际与市域规划"三大契机"，促成了虹桥枢纽建设成为面向全国、服务长三角、轨路空三位一体的超大型、世界级交通枢纽中心。依托虹桥枢纽，虹桥商务区将成为连接服务长三角经济区、服务全国的现代服务业集聚区，是上海现代服务业集聚带的重要支撑。

## 2.3 总体策划

策划与规划属项目前期研究，两者相互依存，各有侧重。规划注重项目的法定内容，策划既可以是对规划的深化，也可以是规划某一方面或某一阶段的内容，因而是较为灵活的。二者在规划阶段是互为表里的，在规划程序之前，以策划研究为主要表现形式，而在规划程序之中，以规划研究为主要表现形式。策划是一个提前谋划并不断细化的过程，视项目的复杂程度需要一定的时间。虹桥枢纽策划研究工作从 2003 年开始，到 2008 年才基本告一段落，而策划"谋定而后动"的思想方法则贯穿了虹桥枢纽规划建设的全过程。

虹桥枢纽是前所未有的城市特大型基础设施和重大区域开发项目，其规划、开发、建设和运营管理都将面临全新挑战，需要超前研究和谋划。虹桥枢纽总体策划是一个非常综合和相当长时间的过程，涉及建设规划、投融资模式、管理体制和运营机制等一系列的内容。

### 2.3.1 研究的主要内容

(1) 虹桥枢纽的功能及布局。虹桥枢纽的建设首先面临的是枢纽功能的策划问题，应从多个角度、多个层面考虑枢纽应具备的各种功能及各功能之间的相互关系。

(2) 虹桥枢纽区域的功能定位与产业发展。虹桥枢纽的建设，将会对枢纽区域的发展产生重大影响。需充分分析枢纽对地区发展的带动作用，明确区域的功能定位，确定区域内产业发展和空间布局，指导下一步枢纽区域的持续开发。

(3) 虹桥枢纽建设开发和投融资模式。为枢纽设施的早日建成和高效运行，需吸引更多的利益主体参与投资和管理。如何构建一个多方合作的基础和机制，对枢纽建设的责任和风险进行分担，对未来收益进行分配，是需策划考虑的一个重要问题。

(4) 虹桥枢纽建设组织与管理策划。虹桥枢纽的开发建设涉及机场、高铁、轨道交通、磁浮、公交、市政、水务、电信、电力、燃气等行业及周边企业和居民等，枢纽建设的组织与管理任务十分艰巨复杂。需理清建设管理组织关系，搭建工程建设管理中各个层次的工作平台，确定科学合理的建设管理体制。

（5）虹桥枢纽的运营管理。运营管理阶段是枢纽规划、设计成效的最终体现，同时枢纽的运营管理对规划设计和工程建设具有巨大的反馈和指导作用，需要超前研究。要充分研究枢纽运营管理体制、管理界面、管理组织架构、运行管理模式、枢纽运行机制、设施管理业务职能和流程等问题。

### 2.3.2 研究的主要结论

（1）通过对虹桥枢纽功能目标的研究，对枢纽进行了功能本身的策划，包括功能内容、功能规模、功能之间的联系及布局等，在功能定位中，突出了"以人为本"的思想。

枢纽内容包括三大功能模块。第一是利用良好的区位条件，在虹桥机场的西部建设京沪高铁、城际铁路的高铁枢纽。第二是虹桥机场航站楼。第三是为集散高铁枢纽和机场两方面的客流，在高铁枢纽与航站楼之间规划建设城市交通枢纽。

功能规模依据枢纽内客流换乘量而确定，设施每天的处理能力为110万～140万人次。

经过详细的研究，核心功能设施间的关系得以明确。其中，高铁车站、磁浮车站和航站楼三块设施中，高铁车站设30股道，10股为城际铁路使用，20股道给高铁使用；磁浮设10股道，供城际线和机场快线使用。

核心区东起虹桥机场2号航站楼，向西依次平行排列社会停车库/公交客运东站、磁浮、高铁、地下社会停车库/公交客运西站等各类交通设施，这样的功能布局充分体现了城市公共交通体系的共享原则。

（2）在对枢纽客流分析的基础上，确定了枢纽总体交通组织原则为：建筑体内行人立体换乘，垂直与水平换乘结合；建筑体外车辆车道边到发分离，地面环通；机动车运行方式为南北分行，分块循环。

（3）研究了枢纽区域的基本功能，从枢纽核心区布置、道路系统规划、轨道交通系统规划、地区土地使用结构、用地布局结构等方面提出了虹桥枢纽发展的结构性规划方案。

（4）为了更好地融资和管理，对枢纽设施进行了构成分析，对枢纽设施进行归类处理，强调了是从整体上、全寿命周期的角度来考虑枢纽投资、运行和收益的关系。提出了土地收益平衡枢纽设施的建设投资、运营收益平衡枢纽建成后的运行费用的策略。

（5）策划了开发建设管理体制。规划中的虹桥枢纽规模巨大、多种交通设施高度汇集、具有多个不同的投资管理主体，这使得枢纽进行建设的组织与管理十分艰巨复杂。强有力的健全合理的组织机构是枢纽顺利建设的组织保证。其中规划设计是龙头，建立科学合理的规划设计工作平台尤为重要，这有利于枢纽规划设计工作的顺利开展，促进后续建设阶段的有效实施。

（6）策划了枢纽运营管理模式。运营管理阶段是枢纽建设的最终阶段，枢纽建设目标能否实现，能否取得预期的效益，直接由本阶段决定。虹桥枢纽旅客流量巨大、管理主体众多，建成后的运营管理工作难度不容小觑。在确立枢纽管理公司地位和合理切分各主体的管理界面的基础上，建立适合虹桥枢纽的管理体制和管理模式，以实现虹桥枢纽正常高效运营。

## 2.4 枢纽特点

经过精心策划和各项前期研究，虹桥枢纽最终形成的规划设计方案具有十分鲜明的特点，简要说明如下：

（1）交通综合，客流巨大

虹桥枢纽涵盖航空、高铁、磁浮、长途客运、轨道交通、公交和出租车等多种交通方式（图2-4），是集轨道、道路、航空三位一体的日旅客吞吐量达110万～140万人次的超大型、世界级交通枢纽，规划客运规模见表2-1。对外交通及集散交通基本上涵盖了所有陆上的主要交通方式，其特性体现为不同交通方式之间大量的客流换乘以及所有各类交通方式共64种可能的连接和56种换乘模式。

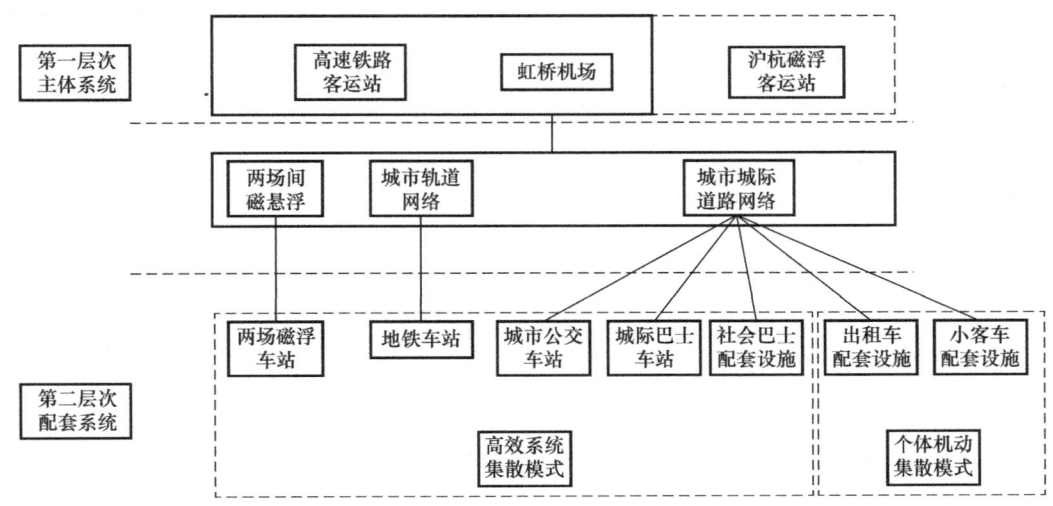

图2-4 虹桥枢纽交通方式构成

规划远景年虹桥枢纽对外客运量预测（单向）　　　　　　　　　　表2-1

| 对外方式 | 年发送量（万人/年） | 日发送量（万人/日） | 说明 |
| --- | --- | --- | --- |
| 虹桥机场西楼 | 2000 | 5.5 | 结构规划<br>吞吐量3000万～4000万人/年 |
| 高速铁路 | 3100 | 8.5 | 结构规划<br>发送量6000万～7000万人/年 |
| 城际铁路 | 3000 | 8.2 | |
| 沪杭磁浮 | 1000 | 2.7 | |
| 至浦东机场磁浮 | 700 | 1.9 | |
| 高速客运 | 450 | 1.2 | 结构规划发送量500万人/年 |
| 高速公路（小客车） | 630 | 1.7 | |
| 合计 | 10880 | 29.7 | |

（2）空间整合，布局合理

虹桥枢纽所有交通方式的人流体系全部统筹安排在枢纽交通核心建筑体内，机动车交通通过建筑体外车道边实行到发分离。旅客足不出户，即可完成各个交通方式之间的换乘。核心建筑体从东到西依次排列2号航站楼、东交通中心、磁浮车站、高铁车站和西交通广场等，建筑体东西向总长约1300m，总建筑面积约160万m²。交通设施主要集中在地下2层到地上2层空间，从下至上依次是轨道交通站台层，大通道兼高铁到达层、机场到达兼高铁磁浮站台层、机场到达夹层兼机场磁浮通道、大通道兼机场磁浮高铁出发层。

（3）多近少远，流线简洁

根据枢纽客流预测，集散交通中轨道交通、公交等公共交通比重将达到50%以上，其中轨道交通比重可达35%～45%，出租车、社会车辆等各类小客车比重基本控制在50%以内。而且随着枢纽客流量的增加，预计轨道交通因其自身的优势，其对客流的分担率将越来越大。经分析预测远景年虹桥枢纽各种交通方式之间的换乘量如表2-2所示。

预测虹桥枢纽不同交通方式间客流换乘矩阵（单位：人/日）　　表2-2

|  | 高铁 | 城际铁 | 虹桥机场 | 磁浮机场线 | 磁浮沪杭线 | 高速客运 | 高速公路 | 城市交通 |
|---|---|---|---|---|---|---|---|---|
| 高铁 | — | 1000～2000 | 2000～3000 | 7000～8000 | 1000～2000 | 500～1000 | 6000～7000 | 65000～66000 |
| 城际铁 | 1000～2000 | — | 3000～4000 | 7000～8000 | 400～1000 | 500～1000 | 1000～2000 | 68000～69000 |
| 虹桥 | 2000～3000 | 3000～4000 | — | 2000～3000 | 400～1000 | 3000～4000 | 7000～8000 | 34000～35000 |
| 磁浮机场线 | 7000～8000 | 7000～8000 | 2000～3000 | — | 0 | 1000～2000 | 0 | 0 |
| 磁浮沪杭线 | 1000～2000 | 400～1000 | 400～1000 | 0 | — | 1000～2000 | 1000～2000 | 24000～25000 |
| 高速客运 | 500～1000 | 500～1000 | 3000～4000 | 1000～2000 | 1000～2000 | — | 0 | 3000～4000 |
| 高速公路 | 6000～7000 | 1000～2000 | 7000～8000 | 0 | 1000～2000 | 0 | — | 0 |
| 城市交通 | 65000～66000 | 68000～69000 | 34000～35000 | 0 | 24000～25000 | 3000～4000 | 0 | — |

换乘设施的分布采用多近少远的原则，从换乘矩阵来看，枢纽内部换乘量较大的是高铁和轨道交通、机场和轨道交通、轨道交通和磁浮、磁浮和高铁等。在平面布置上，换乘量大的两个交通方式尽量放得近一点。高铁与轨道交通形成了垂直换乘，机场与轨道交通、轨道交通与磁浮接近垂直换乘，磁浮与高铁间是平面换乘，直接相邻，换乘十分便捷。

虹桥枢纽人行流线简洁，如同总线式分布，从东到西一条总线，各类交通设施分布在总线上，简洁明了。这条人流换乘总线是由地面二层两条通道和地下一层两条通道构成。

（4）公交优先，以人为本

虹桥枢纽"公交优先"，首先，体现在公共交通方式多样化，如轨道交通包含市内轨道交通和城际或省际轨道交通，客运公交包含市内公交和长途客运，市内公交分为一般公交和枢纽专线；其次，公交侧重于轨道交通，轨道交通快捷准时、载客量大、网络成熟，成为虹桥枢纽与市内交通联系的首选；最后，换乘公共交通的舒适性较好，从换乘距离来看，换乘轨道交通距离最短，其次是公交车，社会车辆换乘距离略长，集中设置了东、西交通中心大型公交站和长途公交枢纽站，并设置环境舒适的候车大厅。

虹桥枢纽"以人为本"理念体现在安全性、便捷性、舒适性三个方面。在安全性方面，采取人车立体分离、车种分道分流分区等多种方法组织人流车流，实现车流与人流完全隔离，确保安全。在便捷性方面，通过优化交通流线、改善通道品质、加强人性化辅助设施等途径，缩短旅客步行时间。舒适性方面，采用宽敞明亮、视线开阔、线路顺直的室内步行区域，明确完善的标识系统和布局到位的服务设施等，营造了一个人性化的换乘空间。

（5）功能融合，站城一体

虹桥枢纽功能融合的特点首先体现在多种交通方式的相互融合，方便各交通方式顺利运行，互相之间旅客换乘便捷；其次体现在枢纽内部交通功能与商业服务的融合上，枢纽内部提供商业服务，利用上盖空间开发物业，用商业经营带来的长期稳定收益平衡枢纽运行的日常开支；最后体现在枢纽与商务区功能的互补融合、相互促进，实现了"站城一体"，同时商务区的土地开发收入，补偿了枢纽的建设投资。

站城一体的虹桥商务区，定位从服务长三角的高端商务区，到现在的"国际开放枢纽"，成为长三角一体化发展的龙头区域，其中一个重大的原因就是虹桥枢纽的建设运营有力推动了商务区的开发。

## 2.5 组织策划

### 2.5.1 申虹公司的设立

2005年上海市和铁道部达成建设虹桥枢纽的共识后，2006年初上海市政府决定成立专门的项目公司投资建设虹桥枢纽，项目公司由上海机场集团牵头组建。机场集团于2006年3月成立筹备组，7月7日上海申虹投资发展有限公司正式注册成立，"申"字开头表明是上海市属国有企业，"虹"即虹桥枢纽，不仅指虹桥交通枢纽，也有虹桥枢纽区域之意。

申虹公司注册资金50亿元，其中上海机场（集团）有限公司占比40%，上海久事公司和上海市土地储备中心各占30%。三大股东不仅解决了申虹公司资本金的问题，更重要的是将申虹公司的职能与股东单位的职能结合起来，更加有利于虹桥枢纽的建设（表2-3）。

**申虹公司股权结构及其优势** 表2-3

| 股东 | 占比 | 优势 |
| --- | --- | --- |
| 上海机场集团 | 40% | 机场集团董事长兼任申虹公司董事长和指挥部副总指挥，确保机场项目与综合交通枢纽工程建设配合一致 |
| 久事公司 | 30% | 减轻大股东筹资压力，将虹桥枢纽与久事公司代表市政府出资建设交通设施的职能相结合 |
| 上海市土地储备中心 | 30% | 将土地储备任务与市政府赋予的土地储备中心的土地储备职能相结合 |

申虹公司主要职责包括：作为上海市政府开发建设虹桥枢纽的唯一授权主体，负责制订枢纽的详细规划，建设项目的方案和设计工作；对枢纽区域实施专项土地储备，负责储备地块的前期开发，承办储备地块按计划供应的前期准备工作；负责组织实施枢纽区域城市基础设施开发建设，负责上述建设开发任务的投融资和资金平衡以及其权属资产的管理和经营。

### 2.5.2 指挥部的创立

虹桥枢纽工程组织形式至关重要，直接关系到枢纽能否按总进度目标的要求优质建成。为了确保枢纽工程建设管理任务圆满完成，结合工程建设管理的特征和难点，同时考虑到工程利益主体众多、涉及面广且关系错综复杂，经过充分的考虑和酝酿，多次市专题会议研究和筹备，2006年5月23日上海虹桥综合交通枢纽工程建设指挥部正式成立（简称指挥部）。

指挥部设总指挥一名，由上海市主管城市建设工作的副市长担任；副总指挥三名，分别由市政府分管城市建设工作的副秘书长、市城乡建设和交通委员会主任及申虹公司董事长担任。指挥部成员包括市发改委、市建设交通委、市规划局、市房地局、市公安局、市政局、市城交局、市环保局、市水务局、市绿化局、上海铁路局、申通集团、机场集团、闵行区政府、长宁区政府等部门的主管领导。指挥部成员单位覆盖市建设交通委、市规划局、市房地局等市政府相关部门，工程所在地闵行区政府和长宁区政府，工程投资主体机场集团、申通集团等单位。

从管理层次划分来看，指挥部管理组织可分为领导层和日常运作层。日常运作层由指挥部办公室承担，指挥部办公室不独立配置工作人员，而是与虹桥枢纽主体投资公司——申虹公司为"两块牌子、一套班子"。

# 3 规划设计

## 3.1 结构规划

虹桥枢纽的规划是指导与调控枢纽地区发展建设的重要手段。经法定程序批准的总体规划（结构规划），是编制枢纽区域控制性详细规划（控详规）、城市近期建设规划和专项规划等的依据。

为充分发挥枢纽的功能、实现枢纽与地区的和谐有序发展、加强规划控制，2003年起，经反复论证，确定东起外环线（环西大道），西至现状铁路外环线，南起A9沪青平高速公路，北至北翟路、北青公路，为虹桥枢纽规划范围，总用地约26.3 km$^2$。由市规划局组织上海市规划院编制完成《上海市虹桥综合交通枢纽地区结构规划》（结构规划）。2006年1月市规划局上报结构规划，同年2月11日获得上海市政府批复同意。

### 3.1.1 结构规划定位

虹桥枢纽建成高铁、城际和城市轨道交通、公共汽车、出租车及航空港紧密衔接的国际一流的现代化大型综合交通枢纽。利用枢纽综合优势，适应发展现代服务业，更好地服务长三角、服务长江流域、服务全国。

以对外高速客运功能为主，主要包括：
（1）国内航空运输功能；
（2）京沪、沪杭高速列车（高铁、磁浮）到发、换乘功能；
（3）长三角城际高铁到发、换乘功能；
（4）高速公路客运到发、换乘功能。

对外交通与市内交通需有良好衔接。通过在枢纽站换乘轨道交通和公交以及出租车交通等方式的交通，使乘客便利到达出行的最终目的地。

综合枢纽具有航空、高铁、磁浮、高速客运、轨道交通、城市公交、社会车辆等各种运输方式的集中换乘。

利用枢纽的综合区位优势，适应发展商务办公、商业金融、酒店宾馆、贸易咨询等公共服务功能。

### 3.1.2 规划重点

枢纽结构规划的重点如下：

(1) 突出高铁客站、航空港两大对外交通功能；

(2) 统筹安排与对外交通有关的各类交通联系；

(3) 落实好枢纽配套的轨道交通、磁浮、道路等设施；

(4) 落实相应的土地使用功能调整。

### 3.1.3 结构规划概念方案

结构规划提出了枢纽的概念方案，见图3-1。方案考虑综合枢纽不同交通方式特别是高铁车站与航站楼的结合，提出将高铁外环线金沙江路～沪青高速公路段约9km线路改线东移约1.5～1.8km，与虹桥机场跑道顺向布局；虹桥机场增建近距离第二跑道后，航站楼西移至第二跑道西侧；高铁车站东广场与航站楼相距400～800m，西广场西侧为高速客运站，三者处于东西向轴线上发展；高铁车站与航站楼之间设想通过2层自动步道直接相联系；与高速客运站则以地下通道直接相通。

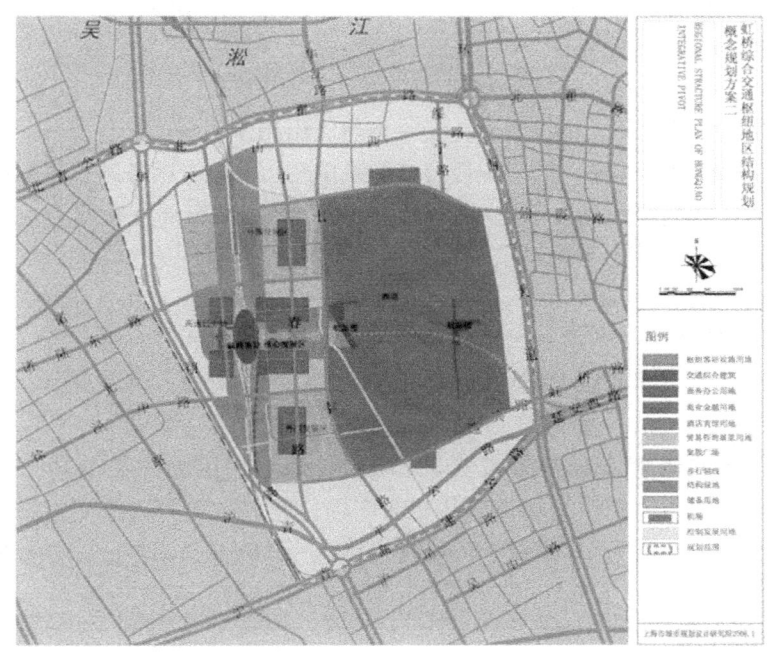

图3-1 虹桥枢纽概念规划方案

考虑到未来的发展，高铁车站按照30股道方案布局，预留5～10股道扩建余地。交通核心区呈十字形发展，以布局交通设施及商业、商务办公等公共服务设施为主。

区域内的道路系统经过整合形成以外环线、沪青高速公路、华翔路、北翟路、中春路、七莘路、天山路等为骨架，主次干道相级配的方格网道路体系。

根据枢纽的规划方案构想，结合高铁车站的站位，对周边轨道交通规划配套方案构想引入4条轨道交通线路——轨道交通2、5、10和13号线，轨道交通与规划磁浮（高速磁浮线）和青浦线（低速磁浮线）形成"4+2"6线布局，见图3-2。

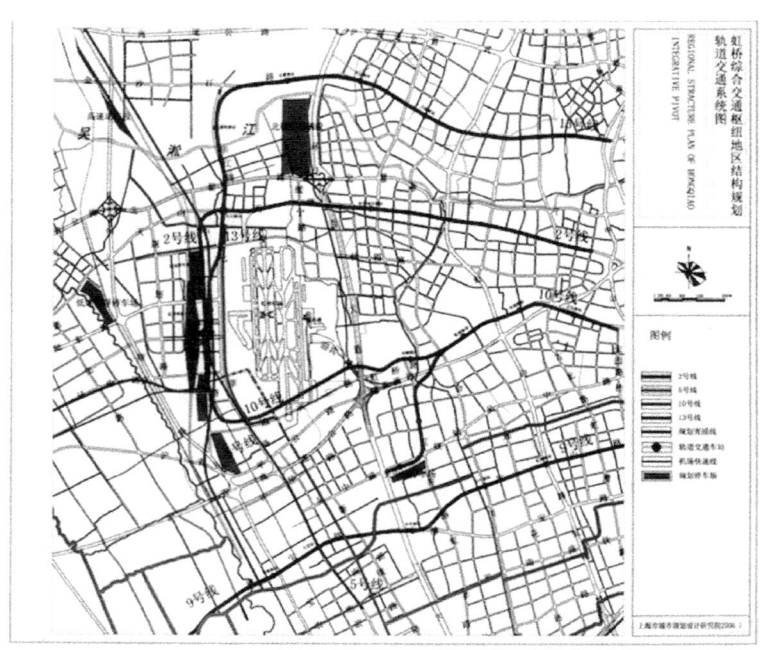

图 3-2 虹桥枢纽轨道交通系统图

高铁车站与航站楼之间集中设置公交换乘枢纽、出租车服务站、停车场（库）等。在高铁车站西广场设置长途客运站，同时配设公交换乘枢纽、出租车服务站、停车场（库）等。

概念方案通过将高铁车站、航站楼、轨道交通、客运站布局优化组合，实现了各种交通方式之间的直接换乘，为客流提供了更灵活的选择，实现了资源的共享和集约利用，有利于枢纽的长远发展。

### 3.1.4 重要节点方案

高铁车站是重要空间节点，重点处理好五大关系，即高铁、轨道交通、磁浮、高速客运、地下通道的空间联系。

结构规划给出的概念节点方案如图 3-3 所示，地上一层为高铁车站、磁浮（高速磁浮）及联系空间；地面为高铁站场、公共交通广场；地下一层为轨道交通站厅、公共停车场及地下通道；地下二层为 10 号线、5 号线、13 号线站台层；地下三层为 2 号线、青浦线站台层。

### 3.1.5 总体功能布局

总体功能布局结构为"一核多轴多区"（图 3-4）。

"一核"：高铁车站、航站楼及两者之间的公共交通配套设施，形成地区的交通功能核心。

"多轴"：指地区空间发展轴和结构绿轴。高铁车站与机场平行发展，中间布局公共交通配套设施，形成地区东西向空间发展轴线。以交通功能核向南北方向辐射的空间发展轴线。高铁、磁浮通道形成的南北向结构绿轴。

"多区"：指不同的功能分区。核心功能区：由交通功能核及周边依托枢纽综合优势适度开发的现代服务业构成。建设储备区：考虑地区的长远发展，核心功能区向南北伸展的两片建设储备片区。环境控制区：为保障地区的良好环境及可持续发展，确保开发适度，外围形成三大环境控制区。

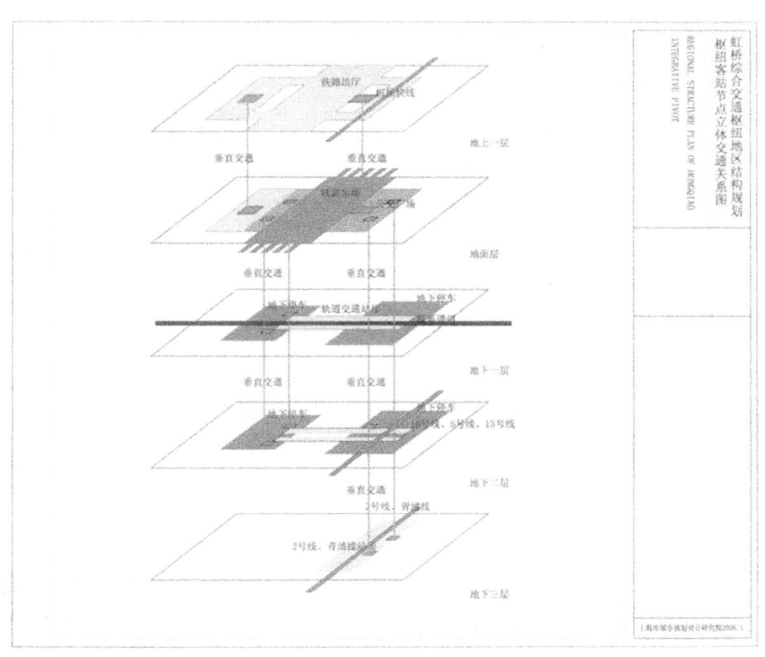

图 3-3 虹桥枢纽核心区立体交通关系图

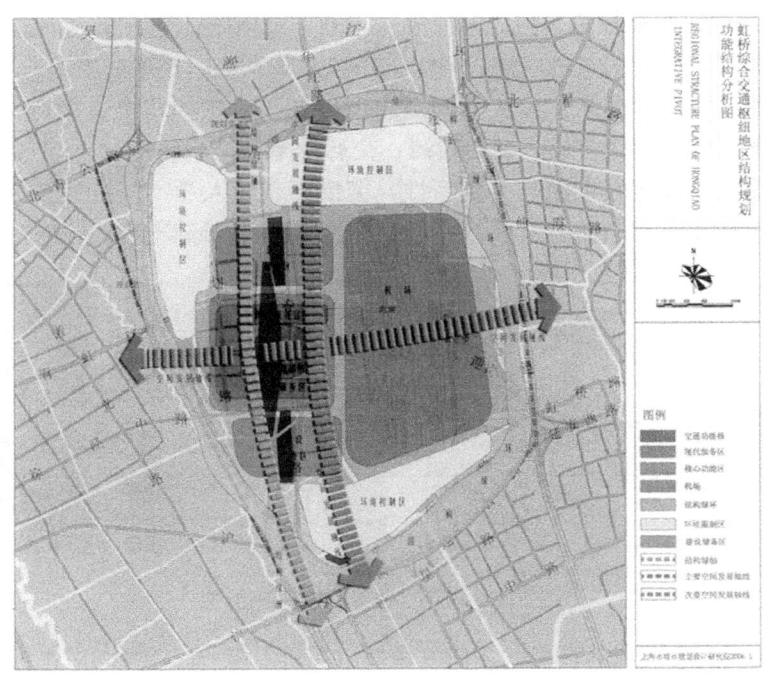

图 3-4 虹桥枢纽功能结构分析图

## 3.2 控制要素规划

结构规划批复后,枢纽工程正式进入了法定程序。按照上海市政府的部署,在指挥部的统筹安排下,组织开展了规划方案征集、控详规编制及各专项规划编制等工作。

### 3.2.1 控制要素规划的由来

虹桥枢纽是涉及高铁、民航、道路、轨道交通等多系统、综合性的复杂工程项目群，平面和立体的综合协调要求高，并有世博会开展之前投入使用的时间要求，建设时间十分紧迫。如果按照控详规批复后再审批项目的程序，时间上必然来不及，指挥部与市规划局商定采用控制要素规划的办法进行项目审批。

控制要素规划是规划管理的一项创新。控制要素规划结合规划方案研究，在统一的坐标体系和技术平台上，加强各系统工程及主要工程节点的规划要素间的综合协调工作，推动相关基础设施在空间布局上进行综合平衡，适应工程建设需要，对枢纽核心设施和集散交通的规划要素进行规范化，以此作为枢纽项目规划审批的依据。控制要素规划为推进各项工程前期工作开展和控详规编制提供规划依据，实现服务工程的目的。

在此背景下按照"枢纽功能定位及设施布局——枢纽本体立体换乘、交通组织城市设计——虹桥枢纽区域发展研究"的推进策略，按阶段、分步骤地进行了规划探索与实践。

### 3.2.2 控制要素规划的过程

在进行虹桥枢纽结构规划研究编制的同时，京沪高铁上海虹桥站设计招标由铁道部组织，2005年下半年开始，2006年上半年完成，铁道第三勘察设计院（铁三院）作为中标方承担高铁车站设计，铁道第四勘察设计院（铁四院）作为高铁路线的总体设计单位承担站场设计。

2006年3月由市规划局牵头组织虹桥枢纽规划方案国际征集，重点围绕枢纽地区的综合交通换乘方案，邀请了四家境内外设计咨询单位参加征集。优胜方案在原结构规划的基础上，从项目实施、旅客换乘、业主管理等角度出发，对机场、轨道交通、磁浮、高铁、公交、出租等各系统的用地布局、交通组织、交通设施等进行研究分析和规划设计，特别是轴线城市设计、立体交通方面具有创新性，突出了"以人为本、方便换乘、强化衔接、突出功能"的理念和要求，提出了核心区各种交通方式间的综合换乘方案（图3-5）。

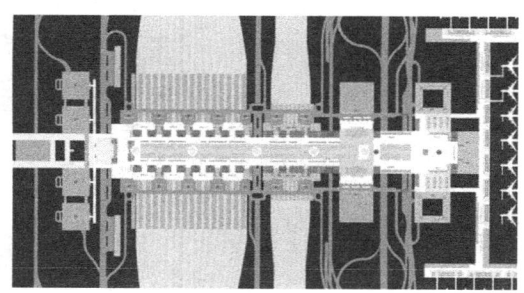

图3-5 虹桥枢纽方案征集优胜方案

2006年5月开始，由指挥部牵头组成虹桥枢纽规划工作平台，会同市各相关委办局共同开展控详规和各专项规划编制工作。上海市规划院综合各相关部门建议，结合各设计单位的方案编制控制要素规划，并分阶段上报市规划局。市规划局于2006年6月27日、7月28日分别发布《虹桥综合交通枢纽控制要素规划》（基础工作平台）V1.0版和V2.0版。

从2006年7月起至2007年6月，经过一年有余的研究，枢纽工程的规划要素基本稳定。2007年7月，市规划局批复《虹桥综合交通枢纽控制要素规划》V3.0版，枢纽工程项目基本按V3.0版进行规划审批，有效地促进了工程建设的开展。

### 3.2.3 控制要素规划的要点

控制要素规划对枢纽 26.3km² 范围内高铁站场、磁浮站场、机场、轨道交通、道路系统、水系等提出了基本稳定的方案。枢纽轴线布局关系基本明确，枢纽轴线与机场跑道、高铁、磁浮垂直，高铁车站东侧第一股道中心线至机场现状跑道中心线距离为 1750m（图 3-6）。高铁西广场为西交通中心，布局长途汽车始发站、公交站点、地下多层车库等功能；磁浮与机场间广场为东交通中心，布局公交站点、停车库等功能。高架道路系统、交通组织形式基本确定，采用分块循环方案，即南北分块、东西分块，形成四个小循环高架圈。枢纽地区引入轨道交通 2 号线、5 号线、10 号线、17 号线、青浦线共 5 条轨道交通线路，形成"三横二纵"的布局结构。规划控制要素汇总见图 3-7。

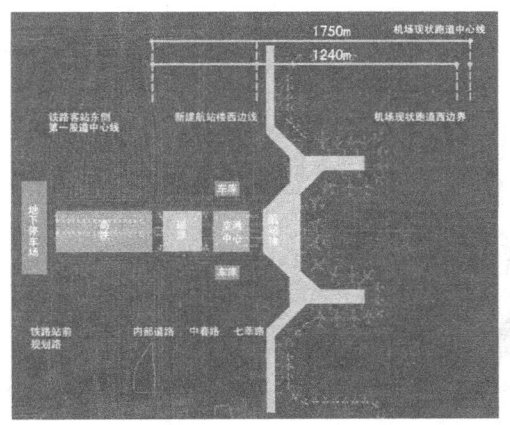

图 3-6　新建设施与既有机场之间的控制要素

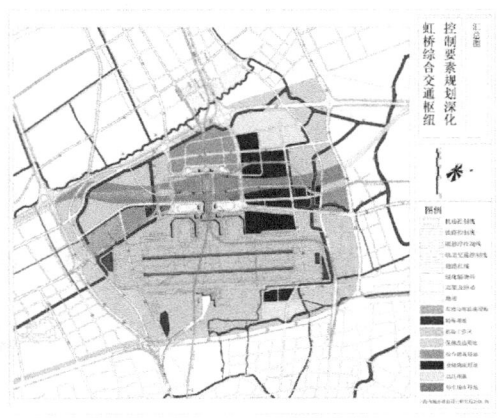

图 3-7　枢纽规划控制要素规划深化

## 3.3　专业专项规划

### 3.3.1　市政专业规划

枢纽市政专业规划由指挥部委托各专业单位编制，由各专业局审查认可。如枢纽地区水务规划由上海水务规划院编制，上海市水务局评审通过；电力规划由上海电力公司规划室编制，上海电力公司认可。虹桥枢纽各专业规划关系如图 3-8 所示，专业规划成果（如图 3-9 水系布局）纳入控详规中。

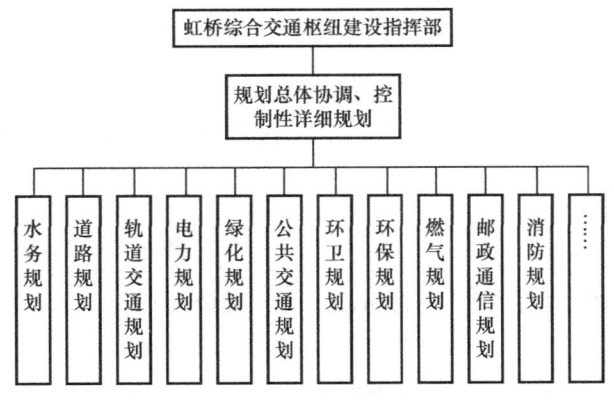

图 3-8　专业和专项规划组织

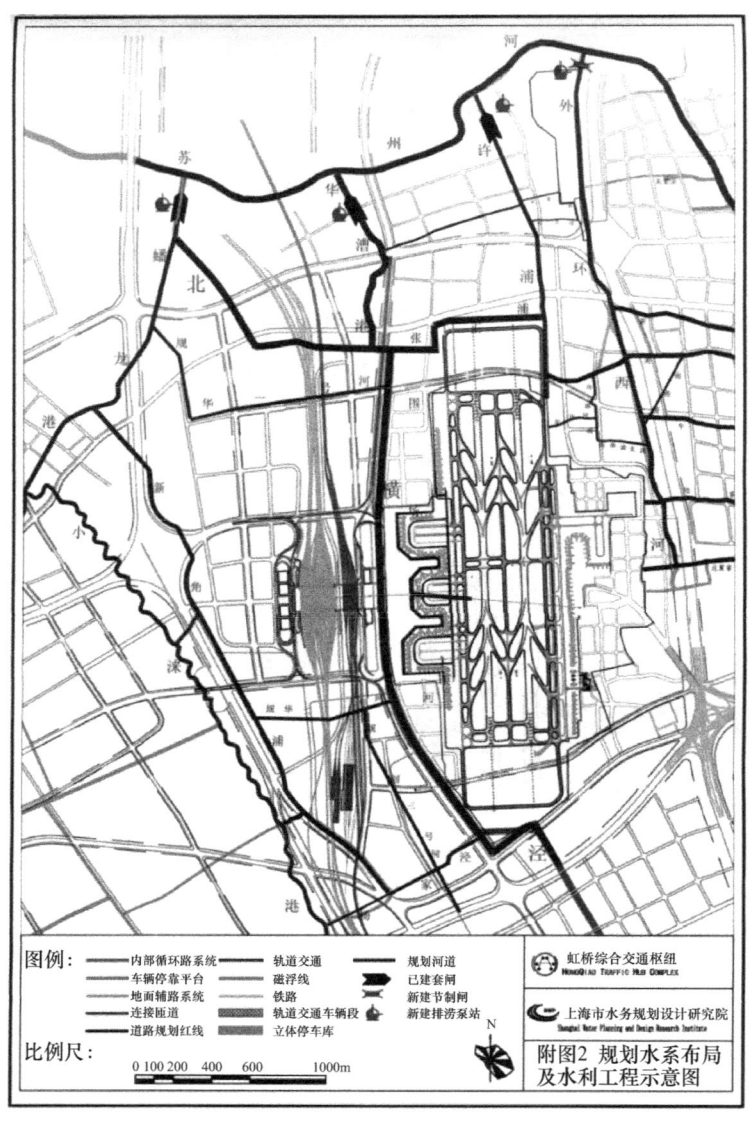

图 3-9 水系布局图

### 3.3.2 产业规划

2006年11月,针对虹桥枢纽地区及周边区域的功能定位和产业发展研究,邀请了日本野村综研、中国香港 ESA、中国城市规划设计研究院三家单位参加国际方案征集工作。在汇总各家研究方案的基础上,提出"立足综合交通枢纽功能、建设面向长三角的商务、产业服务"的功能定位。

### 3.3.3 其他专项规划

(1) 绿地系统

绿地系统规划是由指挥部委托上海市政工程设计研究总院(上海市政院)编制。枢纽绿地系统包括城市公园、公共绿地、滨水绿带、防护绿带和街坊院落绿地,整体上形成网络状结构。邻里绿地和城市绿廊衔接,城市绿廊和城市公园结合。较大规模的防护绿地起到了积极作用,公共绿地的整体品质达到较高的标准。

（2）地下空间

地下空间规划是由指挥部委托上海市政院编制。枢纽地下空间规划为"三片一带多区"的布局结构。"三片"是由枢纽主体、中央广场及轨道交通车站等组成的成片的地下空间综合利用地段；"一带"是将三片地下空间联络形成一条服务带，与地上的活力水岸形成复合空间；"多区"是指在各个功能板块中设计多片地下空间，主要用于设置地下车库和其他地下设施。

## 3.4 虹桥枢纽（商务区）控详规

### 3.4.1 规划过程

2007年2月，指挥部为了高水平、高质量地编制虹桥枢纽控详规，邀请了中国城市规划设计研究院、美国SOM公司、日本日建公司三家单位参加国际方案征集工作。最终确定的方案体现了"集约高效、活力宜人、环境友好、形象有力"的规划理念，突出了虹桥枢纽地区的功能布局和特色空间景观。其中"街坊小尺度、路网高密度"的开发区域规划，是对控制要素规划的一个重大改善，也使枢纽地面道路工程重新立项审批。

指挥部委托中国城市规划院和上海市规划院，在控制要素规划基础上，结合国际方案征集中的方案亮点，编制《虹桥综合交通枢纽控制性详细规划》，于2008年4月上报市规划局，2009年7月由上海市人民政府（市规划委员会）批复，成为虹桥枢纽地区开发、建设和管理的法定依据。

### 3.4.2 控详规的作用与目标

虹桥枢纽规划是引导和调控枢纽地区的建设、运营和管理区域空间资源的重要依据和手段，是区域城市综合型战略部署的工作平台。

虹桥枢纽控详规的主要目标包括：

（1）根据经济社会发展需求、资源情况及环境承载能力，合理确定枢纽区域的性质、规模；

（2）综合确定土地、水、能源等各项资源的使用标准和控制指标，节约和集约利用资源；

（3）划定禁止建设区、限制区和适宜建设区，统筹安排各类建设用地；

（4）合理配置枢纽区域各项基础设施和公共服务设施，完善城市功能；

（5）健全枢纽区域城市综合防灾体系，保证枢纽区域安全；

（6）保护自然生态环境和整体景观风貌，延续历史文化脉络；

（7）合理确定分阶段发展方向、目标、重点和时序，促进枢纽区域健康有序发展。

### 3.4.3 控详规的要点

（1）功能定位

虹桥枢纽及周边区域将形成服务长三角的商务中心，用以进一步加强上海对内、对外的交通联系，更好地服务长三角、服务长江流域、服务全国（图3-10）。

具体包含以下内涵：

① 成为我国东部沿海地区、长江三角洲地区重要的城市综合交通枢纽；

② 成为贯彻国家战略、促进上海服务全国、服务长江流域、服务长三角，进一步促进上海现代化国际大都市建设的重要载体；

③ 成为上海西部重要的现代服务业集聚区之一。

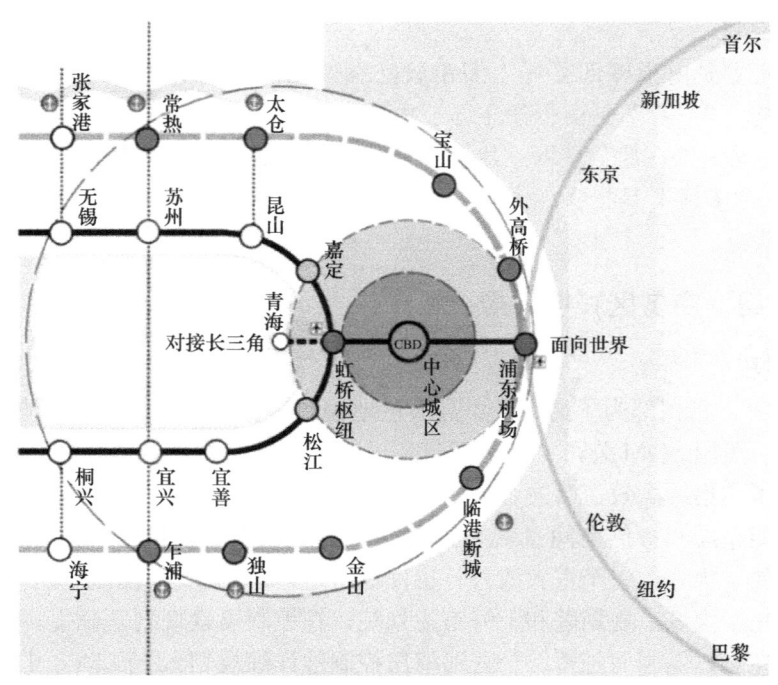

图 3-10　上海大都市圈与长三角结构分析

(2) 人口、用地及开发规模

虹桥枢纽规划居住人口约 7 万人，其中闵行动迁安置居住人口约 3 万人、保留改造居住人口约 1.4 万人、长宁动迁安置居住人口约 0.6 万人、公寓居住人口控制在 2 万左右。

虹桥枢纽规划范围总用地 26.34km²，城市建设用地 25.09km²，主要为居住用地、公共设施用地、对外交通用地、绿化用地以及道路广场用地等（图 3-11）。

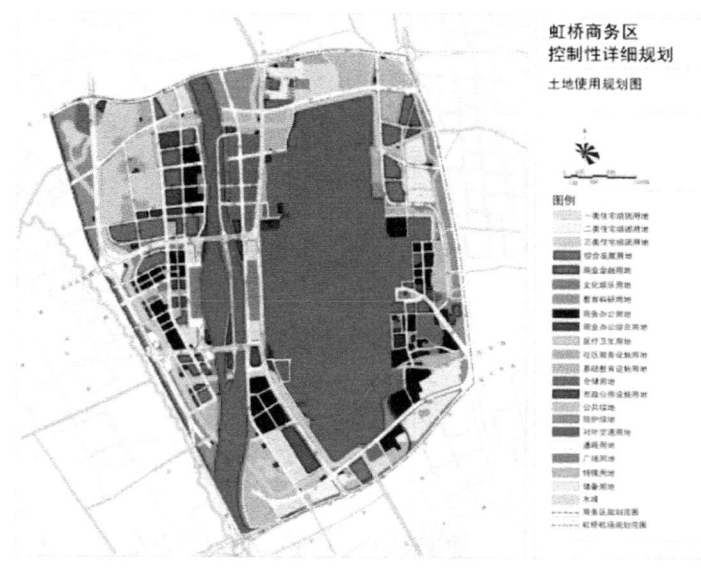

图 3-11　虹桥枢纽土地使用规划

规划虹桥枢纽开发规模控制在 1100 万 m² 左右，其中七莘路以西开发规模约 650 万 m²，七莘路以东开发面积约 450 万 m²。

（3）规划布局结构

基于集约高效、活力宜人、环境友好、形象有力的规划理念，虹桥枢纽规划的总体布局为"一环、两轴、三核、五区"的空间结构。

①"一环"指枢纽外围由公共绿地、防护绿地、河流水域等形成的生态绿环，是生态品质保障。

②"两轴"指枢纽东西向空间发展轴和南北向空间发展轴，为整个虹桥枢纽发展的基本构架。

③"三核"指由东西向空间发展轴串联的三个重要功能核心（图3-12），其中：

交通功能核心，由西航站楼、磁浮车站、高铁站、轨交车站、公交客运站和地下停车库等构成的枢纽功能综合体，是服务长三角的动力之源；

商务功能核心，位于交通功能核心西侧，主要布局与枢纽功能密切相关、服务辐射长三角的商务办公、文化、交流功能，是虹桥枢纽建设的活力之源；

机场东片核心，枢纽内现状虹桥机场东航站楼及周边商业、商务、行政办公等形成的片区功能核心，带动现状机场东片的改造和更新，完善加强枢纽服务功能。

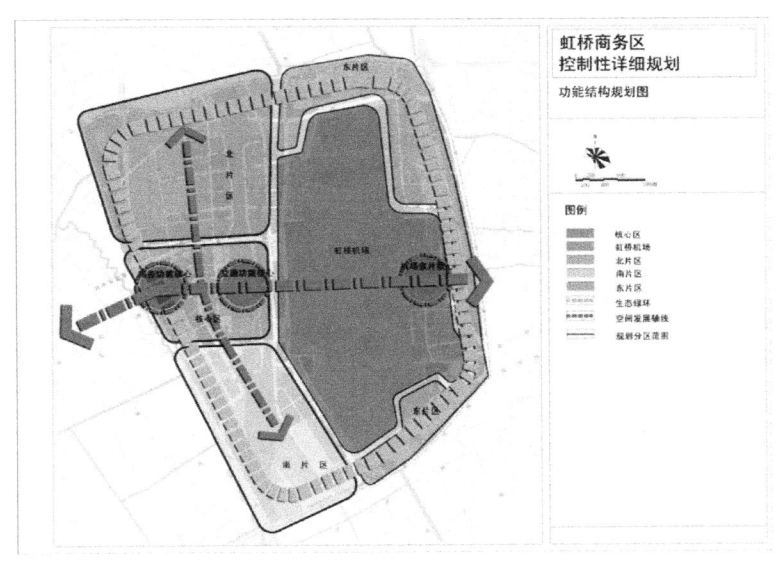

图3-12 由东西向空间发展轴串联的三个重要功能核心

④"五区"指按照功能布局形成的核心区、虹桥机场、北片区、南片区、东片区五个不同功能区块。其中：

交通核心区——交通功能核心东西向呈轴线对称布局，由东至西分别是西航站楼、东交通中心、磁浮站、高铁车站、西交通中心。地面层布局西航站楼到达厅、磁浮及高铁站场和站台等；地下一层布局地下大通道及轨道交通、磁浮、高铁、长途客运地下站厅层等；地下二、三层为轨道交通站台层。枢纽竖向主要通过地下一层、垂直交通、地面二层来组织旅客流线，机场地面层、机场与磁浮之间的地面夹层起到辅助的作用；

商务核心区——基于枢纽功能定位，商务功能核心主要布局面向长三角的现代服务业及其延伸产业，如商务办公、商业金融、文化娱乐等，突出城市门户形象，坚持以人为本原则，创造舒适宜人的公共活动空间；结合绿地和景观轴线，结合轨交站点周边区域形成景观节点;结合建筑群体布局,形成多种宜人的街道尺度和空间。

(4) 综合交通规划

以高效、以人为本的交通规划理念和可持续发展观的思想,通过前瞻性的综合分析和规划,以交通规划为先导,实现虹桥枢纽地区及周边区域的系统和谐和各个功能区的有机衔接;创建一个以轨道交通为骨干、地面公共交通及其他交通方式为辅助的集现代化、多元化、高度智能化于一体的综合交通体系,为虹桥枢纽地区提供畅达、舒适、安全、清洁的交通环境。

① 对外交通

枢纽规划有机场、高铁、磁浮、高速客运 4 种对外交通方式。高铁站场、磁浮站场南北向平行机场跑道布置,车站建筑、航站楼由东西向空间发展轴对称布局。

② 道路系统

枢纽规划道路分为快速路(高速公路)、主干路、次干路、支路 4 个等级(地面道路系统见图 3-13)。

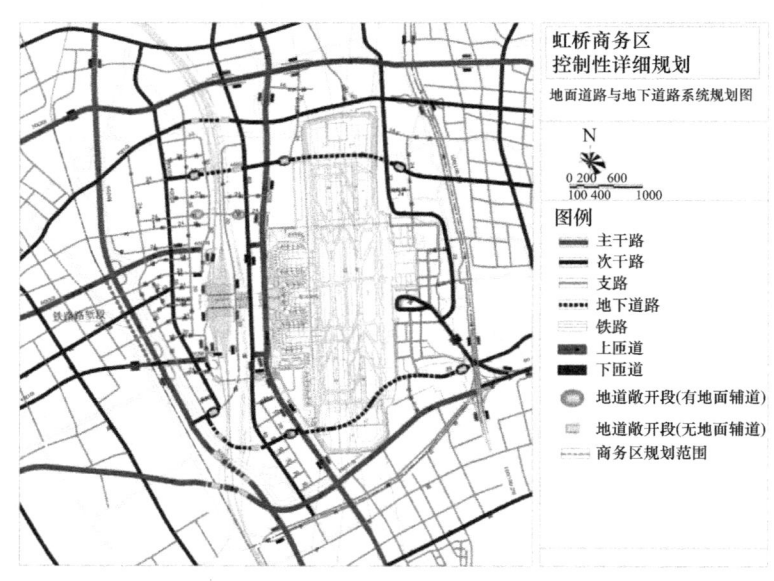

图 3-13 地面道路系统规划布局

快速路(高速公路)立体交通系统有三个层次,分别是周边高架道路、内部高架环路和高架连接道路。枢纽周边高架道路系统由环西大道(S20)、沪青平高速公路(G50)、嘉闵高架路、北翟高架路组成;内部高架环路包括扬虹路、义虹路、申贵路、七莘路高架形成的枢纽内部专用高架路;高架连接道路包括扬虹路、义虹路、七莘路,是连接周边高架道路与内部高架环路之间的快速高架通道。

③ 轨道交通

枢纽地区规划有轨道交通 2 号线、10 号线、5 号线、17 号线(现为原规划 17 号线)、20 号线(青浦线,现为 17 号线)经过,形成"三横二纵"的布局结构。

④ 交通设施

规划 4 处出租车蓄车场,蓄车泊位合计 3500 个;在东西广场设公交枢纽,9 条往郊区线路及 4 条中心城线路;公交停车场设置在申贵路—义虹路的东北角;公交始末站设置在仙霞西路—迎乐路的西北角；高速客运枢纽站设立于西交通中心；社会停车场（库）规划5处；保留现状2座加油站，规划新增6座加油站。

## 3.5 虹桥枢纽总体设计方案

枢纽交通方式众多，旅客流线复杂，机动车种类齐全。分析人流和车流，形成以人为本、方便换乘的综合交通枢纽，是一个很大的挑战。经过长期的规划设计研究，最终形成了虹桥枢纽总体方案（图3-14）。枢纽方案先有机场、高铁等对外交通，其次分步构成集散交通，最后形成外围路网。由于机场、高铁等系统相对独立运行，各有其专业性，也不在申虹公司投资建设范围，故其方案不作赘述。

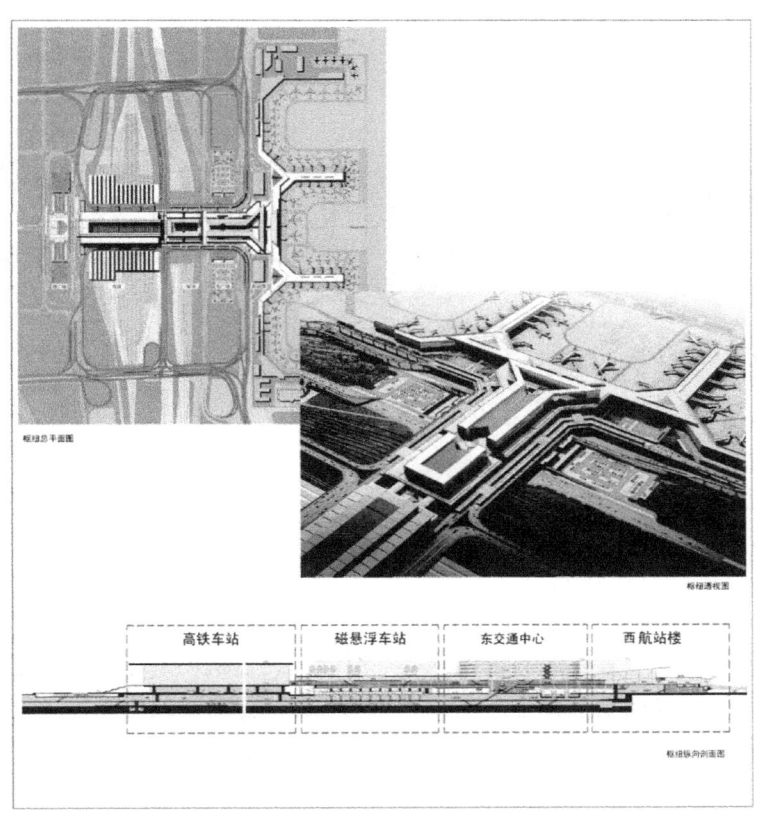

图3-14 虹桥枢纽总体方案

枢纽总体方案分三个层次：第一个层次是交通核心建筑体人流组织，解决主要交通方式之间的换乘；第二个层次是交通核心区的其他交通设施，主要解决人流车流之间互动界面；第三个层次是机动车集散系统以及与外围路网的衔接。

### 3.5.1 核心建筑体的人流换乘

虹桥枢纽人流数量巨大，如何使枢纽工程的人流换乘方便和人性化，是需要解决的重大问题。核心建筑体以服务机场及高铁的大量人流为目标，对中转换乘地点进行分层，并充分考虑旅客的步行距离与换乘时间。

核心建筑体设计考虑了三大主要中转换乘平面，12m层、8m层、−9.5m层形成了多层次、多通道的换乘格局。

(1) 12m 标高二层换乘通道

二层换乘通道包括机场、磁浮、高铁等功能块，是主要的出发层面。外部的专属高架道路直接与水平展开的出发车道边相连。旅客经出发车道边出来后，直接进入各板块的出发大厅。同时，这一层面也是机场与磁浮、高铁之间换乘的主要通道。机场到达旅客如需换乘高铁和磁浮可在机场到达大厅上至本层，然后步行换乘磁浮和高铁；磁浮到达旅客在交通中心或者高铁东站厅上至本层步行换乘。该层面南北各有一条东西贯通的换乘大通道，流线连接顺畅，空间导向性强。12m 标高二层换乘平面如图 3-15 所示。

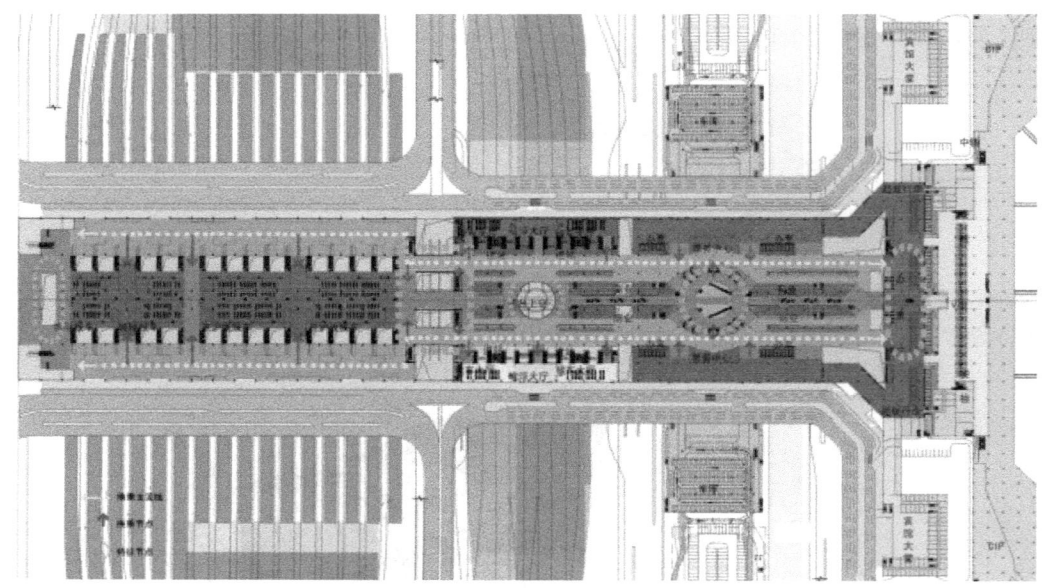

图 3-15　12m 标高（二层）换乘平面图

(2) 8m 标高二层换乘通道

二层换乘通道是一个重要的机场到达换乘层面。到达机场的旅客由本层廊道行至同层的交通中心，通过中央的垂直交通天井，下至 0m 层的公交站或停车库。同理，磁浮到达的旅客，可从磁浮 0m 站台层上至本层，经交通中心垂直交通，下至 0m 层的公交站或停车库，或上至 12m 层的机场出发大厅换乘飞机。该层面功能明确，流线简洁明了，机场和磁浮的到达旅客从两侧汇向交通中心中央大厅，此处中央大厅是重要中心集散节点。8m 标高二层换乘平面如图 3-16 所示。

(3) −9.5m 地下一层换乘通道

本层面是各功能板块与轨道交通换乘的换乘大通道。东起机场、西至西交通中心，中间与东交通中心、磁浮、高铁上下相通。机场、磁浮和高铁在大通道内均承担出发、到达的双向人流。高铁的到达通道设于本层，到达旅客可直接通过本层通道步行至机场，同时，磁浮的售票、候车空间也设置于本层大通道内，方便与轨道交通、高铁的换乘。因此−9.5m 的地下大通道是非常综合的换乘层面。该层面因各区块功能不同、宽度不同，但通道的换乘流线简洁，线性空间明确，导向性强。−9.5m 标高地下一层换乘平面见图 3-17。

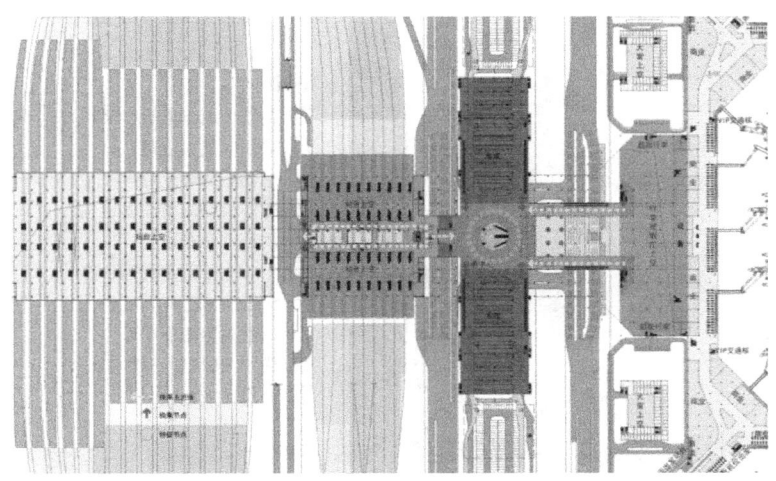

图 3-16　8m 标高二层换乘平面图

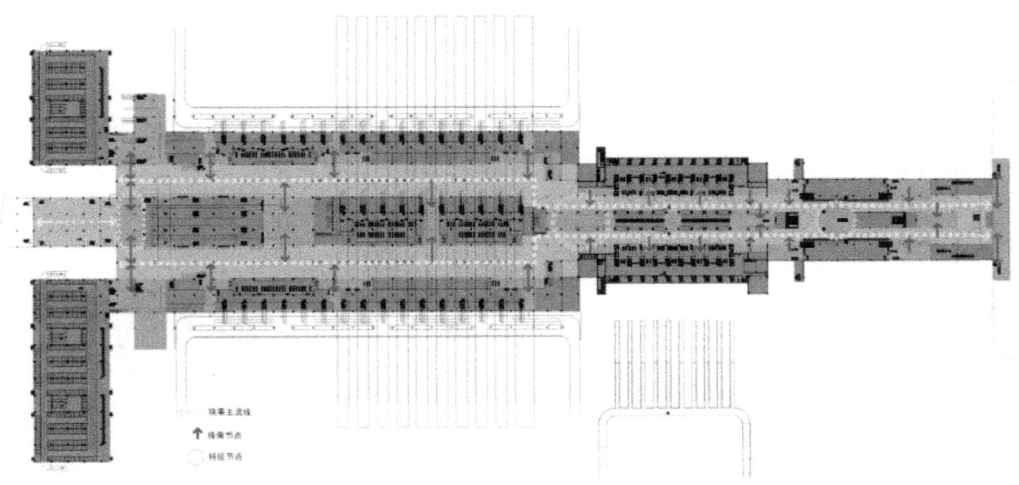

图 3-17　-9.5m 标高地下一层换乘平面图

### 3.5.2　交通核心区设施布局

根据核心建筑体内对出发、到达旅客的分离式组织方式，机动车出发与到达同样采用分离的组织方式。结合规划用地、建筑布局，通过高架、地面道路、地道等多种通道形式将出发、到达的机动车相分离。根据不同机动车的交通服务特性，通过分类管理的方式组织机动车通过不同路径、不同下客点、上客点等进行送、接客服务。

交通核心区交通设施见图 3-18。西交通广场设置有长途客运始发站、公交站、地下立体停车库等；长途客运蓄车场设于西交通广场北侧；东交通中心设置有长途客运过境站、地面公交站、立体停车库等；出租汽车蓄车场利用枢纽夹心地等布局四处。

（1）长途客运

长途客运全部由扬虹路高架进入枢纽，长途客运下客站统一布置在北侧高架内侧车道边设高铁和磁浮、机场两个下客站。

离开枢纽的长途客运在西交通中心设始发站，西交通中心内可提供 16 个长途客运发车位及 10 个临时蓄车位。

195

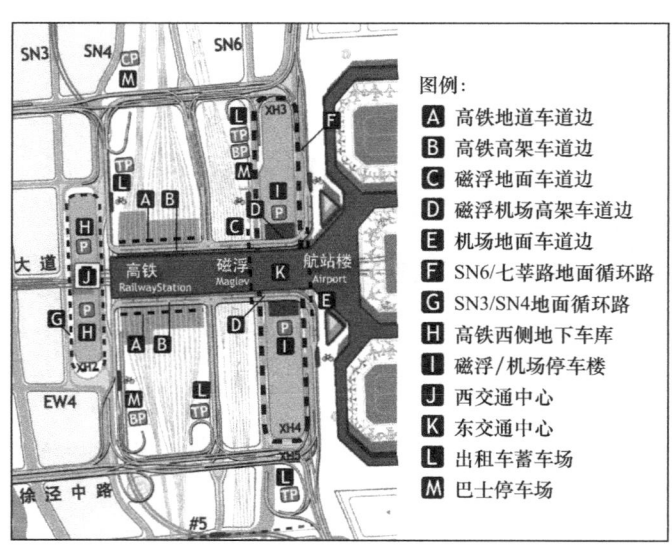

图 3-18 交通核心区交通设施总图

(2) 公交

公交根据不同的服务区域及通行路径,分别在核心建筑体南侧和北侧布置公交车的出发站点,在东、西两侧地面道路循环圈车道边或东、西交通中心布置到达站点,站点均为过境站。

抵达枢纽的公交在高铁、磁浮车站和航站楼处分设两站,站点位置位于高架内侧车道边,在地面东、西两侧地面道路循环圈结合车道边设上客站,如图 3-19 所示。

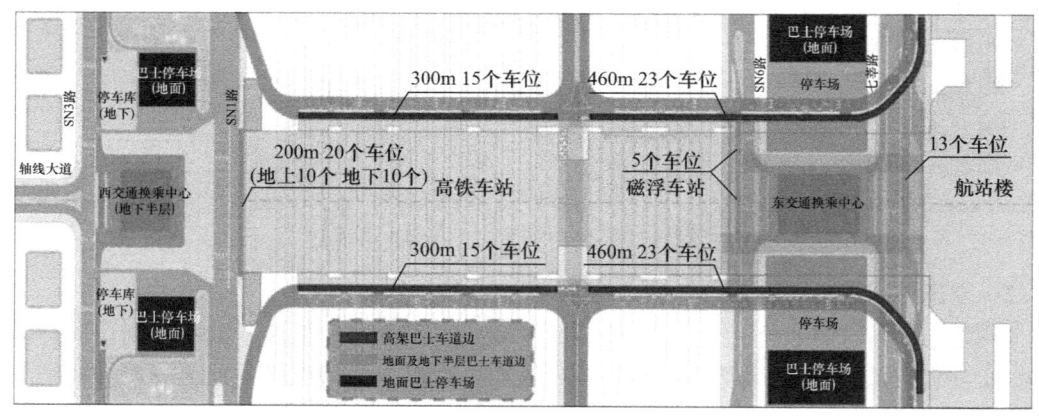

图 3-19 交通核心区内公交客运车辆停靠分布图

(3) 出租汽车

出租车系统包括出发车道边、到达车道边(上客点)以及出租车蓄车场。根据总体方案,出租车出发主要由快速系统进入枢纽,分别至核心建筑体南、北两侧高架车道边出发送客。机场、磁浮与高铁作为相对独立的功能区在对应的车道边可分别提供出发服务。枢纽内共设置了 4 处出租车蓄车场,2 处服务于高铁、1 处服务于机场、1 处服务于磁浮。

(4) 社会车辆

社会车辆系统包括出发车道边及停车库(楼)。由于土地资源十分有限,社会车辆出发可进入高架车道边直接送客,但车辆不能长时间停靠、等候;同样,机场、磁浮与高铁作为相对独立的功能区在对应的车道边可分别提供出发服务。社会车辆到达接客必须进入相应的停车库（楼），西交通中心设有南北两座半地下停车库以及地面大中型车辆停车场，主要服务于高铁；东交通中心设有南北两座立体停车楼以及地面大中型车辆停车场，主要服务于机场、磁浮。此外，车库内设有车道边，可供短时接客车辆停靠使用。

### 3.5.3 快速集散系统

快速集散道路系统功能定位为满足枢纽交通核心区车辆快速集散的要求，服务对象为枢纽的客运车辆。做到人车分流的人性化交通环境，进出站分流的简捷化交通流线，功能整合的立体化枢纽空间，分工明确的平衡性道路系统。

快速集散系统由以下几个方面组成：枢纽核心高架循环圈、车道边、与外部 4 个快速衔接的高架段、地面循环道路及连接匝道等（图 3-20）。

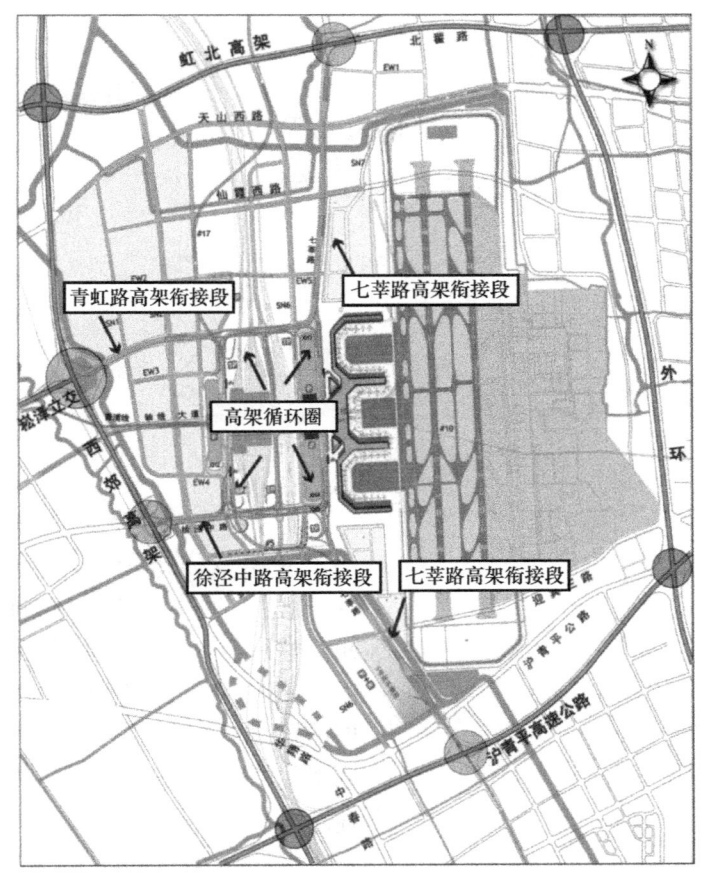

图 3-20　快速集散系统总图

（1）高架循环圈。循环高架的设计主要遵循南进南出、北进北出、西进西出的组织原则，即考虑车辆进出枢纽通过同一节点的行驶需求与习惯进行设计，将循环高架分为南北两个循环圈；此外为了均衡进出高铁、磁浮与机场的交通流量，又将循环高架分为高铁循环圈与磁浮、机场循环圈，由此共形成 4 个单向运行的高架循环圈。

（2）衔接高架。快速集散系统作为服务于枢纽旅客集散的专用快速通道主要采用全封闭的快速路形式，并通过扬虹路（青虹路）、徐泾中路、七莘路的高架道路与外围快速路网的 4 个立交节点直接相连。

（3）车道边。车道边主要设置于 3 个不同层面：地下一层到达（-4.2m 层）、地面到达层（5~7.2m 层）和高架出发层（17.3m 层）。

（4）匝道。系统通过匝道实现高架、地面道路、地道之间的连接，实现高架与停车库（楼）之间以及其他设施的连接。

#### 3.5.4 外围集散路网

交通核心区产生的大量交通由快速集散系统承担，并通过专用的 4 个快速节点与外围快速路网相连，将流量迅速分散到外围快速路网中，形成多通道的集散系统，见图 3-21。

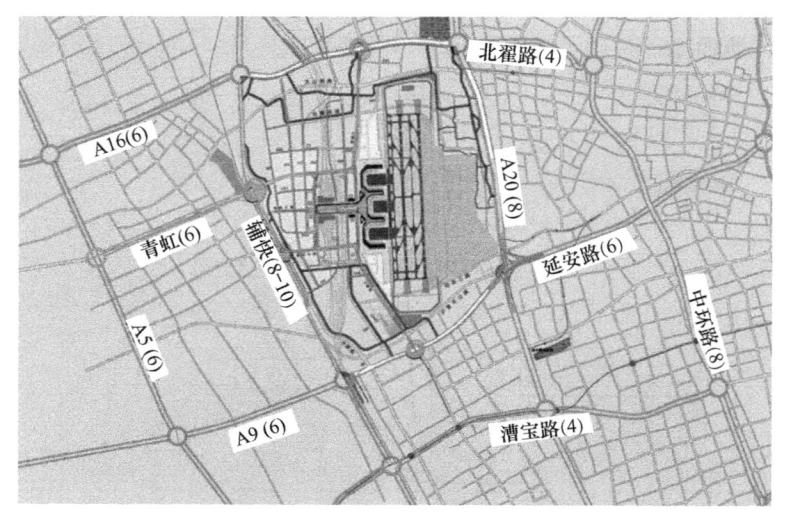

图 3-21 快速出入口布置示意图

图 3-22 "一纵三横"路网布置示意图

为了更好地在城市快速路及高速公路网络中解决枢纽运营时产生的交通量，新增"一纵三横"快速路，分别构建枢纽与长三角、枢纽与市区道路集疏运系统，使枢纽内大量的集散交通能够通过与高速（快速）路网的联通进行疏散，提供准时、快速、便捷、高保障度的服务。"一纵三横"分别为辅助快速路（A20 西延～A15）、北翟路高架（辅快～中环）、青虹高速（A5～辅快）、漕宝路高架（辅快～中环），见图 3-22。

## 4 建设管理

虹桥枢纽建设管理是指在枢纽建设期（2006—2011 年）内对虹桥枢纽区域（虹桥枢纽近期建设范围）内的所有工程项目进行管理。枢纽建设管理分两个层次：一是单个项目内的建设管理；二是区域层次的项目集群的管理，本文偏重于第二个层次的建设管理，也即指挥部所承担的建设管理。由于项目众多、工程量巨大而复杂、利益相关者众多、利益纠结及工期短等因素而造成其建设管理任务艰巨复杂，给工程建设带来多方面挑战。

## 4.1 枢纽建设管理的总体目标

（1）统筹规划

虹桥枢纽是世界上功能复合度最高的交通枢纽之一，包含了多种交通方式。如何引导如此巨型交通枢纽的发展，特别是如何把交通枢纽与枢纽区域城市的发展相结合，是枢纽规划面临的巨大挑战。通过统筹规划，达到各种运输方式之间、城市交通与对外交通之间、交通与城市开发之间融合发展的目标。

（2）统一设计

虹桥枢纽工程作为一个大型综合性交通枢纽工程，众多项目分属不同的投资主体，在组织项目设计过程中时间空间和技术标准上存在着很大的差异，会造成项目之间的不协调。统一设计，即组织协调各个领域，实行总体设计、分项负责，各家设计单位共同参与；根据枢纽规划，充分考虑各种交通方式的发展规模和衔接要求，进行全面系统的整体设计。做到集约布局各类场站设施，突出一体化衔接，有效承载多种服务功能，实现枢纽的便捷换乘、经济适用、规模适当。

（3）同步建设

枢纽工程具有投资主体和参与单位多、项目规模和投资大、工程整体性和子项目关联性强等特点，需要把各个投资主体的单个工程的建设集成在一起，达到建设的计划性。同步建设，即要求采取集中指挥的方式，统筹综合交通枢纽各种交通方式建设项目的开工时序、建设进度和交付时间，以及各子项目的时间节点，达到各类设施同步运行、各类功能同步实现。

（4）协调管理

枢纽工程由于项目众多、规模巨大，在建设期引发的社会问题和环境问题已远远超出了工程建设本身。协调管理即要求创新管理模式，完善协调机制，从项目集群和区域整体的视角全盘考虑建设管理问题，切实保障枢纽的全面建设，顺利实现枢纽的各项建设目标。

## 4.2 统一规划、统一建设的指挥部职责

虹桥枢纽工程建设指挥部是市委、市政府领导下统一负责虹桥枢纽工程建设中有关重大问题的决策、协调及工程实施推进的临时机构。其成立的目的就是要能应对超大复杂项目群及其环境的各种挑战，确保枢纽工程总体层次的建设管理任务胜利完成。

### 4.2.1 总体职责

指挥部总体职责主要包括：

（1）协调征地动拆迁工作；

（2）协调枢纽内及外围配套项目的从规划、设计、建设到运营准备等的全过程中全局性的工作；

(3) 组织编制枢纽区域控详规,报有关部门审批;
(4) 负责立功竞赛等全局性精神文明活动的开展;
(5) 负责对外宣传活动的开展等。

#### 4.2.2 领导层职责

指挥部领导层是顶层管理决策层,是指挥部的核心,负责工程重大的决策、工程总进度纲要和综合工作计划的编制、工程重大矛盾的协调、土地动拆迁重大问题和工程其他重大问题的解决等。

#### 4.2.3 办公室职责

指挥部办公室负责指挥部的日常运作工作,包括承担领导层的指示和决策的落实工作、总进度纲要和综合工作计划的具体编制工作及计划的执行检查、工程日常非重大矛盾的协调、土地动拆迁非重大问题和工程其他非重大问题的解决等所有日常工程管理工作,以及其他法律法规要求的或政府交办的工作。

指挥部办公室设置"五部一室"六个日常工作部门,包括综合联络部、工程管理部、前期工作部、计划财务部、战略发展部、总工程师办公室。综合联络部负责指挥部办公室管理、内外协调、联络工作;负责指挥部会议、简报等文秘管理工作;负责立功竞赛活动;负责对外宣传、档案管理、后勤服务、外事接待等。工程管理部全面负责建设单位的组织协调,区域总平管理,现场施工的质量、进度、安全、文明施工管理等。前期工作部负责办理土地批准的各项手续,前期动拆迁,土地移交及各项资料等工作。计划财务部负责工程综合计划和进度管理,投融资管理,预算、财务、会计管理,合同及支付管理,竣工决算和资产管理,以及区域权属内土地管理等工作。战略发展部负责枢纽功能定位和规划编制,负责战略发展和研究,以及产业政策研究等工作。总工程师办公室负责总体技术、科研和技术相关工作。根据因事设职和责、权、利对等的原则,每个部门配备一定数量的专业技术人才和管理人才,并详细界定各自的职责和权利范围。

### 4.3 枢纽工程建设指挥部管理协调机制

指挥部主要任务是进行全局性管理协调工作,其管理协调机制最重要的成功经验是"一个大会"和"三个平台"。"一个大会"指枢纽工程建设指挥部大会;"三个平台"指以进度计划为抓手的建设进度总控平台、基于总体设计院模式的设计管理协调平台及以界面协调管理为重点的施工协调平台。

#### 4.3.1 枢纽工程建设指挥部大会

指挥部高层开展工作的重要方式是召开大型指挥部工作会议。会议由总指挥或副总指挥召集,全体成员单位、相关投资主体、相关建设单位或其他相关单位参加。大会视需要不定期召开,从2006年工程开始至2010年工程投入运营,共召开11次大会,会议的频率很低。虽然大会参加单位多、规模庞大,但大会始终追求高效率,一般半天时间完成。大会主要议题包括:总结各项工程征地拆迁、报批、设计、施工或运营准备等工作总体开展情况,组织政府相关部门协同解决工程建设中发现的或预见可能发生的全局性问题和重大问题,协调重要事项,并对下一阶段枢纽工程建设进行总体部署和安排。

一般会议现场就重大矛盾进行协调、重大问题进行决策,并下发由指挥部编制的或定期调整的总进度纲要、综合工作计划和运营准备工作计划。对极个别不能当场解决的问题也需设定解决思路和明确解决日期。除大型工作会议外，领导层还视需要召开各种专题会议，解决相关专项问题。

### 4.3.2 建设进度总控平台

基于枢纽工程特点和对管理的要求，需构建以进度计划为抓手的建设进度总控平台来推动整体工程开展。平台由两部分组成，一部分为建设进度计划体系；另一部分为进度跟踪控制体系。

建设进度计划体系是以平衡后的由指挥部编制的枢纽工程总进度纲要为核心，由相关投资方包括枢纽工程本身投资方和外围相关配套工程投资方编制它们所投资工程的总进度规划，以及由设计单位、施工单位、设备供应单位等其他参与方各自编制的具体进度计划，一起构成一个互相配合的、分层次的和有机的多层立体体系。总进度纲要是指导组织枢纽工程推进的纲领性文件，处于进度计划体系的最高层面，是指挥部对工程建设进度的总体部署。在编制总进度纲要时，必须从不同方向（从上到下、从下到上、同层之间等）梳理和反映出工程推进中亟需解决的重大问题和矛盾，提请指挥部进行协调和平衡，及时采取措施化解矛盾。另外，考虑到枢纽项目建成后的移交接管以及运营管理和组织协调任务艰巨，运营准备工作与工程建设工作需并行开展，因此在建设进度计划体系中同时统筹考虑运营准备工作进度计划，并与工程建设进度计划相匹配。

进度跟踪控制体系是一个互相配合的、分层次的和有机的多层立体体系。最高层次为指挥部对进度的跟踪控制，围绕总进度 81 个纲要节点，实施动态跟踪管理。指挥部在汇总和检查复核各投资主体所报工程进度情况的基础上，通过综合分析每月定期编制《上海虹桥综合交通枢纽工程进度月报》。其他各投资主体或建设单位围绕其编制的总进度规划及其关键性控制节点进行动态进度跟踪控制。大部分投资主体和建设单位也每月定期编制进度跟踪控制月报，例如，机场建设指挥部每月定期编制《上海虹桥国际机场扩建及相关工程进度跟踪与管理月度报告》；运营准备单位对其编制的总进度规划及其关键性控制节点进行跟踪控制；上海虹桥国际机场公司（运营单位）编制《上海虹桥国际机场扩建工程运营准备工作进度跟踪与管理月度报告》。除了每月定期编制月报外，进度跟踪控制体系还包括由指挥部召开的指挥部大会机制、每月进度例会和按需不定期召开的各种进度专项会议，分层次解决进度问题。

### 4.3.3 设计协调管理平台

虹桥枢纽工程作为一个大型综合性交通枢纽工程，在规划设计时引入新颖的规划设计理念，集思广益、精益求精。对规划设计的管理也引入了创新的管理模式。枢纽系统包含的内容非常广泛，每时每刻都在产生巨大的信息量。同时，枢纽工程分属不同的投资主体，在组织项目设计过程中时间和空间上客观存在着很大的差异，会造成项目在时间和空间上的不协调。如按普通项目的设计模式，任由不同投资主体自行设计，可以想象枢纽最后的作品呈现可能是"建筑博览会"，很难有统一的形象。枢纽的建设迫切需要建立一种不同以往普通项目的机制，来统一协调规划设计工作并解决设计过程中出现的问题。指挥部一开始就认识到这个问题，明确要求虹桥枢纽工程必须"统一规划、统一设计、统一建设"。

由此，作为指挥部办公室的主体投资单位申虹公司委托了上海市政院作为整个枢纽工程的总体设计单位，负责对枢纽工程项目进行总体设计和总体设计管理。另委托华东建筑设计研究院作为交通核心区建筑的总体设计单位，负责对核心区工程项目进行总体设计和总体设计管理。此作法打破了以往普通项目"单一业主、单一工程、单一功能"的模式，而是以综合交通功能最优为基本目标，把多个业主的多个工程项目组合整合在一起，形成一个功能全面互相衔接的整体。

指挥部设总工程师办公室具体负责枢纽工程的规划设计管理，两家总体设计单位在总工办的领导下开展总体工作。总工办与总体设计单位搭建了虹桥综合交通枢纽规划设计平台（图4-1）。平台是由总工办直接领导、由总体设计单位牵头运作、枢纽内各个项目的规划和设计单位共同参与的公共工作平台。设计平台运作获得了各相关投资主体和建设单位的支持，在这一平台上，各设计单位既有权利也有义务，实现枢纽规划和设计层面信息共享。

### 4.3.4 施工协调平台

由于枢纽工程项目的复杂性和综合性、不同项目界面之间的复杂性、参与单位数量多等因素使得枢纽工程在建设过程中很容易产生各种冲突和摩擦，尤其是界面问题。在3年多的施工时间内，枢纽工程的大大小小参加单位达到上千家。由于涉及的项目利益相关者数目众多，致使施工协调工作特别是施工界面协调工作非常繁杂，具有很强的综合和统筹性。因此，为了保证各参与方能够有效完成各自的工作以实现共同的项目目标，施工协调管理特别是施工界面协调管理是一项非常重要的工作，而施工界面协调管理活动的顺畅开展则是需要通过一系列科学的协调管理机制予以实现的。完善的协调管理机制，不仅可以确保工程项目施工协调管理工作更加规范化、制度化，还能提高工程项目组织的工作效率和敏捷度。通过建立以界面协调管理为重点的施工协调平台，有助于工程项目各参与方之间及项目与外部环境之间的协调合作，优化资源配置，提高项目建设整体效率，成功地实现项目整体目标。

针对施工复杂性，面临多线条和多方面的施工协调难题，工程管理部以界面协调为重点，建立基于会议的协调机制。根据需要解决的问题性质，召集投资主体、建设、设计、施工等相关单位，组织不同层次的协调会议进行决策解决。所有的协调会议要求高效率的举行，比较重要的会议指挥部办公室相关领导出席，除特殊情况外，会上要做现场决策。协调会类型有定期召开和不定期召开两类。会议也可由相关单位提出和发动，在获得指挥部办公室批准后召开专项协调会议。

施工协调会议召开次数超过千次，主题多种多样，包括大临布置协调、施工场地借用协调、施工界面协调、管线穿越协调、大临退场协调等。有些疑难问题需召开多次会议来协调解决，如京沪高速铁路公司投资建设的高铁车站与由申虹公司投资建设的地下出租车道和楼前高架西段的施工界面，专门召开10多次协调会议。

## 4.4 申虹公司在虹桥枢纽建设中的主导作用

（1）作为指挥部工作班子，保障规划建设管理的有机统一

虹桥枢纽建设过程中，管理体制采用的是"指挥部＋开发公司"的模式。指挥部办公室设置"五部一室"共六个日常工作部门，包括综合联络部、工程管理部、前期工作部、计划财务部、战略发展室、总工程师办公室，其中综合联络部由申虹公司综合办公室兼、工程管理部由申虹公司建设管理部兼、计划财务部由申虹公司计划财务部兼、战略办公室

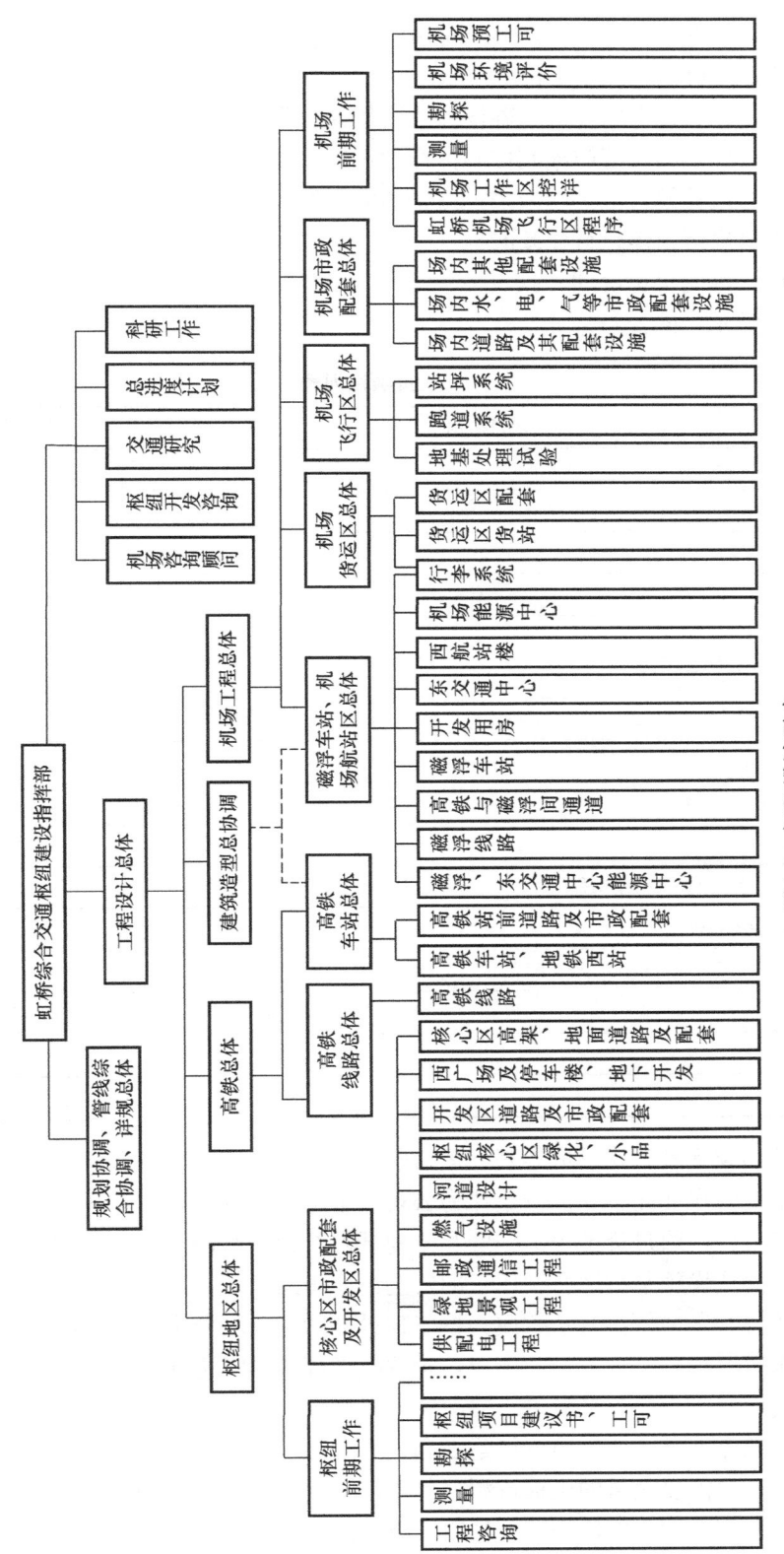

图 4-1 枢纽设计平台

由申虹公司开发经营部兼、总工程师办公室由申虹公司总工办兼。前期工作部由机场建设指挥部前期部兼,申虹公司设专门的联络员。

申虹公司承担非经营性的公共基础设施投资任务,代表政府对虹桥枢纽工程相关土地进行储备,会同规划等相关部门编制控制性详细规划,报主管部门审批,并负责建成后的交通中心等设施的运营筹备,参与未来枢纽土地的开发。

（2）作为主要投资主体,行使政府投融资平台的职能

申虹公司在虹桥枢纽建设期,投资建设了虹桥枢纽14个项目,储备土地$13.59km^2$,共计投资近570亿元,见表4-1。

申虹公司投资项目列表　　　　表 4-1

| 序号 | 项目名称 | 批复投资（亿元） |
| --- | --- | --- |
| 1 | 交通中心工程 | 121.91 |
| 2 | 中央轴线公共配套地下空间工程 | 4.59 |
| 3 | 水系整治工程 | 23.23 |
| 4 | 快速集散系统工程 | 26.03 |
| 5 | 市政道路及配套工程 | 74.43 |
| 6 | 仙霞西路新建工程 | 12.91 |
| 7 | 天山西路（华翔路—A20公路）道路新建工程 | 7.38 |
| 8 | 景观绿化工程 | 9.88 |
| 9 | 公交及长途蓄车场工程 | 1.21 |
| 10 | 公共事务中心工程 | 1.79 |
| 11 | 环卫工程及通讯局房土建工程 | 0.83 |
| 12 | 仙霞西路跨（A20）线桥工程 | 1.27 |
| 13 | 友乐路（原规划SN十路）新建工程 | 1.63 |
| 14 | 迎宾三路隧道新建工程 | 15.31 |
| 15 | 土地储备 | 265.07 |
| | 合计 | 567.46 |

城市交通基础设施具有建设成本高、运营收入有限、投资回报期较长甚至没有盈利等特征,为此,申虹公司在先行注入资金作为公司资本金的前提下,启动了投融资工作,所有建设资金由申虹公司通过资金市场融资和土地开发经营来解决,形成了"以土地收益平衡建设费用,以商业设施平衡运营费用"的资金运作思路。

除了有限的自有资金,银行贷款成为枢纽建设期的主要融资手段。如申虹公司在2008年位列上海浦东发展银行第七大贷款客户,贷款额度高达146亿元,申虹公司通过短期债务性融资的方式,节省利息3亿元。

（3）作为土地储备主体,保障枢纽建设和资金平衡

枢纽的建设开发需要大量的土地资源。首先,交通设施占地面积大,在建设阶段更需要大量的土地用于施工和材料堆积等;其次,枢纽区域的市政基础设施是统一规划、统一施工,且工期紧张,虽能避免反复施工、重复施工带来的浪费,但也需要更多的土地安排施工临时设施。另外枢纽建设会带来大量的人流、物流、交通流,导致交通枢纽周边的土

地升值，这些升值的利益应属于投入建设的政府。综合交通枢纽设施必须配备相应的产业才能获得更好的发展，需要统筹规划一定范围的土地。因此，从保障枢纽建设、进行资金平衡和推动区域发展出发，必须建立一定范围的土地储备。

申虹公司在公司成立伊始就开始了土地储备工作，2006年下半年一期土地储备共13.43km²，但建设项目所占土地超出了一期土地储备范围，为保障工程的顺利实施，于2007年上半年进行了二期土地储备约0.16km²。虹桥枢纽的储备用地原属虹桥机场预备发展用地，没有大量的开发，动迁费用相对比较低。申虹公司先期进行土地储备，锁定了土地成本。

申虹公司在代表指挥部研究交通枢纽设施方案时，倡导地下空间开发，力求减少地面的使用；对于旅客不直接使用的交通站场等设施，安排在开发价值较低的边角地块；通过土地复合利用（如长途蓄车场和出租车蓄车场叠放等）减少设施用地。

经过种种努力，申虹公司储备土地中形成了区位优越的开发用地约4500余亩，为土地出让收入平衡枢纽建设资金打下了基础，也为虹桥商务区的建设打下了坚实的基础。

## 4.5 基于总体设计管理的规划设计平台

总体设计工作的实质是细化控详规划，形成总体设计方案，实现规划方案落地。主要包括规划阶段的技术支持、总体方案的研究、对重大节点方案的深化、对各项目技术接口的控制、对项目界面的控制等。

### 4.5.1 规划平台

虹桥枢纽的控详规编制是由指挥部和上海市规划局共同组织的，是枢纽工程各项目建设的基础性依据。

通常区域性的开发建设项目是由规划单位先做本区域的控详规，待控详规获得政府部门批复后，再由设计单位依据控详规的批复成果进行具体项目的设计方案研究，政府规划部门对项目进行规划方案审查，只有在与控详规要求一致的情况下，项目才能够实现方案落地。

但实际操作中，区域内的基础公共设施项目，由于牵涉因素较多，经常到了具体实施阶段就会出现与控详规有一定的差异，这就需要按照调整控详规的流程进行局部的规划调整，然后才能够进行项目的规划方案审批和确认。而这个规划的调整流程是比较复杂和缓慢的。对于单个项目而言，这个调整过程是可以接受的；但如果是多个业主的多个项目在一个区域内同步实施，那么在这个调整的过程中，所有周边相关的项目就都处于一种不确定状态，在规划调整流程完成之前，将都无法实现规划方案落地。

枢纽交通核心区范围内的37个项目基本是在同一时期进行建设，如果控详规的成果不能足够稳定，那么按照上述规划设计流程，就很有可能出现区域控详规的不断变化情况，从而导致所有项目的方案都难以稳定地实施。基础设施项目设计方案落地流程示意图，如图4-2所示。

因此，指挥部根据枢纽的特点，在控详规编制阶段就安排总体设计单位参与，与规划编制单位一起开展工作，形成规划工作平台（图4-3）。总体设计单位的工作重点是对即将实施的基础设施项目规划方案的可实施性进行控制。

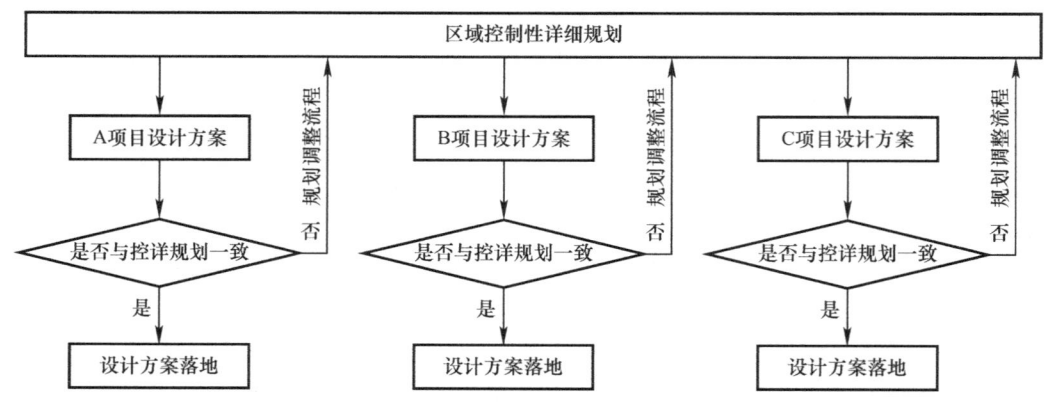

图 4-2 基础设施项目设计方案落地流程示意图

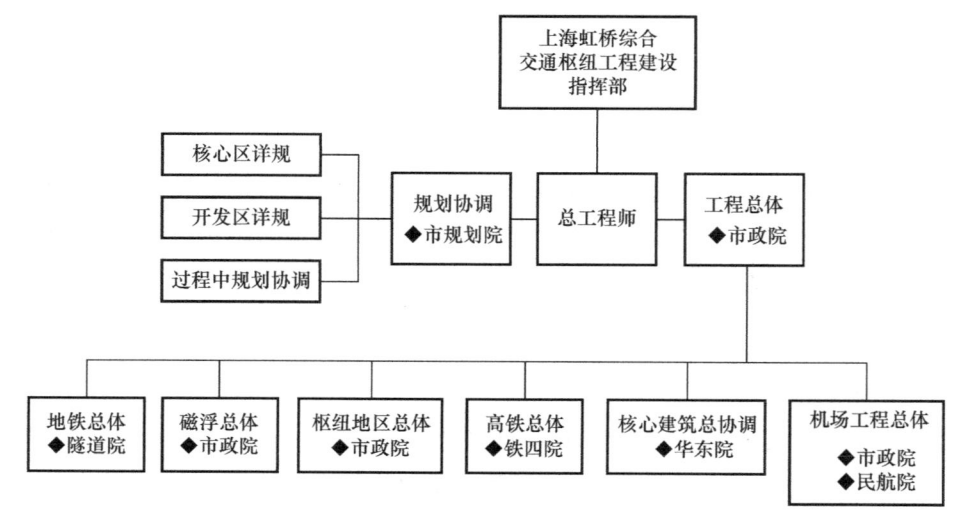

图 4-3 虹桥枢纽规划平台

首先,在控详规的研究阶段,指挥部组织总体设计单位就各基础设施项目深入研究方案,暴露各项目之间的主要矛盾,并凭借总体设计单位自身比较完备的专业技术体系,站在总体的角度,对各项目的设计方案进行平衡和优化,寻找各方能够接受的稳定方案,然后通过规划编制单位反映到控详规中。

其次,总体设计单位参加控详规研究,对提高土地利用效率带来很大的帮助。比如,在枢纽的控详规研究过程中,对于各类市政站点的选址,通过对市政站点平面设计方案的初步深化,大大缩减了方案的用地面积,将市政站点移入一些无法开发利用的零散地块内。这样既保证了市政站点的使用功能,又大幅度提高了土地的使用效率,为将来的区域土地的商业开发打下了良好的基础。

再者由于在设计平台上的各项目设计单位,都参与到了区域控详规的研究和稳定过程中,不仅加深了对规划的理解,同时方案研究又达到了相当的深度,形成的成果可实施性很强,实质上也极大地提高了各项目设计单位的工作效率,最大限度地减少了项目之间的矛盾。

综上所述,规划平台的工作方法,成为整个虹桥枢纽总体技术目标实现的关键;也是这么多项目能够按照规划要求，在如此短的时间里同步完成建设的重要原因之一。

### 4.5.2 设计平台

不同于轨道交通项目把所有的专业都作硬性的统一，虹桥枢纽的总体技术方案是从枢纽功能的实际需要出发，有目的地选择一些关键的系统进行统一和整合，为此构建设计平台，由设计各方参与。

枢纽的核心是交通系统，在设计平台上，在指挥部和上海市建交委领导下，由各方设计总体牵头、各子项设计单位参与，对枢纽综合交通方案进行了深入的研究，对高铁、机场、磁浮、轨道交通、公交、出租车、社会车辆等各个交通系统之间的客流和车流进行了统一的规划和安排，对各交通系统的设施规模和疏解能力进行平衡和匹配，使得综合交通系统方案得以稳定。

在枢纽工程内，有许多项目在某些节点上是相互重叠和交织的，形成了一些重大技术节点。这些节点方案往往影响多个项目方案的稳定，而又涉及多家设计单位。一般由总体设计单位先提出一个综合方案，然后与涉及的设计单位共同协商，并对方案进行不断的优化调整，直至形成各方均能接受的方案。由于枢纽总体设计单位不是相关项目的设计单位，容易站在中立的立场上提出方案，协调工作比较容易推进。

## 4.6 合理的项目分工与界面

### 4.6.1 按专业和区域的项目投资分工

虹桥枢纽工程投资主体及项目范围，如图4-4所示，该图反映了主要单个项目层次的建设管理任务承担情况。

虹桥枢纽规划区域的近期工程实施范围即为申虹公司土地储备范围13.59km²。近期工程范围以外的高铁、轨道交通、磁浮、河道、道路和公用管线等各类建设项目，其项目的审批、投资、建设和管理根据中央和地方、市和区、各专业部门的分工，按照现有的渠道办理。近期工程范围以内的高铁、轨道交通、磁浮、道路、公用管线、绿化和河道等各类建设项目，具体分工如下：

高铁车站、场站及其投影范围内的地上、地下公共人行通道和道路设施项目，根据国家有关规定和现行分工，由铁路部门负责投资和建设。

交通中心项目，除上述由铁路部门负责投资和建设外，其余由申虹公司负责投资和建设，其中涉及轨道交通、磁浮线路部分（含站台层）土建工程由相应的轨道交通和磁浮项目分摊投资；轨道交通、磁浮项目的机电设备等运营设施部分由申通公司、磁浮公司负责投资和建设。

市政道路、雨污水管线、绿化、环卫、河道、公共停车库和公交站点等建设项目，由申虹公司负责投资和建设。

近期工程范围以内的动拆迁等前期费用由申虹公司承担，以外的动拆迁等前期费用由工程所在地的区政府承担，上海市政府按政策给予补贴。

上述项目以外的虹桥机场扩建工程、磁浮和轨道交通工程等项目，分别由机场集团、磁浮公司和申通公司投资和建设；上水和雨污水泵站、燃气管线及调压站，电力线路和公共变电站、通信设施、消防设施、邮政设施等公用项目，分别由市城投公司、市燃气集团、市电力公司、市信息管线公司等负责投资和建设。

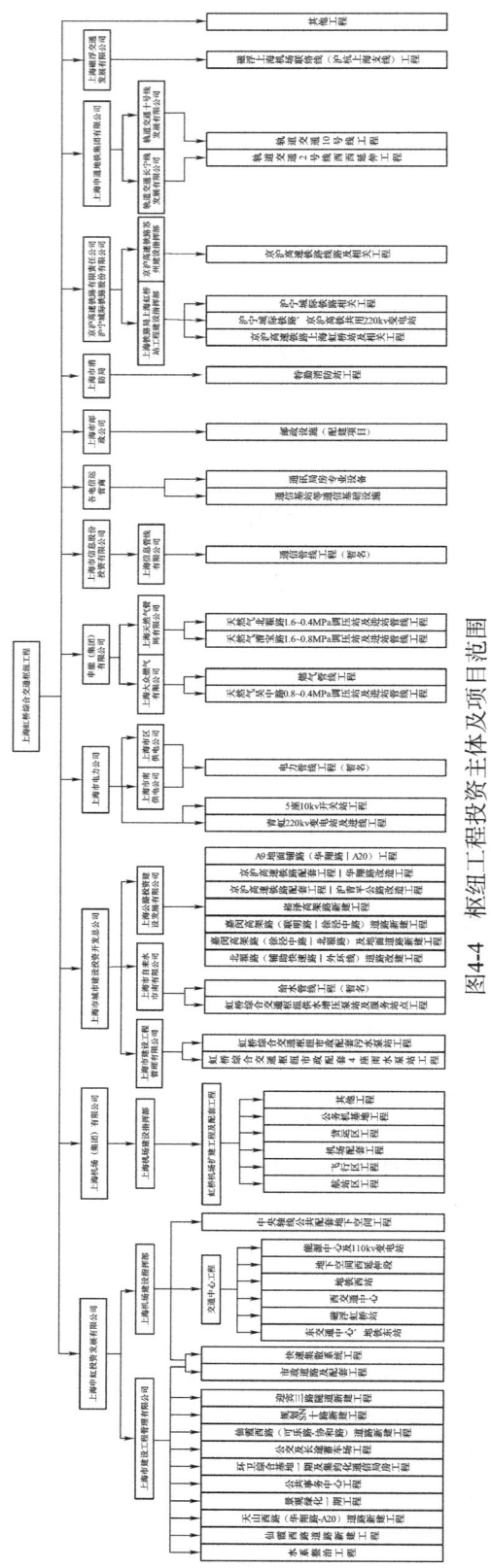

图4-4 枢纽工程投资主体及项目范围

根据投资分工，申虹公司作为政府的出资代表，共负责投资枢纽内的 14 个项目，并负责区域内的土地储备和协调工作。申虹公司与其他投资主体之间的投资分工关系如图 4-5 所示。

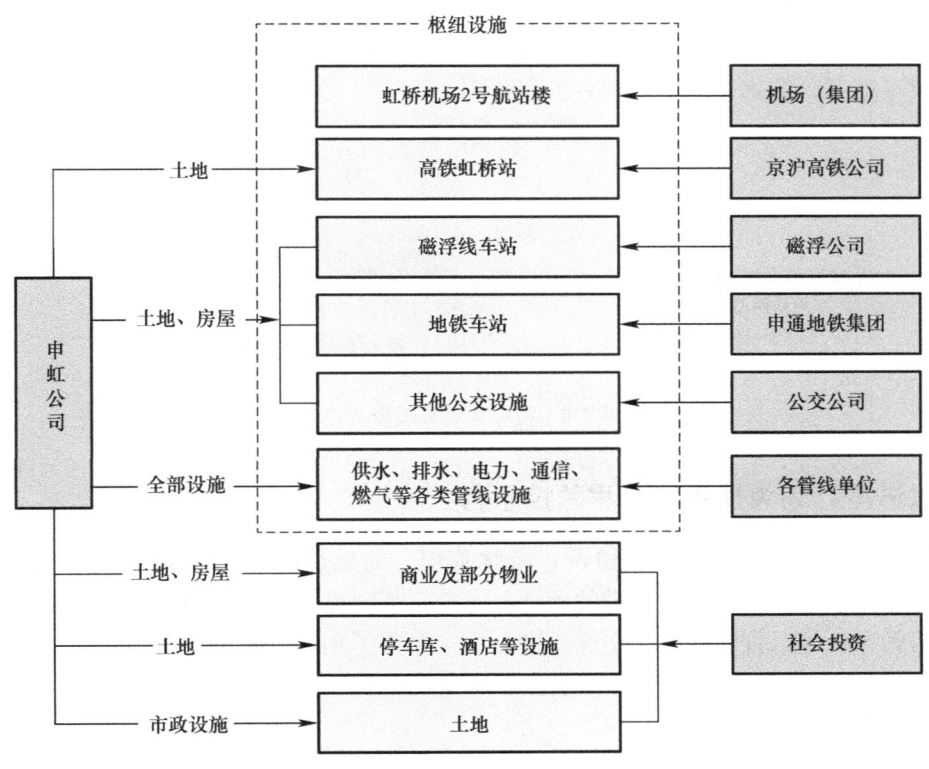

图 4-5 投资分工关系

## 4.6.2 注重技术可行性的投资界面

枢纽内多个系统相互交织，空间和功能高度整合，工程与工程之间的界面往往就变得比较模糊和难以界定，特别是投资界面的确定，将影响各个项目的估算和概算，甚至是将来建成后的运营和管理。

（1）投资界面划分

枢纽各类项目的投资主体之间投资界面的划分问题非常复杂，很多情况下空间上不仅有竖向界面，还有横向界面。由于枢纽总体设计单位在项目前期就从功能、建设、运营管理等多方面对各项目的界面进行深入研究，为指挥部和各业主之间的投资界面的谈判和协调工作提供了很好的基础性依据，使得各个项目最终的投资界面划分有很好的技术依据，具备可操作性。这也为项目整体顺利推进提供了很大的帮助。

（2）核心建筑体界面的划分

申虹公司的项目与其他公司投资的主体项目之间存在一个界面，其中最复杂的界面当属交通核心建筑体投资界面。规模达 160 万 $m^2$ 的核心建筑体主要包括三家投资主体，即申虹公司、机场集团和铁道部，核心建筑体内根据功能需要，形成了申虹、机场、高铁的投资同处一个连续的建筑体内的情形，难以分割。为简化投资切分，三方达成共识，平面以用地红线作为投资划分的界线，竖向按楼面划分，以此形成的空间范围内的投资作为各家的投资范围,而不以形成功能系统为准,如图 4-6 所示,黑色、中度灰、浅灰分别表示申虹公司、机场集团和高铁投资范围。交通中心、磁浮站、轨交车站、长途、公交等均由申虹公司一家负责,减少了各专业投资主体之间的大量协调工作量。

交通中心内轨道交通运营所需机电设备等设施由申通集团负责落实建设实施工作,不纳入本项目范围。高铁车站的站房由铁道部负责建设,不包含在本项目之内,车站下部轨交区间及车站部分纳入交通中心项目工程范围。

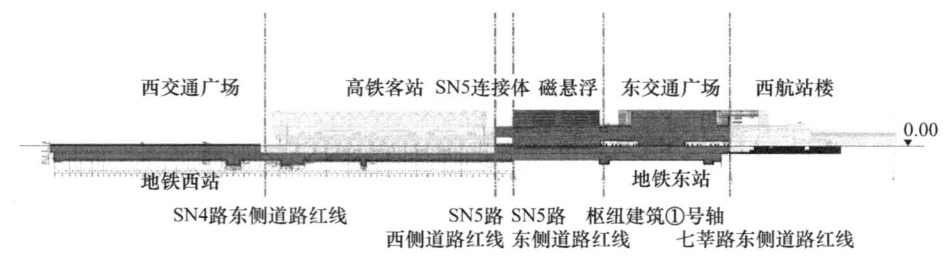

图 4-6 核心建筑体投资界面

## 4.7 以进度计划为抓手的工程总控平台

指挥部在"综合计划,统筹协调,科学管理"的思想指导下,采用进度总控组织模式,以总进度纲要为龙头,对工程的动迁、报批、规划设计、招标投标、工程施工、验收移交、运管准备等工程的全过程实施进度总控,取得了预期的效果。

### 4.7.1 枢纽工程进度总控的内容

枢纽工程进度总控主要工作内容包括:
(1) 总进度纲要的编制,综合工作计划的编制及专项工作计划的编制;
(2) 总进度纲要、综合工作计划和各专项进度计划执行的跟踪、数据的收集及对工程进展的评价及建议;
(3) 编制进度月报向指挥部报告。

进度总控所涉及的相关单位包括各投资主体和项目管理单位及设计总包管理、施工总包管理单位,通过他们深化的工作进度计划,使总进度纲要所确定的各工程进度目标传递到作业层面。指挥部、进度总控单位、投资主体、项目管理单位、设计总包和施工总包等单位构成了完整的进度指令下达和工程进展情况反馈的信息通道,是指挥部实施工程进度总体协调的组织保障。

### 4.7.2 枢纽工程进度计划的编制

枢纽工程进度计划分为总进度纲要、总进度规划、实施控制性进度计划和实施性进度计划等四个层面。计划的分层把指挥部的进度计划与参建方的实施计划统一起来。虹桥枢纽工程进度计划系统如图 4-7 所示。

指挥部针对枢纽工程的项目特点和管理难点,编制了一系列总进度纲要、综合工作计划和专项计划,形成了工程进度计划体系。总进度纲要是进度控制过程中的一个重要的计划文件,是建设项目进度控制的基础性和关键性工作。2007 年 8 月,指挥部编制完成了《上海虹桥综合交通枢纽总进度纲要控制节点》(以下简称《总纲进度纲要》),并于 2008 年 1 月、2008 年 10 月和 2009 年 7 月进行了三次修订,通过对总进度纲要控制节点执行情况的检查和重要界面节点的重新梳理和平衡，形成了 81 个控制节点。截至 2010 年 3 月 16 日，指挥部编制各类计划 35 项。这些计划有力地支持了工程的设计、建设、竣工、移交、运营各阶段工作的推进，确保了虹桥枢纽工程建设目标的如期实现。

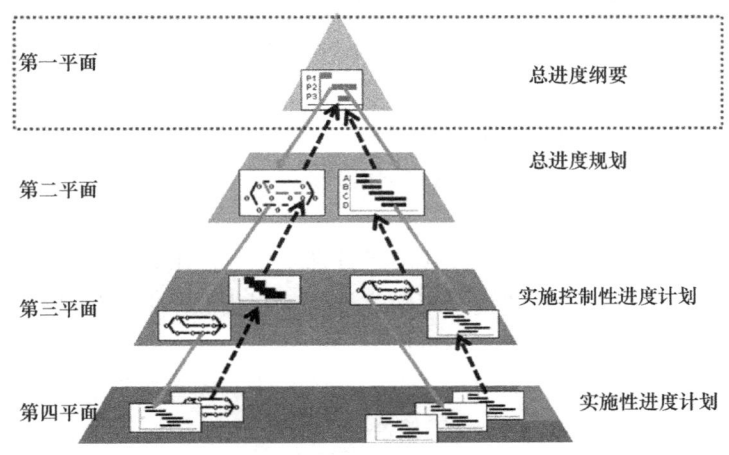

图 4-7　枢纽工程进度计划系统图

### 4.7.3　枢纽工程进度计划的控制

枢纽工程项目进度总控模式是在指挥部原有的组织框架内增加一个进度总控小组，该小组由指挥部计财部牵头，对枢纽的整个工程进度信息进行收集、分析、处理，加工后编制成进度月报。进度总控的组织结构如图 4-8 所示。

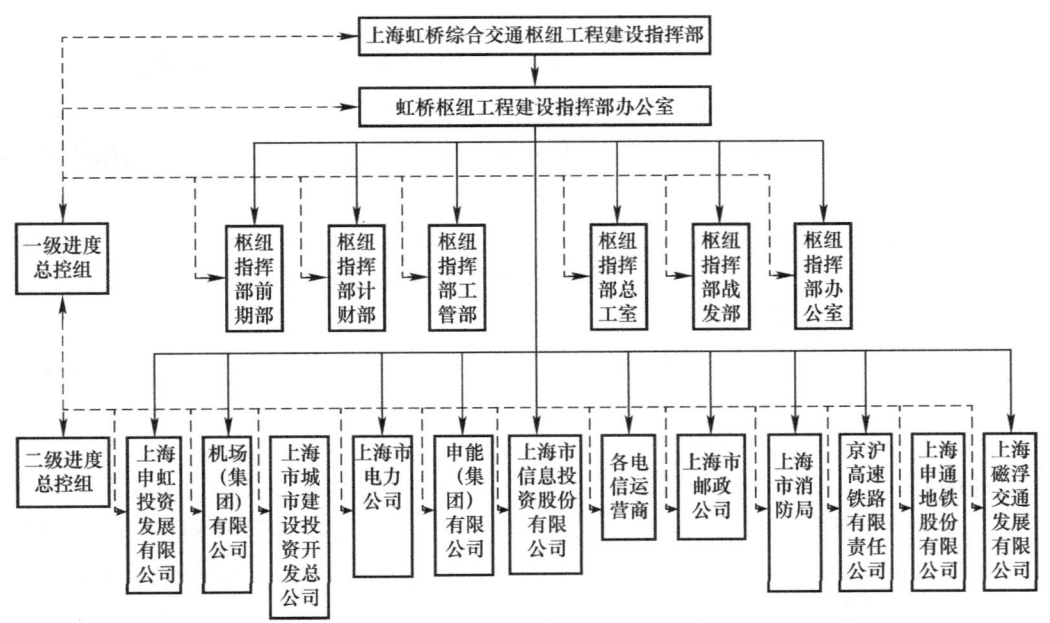

图 4-8　枢纽工程进度总控组织示意图

## 4.8　申虹公司投资项目管理模式

申虹公司的主要职责包括两部分：一是作为指挥部办公室进行枢纽区域总体层次建设

管理，二是自身所投资项目的建设管理。根据指挥部领导层的要求，申虹公司主要精力放在枢纽区域总体层面建设管理上，集中精力履行好指挥部办公室的职能。对自身所投资的项目，则采用代建和委托建设管理两种方式，通过合同方式将主要建设管理任务转移给代建方或受托建设管理方，考虑到项目建设任务繁重，申虹公司允许代建单位或受托建设管理单位采用施工管理总承包模式，作为代建单位或受托建设管理单位的补充管理力量。

另外，申虹公司还通过引进外来专业管理力量，以加强自身建设管理的力量，确保枢纽主体项目建设管理专业化、规范化、科学化。

### 4.8.1 代建或委托建设管理模式

代建制是由具有独立法人资格的专业项目管理单位行使项目业主（投资单位）的工程管理任务的一种制度方式，委托建设管理模式与代建制相似，但可供选择的受托建设管理单位在政府主管部门批准的情况下范围更广。

申虹公司负责投资的枢纽交通中心工程属于核心建筑体重要组成部分，而由机场集团投资建设的虹桥机场 T2 航站楼也同属于核心建筑体，也是枢纽一体化交通功能板块，它们不仅建筑上相连而且功能一体化。快速集散系统和地面市政道路工程中的围绕枢纽交通中心部分也与枢纽交通中心工程紧密相连，密不可分。枢纽交通中心工程、快速集散系统和地面市政道路与枢纽交通中心工程紧密相连部分统一由虹桥机场 T2 航站楼的建设单位——机场建设指挥部进行建设管理有利于统筹设计和施工。这样不仅能够保证功能对接一致，而且能确保规划和设计上符合统一要求，施工上也可统筹安排。实践结果证明选择机场建设指挥部进行建设管理不仅大大加快了工程建设进度，缩短了工期，而且集约化的建设管理使得建设投资保持节约，并且质量保持优质。

另外，枢纽综合配套工程也因量大、种类多、复杂及建设时间短，需要选择市政建设方面具有强大实力并且拥有丰富经验的代建单位进行建设工作。最后选择上海市建设工程管理公司作为枢纽综合配套工程的代建单位，该代建单位同样胜利地完成了代建任务，赢得了各方的认可。

### 4.8.2 施工管理总承包模式

机场建设指挥部受托对交通中心工程及相关建设项目进行建设管理后，承担的建设任务变得极为复杂，在施工阶段所需管理的施工承包单位十分众多。能否对这些施工承包单位进行有效的管理，关系到工程能否顺利的实施。机场建设指挥部采用现代项目管理手段，通过施工管理总承包单位来加强对各施工承包单位的协调管理，进而保证了交通中心工程及相关建设项目的顺利实施。

交通中心工程及相关建设项目设计单位和施工单位较多，存在的配合关系较复杂，无论从设计角度还是从施工角度，如果没有一个统一的协调单位，设计与施工的衔接容易脱节，造成工期的延误，以致影响到总体进度。从施工角度来说，施工管理总承包能够充分发挥总包企业的管理和技术优势，提前参与设计阶段（包括初步设计阶段）的有关工作，从施工管理及施工工艺的角度对设计提出优化建议，做好设计及施工的衔接、协调。因此对于交通中心及相关建设项目这类综合性工程建设，需要一个施工管理总承包单位做好与设计的协调工作。施工管理总承包单位——上海建工集团具有长期从事大型工程总承包施工的丰富经验，为交通中心工程和相关建设项目派出强而有力的领导班子及具有丰富经验的工程施工管理的专业人员。

施工管理总承包模式在交通中心工程和相关项目建设中起到非常重要的作用,施工管理总承包单位(作为"乙方")与申虹公司(作为"甲方")和机场建设指挥部(作为"受托建设管理方")签订三方合同,对负责工程范围内所有专业施工(或供货)承包单位协调管理。施工管理总承包单位不承担具体施工任务,主要进行施工的总体管理和协调,不与分包单位和供货单位直接签署施工合同和供应合同,这些合同都由申虹公司(作为"甲方")和机场建设指挥部(作为"受托建设管理方")出面签订。施工管理总承包模式组织结构,如图4-9所示。

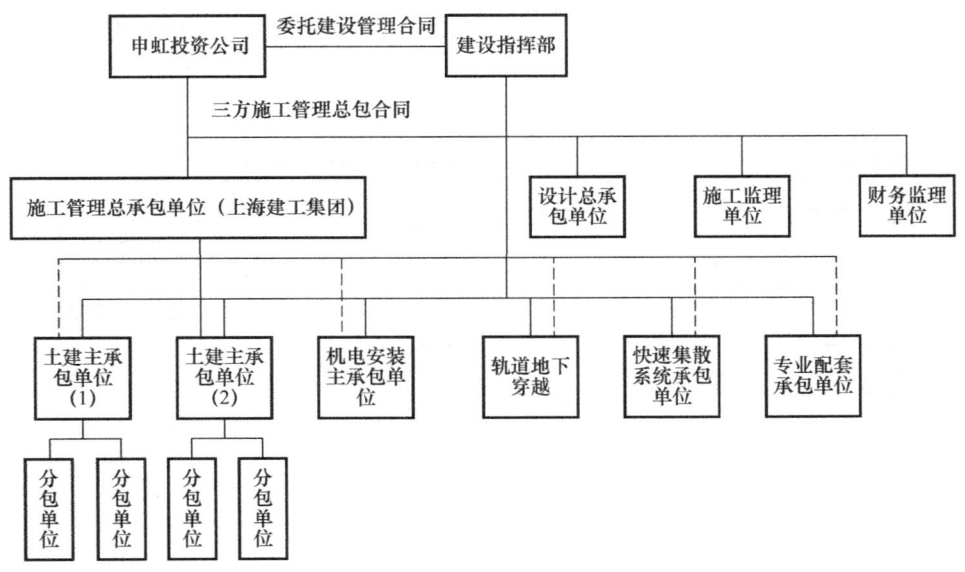

图4-9 施工管理总承包模式组织结构

## 4.9 区域化的工程施工管理

区域化施工管理是枢纽施工管理的主线,与传统的施工管理不同,区域化施工管理更多关注于工程建设的全局问题,解决的是工程建设的系统性问题和相关的社会及环境问题。随着建设区域的扩大,区域化施工管理受外部环境的影响越来越大,需要多方协调与控制。区域化施工管理主要涉及总体土方平衡管理、区域交通组织、大型临时设施布置、区域防汛排水、区域治安及现场安全保卫等一系列问题。面对这些问题,指挥部首先会同相关政府行政职能部门,构建了区域化施工管理组织体系,完善区域化的施工管理工作机制,并在各参与主体的协助下,深入研究相关问题,详细制定分阶段实施预案,并领导监督方案实施,最终顺利实现枢纽的各项建设目标。

### 4.9.1 区域化施工管理组织体系

为使区域化施工管理工作顺利推进,给交通核心区建筑项目的建设创造良好的建设环境,指挥部根据项目特点和建设目标要求,构建了以指挥部为最高决策机构,以下属职能部门、相关政府职能部门、专项管理机构、建设(代建)、设计、监理及施工单位等为管理执行机构的区域化施工管理组织体系(图4-10)。

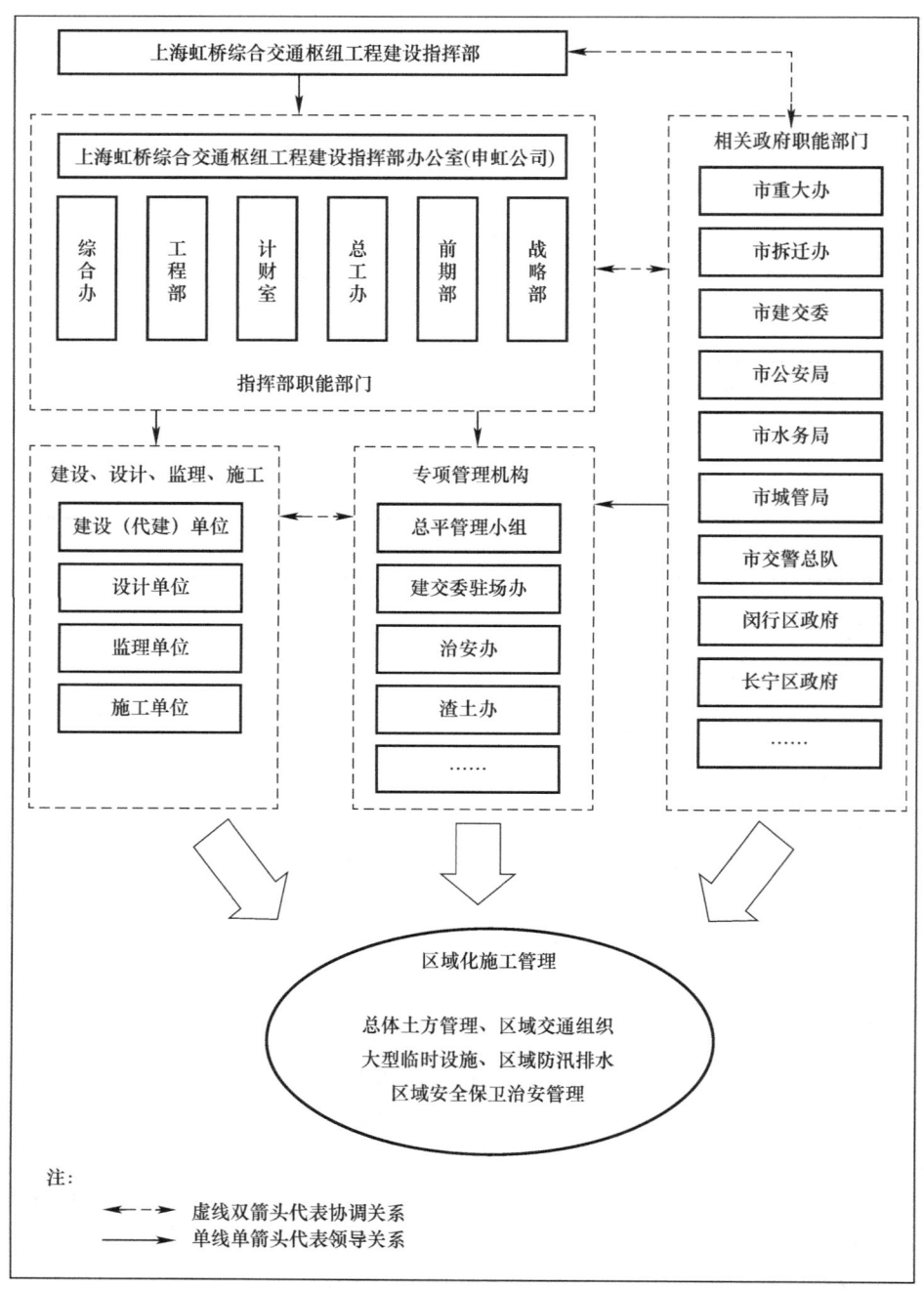

图 4-10 区域化施工管理组织体系

在区域化施工管理组织体系中,共分为四大参与主体,具体包括:
(1) 枢纽建设指挥部

指挥部是区域化施工管理的最高决策机构,统一领导其他三方参与主体,主要负责制定总体工作方针、对涉及宏观层面的重大问题进行决策和组织协调。

(2) 指挥部具体职能部门及专项管理机构

指挥部具体职能部门是区域化施工管理的具体执行机构,全面负责区域化施工管理的管理、协调工作。在区域化施工管理过程中，对于部分特殊或疑难问题，指挥部会同相关政府职能部门和有关单位成立专项管理机构，制定专题实施方案，进行专项管理。

(3) 相关政府职能部门

相关政府职能部门根据需要在枢纽设驻场办公室，各驻场办公室是区域化施工管理组织体系的有机组成部分，主要行使政府的管理、监督、服务职能，负责其各自职能范围内与枢纽建设相关的规划协调、证照办理与监督指导等工作。

(4) 建设（代建）、设计、监理及施工单位

在指挥部的统一领导下，建设（代建）、设计、监理及施工单位负责本单位责任区内的区域化施工管理工作，并积极做好相关配合协调工作。

### 4.9.2 区域化施工管理工作内容

按照"职责分解、统一协调、动态调整"的区域管理工作方针，指挥部根据项目用地特点及工程建设要求，将整个项目区域划分为两大责任区，形成了有效的责任分区管理机制，区域化施工管理责任区划分如图 4-11 所示。责任区一：以虹桥机场扩建项目及交通中心项目为主，管理主体为机场建设指挥部；责任区二：除责任区一以外的封闭区域，管理主体为上海市建设工程管理有限公司虹桥枢纽市政配套工程建设管理部。

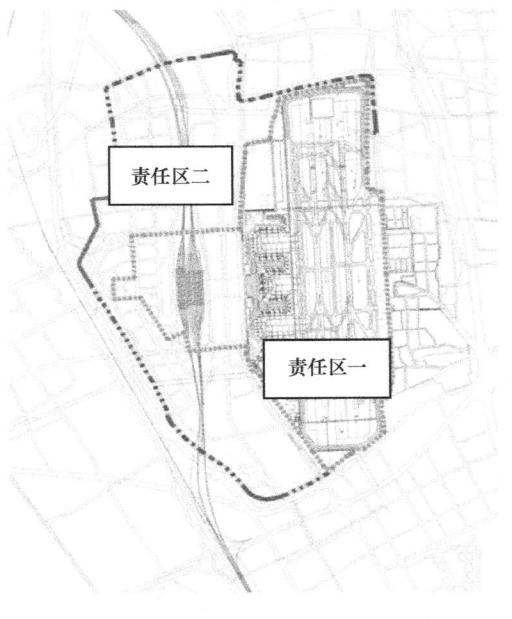

图 4-11 区域化施工管理责任区划分图

在责任分区的基础上，区域化施工管理具体分为以下几方面工作：

(1) 区域总平管理

管理主体为指挥部工管部及总平管理小组。管理内容包括区域内交通便道的安排、组织实施及日常管理；区域内临水、临电骨干管网的布置、组织实施及日常管理；区域内大临设施位置的安排及日常管理等。

(2) 区域渣土管理

管理主体为虹桥枢纽渣土办。管理内容包括区域内渣土处置的审批及日常管理；区域内渣土运输的日常监督管理等。

(3) 区域治安、交通、消防及空防管理

管理主体为治安办、机场公安分局西区派出所及上海铁路公安局。管理内容包括区域内社会治安综合治理方案的制定及日常监督管理；区域内主要交通便道的交通组织及交通安全的日常监督管理；区域内施工消防安全的日常监督管理；区域内空防安全的日常监督管理等。

(4) 区域防汛排水管理

管理主体为市水务局、指挥部工管部及各建设（代建）单位。管理内容包括落实区域防汛排水的评估和调整方案；对区域内防汛措施的实施进行统一协调、监督与管理等。

根据区域化施工管理组织体系，各主要工作职责及负责单位如表 4-2 所示。

区域化施工管理主要工作职责及负责单位　　　　　　　表 4-2

| 序号 | 工作职责 | 负责单位 |
|---|---|---|
| 1 | 区域治安 | 治安办 |
| 2 | 区域渣土 | 渣土办 |
| 3 | 交通组织 | 交警支队（区域外围）、总平小组（区域内部） |
| 4 | 区域防汛 | 水务局 |
| 5 | 区域文明施工、保洁 | 各施工单位 |
| 6 | 大临设施、占路掘路 | 总平小组 |
| 7 | 区域临水、临电 | 工管部 |
| 8 | 枢纽应急事件协调 | 综合办公室 |

#### 4.9.3 区域化施工管理工作机制

（1）联席会议制度

联席会议制度是没有隶属关系、但有工作联系的相关机构，为了解决区域化施工管理中的重要问题，由一方牵头，多方参与，以召开会议的形式共同协商、解决问题的一种协调机制。在区域化施工管理过程中，有些问题涉及面广，参与单位众多，需要进行多方协调管理，需要一种多方协调机制来解决这些问题，为此，指挥部建立了联席会议制度来解决这一问题。

在区域化施工管理过程中，为了强化联席会议制度，特地设立了联席会议办公室这一常设机构，相关成员单位派人进驻，负责日常管理工作。在枢纽的建设过程中，主要的联席会议包括区域渣土联席会议、区域治安联席会议和区域防汛排水联席会议等。

（2）多阶段工作预案制度

区域化施工管理工作牵涉面广，时间跨度大，每一项工作不可能一蹴而就，需要根据工程建设的实际状况分阶段制定实施预案。为此，指挥部根据建设项目总体进度计划，分别对总体土方管理、区域交通组织、大型临时设施、区域防汛排水和区域安全保卫及治安管理等工作制定了分阶段实施预案，并实施动态调整，有效促进了区域化施工管理工作的开展。

（3）封闭式管理机制

针对枢纽工程区域治安状况复杂、流动人口多、各类案件高发的状况，指挥部通过"一条围墙、一支队伍、八个岗亭"的封闭式管理措施，将 $13km^2$ 的工程建设现场四周围成一个大包围圈，实行封闭式管理。同时，为了解决施工现场车辆管理和人员管理的难题，指挥部将"三证"制度（货运出场"三联单"制度、施工车辆证制度和施工人员证制度）和加强内部安全防范作为封闭式管理的配套措施予以推行，有力配合了封闭式管理工作的开展。

（4）现场综合执法和专项整治

针对大包围形成后夜间偷偷闯入的各类违法车辆和滞留工地的外来盲流人员，由指挥部办公室牵头，会同驻场治安办，协调组织公安、交警、城管、卫生防疫等执法管理部门多次在施工区域开展了关于外来土方车和盲流人员的现场综合执法和专项整治活动，有效净化了工程建设现场的市容、治安环境。

(5) 警民共建平安机制

指挥部把驻场治安办作为工程现场安保组织的统筹协调和组织指挥机构，专门发文要求各建设施工单位与治安办等公安分局驻场机构共建工程现场平安机制。警民共建双方围绕完善联席会议制度，进一步明确工作界面，既分工又合作，通过治安联防等一系列手段，有力地促进了现场安保工作的开展。

# 5 运营开发篇

## 5.1 申虹公司在商务区建设中的主体作用

随着虹桥枢纽交通设施的建设进入尾声，枢纽内的工程建设由交通设施的建设逐步转变为以区域开发为主的商务区建设，由此 2009 年底成立虹桥商务区管理委员会（简称管委会）统筹区域规划建设和负责虹桥枢纽的运营。申虹公司从政府投融资平台转为从事投资开发的功能类企业，在管委会指导下负责虹桥商务区基础设施建设、虹桥枢纽的日常运营，并按市场要求进行区域内的商业地产开发。这一时期，"以土地收益平衡枢纽建设投资，以枢纽商业设施平衡枢纽运营费用"的原则不变，"以土地收益平衡枢纽建设投资"适时转变为"虹桥的收入虹桥用"，扩大了建设投资的范围，促进了商务区的发展。

(1) 作为枢纽运营主体，保障枢纽日常运营

申虹公司负责虹桥枢纽交通中心运营和枢纽运营总体协调工作，保障了枢纽的顺利运行。2010 年 3 月 16 日，虹桥机场 2 号航站楼启用，同年 7 月 1 日和 10 月 26 日，沪宁、沪杭城际高铁前后开通，2011 年 6 月 30 日，京沪高铁开通。长途客运站以及轨道交通、公交、出租车等交通配套也相继投入使用。虹桥枢纽按时保质地完成了建设任务。出入枢纽的 4 段高架衔接段及内部高架循环系统同时开通。2011 年，枢纽年度总客流为 1.82 亿人次，2015 年枢纽总客流为 3.1 亿人次，2018 年枢纽总客流约 4.1 亿人次，日均超过 112 万人次。

枢纽建成后，客流快速增长，到 2017 年已基本达到远期设计客流量，经营状态日益好转，2017 年全年经营收入（含停车费、办公和商业租金、广告费等），与当年运行开支基本平衡，"以枢纽商业设施收入平衡枢纽运营费用"基本实现。

(2) 作为区域开发主体，推动商务区发展

申虹公司作为区域内政府投资项目的唯一授权开发主体，进行基础设施投资建设，先后投资建设了地下人行通道工程，空中廊道人行天桥工程，迎宾、华翔、天麓和云霞等绿地工程，总投资约 80 亿元。

地下人行通道工程对于加强人行联系发挥着重要作用，更好地满足周边商业地块人流方便快捷的出行需求，完善交通功能，使周边地块与枢纽的联系更加紧密。通过地下通道的导向功能，可有效引导客流经过各商业聚集区，提升通行品质。地下人行通道共有商务区核心区 18 条和 1 条联系核心区与中国博览会会展综合体的地下通道（图 5-1）。

空中廊道公共段人行天桥工程是商务核心区步行交通系统的重要组成部分，可有效缓解地下及地面步行空间交通压力，改善区域环境，提高商务区内路网的通行能力，确保行人过街安全方便（图 5-2）。

图 5-1 地下人行通道

图 5-2 核心区空中廊道公共段人行天桥

迎宾、华翔、天麓和云霞等公共绿地面积约 60 万 $m^2$，有效改善枢纽区域环境质量，通过绿地体系的布局组织，将各功能片区有机分隔又密切联系，形成绿化景观整体系统，同时还可强化地面建筑、地下空间、外部设施及生态环境之间的联系，将其联结成绿色的整体优质空间。

（3）作为土地储备主体，实现资金平衡

商务区核心区开发用地都处在申虹公司土地储备范围内。申虹公司积极配合管委会进行土地出让，在 2017 年前商务区核心区共有 31 个地块共计约 1700 余亩土地出让（图 5-3，表 5-1），总建筑面积达 585 万 m²，其中地上建筑面积 340 万 m²，地下建筑面积 245 万 m²，土地出让金收入约 580 亿元，再加上其他项目用地的土地款及其余未出让地块的预计收入，预计土地收入约 804 亿元（2017 年统计数）。土地收入完全能够覆盖土地成本和枢纽建设投入，"以土地收益平衡枢纽建设投资"已经实现。

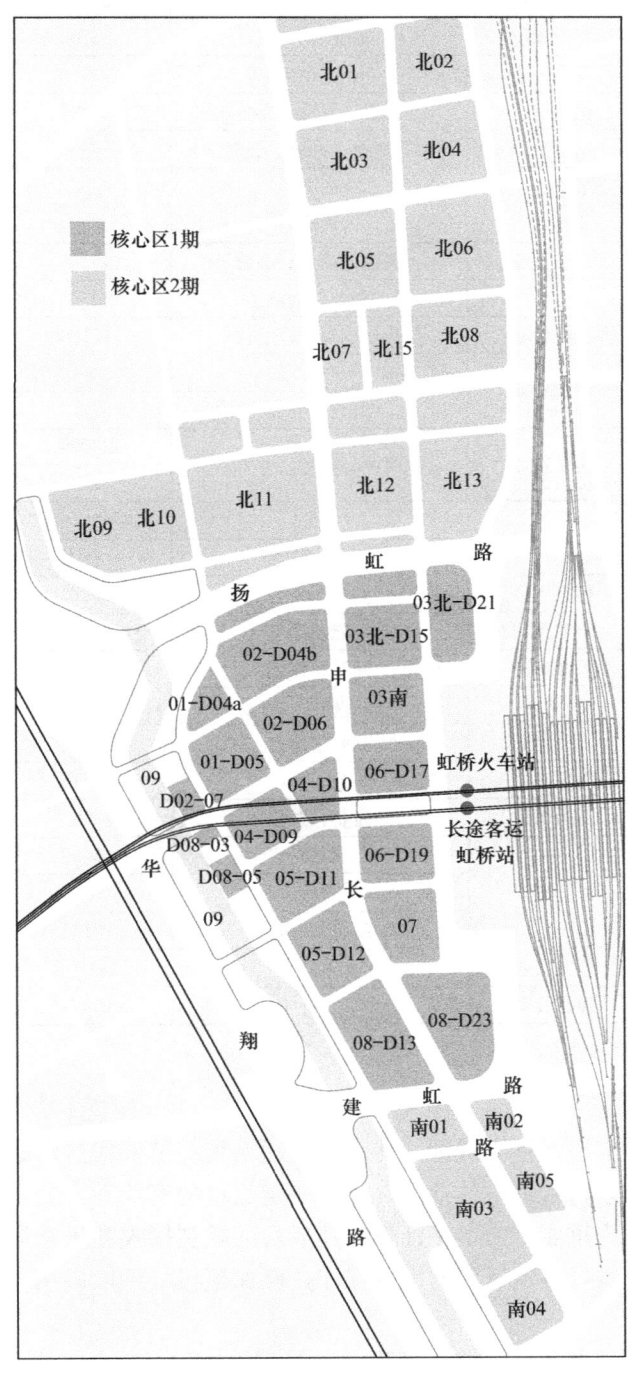

图 5-3　商务区核心区各出让地块开发建设项目分布位置示意图

核心区各出让地块开发建设工程概况表  表 5-1

| 序号 | 地块编号 | 开发商 | 建筑功能 | 占地面积（m²） | 总建筑面积（m²） |
|---|---|---|---|---|---|
| 1 | 01 | 丽宝（上海） | 商业、办公 | 45282 | 233241 |
| 2 | 02 | 虹源盛世 | 酒店、商业、办公、展览 | 92100 | 540000 |
| 3 | 03 北 | 金臣联美 | 商办 | 32100 | 196000 |
| 4 | 03 南 | 万狮置业 | 商业、办公 | 51200 | 355700 |
| 5 | 04D09 | 新地置业 | 商业、办公 | 15700 | 75706 |
| 6 | 04D10 | 万通公司 | 商业、办公 | 12193 | 81547 |
| 7 | 05 | 恒骏房产 | 酒店、商业、办公 | 30306 | 428380 |
| 8 | 06 | 瑞桥地产 | 酒店、商业、办公、会展演艺 | 76300 | 399404 |
| 9 | 07-1 | 嘉捷（上海） | 商办 | 8205 | 43245 |
| 10 | 07-2 | 兆德置业 | 酒店 | 9222 | 101746 |
| 11 | 08D13 | 众弘置业 | 酒店、商业、办公 | 46200 | 267200 |
| 12 | 08D23 | 众合地产 | 办公、商业 | 43700 | 252134 |
| 13 | 09 | 湘虹置业 | 商业、办公、餐饮 | 15100 | 66900 |
| 14 | 北 01 | 中骏置业 | — | — | — |
| | 北 03 | | 商业、办公 | 21606 | 219650 |
| 15 | 北 02 | 旭弘置业 | 商业、住宅、办公 | 35029 | 97925 |
| | 北 04 | | | 38990 | 139135 |
| 16 | 北 05 | 上海极富 | 办公 | 49000 | 229700 |
| 17 | 北 06 | | 商办、住宅 | 48000 | 181800 |
| 18 | 北 07 | 传富置业 | 商业、办公 | 25583 | 141499 |
| 19 | 3 号能源站 | 申虹公司 | 能源站 | 27000 | 53000 |
| 20 | 北 08 | 辰环房产 | 商业、住宅 | 12946 | 135732 |
| 21 | 北 09、北 10 | 新华联 | 酒店、商业、办公 | 90500 | 289900 |
| 22 | 北 11 | 万树置业 | 商办、住宅 | 112864 | 246101 |
| 23 | 北 12 | 协信地产 | 办公、商业 | 45516 | 225622 |
| 24 | 北 13 | 正荣御品 | 商业、办公 | 73695 | 233854 |
| 25 | 南 01 | 经纬地产 | 办公 | 19089 | 80600 |
| 26 | 南 03 | | 商业 | 17008 | 80994 |
| 27 | 南 04 | | 商业、办公 | 13148 | 164933 |
| 28 | 南 02 | 紫宝实业 | 办公 | 8129 | 25472 |
| 29 | 南 05 | 隆视投资 | 办公 | 15821 | 61002 |

## 5.2 枢纽运营准备工作

虹桥枢纽集多种交通运输方式为一体，各交通系统高度汇集且自成体系，枢纽设施繁多复杂、规模巨大、运营管理主体众多，还有一定数量的商业和办公服务设施，因此，枢纽运营的集成管理尤为重要。为了保证枢纽建成后的顺利接收和正常运营，需对运营相关问题提前进行研究，做好各项运营的准备工作，确保枢纽分阶段启用、高品质、高效率地运营。

申虹公司运营管理事业部（以下简称"运管部"）于 2008 年 6 月 23 日正式成立，在此之前，总工办等公司职能部门会从运营管理角度对设计提出合理化意见和建议，运管部的成立,标志着运营准备工作正式全面启动,当时离 2010 年 3 月 16 日东交通广场启用只有 1 年零 9 个月的时间。工作伊始,运营准备工作千头万绪,待解决的问题众多而且复杂。

### 5.2.1 运营参与建设全过程

通常,设计和建设者偏重考虑工程建设的总体方案、质量、投资和进度,对今后的运营管理重视不足,易造成建筑和设备设施在运营管理和使用上存在一定的缺陷和问题,一旦这些缺陷和问题既成事实,后期往往很难解决,将影响正常运行,或者运行成本过高。因此,枢纽工程建设过程中,十分重视运管部门的全过程参与,特别是早期参与,提出"以最终用户为导向"的设计建设理念,充分考虑用户的各种需求。

从规划、设计到施工等各阶段,运管部、运管顾问团队及运管总体外包单位全程参与,从运营角度对建筑物和设施进行审查,以减少设计的"先天缺陷"及施工安装调试中的缺陷和质量问题,尽可能避免后遗症的出现。

### 5.2.2 运营管理的范围

枢纽的运营是各个交通方式运营的组合,包括航空、高铁、轨道交通、地面公交、出租车及其他的道路交通。枢纽顺利运营的基础是枢纽区域的人流、车流等交通流能够很好地进行组织。航空、高铁和轨道交通等交通方式自成系统,有一定的独立性,这部分的运营界面按投资分工即可。而枢纽公共区及其他交通方式的人流、车流需要综合的服务和引导,这部分工作再加上相应的设施管理和经营管理,就构成了申虹公司运营管理的内容范围。申虹公司运营管理范围大致是交通中心项目去掉独立运行的轨交车站和长途客运站所剩的其他部分,加上市政配套项目里的出租车蓄车场、车道和上客点的管理。

枢纽市政配套设施,由申虹公司投资建设完成后移交给相应的管理单位进行运营维护管理,如快速集散系统高架道路移交给市路政局管理,地面道路移交给闵行区交通委管理等。

### 5.2.3 运行管理的总体外包

枢纽工程建成后,申虹公司的定位由建设逐渐转变为投资,所以枢纽投入运营后将所属区域内的日常运行工作进行了外包,运管部的职责为对运营总体外包单位的管理,即"管理的管理"。

从规划设计和功能分区角度看,轨交东站、东交通广场主要服务于扩建后的航站楼,轨交西站、西交通广场主要服务于高铁车站,所以以航站楼和高铁车站为主来协调相应区域内相关运营管理主体是合理且可行。以磁浮车站和高铁车站之间的连接体为界,交通中心东西部的设计切分清晰,包括各种管线、配套设施等自成体系,设施系统可以切分清楚,这样两边的设施系统运行管理费用也便于划分。因此,基于功能区域的划分,从运行管理特别是物业和设施管理角度来看,交通中心可划分为东西两区域(图 5-4)。这种划分的优点是管理区域与规划设计相对应并且易于划分,航站楼和高铁车站可根据客流变化进行协调管理。

东区运行管理总体外包单位为虹桥机场运营单位——上海虹桥国际机场公司(以下简称"虹桥机场公司"),西区运行管理总体外包单位为世邦魏理仕物业和设施管理公司,运行管理总体外包模式(除商业经营开发和管理业务外)如图 5-5 所示。东区选择虹桥机场公司作为除商业外运行管理单位,可以使功能上主要为航站楼服务的轨交东站和东交通广场与航站楼形成一个整体来管理和运营，同时凭虹桥机场公司实力和多年的机场运营经验能确保110kV变电站和能源中心安全高效运营。西区选择世邦魏理仕作为运行管理单位，世邦魏理仕是国际一流的物业和设施设备管理专业公司，符合资质、经验等方面的要求，也适合未来虹桥商务区的定位。

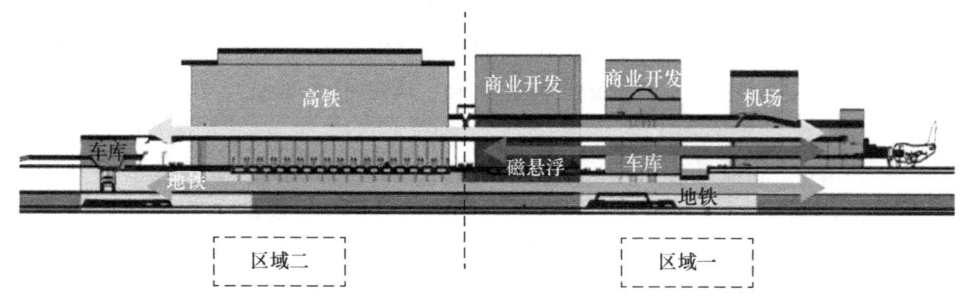

图 5-4　交通中心运行管理区域划分

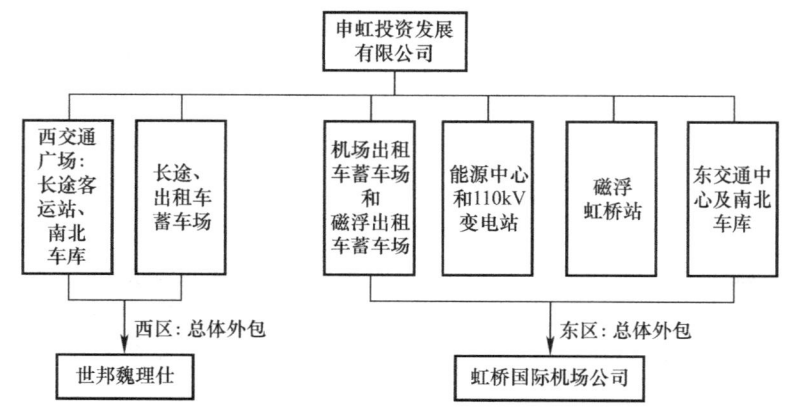

图 5-5　交通中心运行管理总体外包模式（除商业开发和经营业务外）

交通中心运行管理总体外包可以减少申虹公司日常管理和协调工作量、精简企业管理队伍，符合申虹公司未来作为投资公司的定位要求。

## 5.3　枢纽日常运营管理机制

### 5.3.1　枢纽管理组织架构

枢纽运营管理组织架构如图5-6所示，管委会作为虹桥枢纽商务区发展规划与日常的责任主体，牵头枢纽地区交通运营管理的协调工作。各交通系统及区域的管理部门承担各自系统的管理职责，并与管委会交通协调处保持密切联系与沟通。与管委会交通协调处具有协调沟通需求的系统和部门包括上海铁路局（高铁、城际铁）、机场集团（机场）、交港局（长途客运、地面公交、出租车）、申通公司（轨道交通）、交警（道路交通）、申虹公司（公共区域管理部门）等。

### 5.3.2　枢纽日常运营管理机制

枢纽各交通系统的常态运营管理主要包括各运输系统运力调度管理和场站设施运营管理。

（1）运力调度管理：运力调度管理由各运营企业根据客流需求状况制定运营计划、安排相关人员组织交通运输服务管理和实时运力调度指挥。

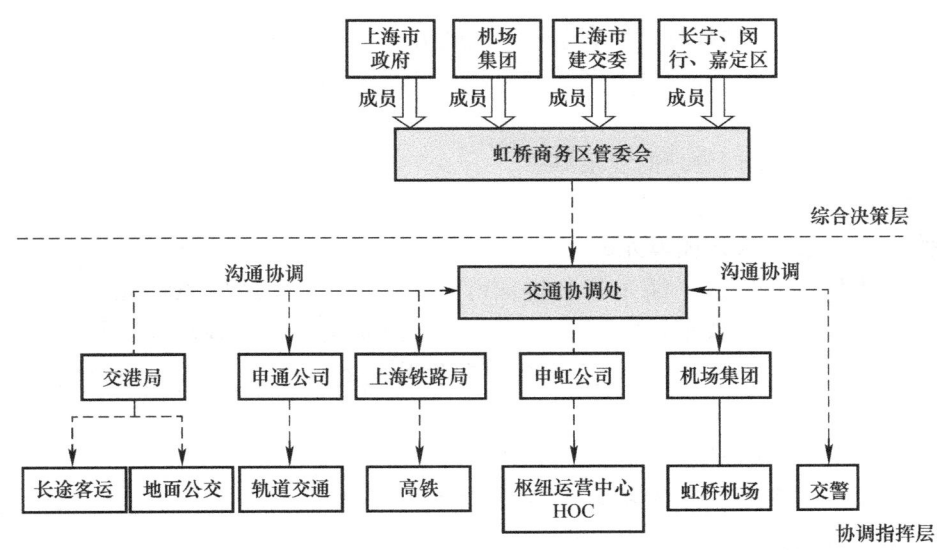

图 5-6　虹桥枢纽运营管理组织架构

（2）场站设施管理：各交通运输系统场站设施的运营管理职责由专门的场站运营管理单位承担。

① 各种交通方式设施。包括机场集团 AOC、高铁车站、轨交车站、交运集团，巴士四汽公司等，各场站设施运营管理单位负责场站内的设施供应、交通组织、人流组织等职责，保证出入场站的车辆、人流的运行秩序。

② 周边道路交通。枢纽周边的道路交通运行任务包括道路交通管理和客流组织管理，由公安交警部门承担。

③ 枢纽内部公共区域。由申虹集团的下属子公司——虹桥枢纽交通中心建设发展有限公司管理，主要承担枢纽公共区域和申虹所属交通设施的运营管理工作。此外，枢纽的公共停车库、出租车场站、车道边等设施也委托交通中心公司运营。

## 5.4　枢纽应急运营管理体系

虹桥枢纽是集轨、路、空三位于一体的超大型、世界级交通枢纽中心，是一个特大型的管理单元。如何结合枢纽的独有特点，创建科学的应急管理模式和管理体系，统筹协调枢纽内各交通单元，克服由于管理单元多样性及各单元应急管理复杂性等带来的一系列问题，确保枢纽安全运行，成为需要重点考虑的问题。

### 5.4.1　应急管理体系特征分析

虹桥枢纽是一个集结多种交通方式的大型公共活动区域，应急管理体系建设受到诸多因素影响，并具有如下四方面的特征。

（1）规模的宏大性和人流的集聚性

虹桥枢纽集航空港、高铁、磁浮、轨道交通、公交车和出租车等多种交通方式于一体，日旅客吞吐量达 110 万～140 万人次，这样庞大规模的交通枢纽和人流集聚，在国内外都属首屈一指。

（2）管理主体的多元性和复杂性

枢纽无论是投资主体还是管理主体都是多元的，从投资界面来讲，高铁由铁道部投资建设，航站楼由机场集团投资，轨交车站内设施由申通集团投资建设，枢纽主体通道及磁浮车站由申虹公司投资，投资主体多样，相应的职责和权限也不尽相同；从管理主体方面讲，由于枢纽内部牵涉各种交通单元，分属于不同上级主管部门管理，各管理部门之间也相互交错，是一个多部门管理的复杂体系。

（3）各种市级基层应急管理单元的多重组合

各种市级基层应急管理单元的多重组合是枢纽应急管理现状的一个重要特征。枢纽内包含了机场应急单元（浦东和虹桥国际机场）、轨交车站应急单元、民防工程及地下空间应急单元、高铁车站应急单元等四个市级基层应急管理单元。同时，枢纽跨越长宁和闵行两区，是一个涉及多个市级应急单元和区应急主体的综合性复杂应急体系。

（4）突发事件的多样性、不确定性和破坏性

枢纽内部空间紧凑、设备复杂、路线多样，又集聚了多种交通方式，每天客流量巨大，涵盖自然灾害、事故灾难、公共卫生事件和社会安全事件等类型的灾种，枢纽的突发事件具有极大的多样性和不确定性。同时，枢纽系统内的设备、人员相对比较集中，运营过程各个构成要素往往以网络的形式发挥其功效，极易形成灾害链，一旦某个环节出现问题，很容易波及整体，诱发新的灾害出现，突发事件具有极大的破坏性。

### 5.4.2 应急管理模式

枢纽范围内有高铁、机场、轨道交通、磁浮、市政道路、长途客运、公交、出租、交通中心公共区域、地下空间等独立的运营管理单位，各运营管理单位分块独立运营，管委会是各运营管理单位的应急协调主体。从应急机制上，一般运营事件由各运营管理单位内部解决，重大突发事件上报管委会后由管委会出面协调。枢纽内市政地面道路与高架道路以及环卫、水务、燃气、供电等市政设施按照上海市既有的管理模式，由相应的市级行业主管单位运营和维护。

（1）应急管理单元分析

现有的隶属于各市级基层应急管理单元中的虹桥机场、轨交车站、高铁车站、地下空间，以及磁浮车站、公共区域及其他区域或点位，作为应急管理的基本元素，组成枢纽应急管理单元。航站楼、轨交车站、高铁车站和地下空间等既是原有各市级基层应急管理单元中的应急管理元素，服从各自应急管理单元的应急管理，又是枢纽应急管理单元中的应急管理元素，必须符合枢纽应急管理单元的应急管理，纳入枢纽应急管理体系。作为应急管理元素，是相对独立的一个组成部分，在不同的应急管理单元中可以交互和叠加。所以，应急管理单元是一个可叠加的交互式应急管理单元模式。枢纽应急管理单元如图5-7所示。

（2）应急管理组织体系框架

《上海市突发公共事件总体应急预案》明确，市委、市政府统一领导本市突发公共事件应急管理工作；市政府是本市突发公共事件应急管理的行政领导机械；市应急委决定和部署本市突发公共事件应急管理，市应急办负责市应急委日常事务。管委会会同相关部门和单位组建上海虹桥商务应急管理领导小组（以下简称"枢纽应急领导小组"）及其办事机构、应急联动机构，协调落实枢纽应急管理工作。枢纽应急管理组织体系框架如图5-8所示。

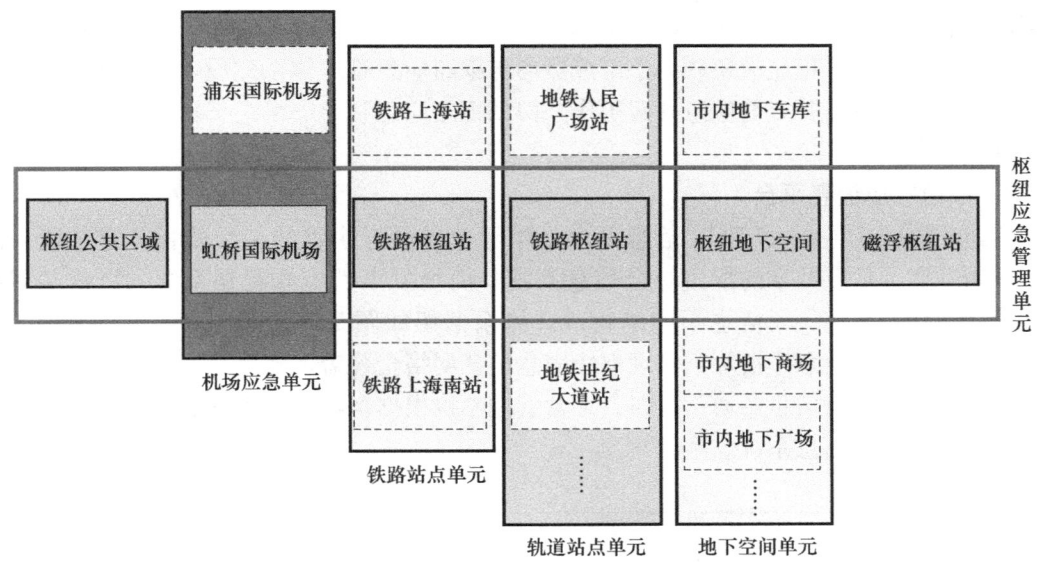

图 5-7 枢纽应急管理单元示意图

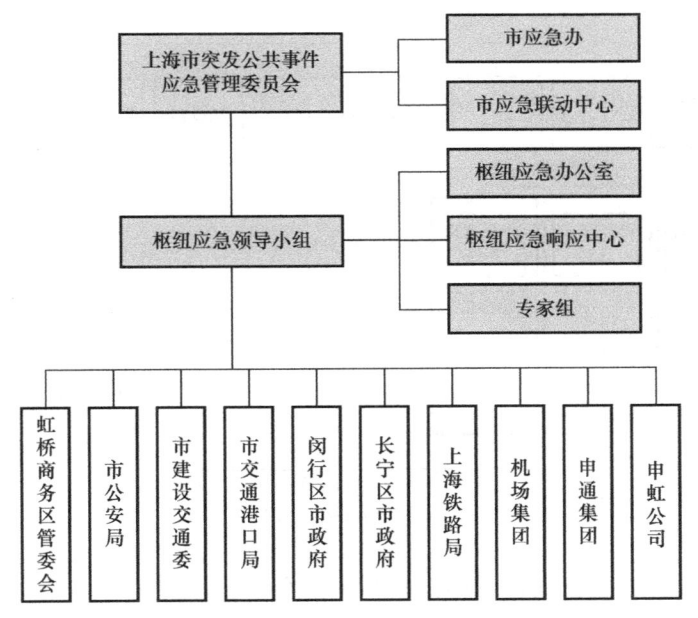

图 5-8 虹桥枢纽应急管理组织体制

1）枢纽应急领导小组组长：由管委会常务副主任担任，全面负责枢纽的应急管理工作。在突发事件发生时，经市政府授权，作为主要责任人，负责指挥、协调枢纽应急领导小组各成员单位实施应急处置工作。

2）枢纽应急领导小组副组长：枢纽应急领导小组副组长由管委会专职副主任和市公安局分管领导担任，具体负责枢纽应急管理的日常工作。在突发事件发生时，协助枢纽应急领导小组组长实施应急指挥、协调工作。

3）枢纽应急领导小组成员：管委会、市公安局、市建设交通委、市交通港口局、闵行区政府、长宁区政府、机场集团、上海铁路局、申通集团、申虹公司等成员单位，其单位分管领导为成员。枢纽应急领导小组成员参与枢纽应急管理体系建设，紧急状态下，负责本单位枢纽站点或驻点的应急处置工作，协助枢纽应急领导小组组长指挥、协调枢纽突发事件的应急处置。

### 5.4.3 应急响应信息平台

枢纽应急响应中心（ERC）信息平台是枢纽应急领导小组的工作依托，它是统一高效、互通互联、信息共享的枢纽综合信息系统，由突发事件应急联动系统、视频共享系统、电源与接地系统、通信主干网络组成，体系框架如图5-9所示，通过无线通信、视频、网络、文本、应急广播等，实现枢纽应急信息网络全覆盖，确保突发事件发生后枢纽各运营管理单位保持信息畅通。枢纽各运营管理单位根据枢纽应急管理需要，建立健全其通信、广播、视频信息系统。

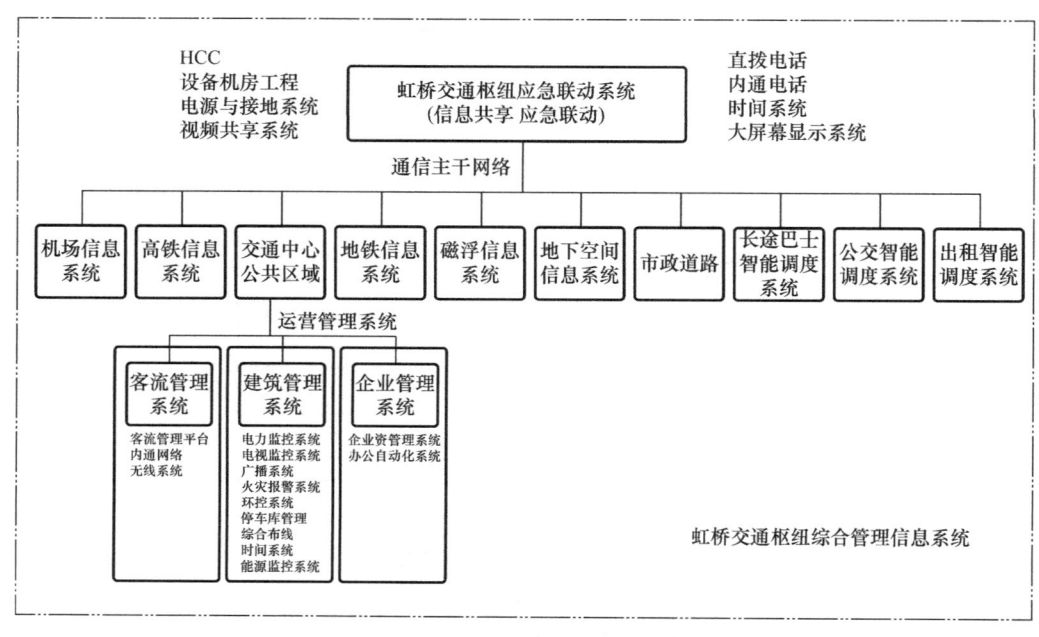

图5-9 应急响应信息平台系统框架

枢纽应急响应中心与航站楼、高铁车站、轨交车站、交通中心公司、闵行区城市综合管理与应急联动中心等枢纽应急办公室相关成员单位信息系统以及枢纽道路信息管理系统（TMS）建立连接，从枢纽各运营管理单位获取的信息包括：运营计划；客流/车流统计数据；交通设施运行状态；应急事件（大客流、火灾、自然灾害等）；市政道路（高架道路、地面道路）的交通状况、交通事件；电子地理信息；视频图像信息等。同时将枢纽内重要场所监控摄像头作为信息终端，直接接入这些重要场所的视频信息，以掌握枢纽的整体运行情况；建立枢纽应急响应中心与枢纽应急领导小组各成员单位的信息共享机制。

枢纽应急响应中心与市有关应急管理平台和专业应急平台建立连接，实现应急信息共享。

### 5.4.4 应急信息沟通共享机制

日常状态下，按照"各司其职、协同应对、信息共享、应急联动"的枢纽应急管理原则，由枢纽各运营管理单位收集、汇总、分析各自单位内部与应急管理相关的数据信息，并将有关信息报至枢纽应急响应中心；枢纽应急响应中心将收集到的各类应急管理相关数据信息分析汇总后，及时发送至各运营管理单位信息系统，以实现信息共享，共同做好枢纽区域突发事件预防工作。信息报送机制见图5-10。

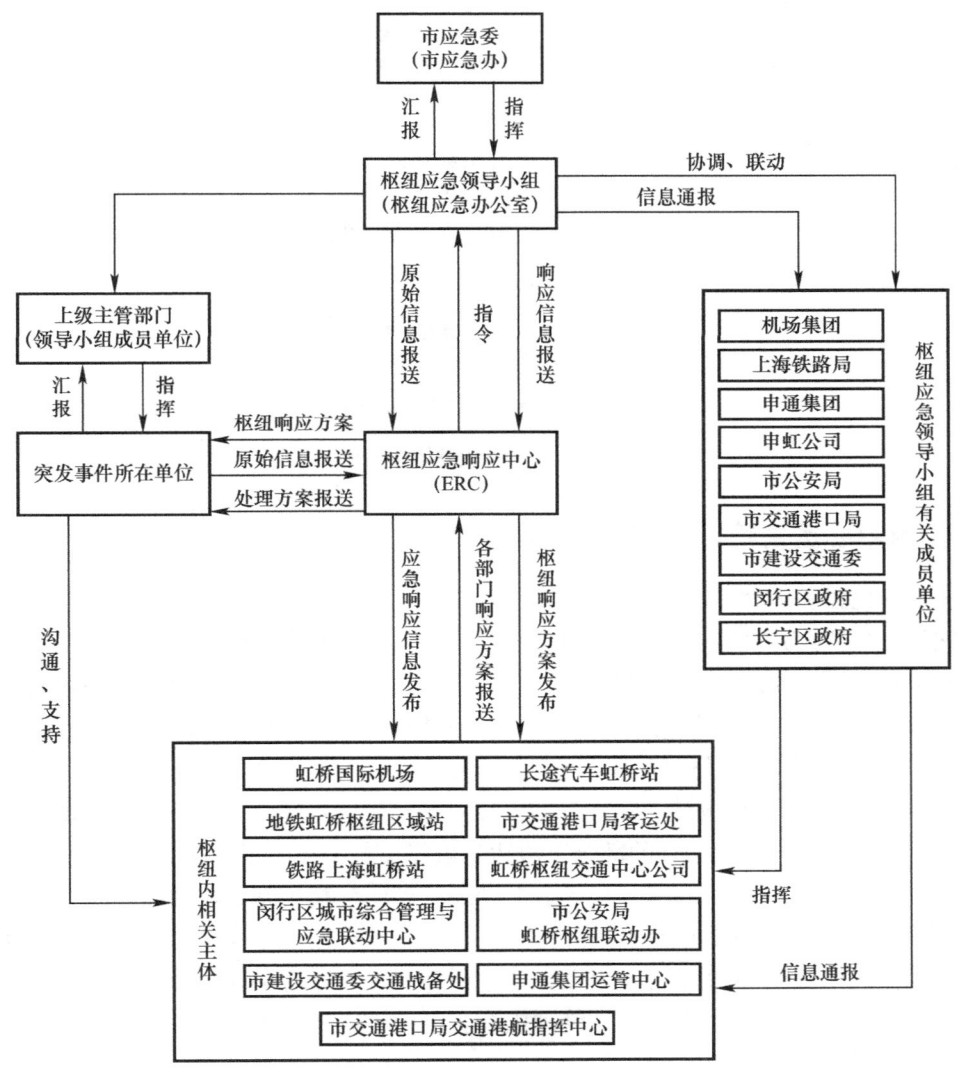

图5-10 虹桥枢纽应急信息报送机制

### 5.4.5 应急预案

运行管理分为日常管理和应急管理，日常状态下按流程按部就班，紧急事件状况下，枢纽应急响应中心和相关的应急单元信息互通，根据紧急事件状态进行相应处理。图5-11中的应急预案体系中包含15项专项预案和8项部门预案，明确了各类紧急情况发生时的处理方式。

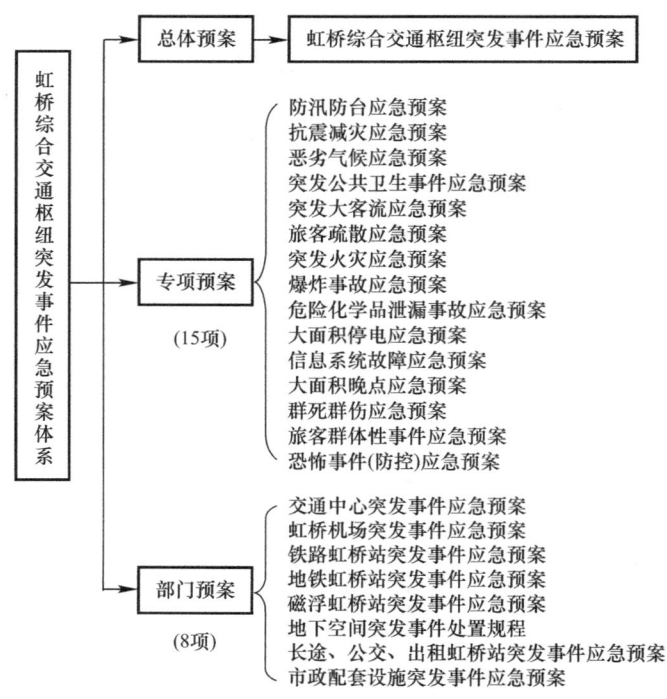

图 5-11　应急预案体系构成

## 5.5　交通中心运营管理方案

### 5.5.1　管理范围和内容

在枢纽建设时为方便融资，申虹公司成立了交通中心建设有限公司（简称交通中心公司）。枢纽建成后，原运管部职责和人员整体划入交通中心公司。交通中心公司具体执行申虹公司对于枢纽的运营职责。按照市府关于虹桥枢纽相关资产管理划分的专题会议精神，2012年之后交通中心公司管理的范围调整如下：

（1）东区：110kV变电站、磁浮车站区域（包括旅客过境区、未开放区和商业办公区等）、与高铁和东交通广场相邻的部分车道边、磁浮出租车蓄车场及上客点。

（2）西区：高铁以西的西交通广场、西交通广场的公交车站、南北车库（含车库预留用地）、区域范围内的道路（市政道路除外）、道边、申贵路地下夹层通道、站前广场、高铁南北两侧出租车蓄车场及上客点以及长途虹桥站（含长途蓄车场）。

在交通中心公司管理的范围内，管理内容主要包括以下几类：

（1）旅客服务与车流、客流管理；

（2）设备运行、维护、保养及更新；

（3）固定资产的接收、统计与管理；

（4）环境保洁、秩序维护与管理；

（5）消防、安全管理；

（6）应急联动、应急处置；

（7）与枢纽其他交通管理单位和相关职能部门协调配合。

根据交通中心现场运行管理实际，现场运行管理的主要内容见表5-2。

现场运行管理的主要内容  表 5-2

| 序号 | 项目 | 分项 | 子项 |
|---|---|---|---|
| 1 | 旅客服务 | 引导问询 | 标识标牌引导 |
| 2 | | | 人工问询引导 |
| 3 | | | 自助式查询 |
| 4 | | 配套服务 | 商业餐饮配套监管 |
| 5 | | | 医疗救助服务 |
| 6 | | | 广播服务 |
| 7 | | 便民服务 | 走失儿童看护 |
| 8 | | | 失物登记与招领 |
| 9 | | 投诉受理与处置 | |
| 10 | 客流高峰管理 | 信息发布与通报 | |
| 11 | | 疏散与分流 | |
| 12 | | 滞留区域管理 | |
| 13 | | 备用候客区的储备与启用 | |
| 14 | 交通运行协助 | 交通辅助服务 | 导乘服务 |
| 15 | | | 手推车服务 |
| 16 | | | 行李寄存 |
| 17 | | | 直饮水 |
| 18 | | 交通秩序协管 | 车道边、站前广场管理 |
| 19 | | | 出租车上客点管理 |
| 20 | | 运行协助 | 运营方式连接 |
| 21 | | | 交通信息发布 |
| 22 | | 应急处理协助 | |
| 23 | 环境清洁卫生 | 建筑物本体及室内设施保洁 | |
| 24 | | 车道边、广场及公共设施保洁 | |
| 25 | | 垃圾收集清运 | |
| 26 | | 公共区域消毒 | |
| 27 | | 环境消杀灭害 | |
| 28 | | 环境卫生监测 | |
| 29 | 绿化景观养护 | 室外绿化养护 | |
| 30 | | 室内绿化摆放养护 | |
| 31 | 公共秩序维护 | 区域巡逻 | |
| 32 | | 监控管理 | |
| 33 | | 消防管理 | |
| 34 | | 非机动车管理 | |
| 35 | 设施设备运行与管理 | 技术文档管理 | |
| 36 | | 计划性维护 | |
| 37 | | 零星维修养护 | |
| 38 | | 能源管理 | |
| 39 | | 设备安全管理 | |
| 40 | | 设备事故处理 | |
| 41 | | 设备与机房管理 | |
| 42 | | 各类设施设备系统运行管理 | |
| 43 | | 建（构）筑物管理 | |

续表

| 序号 | 项目 | 分项 | 子项 |
|---|---|---|---|
| 44 | 停车场（库）管理 | 停车区域指引 | |
| 45 | | 停车信息指引 | |
| 46 | | 停车信息联网 | |
| 47 | | 停车收费管理 | |
| 48 | | 车辆放行管理 | |
| 49 | | 停放场地管理 | |
| 50 | | 停车场（库）秩序维护 | |
| 51 | 蓄车场与出租车管理 | 出租车的放行与停放管理 | |
| 52 | | 蓄车场监控 | |
| 53 | 突发事件预防与应急处理 | 突发事件预防与预警 | |
| 54 | | 应急预案启动 | |
| 55 | | 突发事件现场处置 | |
| 56 | | 应急保障 | |
| 57 | | 应急演练与培训 | |
| 58 | 配套商业监管 | 租户入驻和迁出 | |
| 59 | | 租户装修管理 | |
| 60 | | 物流服务与管理 | |
| 61 | | 商业经营场地管理 | |

#### 5.5.2 管理标准

为了更科学、高效地实现交通中心的综合功能，不断提高交通中心运行管理的服务质量与管理水平，按照既定的运行管理目标，交通中心公司牵头编制了《虹桥枢纽交通中心运行管理与服务规范》（以下简称《标准》），以期通过服务标准控制，实现既定的管理目标。

形成的《标准》涵盖了11大类，共54项管理服务内容，除了常规物业管理服务外，重点突出交通中心的特色服务，如旅客服务、客流高峰管理、交通运营协助、停车场/库管理、蓄车场与出租车管理、现场应急联动、配套商业监管等。

#### 5.5.3 管理模式和机制

（1）运行管理模式

为了达到更高的运营标准，交通中心公司负责的枢纽运营管理模式进行了调整。根据业务内容的专业化、市场化程度不同，同时考虑到核心业务的重点把控，将交通中心运行管理方面的业务内容分成运行协调和物业服务两大类，建立了"运行协调自主管理、物业服务外包管理"的新的管理模式。即运行协调类由公司自主管理；物业服务类按照专业化、市场化、社会化原则，选择社会专业服务方提供服务，并进行外包管理，如图5-12所示。

运行协调主要包括综合运行管控、枢纽客流协管、运营综合协调等。其中综合运行管控包括：综合统筹管理、综合运行情况监控、核心数据统计分析、综合运行风险评估、危机预防和应急处理等；枢纽客流协管包括：信息发布与通报、疏散与分流引导、滞留区域监控、各交通方式衔接等；运营综合协调包括：区域相关部门沟通、行业相关单位联络、运营信息传递、商业配套服务支持等。

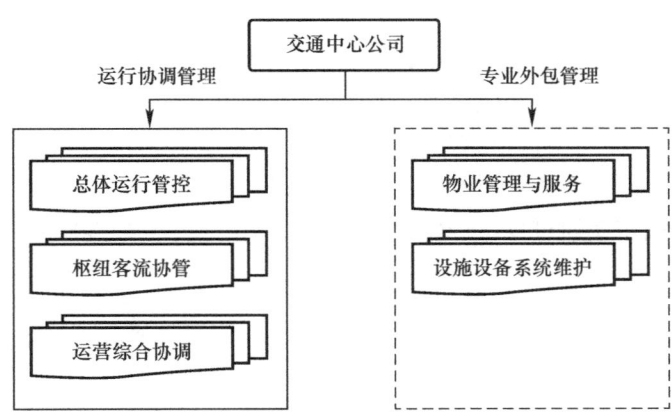

图 5-12 运行管理模式示意图

物业服务主要包括物业管理与服务、设施设备系统维护等。其中：物业管理与服务包括：物业区域管理、旅客服务、秩序维护、保洁绿化、停车库管理、蓄车场管理等；设施设备系统维护包括：建（构）筑物及相关设施的维修养护、各类设备系统的运行、维护、维修等。

（2）运行管理架构

在"运行协调自主管理、物业服务外包管理"的管理模式下，根据交通中心管理项目的区域分布，分为东区和西区两大区域。交通中心的运行管理由交通中心公司分区域直接组织管理，形成两级两区管理架构，见图 5-13。

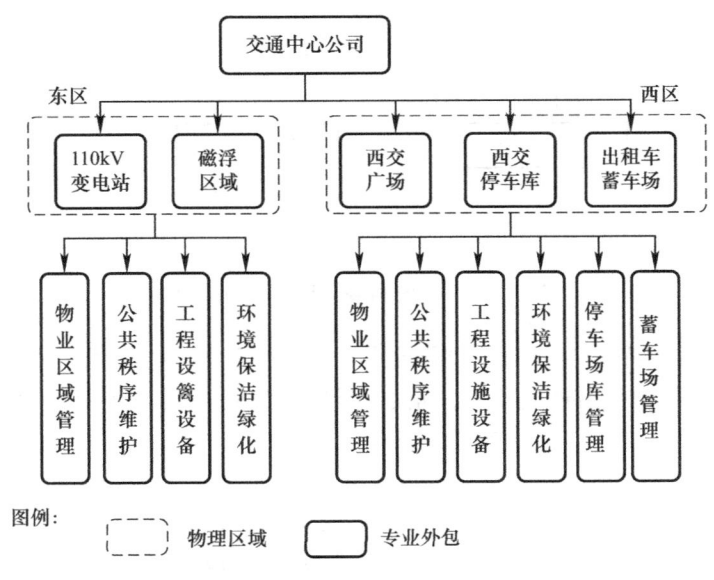

图 5-13 运行管理架构图

（3）运行管理机制

运行管理机制是区域化管理、专业化支持、一体化运控。首先，根据不同区域，设定区域管理责任，实现区域负责制；其次，按照运行管理中的专业条线划分，按条线设定专业方向，按专业方向提供技术支持或支撑。通过"区域化管理、专业化支持"分解落实具体的管理责任，条块结合，实现管理优势互补，确保项目运行平稳、可控。

交通中心公司直接管辖的区域包括设施设备管理区域（含110kV变电站）、磁浮区域以及西区的西交广场、西交停车场/库、出租车蓄车场共五个区域板块。

专业业务条线主要包括资产档案、合同计划等基础型业务，运行管理、物业管理和工程设备设施管理等生产型业务，以及安全管理、质量管理等职能型业务。

一体化运控机制主要通过设定一体化运控平台，由区域中心管控实现。

（4）一体化运控平台

交通中心公司设置运控中心（HOC）管理机构，并在东区（磁浮）和西区（西交广场）设立运控分控点（磁浮为MOC、西交为OCC），以实现"服务一体、信息共享、综合运营、管理集约、有效协调、快速响应"的管理目的。

运控的信息管理要求实现详尽、互通。以HOC信息枢纽为例，HOC把各个方面的交通信息收集过来，往上汇总给应急响应中心（ERC），并同步上报申虹公司。同时，在物理系统上，HOC不仅是ERC的备份，而且ERC必须通过HOC获取各交通方式的信息数据。虹桥枢纽在信息管理上最为成功的部分，就是把航空和高铁的实时数据信息都整合起来，实现了信息互通。HOC信息传递流程详见图5-14。

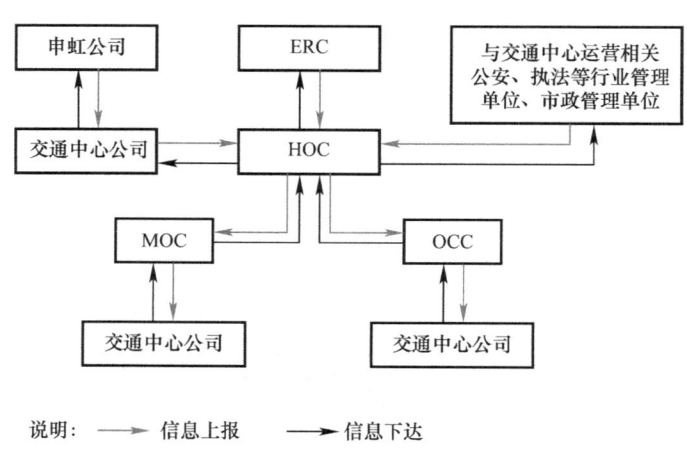

图5-14 HOC信息传递流程示意图

MOC、OCC作为东、西区的运控分控点，实际承担着各自区域内运行控制中心的职能，总辖东、西区内相关事件的处理，原则上服从HOC的协调指挥，但同时对所辖区域内的相关事件有协调、处置、监督权。

东、西区如发生超管理区域能力的突发事件时，分控中心（MOC、OCC）应及时将现场状态、应急需求报HOC，由HOC统一协调和指挥应急救援，HOC有独立的东、西区联动应急的协调和指挥权。同时，由HOC将应急信息传递给相关部门，接受相关部门的统一领导。

（5）HOC运控职责

运营管理中心（HOC）的运控职责主要包括：

① 与应急指挥中心ERC及其他各交通方式的信息沟通协调；

② 交通运行信息的收集、处理、发布、维护等；

③ 负责汇总交通中心范围的运行信息；

④ 东西区突发事件的综合协调、应急处置。

### 5.5.4 突发事件应急预案

(1) 突发事件分类

突发事件，是指突然发生，造成或者可能造成重大人员伤亡、财产损失、生态环境破坏和严重社会危害，危及安全的紧急事件。根据突发事件的发生过程、性质和机理，交通中心公司运行管理中可能发生的突发事件，或可能影响枢纽正常运行的相关交通主体单位的突发事故，主要分为以下四类：

① 自然灾害类。主要包括地震灾害，地面沉降、塌陷等地质灾害，台风、大雾、暴雨、龙卷风、冰冻雨雪、雷击、高温等气象灾害等。

② 事故灾难类

火灾：各类建筑物火灾、交通设施火灾、地下空间火灾等。

故障：重要运行设备故障、能源系统故障、通信信息系统故障、辅助设施故障等。

爆炸：化学爆炸，危险化学品（有毒气体）储存、运输及泄漏事故。

交通主体单位事故：列车脱轨、冲突、颠覆等；航空器紧急事件，包括航空器失事（坠毁、爆炸、起火、严重损坏等）、空中故障、冲出或偏离跑道；公交、长途车辆爆燃事故等。

客流事故：乘客未遵守规则引起的事故（擅自携带危险品等）、大客流爆满（非政治因素引起）等。

③ 公共卫生类：食品安全、重大传染病、动物疫情、群体性不明原因疾病、感染物品在储存或运输过程中泄露等。

④ 社会安全类

治安群体性事件：各类交通工具大面积晚点、冲突、滋事等引起的旅客群体性事件等。

恐怖袭击事件：列车或者航空器被劫持、交通工具遭受爆炸物威胁、建筑物遭受爆炸物（不明物体）威胁等。

上述各类突发事件在发生过程中往往相互关联，某类突发事件可能与其他类别的事件同时发生，或引发次生、衍生事件，应具体分析，统筹应对。

(2) 突发事件分级

各类突发事件按照其性质、严重程度、可控性和影响范围等因素，一般分为四级：Ⅰ级（特别重大）、Ⅱ（重大）、Ⅲ（较大）、Ⅳ（一般）。

(3) 预案体系

突发事件应急预案分综合应急预案和专项应急预案。

(4) 组织体系

组织体系由应急领导机构和工作机构组成。

交通中心应急指挥设在 HOC，常态负责实施交通中心区域运行的信息收集、整理、分析；紧急状态时，负责交通中心运行信息监测、预报、预警，应急信息的发布，应急联动处置的实施。交通中心公司应急管理架构见图 5-15。

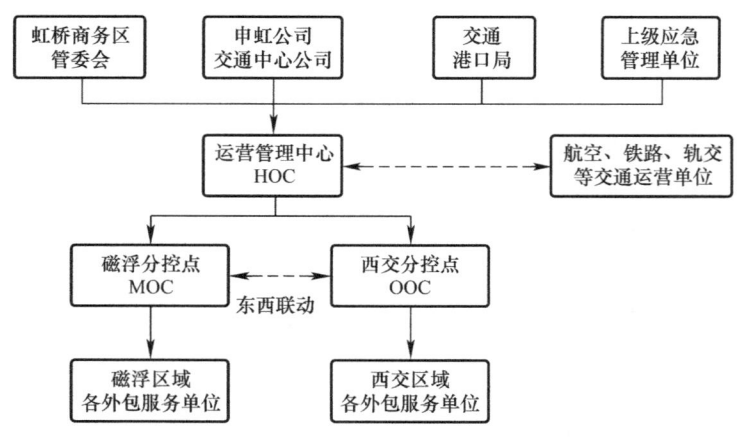

图 5-15 交通中心公司应急管理架构

(5) 突发事件预警

依据交通中心突发事件的危害程度、发展情况和紧迫性等因素，交通中心突发事件的预警由高到低分为红色、橙色、黄色、蓝色四个级别。

(6) 应急响应

交通中心公司按分类分级原则实施应急指挥。重大或特大事件状态由上级单位成立应急指挥部，由 HOC、MOC、OCC 根据事件等级建立相应的突发事件的应急指挥。交通中心公司、磁浮区域和西交通中心的运营管理单位根据事件等级接受应急指挥部的指挥调度并按相关应急预案规定的职责和程序，实施应急处置。

较大事件由交通中心公司职能部室领导担任总指挥，其中事件前期处置由 HOC 当值经理担任临时总指挥，组成人员包括事件发生地的区域管理单位的负责人、设备等相关支持单位的负责人等。指挥机构可以调动交通中心公司范围内的所有资源，包括应急保障人员、应急保障物资等，同时根据需要进行外部应急救援的请求，在得到上级领导的同意后向上级机构提出扩大应急的要求。

一般事件由区域运控中心（MOC/OCC）当值经理担任总指挥，组成人员包括事件发生地的区域管理单位的负责人、设备等相关支持单位的负责人等。指挥机构可以调动区域范围内的所有资源，包括应急保障人员、应急保障物资等。同时，在得到上级领导或 HOC 的同意后根据需要进行外部应急救援或扩大应急的要求。

应急联动处置遵循分类分级的原则进行。按照事故原因和突发事件类型，由相关主管部门牵头实施应急指挥。按照事故性质和严重程度，根据突发公共事件等级，启动相应级别的应急处置规程。

(7) 应急预案

交通中心突发事件专项应急预案有：《上海虹桥枢纽交通中心火灾事故专项应急预案》《上海虹桥枢纽交通中心应急疏散专项应急预案》《上海虹桥枢纽交通中心公共安全事件专项应急预案》《上海虹桥枢纽交通中心大客流专项应急预案》《上海虹桥枢纽交通中心电梯困人事件专项应急预案》。

### 5.5.5 经营管理

在前期策划时，根据可拆分性和可经营性将枢纽设施划分成了四种类型，即不可经营、不可拆分的设施；不可经营、可拆分的设施；可经营、不可拆分的设施；可经营、可拆分的设施（图5-16）。申虹公司负责"可经营、不可拆分"设施的经营，包括枢纽内的商业服务设施及部分物业。

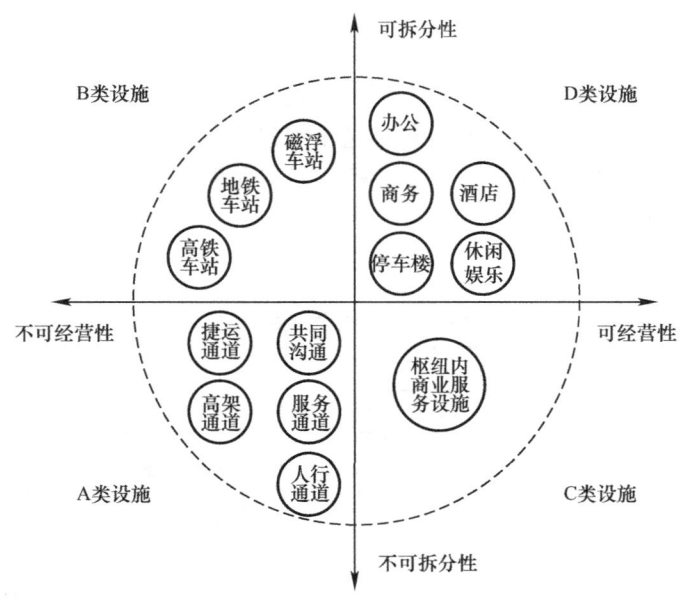

图5-16 枢纽设施的四种类型划分

交通中心公司管理范围内的可供经营的设施有停车库、枢纽通道内的商业面积、枢纽上盖办公楼和广告等。停车库委托专业的停车场管理公司管理，办公楼由交通中心公司自营出租，通道商业面积较大的委托给商业集成商，面积较小的直接租给商铺，广告阵地选择与大型广告公司合作。这些经营措施都取得了不错的收益，而且经营收入随着枢纽客流增长在逐年增加之中。

# 6 结论

上海虹桥综合交通枢纽是世界上规模最大、功能最为复杂的空陆一体化交通大枢纽之一，规模宏大，日旅客吞吐量达110万人次，核心区建筑综合体东西长超过1km，南北宽约220m，由虹桥机场T2航站楼、磁浮虹桥站、京沪高铁上海虹桥站及东西两大交通换乘广场组成。虹桥枢纽集成度非常高，集民用航空、高速铁路、城际铁路、高速公路、地铁、地面公交、出租车等功能于一体，开创了多种交通方式之间无缝衔接的先例，实现了跨区域大范围人流和物流的快速集散，大大地提高了交通运营的整体效率，是一座世界级的现代化交通枢纽。不仅如此，虹桥综合交通枢纽工程已成为上海和中国发展的重要引擎。虹桥枢纽工程如入水之石，激活了虹桥地区和上海西部的经济发展。随着枢纽工程的建设和投运，虹桥枢纽已成为连接长三角经济和发展的重要门户，区域间联系紧密，协同发展，达到了"以区域交通一体化，促进经济一体化"的目的，为长三角的经济繁荣和结构优化提供了有力支撑。上海虹桥综合交通枢纽开创了中国乃至世界上的综合交通枢纽发展和区域经济发展的先河，既有申虹公司规划设计运营一体化的集成管理，同时又离不开工程所处的区域和时代的宏观背景，两者相互补充，共同作用。

## 6.1 虹桥枢纽规划建设运营一体化的关键要素与思考

申虹公司应虹桥枢纽建设所需而成立的,公司的组织构架完全按照枢纽建设的各项职能而设计,随着建设开发阶段的发展调整公司职能,并参与了虹桥枢纽规划建设运营的各个阶段,是虹桥枢纽控详规的编制组织者、虹桥枢纽的主要投资方、虹桥枢纽建设的主导方、虹桥枢纽运营的责任主体、虹桥商务区的开发者,因此申虹公司是虹桥枢纽规划建设运营一体化的必然主体。申虹公司在虹桥枢纽规划建设运营一体化过程中,形成了一些经验,如表6-1所示。这些经验对于类似于虹桥综合交通枢纽的超大型、综合型项目群,包含工程内容丰富、相互关系复杂、内外部交互影响、外部边界难以界定,尤其是综合枢纽项目,具有相当的借鉴意义。

**虹桥枢纽规划建设运营一体化** 表6-1

| 序号 | 成功经验 | 具体内容 |
| --- | --- | --- |
| 1 | "一个大会+三个平台" | "一个大会"是枢纽工程建设指挥部大会,召集指挥部全体成员单位、相关投资主体、相关建设单位和其他相关单位参加的大型工作会议。《三个平台》分别是以进度计划为抓手的建设进度总控平台,围绕总进度81个纲要节点,实施动态管理;以总体设计院模式为基础的设计协调管理平台(包括区域设计总和和核心区设计总体);以界面协调管理为重点的施工协调平台,根据需要解决的问题,召集有关单位组织不同层次的协调会议进行决策解决 |
| 2 | "统一规划平台",实现不同主体之间的规划衔接 | 在规划管理机制方面,控制要素规划是虹桥枢纽规划管理的一项创新。先后审批并发布了《规划控制要素》1.0版、2.0版和3.0版。根据枢纽的特点和功能,制订了规划设计方案,建立了规划平台,将高铁、磁浮、机场、轨道交通等用统一的坐标系统绘制在统一的总图上,各投资主体和设计单位都在这个规划设计平台上进一步完善方案,不断协调整合。由此确定各主体的投资界面和各设计单位的设计界面 |
| 3 | "工程代建+委托建设",落实专业化规范化建设 | 申虹公司负责投资建设的工程项目采用工程代建或委托建设管理模式,通过工程代建和委托建设管理,实行专业化规范化建设,有利于控制投资、提高投资效益和管理水平 |
| 4 | "控制节点"的制订和监控,有效保证建设目标实现 | 工程进度计划分为总进度纲要、总进度规划、实施控制性进度计划和实时性进度计划四个层面。通过对工程总进度纲要控制节点执行情况的检查和重要界面节点的重新梳理和平衡,形成了81个控制节点,并定期和不定期地将节点的执行情况编制成枢纽工程进度报告,上报指挥部。通过节点的控制有力地支持了工程的设计、建设、竣工、移交、运营各阶段工作的推进,确保了如期实现枢纽工程建设目标 |
| 5 | "两组一中心"的建立,推动工程质量的监督与把控 | 为保证工程质量,设立了"两组一中心",即监理督导组、专家顾问组和工程质量检测服务中心。监理督导组专门检查、考核监理的工作质量。专家顾问组为工程管理提供咨询,参与重大方案讨论、发现问题、提出建议。工程质量检测服务中心通过与行业协会合作,确定五六家单位组建工程质量检测服务中心,现场服务 |
| 6 | "统一运营",填补枢纽的管理盲区 | 枢纽是将多种不同的交通方式和功能区域整合在一定的物理空间内而形成的特殊建筑体,按不同交通方式主体进行界面划分和责任界定,难以划分清晰,增加了整体的管理难度。市政府赋予申虹公司"统一运营"的职能,凡在各交通方式专属区域之外的公共区域,均由申虹公司负责运营。申虹公司的兜底责任彻底解决了空白盲区的管理问题,如出租车蓄车场、上客点和高架车道边等 |
| 7 | "交通中心",解决枢纽的可持续运营 | "交通中心"这一概念源自机场,是指旅客从机场集散的集中交通设施,它是机场的配套设施。而对于综合交通枢纽,交通中心是各种集散交通人流车流的汇聚点,服务于更多的对外交通,其集散客流量也远大于某一对外交通,交通中心的核心主体地位是显然的 |

不仅如此,虹桥枢纽规划建设运营一体化实践经验也带来了一些思考:

(1) 策划工作的引领。在虹桥枢纽规划建设运营中,策划工作的引领作用是显而易见的,长期细致的策划工作,为枢纽工程的实施过程提供了坚实的理论指导。在重大复杂的基础设施工程中,功能和方案的策划形成规划的基础,投资建设体制机制的策划指导了建设过程,而运营开发的策划则决定运营效益。可以说,策划引领了整个规划建设运营一体化过程。策划不仅仅是一个具体的工作环节,更是一个思想认识,要坚持先策划再实施,所谓"预则立,不预则废",在策划工作上多花点精力是值得的。如图 6-1 所示,从规划到建设是一个立项过程,从建设再到规划是一个细化规划的过程;从建设至运营是一个移交过程,运营可对建设起到指导优化的作用;运营阶段提出需求多是针对功能的提升,即再回到规划形成闭环。这三个阶段的核心是策划,规划的前提是做好策划,如何建设、采取什么样的模式、用什么样的主体去推进,这些都属于建设策划的内容,同样对于运营也要进行策划,以实现安全高效的运行和更好的效益。

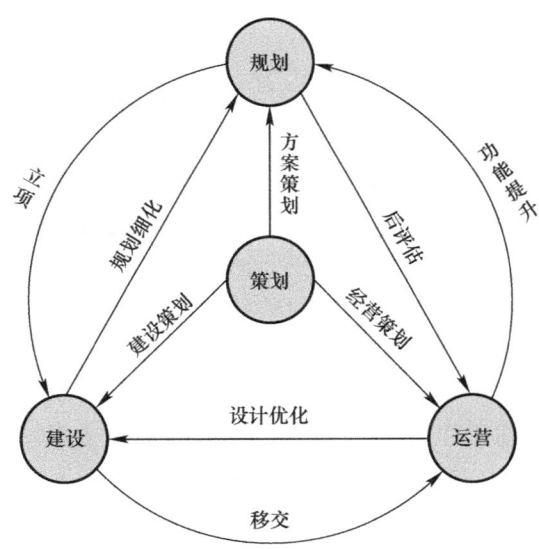

图 6-1 规划建设运营一体化与策划的关系

(2) 政府职能和企业积极性的结合。首先,为建设虹桥综合交通枢纽,专门成立了申虹公司,申虹公司首先就有着很强的政府背景。其次,申虹公司作为指挥部(办公室)工作班子,将政府协调职能与企业投资建设的职能紧密结合起来,建立统一规划、统一建设的指挥体系,保证了规划设计的完整高效和工程建设的进度质量。最后也是最重要的,申虹公司借助指挥部平台组织枢纽方案设计、编制枢纽控详规,不仅推动了枢纽的规划建设,而且为申虹公司的发展谋划了空间。对于重大复杂的枢纽型建设项目,规划是关键,需要更多的相关方积极参与。主要业主的规划参与度是决定规划建设运营一体化成败的基础。

(3) 程序规范和内容合理地兼顾。控制要素规划是虹桥枢纽规划管理的一项创新,按照要素规划批复项目,为枢纽建设节约了宝贵的时间。分层次的规划编制和审批工作,在保证程序合法化的同时力求规划内容的合理性,这是实施时间紧迫的复杂创新性工程的较好做法。在枢纽项目的立项审批方面也做了适当简化,同类的关联项目打包审批,将部分审批环节后置等,确保了枢纽项目按时开工。这些做法不是一般的规范流程,但都是合法的程序。有了经过充分论证的合理的规划设计方案这个前提，在保证合法性基础上进行程序创新有利于项目的建设。如果审批部门固守程序，而枢纽工程的特殊性和多样性增加了规范统一的难度，将使进度严重滞后。

（4）社会效益和经济效益的统一。"土地开发平衡建设投资，商业收入平衡运行开支"的模式，解决了建设运营的资金来源，在虹桥枢纽的实践中是十分成功的。诸如此类的公共基础项目，其效益分为项目内的直接经济效益和项目外的社会效益，而一般项目内效益都不足以支撑项目资金平衡。如何划分项目内外效益，自然是一个重要的问题。申虹公司先于项目集中储备土地，既保证建设项目顺利实施，又锁定土地成本保证了土地收益，后续的土地开发可以说是将部分外部效益体现在了整个枢纽项目中。虹桥枢纽建设运营主体合一，不仅使基础设施建设运管矛盾最小化，而且保持了枢纽运行和商业收入的平衡，这是社会效益和经济效益统一的另一个方面。

## 6.2 虹桥枢纽工程是时代发展的必然结果，伟大的时代造就伟大的工程，伟大的工程服务于伟大的时代

没有一个工程项目是能孤立的存在，工程项目特别是重大工程项目的产生、发展和成功必然受到工程所在的宏观背景所影响。虹桥枢纽伟大工程的成功更离不开其所处的时代的巨大支持，伟大的工程服务于伟大的时代，伟大的时代也成就伟大的工程。

虹桥枢纽工程服务于国家长三角一体化发展战略，国家长三角一体化发展战略成就枢纽工程。虹桥综合交通枢纽位于沪杭、沪宁、沪青平三条交通轴进入市区的枢纽空间节点，是联结长三角的门户型枢纽地区。枢纽的建成和投入使用，使长三角地区间拥有快捷、多元化的联系途径，从而缩短长三角经济圈的空间距离，使地区经济联系更加紧密，达到"以区域交通一体化，促进区域经济一体化"的目的，为长三角的经济繁荣和结构优化提供有力支撑。虹桥枢纽工程满足上海城市发展的需要，上海城市发展拉动虹桥枢纽工程。虹桥枢纽既是2010年上海世博会的重要配套项目，也是上海继"大浦东"之后"大虹桥"发展战略的重要引擎。地处虹桥商务核心区的虹桥枢纽犹如入水之石，激活了原本平静的虹桥地区。随着枢纽的建成和投入使用，带动了上海西部的经济发展。未来，虹桥商务区将形成以总部经济为核心，以高端商务商贸和现代物流为重点，以会展、商业等为特色，其他配套服务业协调发展的产业格局。虽然虹桥枢纽是一个具体的项目，但由于它所处的优越而关键的地理位置，加之强大的枢纽交通辐射和带动效应，它的建设和周边开发，已经并将对上海城市空间发展结构产生深远影响。虹桥枢纽工程是社会可持续性发展的需要，社会可持续性发展促使虹桥枢纽工程。虹桥综合交通枢纽的建设集中了各类先进的交通模式，也集中了与之相关的配套服务设施，实现了土地资源的集约化、综合配套的集约化、城市环境资源的集约化。如果三大对外交通设施分散建设，会带来很大的问题，不仅土地使用和动拆迁量远大于集中建设；市政设施也需多次配套，工程量大；而且三大设施将会给环境资源带来较大的长期影响。但1+1+1要远远小于3的影响，对于一个高密度城市交通建设来说，设施高度集成，不仅节地、节能效果明显，彼此换乘量也可集中在一个交通综合体中解决，消除了原本彼此间分散建设所带来的市内交通量，对改善城市环境做出了贡献，是社会可持续发展的必然需要，虹桥枢纽工程正好满足了这一要求。

# 大型航空交通枢纽设施运营实施阶段的风险管理研究与实践

周红波,张 辉

上海市建筑科学研究院(集团)有限公司

**摘 要**:大型航空交通枢纽设施运营阶段的安全风险越来越受到关注,本文针对大型航空交通枢纽工程运维阶段的安全风险进行分析与识别、评估与预控、跟踪与监测、预警与应急的全过程管理研究,并以玻璃幕墙为例,进行了量化分析和预测计算,通过可量化和可视化的跟踪监测方法和手段,可有效地防止风险事件发生,为城市大型航空交通枢纽设施运营管理提供指导和借鉴。

**关键词**:大型航空交通枢纽;设施运营;风险管理

# Research and Practice of Risk Management in the Operation Phase of Large Air Transportation Hub Facilities

ZHOU Hongbo, ZHANG Hui

(Shanghai Research Insititute of Building Science (Group) Co., Ltd.)

**Abstract**: The safety risks in the operation phase of large air transportation hubs are getting more and more attention. This paper analyzes and identifies the safety risks in the operation and maintenance phases of large air transportation hub projects, assessing and pre-controlling, tracking and monitoring, warning and emergency. Taking the glass curtain wall as an example, quantitative analysis and predictive calculations have been carried out. Through quantifiable or visual tracking and monitoring methods and means, it can effectively prevent the occurrence of risk events and provide guidance and reference for the operation and management of large air transportation hub facilities.

**Key Words**: large air transportation hub; facility operation; risk management

## 1 引言

航空交通枢纽工程的运维风险就是在运维阶段,影响建筑使用功能或安全保障等方面的风险事件和风险因素。航空交通枢纽工程安全运维风险评估与动态控制就是对可能影响航空交通枢纽工程安全运维的主要风险事件和因素，采用科学有效的理论方法或措施手段，进行有效的识别和评估，并通过可量化或可视化的跟踪监测，进而有效防止风险事件发生的过程。简而言之，航空交通枢纽安全运维风险评估与动态控制就是对建筑运维安全风险进行分析与识别、评估与预控、跟踪与监测、预警与应急的全过程管理。

## 2 运维阶段的风险管理概述

项目在工程实施完成后，进入运维阶段。由于航空交通枢纽工程人流密集，是城市较为复杂的区域，也是发生公共安全问题的敏感地带，因此，保证航空交通枢纽工程的安全运维是运维阶段风险管理的主要内容。

### 2.1 运维阶段风险管理的目标与任务

航空交通枢纽工程运维阶段的风险管理目标包括两个方面：①识别本阶段的风险源、估计评价风险，通过采取恰当的防范和转移措施，使损失降到最低，使航空交通枢纽工程得以顺利运维。②评价风险管理成功与失败经验，建立风险管理档案，建立运维阶段风险管理数据库，为以后运维的风险管理提供经验。

航空交通枢纽工程运维阶段风险管理任务：①识别、评估该阶段的风险，并采取有效的措施进行风险处置。②建立风险管理体系。

### 2.2 运维阶段风险管理的特点

运维阶段工程项目实体已完成，主要的工作是确保项目安全运维。但这阶段的工作影响项目的安全运行，同时这一过程涉及的单位很多。这阶段的风险管理主体，应是风险管理委员会或工程项目的业主单位组建的风险管理小组。对风险的辨识应从多方面进行辨识和评价。

## 3 运维阶段风险管理的风险识别

一般采用基于 WBS—RBS 和故障树分析（FTA）相结合的风险分析与识别技术，结合已建立的安全运维事故案例数据库分析结构，进行航空交通枢纽安全运维典型风险事件及其风险因素的识别。

航空交通枢纽建筑主体结构一般都是大跨度的框架结构，屋面系统一般为大跨度预应力混凝土结构、钢桁架或网架结构。因此，结构坍塌/倒塌、构件破坏、火灾、水淹、渗漏、幕墙损坏、饰面砖脱落、电梯故障、供电系统故障和空调故障等风险事件都可能发生。所有风险事件的因素来源都包括三个方面：管理类（人为因素、运维管理因素等）、技术类（设计、工艺、材料等）和环境类（自然环境、施工环境等）。下面以幕墙损坏为例，进行风险识别，其他风险事件同理。

根据幕墙的组成以及失效部位对航空交通枢纽玻璃幕墙损坏进行 WBS 分解，其分项分解如图 3-1 所示。

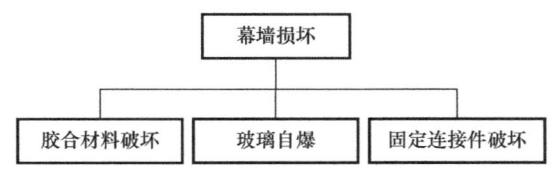

图 3-1 幕墙损坏 WBS 分解图

城市航空交通枢纽幕墙损坏的风险源分解结果如图 3-2 所示。

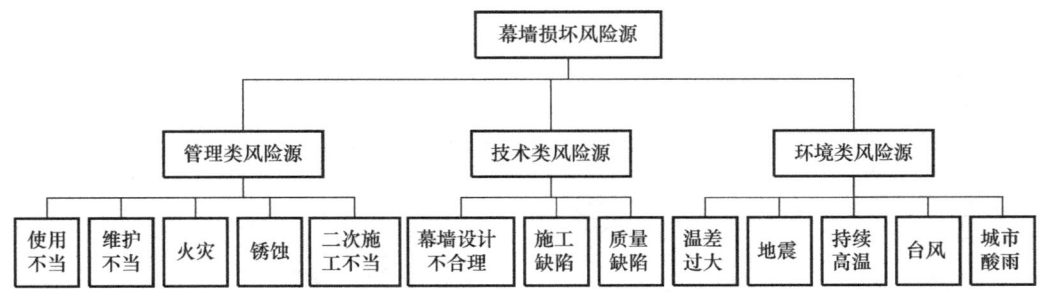

图 3-2 幕墙损坏 RBS 分解图

经过工作结构分解和风险源分解后，可以形成耦合矩阵，判断风险因素。即以工作结构分解后的工作单元作为行向量，风险源作为列向量，针对每个工作单元分别与所有风险源进行耦合，结果即为风险因素。根据上述 WBS 分解和 RBS 分解结构，对航空交通枢纽渗漏风险识别进行 WBS—RBS 耦合分析，形成如表 3-1 所示的 WBS—RBS 风险耦合矩阵。

幕墙损坏 WBS—RBS 风险耦合矩阵　　　　表 3-1

| RBS | 幕墙损坏 风险源 | | WBS | | |
|---|---|---|---|---|---|
| | | | 胶合材料破坏 | 玻璃自爆 | 固定连接件破坏 |
| | 管理类风险源 | 使用不当 | | | 固定连接件强度降低 |
| | | 维护不当 | | 维护不当导致破碎 | 人为破坏导致连接件强度降低 |
| | | 火灾 | 胶合材料强度降低 | 持续高温导致玻璃变形过大 | 火灾导致固定连接件强度降低或变形过大 |
| | | 锈蚀 | | | 锈蚀导致固定连接件强度降低 |
| | | 二次施工不当 | | | 未按规范进行施工安装 |
| | 技术类风险源 | 幕墙设计不合理 | 胶合材料强度不足 | | 固定连接强度降低 |
| | | 施工缺陷 | | | 安装不当致使强度降低 |
| | | 质量缺陷 | 胶合材料强度降低 | 玻璃含有杂质或变形受限导致自爆 | 固定连接件强度不足 |
| | 环境类风险源 | 温差过大 | | 温差过大导致玻璃变形过大 | |
| | | 地震 | | 框架变形导致玻璃变形过大 | 固定连接件体系变形过大 |
| | | 持续高温 | 胶合材料强度降低 | 高温烘烤使玻璃变形过大 | 支承体系变形过大 |
| | | 台风 | | 风压使玻璃变形过大 | 固定连接件变形过大 |
| | | 城市酸雨 | 材料老化 | | |

根据航空交通枢纽幕墙损坏风险的 WBS—RBS 分析,以幕墙损坏为顶事件,形成航空交通枢纽幕墙损坏的故障树,如图 3-3 所示。

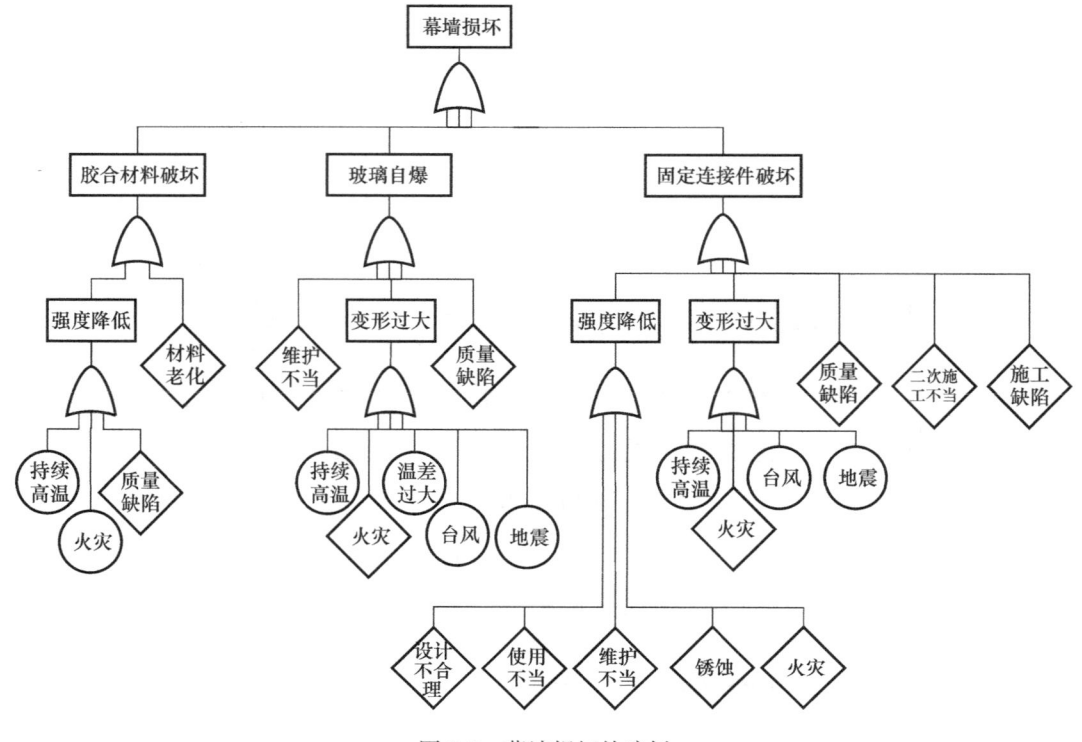

图 3-3　幕墙损坏故障树

根据上述故障树分析,对各风险因素和风险事件之间的相互关系进行分析,形成风险因素的耦合关系图,如图 3-4 所示。

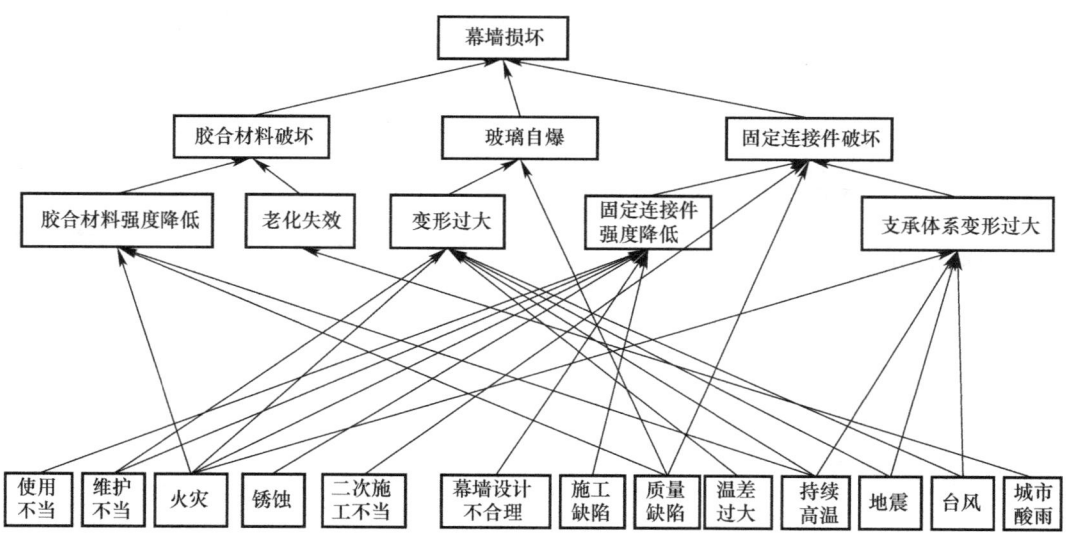

图 3-4　幕墙损坏风险因素耦合关系

# 4 运维阶段风险管理的风险评估

城市航空交通枢纽运维阶段不同于其他工程阶段，由于使用周期较长，可能发生的风险具有复杂性和多变性的特点。因此，动态风险评估显得尤为重要，故本文提出了基于贝叶斯网络的城市建筑安全运维风险动态评估技术。方法主要包括两部分内容：

(1) 将风险评估过程进行任务单元划分，并形成一个可以进行更新作业的系统，建立贝叶斯网络模型；各个单元的作业内容和静态风险评估方法基本一致。

(2) 针对各个任务单元，一方面跟踪风险事件，更新风险因素的种类和个数以及风险因素之间的逻辑关系；另一方面，选取用于监控和跟踪的特征量，比如材料的耐久性指标、风险因素的权重度等，通过贝叶斯网络的概率演算进行风险事件的态势评估。

本文以城市航空交通枢纽"幕墙损坏"风险事件为例，论述基于贝叶斯网络的动态风险评估技术。构建风险事件"幕墙损坏"的贝叶斯网络模型，根据统计案例库数据确定幕墙损坏事件底层风险因素发生概率，如表4-1、图4-1所示。

幕墙损坏事件底层风险因素的发生概率　　　　表4-1

| | 风险因素 | 发生概率 |
| --- | --- | --- |
| 1 | 持续高温 | 0.0952 |
| 2 | 老化失效 | 0.0045 |
| 3 | 火灾 | 0.0159 |
| 4 | 质量缺陷 | 0.0363 |
| 5 | 温差过大 | 0.0272 |
| 6 | 台风 | 0.0363 |
| 7 | 安装不当 | 0.0045 |
| 8 | 二次施工不当 | 0.0136 |

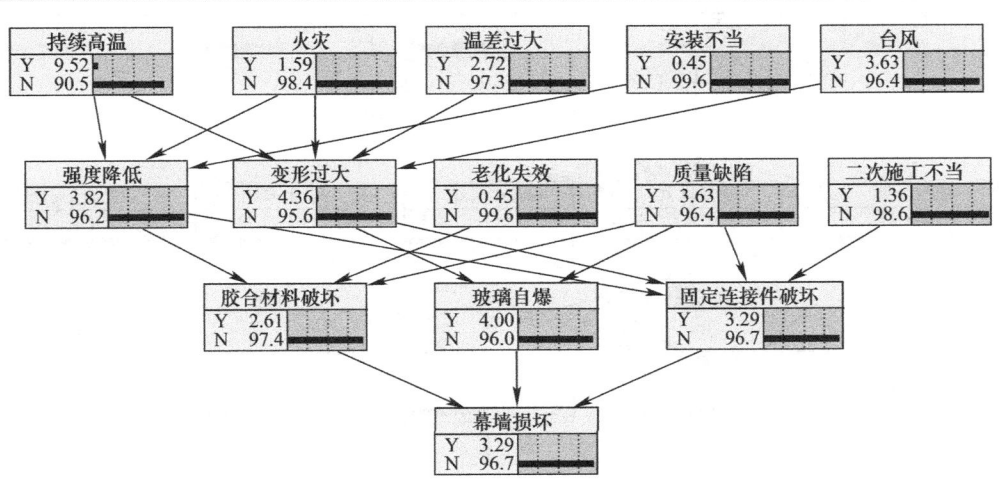

图4-1 幕墙损坏风险事件贝叶斯网络模型计算

随着全球变暖和各地区气象环境的变化，"持续高温"现象的发生概率逐年不同，并有升高的趋势。2011年发生的"幕墙损坏"事件中，由于"持续高温"天气引起的事故有8起。给出1984年至2009年年平均最高气温的气象统计数据。对现有数据进行非线性拟合，

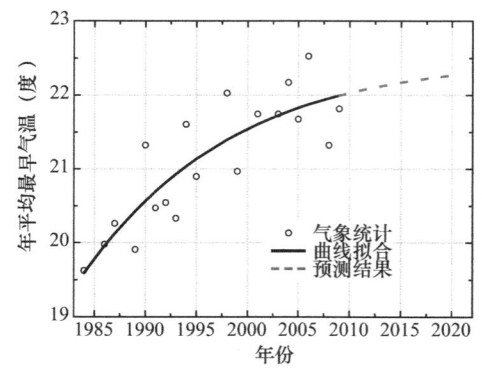

图 4-2 年平均最高气温变化曲线
(1984—2009 年)

年平均最高温度逐年上升且呈指数增长。根据拟合的函数,预测 2010 年至 2020 年的年平均最高温度如图 4-2 虚线所示。

假设 1985 年至 2020 年之间,每年出现"持续高温"现象与年平均最高气温的变化规律相同,现将预测的年平均最高气温数据等效为权重度指标,以此衡量"持续高温"风险因素的趋势。假设年平均最高温度 19.8℃ 和 20.6℃ 的等效权重值分别为 10.0 和 14.0,采用等效差值法可计算 1985—2020 年每隔 5 年的年平均最高温度的等效权重值,计算结果见表 4-2。将 2020 年"持续高温"发生的概率值代入贝叶斯网络模型,可预测 2020 年"幕墙损坏"风险事件的概率值,如图 4-3 所示。

1985—2020 年等效权重值及"持续高温"概率变化值　　　　表 4-2

| 年份 | 年平均最高温度(℃) | 等效权重值 | 原概率值 | 更新后持续高温发生概率 |
| --- | --- | --- | --- | --- |
| 1985 | 19.8 | 10.0 | | 0.1775 |
| 1990 | 20.6 | 14.0 | | 0.2063 |
| 1995 | 21.1 | 16.5 | | 0.2233 |
| 2000 | 21.5 | 18.5 | 0.0952 | 0.2365 |
| 2005 | 21.8 | 20.0 | | 0.2460 |
| 2010 | 22.0 | 21.0 | | 0.2522 |
| 2015 | 22.2 | 22.0 | | 0.2584 |
| 2020 | 22.3 | 22.5 | | 0.2614 |

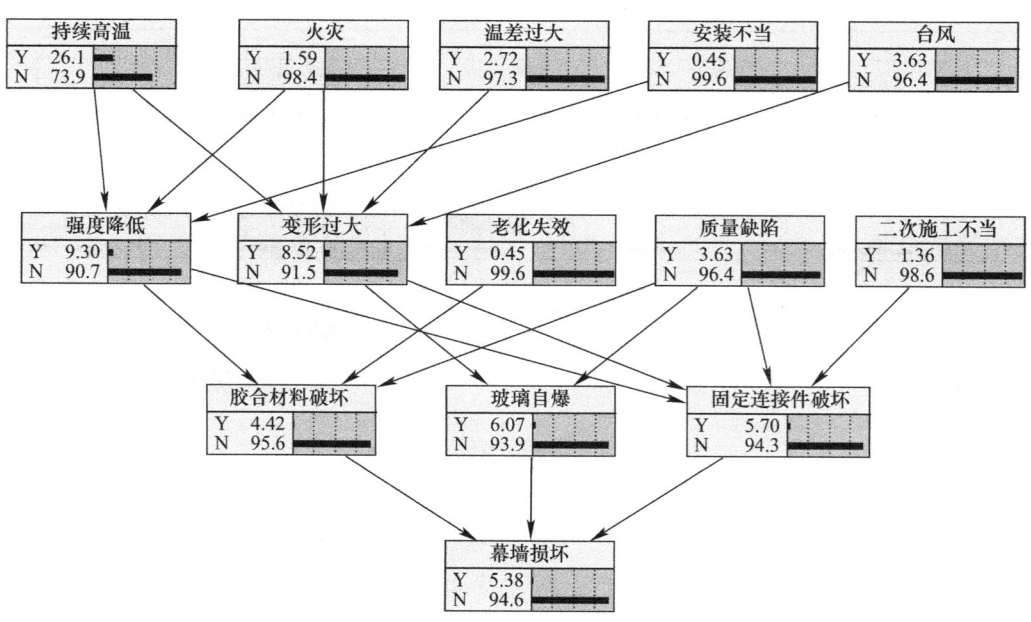

图 4-3 幕墙损坏风险事件贝叶斯网络(预测 2020 年)

# 5 运维阶段风险管理的风险处置

航空交通枢纽安全运维风险识别和评估不是目的，识别和评估的目的是为了更好地了解风险事件及其风险因素，并采取针对性的预控措施和方法进行有效控制，防止风险事件发生概率提升，避免风险事件发生后果加重。

## 5.1 风险预控措施

在识别结果的基础上，提出预防航空交通枢纽安全运维风险事件发生的控制措施和方法。针对已搜集的事故，追根溯源，分析其发生机理，针对结构坍塌/倒塌、火灾、幕墙损坏风险事件提出了控制措施和方法以供参考，具体控制措施见表5-1～表5-4。

结构坍塌/倒塌风险预控措施和方法 表 5-1

| 风险事件 | 第一层风险因素 | 第二层风险因素 | 第三层风险因素 | 预控措施和方法 |
|---|---|---|---|---|
| 结构坍塌/倒塌 | 基础破坏 | 桩基破坏 | 河水冲刷和浸泡 | 建筑物基础周围修建防水墙 |
| | | | 强震导致桩基破坏 | 定期向地震监测部门获取最新资料 |
| | | | 暴雨洪水导致土体蠕变滑移 | 加强暴雨预测工作；<br>增设排水管道 |
| | | | 外荷载过大 | 控制上部荷载并及时采取加固措施 |
| | | | 桩基质量缺陷 | 采取地基补强加固处理措施 |
| | | 地基土剪切破坏 | 强震地基土体破坏 | 定期向地震监测部门获取最新资料 |
| | | | 暴雨洪水浸泡土体抗剪承载力下降 | 雨季做好暴雨预报及排水工作 |
| | | | 外荷载过大 | 地基加固 |
| | | 地基液化或流变 | 地震导致土体液化 | 定期向地震监测部门获取最新资料 |
| | | | 周边环境振动导致土体液化或流变 | 不能满足要求时，必须做加强处理；<br>加强监测 |
| | 结构强度不足 | 构件承载力不足 | 设计荷载不合理 | 采取措施减少或控制上部荷载；<br>及时加固 |
| | | | 构件存在质量缺陷 | 采取更换构件或对构件进行加固处理 |
| | | | 材料锈蚀 | 定期检查；<br>查清锈蚀原因，最大限度地排除腐蚀因素，选取最优的防护措施 |
| | | | 使用年限久 | 使用年限久的构件应及时加固或更换 |
| | | | 施工缺陷 | 跟踪监测构件变形值、裂缝宽度等，做好预警工作 |
| | | 超载 | 雪灾 | 做好预报工作；<br>及时清理积雪 |
| | | | 台风 | 做好抗击台风应急管理工作；<br>狠抓应急管理责任制 |

245

续表

| 风险事件 | 第一层风险因素 | 第二层风险因素 | 第三层风险因素 | 预控措施和方法 |
|---|---|---|---|---|
| 结构坍塌/倒塌 | 结构强度不足 | 超载 | 屋面积水 | 大雨、暴雨后及时清理屋面积水；增设排水管道 |
| | | | 行人 | 做好现场安保工作，控制行人量 |
| | 结构刚度不足 | 构件损伤 | | 重要构件处放置警示牌、警示标语，避免人为撞击 |
| | | 火灾 | 用电不慎 | 制定专门的管理条例；严格执行电气技术规程 |
| | | | 易燃材料 | 做好易燃材料相关管理工作，定点堆放，隔离引火源 |
| | | | 施工不慎 | 检查用火监护人是否在现场；防火措施是否落实 |
| | 结构损伤 | 构件裂损 | 地震 | 定期向地震监测部门获取最新资料 |
| | | | 物理撞击 | 检查警示牌、警示标语位置是否正确 |
| | | | 爆炸 | 提高警惕，将引爆因素控制在预谋阶段 |
| | | | 火灾 | 不定时抽查；坚持消防安全评估常态化 |
| | | | 地下室渗水 | 采用防水剂在裂缝及点状渗水处压力注浆堵漏；在地下室集水坑侧壁附设消压泄水管降低地下水位 |
| | | 裂缝加固不及时 | | 加强对裂缝跟踪监测；及时加固已出现的裂缝 |
| | | 构件变形过大 | 构件承载力不足 | 减少上部荷载或采取加固措施 |
| | | | 构件质量缺陷 | 更换构件或采取加固措施 |
| | | | 构件刚度不足 | 采取加固措施 |
| | | 恐怖袭击 | | 留意可疑人物、包裹、车辆、邮件；如有怀疑，应立即报警 |
| | 管理混乱 | | | 每天核查各岗位人员是否到岗；及时填补空缺职位 |
| | 维护缺失 | | | 设立维护岗位，定期巡查 |

火灾风险预控措施和方法　　　　　表 5-2

| 风险事件 | 第一层风险因素 | 第二层风险因素 | 预控措施和方法 |
|---|---|---|---|
| 火灾 | 线路起火 | 违章用电 | 设立专门的监管部门，检查与处罚违章现象；建立/增加违章处罚制度 |
| | | 线路老化 | 定期测量检查线路的绝缘状况；须找出绝缘破损的地方并加以处理，过分陈旧老化、破损严重的导线必须更换；经常对运行中的线路和设备进行巡视和检查，一旦发现接头松动或发热，及时处理 |

续表

| 风险事件 | 第一层风险因素 | 第二层风险因素 | 预控措施和方法 |
|---|---|---|---|
| 火灾 | 线路起火 | 电流过载 | 安装漏电防火报警系统（即剩余电流报警系统），通过探测线路中漏电流的大小来判断火灾的发生的可能性，从而提早预防火灾发生 |
| | | 短路 | 定期紧固各线路接线端子，防止松动脱落；<br>检查继电器等电气元件，对于损坏的电气元件要及时修复更换 |
| | | 电气操作失误 | 重要电器配备用电使用说明书或由专人操作 |
| | | 电路故障 | 定期检查有无线路损坏、设备老化 |
| | | 用电不慎 | 定期检查电气线路乱接乱拉、超负荷用电 |
| | | 电线接触不良 | 加强管理，及时处理线路老化或者人为造成的线路接触不良 |
| | | 空调器起火 | 定期检查空调器性能，出现故障部位及时更换 |
| | | 环境高温 | 定期检查，及时更换老化线路 |
| | 明火燃烧 | 电焊火花 | 检查用火监护人是否在现场 |
| | | 电器火花 | 定期检查有无电线短路、损坏 |
| | | 人为纵火、玩火 | 定期巡视检查，发现引火源及时清理 |
| | | 用火不慎 | 在指定地方用火并有专人指导和监视 |
| | | 可燃物燃烧 | 定时巡视检查仓库、油库内、外有无可燃物 |
| | | 易燃物自燃 | 定时巡视检查仓库、油库内、外有无易燃物 |
| | | 燃气泄漏 | 保持室内空气流通，煤气灶旁不要摆放易燃易爆物品；<br>对与天然气管道相邻的污水井、电力槽沟等地方进行采样检测，看有无天然气泄漏，如有，则立即组织抢险抢修小组进行抢修 |
| | | 炉灶失火 | 检查煤气开关是否关好，厨房是否有煤气漏出所特有的臭味。可将肥皂水涂抹在怀疑漏气的地方检查是否漏气。 |
| | | 二次施工 | 检查焊工有无经批准的用火作业许可证；<br>检查用火监护人是否在现场；<br>防火措施是否落实 |
| | | 化学危险品存储不当 | 加强管理，定期做好例行检查工作 |
| | | 雷击 | 定期检查，确保避雷设施的可用性 |
| | | 车辆自燃 | 定期检查火灾自动报警系统及自动喷水灭火系统的可用性 |
| | 飞机撞击 | | 加强监测 |
| | 设计不合理 | | 采取相应措施加快空气流通 |
| | 消防意识不足 | | 定期地向群众宣传现代消防设备的使用方法，提高群众防火意识 |
| | 火警预报系统失效 | | 定期检查火警预报系统的各项指标、性能；<br>及时更换老化、损坏的密封件和管路 |
| | 消防设备不完善 | | 加强管理，定期做好例行检查工作，检查火灾报警系统、消防泵、风机、疏散出口指示灯、自动洒水设备、灭火器、消火栓、排烟设备、消防电话和应急广播、消防电梯 |
| | 消防管理混乱 | | 熟悉建筑物内消防设备的设计与安装，明确具体的消防设备的位置；<br>消防管理团队人员须熟悉消防设备的具体使用方法；<br>相关管理部门制定相应的日常消防管理工作计划 |
| | 电梯井烟囱效应 | | 增强电梯井内空气流通 |

**幕墙损坏风险预控措施和方法（玻璃幕墙）** 表 5-3

| 风险事件 | 第一层风险因素 | 第二层风险因素 | 第三层风险因素 | 预控措施和方法 |
|---|---|---|---|---|
| 玻璃幕墙损坏 | 胶合材料破坏 | 老化失效 | | 加强对玻璃幕墙胶合材料的现状检查，以便及时更换 |
| | | 强度降低 | 持续高温 | 夏季持续的高温天气需加强检查的频率 |
| | | | 火灾 | 做好火灾的预警及应急 |
| | | | 质量缺陷 | 日常巡视时需注意对胶合部位的检查；胶合部位发现的质量缺陷需及时修补 |
| | 玻璃自爆 | 维护不当 | | 加强维护人员培训交底 |
| | | 变形过大 | 持续高温 | 夏季持续的高温天气需加强检查的频率 |
| | | | 火灾 | 做好火灾的预警及应急 |
| | | | 温差过大 | 温差较大区域幕墙玻璃的巡检频率适当加大 |
| | | | 台风 | 做好台风的预警和应急 |
| | | | 地震 | 做好地震的预警和应急 |
| | | 质量缺陷 | | 日常巡视时需注意对玻璃板块的检查；发现存在质量缺陷的玻璃需及时更换 |
| | 固定连接件破坏 | 强度降低 | 设计不合理 | 对于设计不合理的幕墙连接件及时改造，满足结构安全和使用功能 |
| | | | 安装不当 | 运维阶段发现的安装不当的连接件及时进行改造 |
| | | | 使用不当 | 做好日常的巡检工作，定期进行维护 |
| | | | 维护不当 | 加强维护人员培训交底 |
| | | | 锈蚀 | 做好日常的巡检工作，定期进行除锈、补漆 |
| | | | 火灾 | 做好火灾的预警及应急 |
| | | 变形过大 | 持续高温 | 夏季持续的高温天气需加强检查的频率 |
| | | | 火灾 | 做好火灾的预警及应急 |
| | | | 台风 | 做好台风的预警和应急 |
| | | | 地震 | 做好地震的预警和应急 |
| | | 质量缺陷 | | 使用阶段做好连接件的定期巡视检查工作，发现质量缺陷及时修补 |
| | | 二次施工不当 | | 二次施工时需注意对幕墙连接件的保护 |
| | | 施工缺陷 | | 加强施工过程管理 |

**幕墙损坏风险预控措施和方法（石材幕墙）** 表 5-4

| 风险事件 | 第一层风险因素 | 第二层风险因素 | 第三层风险因素 | 预控措施和方法 |
|---|---|---|---|---|
| 石材幕墙损坏 | 胶合材料破坏 | 老化失效 | | 加强对胶合材料的现状检查，以便及时更换 |
| | | 强度降低 | 持续高温 | 夏季持续的高温天气需加强检查的频率 |
| | | | 火灾 | 做好火灾的预警及应急 |
| | | | 质量缺陷 | 日常巡视时需注意对胶合部位的检查；胶合部位发现的质量缺陷需及时修补 |

续表

| 风险事件 | 第一层风险因素 | 第二层风险因素 | 第三层风险因素 | 预控措施和方法 |
|---|---|---|---|---|
| 石材幕墙损坏 | 石材破坏 | 支承体系变形过大 | 持续高温 | 夏季持续的高温天气需加强检查的频率 |
| | | | 火灾 | 做好火灾的预警及应急 |
| | | | 安装不当 | 运维阶段发现的安装不当的部位及时进行改造 |
| | | | 结构变形 | 定期对建筑结构的变形进行监测 |
| | | 质量缺陷 | | 日常巡视时需注意对石材板块的检查；发现存在质量缺陷的石材需及时更换 |
| | 固定连接件破坏 | 强度降低 | 设计不合理 | 对于设计不合理的幕墙连接件及时改造，满足结构安全和使用功能 |
| | | | 安装不当 | 运维阶段发现的安装不当的连接件及时进行改造 |
| | | | 使用不当 | 做好日常的巡检工作，定期进行维护 |
| | | | 人为破坏 | 做好日常的巡检工作 |
| | | | 锈蚀 | 做好日常的巡检工作，定期进行除锈、补漆 |
| | | | 火灾 | 做好火灾的预警及应急 |
| | | 变形过大 | 持续高温 | 夏季持续的高温天气需加强检查的频率 |
| | | | 火灾 | 做好火灾的预警及应急 |
| | | | 台风 | 做好台风的预警和应急 |
| | | | 地震 | 做好地震的预警和应急 |
| | | 质量缺陷 | | 运维阶段做好连接件的定期巡视检查工作，发现质量缺陷及时修补 |
| | | 施工缺陷 | | 加强施工过程管理 |

## 5.2 跟踪监测指标

风险跟踪监测的主要目的是评估一个被预测的风险是否真正发生或收集能够用于未来风险分析的信息。根据监测对象不同，风险跟踪监测可分为定量跟踪监测和定性跟踪监测。

定量风险跟踪监测的目的在于找出风险事件的定量监测对象并跟踪其指标值，根据实际监测值确定当前定量指标的预警等级，结合风险升降级数规则确定当前风险事件等级，进而实现风险动态评估，并结合相关预控措施进行有效防范。定性风险跟踪监测主要从管理角度对监测对象进行定期检查，发现风险进行记录并采取相关预控措施处理。

本文针对航空交通枢纽安全运维所涉及的结构坍塌/倒塌、火灾、幕墙损坏等风险的监测预警指标进行研究分析，建立定量与定性相结合的监测预警指标。本文中预警等级分为四级：Ⅰ级（红色预警，预警等级最高）、Ⅱ级（橙色预警，预警等级其次）、Ⅲ级（黄色预警，预警等级再次）、Ⅳ级（蓝色预警，预警等级最低）。

(1) 结构坍塌/倒塌

① 跟踪监测指标

从案例库的统计结果来看，航空交通枢纽建筑发生结构坍塌/倒塌主要是由于突发事件的发生，例如地震、雪灾等，从而造成结构超载或结构荷载分布与设计假定产生差异，此外，又由于建筑材料性能的劣化，进而导致建筑物基础破坏、结构刚度不足以及结构损伤等，最终导致航空交通枢纽发生坍塌/倒塌。因此，对于基础失效与上部结构破坏导致结构坍塌/倒塌的情况，可以从基础破坏和结构刚度不足方面进行定量的跟踪监测。影响结构刚度的主要因素是构件裂缝宽度，考虑到在不采取任何裂缝处理措施的前提下，裂缝宽度随时间增长不断增大，需要对其进行定量的跟踪监测，以确定裂缝宽度是否超过允许设计值。此外，暴雨洪水使土体发生蠕变滑移破坏、河水冲刷和浸泡都可能导致基础破坏，因此针对基础破坏，主要考虑降雨的不利作用、基础裂缝宽度和基础沉降值是否超出设计允许值。对降雨量、基础裂缝宽度、基础沉降增量、沉降速率（连续3d）、累计整体倾斜和整体倾斜增量进行跟踪监测，并提出监测频率，见表5-5。

结构坍塌/倒塌风险定量跟踪监测指标 表5-5

| 风险事件 | 风险因素 | 监测指标 | 监测频率 |
| --- | --- | --- | --- |
| 结构坍塌/倒塌 | 结构刚度不足 | 构件裂缝宽度 | 1次/月 |
| | 基础破坏 | 降雨量 | 1次/时 |
| | | 基础裂缝宽度 | 1次/月 |
| | | 基础沉降增量 | 1次/月 |
| | | 沉降速率（连续3d） | 1次/月 |
| | | 累计整体倾斜 | 1次/季 |
| | | 整体倾斜增量 | 1次/季 |

对于使用过程中堆载过重、材料锈蚀等可能导致结构坍塌/倒塌的问题则需要通过管理方式进行定性的跟踪监测。结构坍塌/倒塌风险定性跟踪监测指标见表5-6。

结构坍塌/倒塌风险定性跟踪监测指标 表5-6

| 风险事件 | 风险因素 | 监测指标 | 监测频率 |
| --- | --- | --- | --- |
| 结构坍塌/倒塌 | 基础破坏 | 督察周边施工情况 | 1次/月 |
| | 结构强度不足 | 材料锈蚀 | 1次/季 |
| | 结构损伤 | 重要构件处警示牌、警示标语的数量 | 1次/周 |
| | | 警示牌、警示标语的位置 | 1次/周 |
| | | 地下室渗水量 | 1次/周 |
| | | 火灾安全法规的执行情况 | 1次/天 |
| | | 热工操作的控制情况（改、扩建工程） | 1次/天 |
| | 管理混乱 | 职位设置是否齐全 | 1次/天 |
| | | 所有工作人员是否到岗 | 1次/天 |

② 预警等级划分

对降雨量、基础裂缝宽度、基础沉降增量、沉降速率（连续3d）、累计整体倾斜和整体倾斜增量等跟踪监测指标，结合结构坍塌/倒塌发生机理和相关调查分析，提出结构坍塌/倒塌风险的预警等级划分标准，见表5-7。对于表5-7中指标而言，因风险的发生是一个递进的过程，区别于一般的结构损伤，故其等级划分的原则是比结构损伤的划分等级宽松，但是后果严重。对于无法定量跟踪的风险监测指标，则可考虑按照定性管理工作的完成量进行简单工作预警，本文暂未做进一步研究。

结构坍塌/倒塌风险预警等级划分　　　　表5-7

| 监测指标 \ 预警等级 | Ⅰ级 | Ⅱ级 | Ⅲ级 | Ⅳ级 |
|---|---|---|---|---|
| 构件裂缝宽度 | ≥0.8mm | ≥0.5mm | ≥0.3 | ≥0.2mm |
| 降雨量 | 3h内降雨量将达100mm以上,或者已达100mm以上且降雨可能持续 | 3h内降雨量将达50mm以上,或者已达50mm以上且降雨可能持续 | 6h内降雨量将达50mm以上,或者已达50mm以上且降雨可能持续 | 12h内降雨量将达50mm以上,或者已达50mm以上且降雨可能持续 |
| 基础裂缝宽度 | ≥0.7mm | ≥0.6mm | ≥0.5mm | ≥0.4mm |
| 基础沉降增量 | ≥110mm | ≥80mm | ≥60mm | ≥40mm |
| 沉降速率(连续3d) | ≥6mm/d | ≥4mm/d | ≥3mm/d | ≥2mm/d |
| 累计整体倾斜 | 13‰ | 10‰ | 7‰ | 5‰ |
| 整体倾斜增量 | 5‰ | 3‰ | 2‰ | 1‰ |

(2) 火灾

① 跟踪监测指标

从国内外火灾发生的原因统计结果来看,二次施工、人为纵火造成的明火燃烧、电气线路老化、使用不当造成的线路起火是引起公共建筑火灾的主要原因。针对以上原因造成的火灾,除了利用建筑物本身的火灾探测技术,在火灾发生时,通过感烟、感温探测器对火灾初期烟、光、热三种燃烧产物进行探测报警,做好火灾的监测、预警以及防范工作。另外,还可以基于光纤温度传感技术实时监测温度,发出火灾预警,确定异常点位置的功能,进而方便人员检查。

火灾风险主要与温度、电阻、电流、电压、防火距离等有关。电气线路起火是建筑物运维阶段火灾的主要诱因,因此,电气火灾风险的定量跟踪监测可以从电流以及线路温度方面考虑。

A. 电流监测

目前多采用剩余电流式火灾监测系统对线路中的剩余电流进行监测。《电气火灾监测系统第2部分:剩余电流式火灾监控探测器》GB 14287.2 第4.2.2条规定,探测报警值不应小于20mA,不应大于1000mA,探测器报警值应在报警设定值的80%~100%。广东地方标准《电气火灾监控系统设计、施工及验收规范》第六章规定:终端剩余电流报警值的设定不应小于30mA,不应大于500mA,且探测器报警值应在设定值的80%~100%,由此可见电流报警值的设定应根据回路所带负载情况具体设定。

B. 温度监测

温度监测主要是通过温度探测仪器对电缆温度进行监测。电缆温度的监测,一般可探测范围为70~140℃。一般而言,电缆在急速加热到125~130℃时,会出现细微烟雾,当电缆在缓慢加热到140℃时,会出现细微烟雾,而且不同材质的电缆,线缆和线芯长期工作最高温度允许值也不相同。其线缆长期最高允许温度见表5-8。

线缆长期工作最高允许温度　　　　表5-8

| 类型 | 长期工作最高允许温度(℃) |
|---|---|
| 交联聚烯烃绝缘电缆 | 90 |
| 聚氯乙烯绝缘电缆 | 70 |
| 橡胶绝缘电缆 | 65 |

因此，根据以上相关规范规定及航空交通枢纽火灾风险的调查，对于火灾风险的定量跟踪监测指标见表 5-9。

火灾风险定量跟踪监测指标　　　　　　　　　　　　　　　　表 5-9

| 风险事件 | 风险因素 | 监测指标 | 监测频率 |
| --- | --- | --- | --- |
| 火灾 | 线路起火 | 剩余电流 | 连续监测 |
|  |  | 线缆温度 | 连续监测 |

在火灾发生前期，还可以采取定性的跟踪检查，加强建筑物的安全管理和教育工作，通过定期的巡视检查，排除风险源，从而降低火灾发生的概率。火灾风险的定性跟踪监测指标见表 5-10。

火灾风险定性跟踪监测指标　　　　　　　　　　　　　　　　表 5-10

| 风险事件 | 风险因素 | 监测指标 | 监测频率 |
| --- | --- | --- | --- |
| 火灾 | 线路起火 | 违章用电 | 1 次/天 |
|  |  | 线路老化 | 1 次/月 |
|  |  | 控制柜电路故障 | 1 次/月 |
|  | 明火燃烧 | 仓库、油库内、外有无可燃、易燃物 | 4 次/天 |
|  |  | 管路老化，管道内压 | 1 次/月 |
|  |  | 火警预报系统失效 | 1 次/天 |
|  |  | 消防设备不完善 | 1 次/天 |

② 预警等级划分

对电气线路剩余电流和线缆温度等跟踪监测指标，结合火灾发生机理和相关调查分析，提出火灾风险的预警等级划分标准，见表 5-11。

火灾风险预警等级划分　　　　　　　　　　　　　　　　　　表 5-11

| 预警等级<br>监测指标 | Ⅰ级 | Ⅱ级 | Ⅲ级 | Ⅳ级 |
| --- | --- | --- | --- | --- |
| 剩余电流 I(mA) | I≥700 | 600≤I<700 | 500≤I<600 | 400≤I<500 |
| 线缆温度 t(℃) | t≥100 | 90≤t<100 | 80≤t<90 | 70≤t<80 |

(3) 幕墙损坏

① 跟踪监测指标

从案例库的统计结果来看，航空交通枢纽发生幕墙损坏的主要原因是环境持续高温、室内外温差过大以及台风等自然因素。此外，又由于施工缺陷和幕墙质量劣化等问题，从而引起幕墙玻璃自爆、固定连接件和胶合材料破坏，最终导致幕墙的损坏。根据《建筑幕墙》GB/T 21086、《玻璃幕墙工程技术规范》JGJ 102、《玻璃幕墙工程质量检验标准》JGJ/T 139 以及《既有建筑幕墙可靠性鉴定及加固规程》（征求意见稿）中相关规定可知，幕墙的跟踪监测比较难。但是，通过分析可发现：对于承载力，可以将设计值与现有承载能力的比值 $f/\sigma$ 作为定量监测指标；对于位移，可以将现有变形与位移限制变形的比值 $d_f/d_{flim}$ 作为定量监测指标。因此，将幕墙的承载力和位移作为幕墙损坏风险的定量监测指标。

而对于不能量化的指标,从结构受力机理来看,影响到结构最终破坏的内外因都是可以在承载能力以及变形方面体现出来的,对于幕墙安全性影响的监测指标主要分为承载力、变形等量化指标以及外观检查、连接状况等定性指标。定期对幕墙的外观和连接件状况进行检查,对于损坏严重的及时采取维修措施,可将幕墙损坏的风险概率降到最低。幕墙损坏风险定性跟踪监测指标见表5-12。

**幕墙损坏风险定性跟踪监测指标** 表5-12

| 风险事件 | 风险因素 | 监测指标 | 监测频率 |
|---|---|---|---|
| 幕墙损坏 | 胶合材料破坏 | 检查胶合材料的老化情况 | 1次/两年 |
| | 玻璃自爆 | 检查玻璃表面裂纹 | 1次/两年 |
| | | 检查中空层内结露 | 1次/两年 |
| | 固定连接件破坏 | 检查连接件焊缝外观情况 | 1次/两年 |
| | | 检查连接件螺栓紧固情况 | 1次/两年 |
| | | 检查连接件涂层情况 | 1次/两年 |

② 预警等级划分

对于 $f/\sigma$ 和 $d_{\text{flim}}/d_f$ 两个幕墙损坏风险的定量监测指标,结合标准规范和工程经验,提出风险预警的等级划分标准,见表5-13。

**幕墙损坏风险预警等级划分** 表5-13

| 预警等级<br>监测指标 | Ⅰ级 | Ⅱ级 | Ⅲ级 | Ⅳ级 |
|---|---|---|---|---|
| 幕墙承载力($f/\sigma$) | $\geqslant 1.00$ | $0.90 \leqslant f/\sigma < 1.00$ | $0.85 \leqslant f/\sigma < 0.90$ | $<0.85$ |
| 幕墙变形($d_f/d_{\text{flim}}$) | $\geqslant 0.95$ | $0.90 \leqslant d_{\text{flim}}/d_f < 0.95$ | $0.85 \leqslant d_{\text{flim}}/d_f < 0.90$ | $<0.85$ |

注:$f/\sigma$ 为设计值与现有承载能力的比值;$d_f/d_{\text{flim}}$ 为现有变形与位移限制变形的比值。

## 参考文献

[1] 周红波,高文杰,蔡来炳,等. 基于WBS—RBS的地铁基坑故障树风险识别与分析[J]. 岩土力学,2009,30(9):2703-2707.

[2] 周红波,高文杰,刘成清. 上海虹桥综合交通枢纽灾害链及其在灾害评估中的应用[J]. 灾害学,2009,24(1):6-12.

[3] 周红波,高文杰,刘成清. 综合交通枢纽工程的灾害评估内容和方法探讨[C]//上海空港,2009.

[4] 周红波,高文杰,刘成清. 上海虹桥综合交通枢纽工程的灾害识别与评估[J]. 灾害学,2009,24(2):16-20.

[5] 张辉,周红波,高源. 大型钢筋混凝土建筑结构事故案例统计分析[J]. 建筑技术,2010,41(7):656-658.

[6] Zhou Hong-bo, Zhang Hui. Dynamic Risk Management System for Large Project Construction in China [A]. GeoFlorida 2010: Advances in Analysis, Modeling & Design [C], 2010: 1992-2001.

[7] ZHANG Hui, ZHOU Hongbo, TAO Hong. Risk Management Modes and Their Applications in the Construction Process of Large Infrastructure [A]. Proceedings of the Annual Conference of China Association for Science and Technology [C]. 2010, 6 (1): 96-101.

[8] 姜琦,周红波. 基于修正系数法的大型建筑物安全运营风险耦合效应研究[J]. 施工技术,2013,42(24):5-8.

[9] Zhou Hong-bo, Zhang Hui. Risk Assessment Methodology for a Deep Foundation Pit Construction Project in Shanghai [J]. Journal of Construction Engineering and Management, 2011, 137 (12): 1185-1194.

[10] Zhang Hui, Liu Shangliang. Research on Social Stability External Risk Evaluation in Key Construction Projects Based on ANP [A]. Second International Conference on Electric Information and Control Engineering (ICEICE 2012) [C], 2012: 743-745.

[11] 周红波，姜琦. 大型公共建筑安全运营风险管理与应急处置 [J]. 上海城市管理，2015 (5): 31-34.

# （四）
## 理论研究篇

# 以人文关怀为目标的大型航空枢纽项目社会互动行为模型——基于北京大兴国际机场的案例研究

赵雪洋,马鸿芸,贾广社

(同济大学经济与管理学院)

**摘 要**:实现"人文关怀"目标是大型航空枢纽项目保障社会民生、提升人民幸福感的重要举措,民航业明确提出了建设"人文机场"的目标。本文聚焦于大型航空枢纽项目社会互动行为,依据社会互动理论,以北京大兴国际机场(以下简称"大兴机场")为例,识别出大型航空枢纽项目社会互动行为主体包括建设方、运营方和用户,并梳理各行为主体之间社会互动行为类型及行为输出。基于此,本文以实现人文关怀为目标,构建出"主体—行为—输出"三层次的大型航空枢纽项目社会互动行为模型,为大型航空枢纽项目人文建设提供新的思路。

**关键词**:人文关怀;社会互动理论;互动行为;大型航空枢纽项目

## Social interaction behavior model of large-construction aviation hub project aiming at humanistic care: Beijing Daxing International Airport case study

ZHAO Xueyang, MA Hongyun, JIA Guangshe

(School of Economics and Management, Tongji University)

**Abstract**: To realize the goal of "humanistic care" is an important measure for large aviation hub projects to guarantee people's livelihood and improve people's happiness. The civil aviation industry has clearly put forward the goal of building "humanistic airports". This paper focuses on social interaction of the major aviation hub projects based on the theory of social interaction and taking Beijing Daxing International Airport (hereinafter referred to as the "Daxing Airport") as an example, recognize the large hub social interaction including project including project owner, operator and users, as well as elaborating the behavior and type of social interaction. Based on this, with the goal of realizing humanistic care, this paper constructs a three-level social interaction behavior model of "subject-behavior-output" for large-scale aviation hub projects, which provides new ideas for the humanistic construction of large-scale aviation hub projects.

**Key Words**: humanistic care; social interaction theory; interactive behavior; large aviation hub project

# 1 引言

步入新时代，我国经济已由高速增长阶段转向高质量发展阶段。我国虽已具备从民航大国向民航强国跨越的发展基础，但面临基础保障能力不足、资源环境约束增大、发展不平衡不充分现象突出等问题。在此背景下，民航局于 2018 年发布了《新时代民航强国建设纲要》，明确指出要高质量推进机场规划建设，建设平安、绿色、智慧、人文机场。建设"四型机场"，既是新时代民航高质量发展的新要求，也是建设民航强国的重要支撑，而人文机场建设是灵魂所在。

人文是人类的价值观及其规范，建设工程伴随着人类社会的起源而产生，随着人类社会的演进而发展，本身就蕴含着深刻的人文内涵。工程具有自然的和社会的双重属性，工程活动既是技术性的造物活动，也是一种复杂的社会实践活动。从系统论的角度来看，大型航空枢纽项目系统嵌入在当地社会乃至整个社会的大系统中，其内部要素与社会其他子系统相互联系、相互作用，不仅直接关系到项目主体和社会公众的利益，而且长远地影响着自然环境，关系到资源节约、生态平衡、环境保护等诸多方面的社会利益，为社会存在和发展提供物质基础。研究大型航空枢纽项目的人文关怀就是通过研究不同主体的行为实现对大型航空枢纽项目的社会属性的探索。

人既是工程的创造者，又是工程的使用者，实现人文关怀的目的就是要尊重工程中的每一个角色，关心他们的需求。人文关怀是在不同角色之间的互动中实现的。目前的研究多在设计阶段或施工阶段对人文精神进行探索。安军、肖国浩等人提出建筑设计要考虑与周边文化和环境的融合，建筑功能充分尊重人的意愿，实现安全、便捷、美观等要求；李云波认为应在施工工程中关注建筑工人的生活状况；苗德连强调要安全体现在企业的人文关怀，施工企业应把安全放在第一位。

虽然根据工程活动特点，可将工程项目划分为不同阶段，但各个阶段不是割裂存在的，其相互关联，相互作用，最终集成为大型航空枢纽项目工程系统，共同实现工程项目的建设目标和设计功能。因此，人文关怀目标贯穿于工程项目的全生命周期，本文将从设计建设运营的全过程出发，就以实现人文关怀为目标，从社会互动理论视角对大型航空枢纽项目全生命周期内不同主体的行为模式进行探究。

# 2 文献综述

## 2.1 人文关怀的内涵与目标

中国文化博大精深，源远流长，古代中国人文关怀被分开使用。"人文"一词最早可追溯到《周易》中，"观乎天文，以察时变。观乎人文，以化成天下"。这里的"人文"指人类的基本活动和精神生活轨迹，并与其世间教化活动和人的价值追寻意义联系在一起，即人类的各种文化现象。在几千年的历史进程中，中国文化形成了以儒学为主，儒释道等各家学派相互渗透的基本文化格局，蕴含了以人为中心、追求和完善人的理想人格等丰富的人文精神，构成了中国传统文化的灵魂与精髓。"关怀"指对人的关心和爱护。《孝经》云："天地之性人为贵"，我国传统文化语境下的人文关怀就是以人为本，强调弘扬人的价值。

西方的"人文"一词源于拉丁语（humannus），本意是"人性、人情、万物之灵。"从人性角度出发，西方学者对人的本质、思想观念、文化等进行了研究，给人文精神赋予了丰富的内涵。古希腊哲学家普罗泰戈拉认为，"人是万物的尺度，是存在的事物存在的尺度，是不存在的事物不存在的尺度。"马克思主义认为人的需要具有客观性，是人从事其他一切社会活动的原始推动力。因此，关心人就要从人的基本需要出发，满足人的基本需求，尊重个性差异，把人从统一的束缚中解放出来，只有每个人的不同个性有得以施展的机会与平台，才会实现充分全面的发展。

根据以上论述，本文所指人文关怀就是实现人文精神的途径，具体而言就是以满足人的需要为目标，一切为了人，一切行为都体现了对人的生存状况的关注，对人的尊严与符合人性的生活条件的肯定。

## 2.2 社会互动行为

社会互动是相互的社会行动，指人们对其他人发出动作或做出反应的过程。社会互动行为通常发生在个体与个体之间、个体与群体之间以及群体与群体之间，包含有两个以上的行为主体。

德国社会学家齐美尔早在1908年《社会学》一书中使用"社会互动"一词。马克思·韦伯提出在研究个人行为时，应处于与主体相同的社会环境之中进行考察。哈贝马斯将社会互动行为划分为四类，即目的行为、规范调节行为、戏剧行为和交往行为。理性行为理论认为个体倾向于按照能够使自己获得有利的结果并且也能够符合他人期望的方式来行为。霍曼斯创立社会交换理论，主张人类的行为受到某种能够带来奖励和报酬的交换活动的支配，在此基础上，布劳提出符合交换行为的两个标准：行为的最终目标只有通过与他人互动才能达到；该行为必须采取有助于实现这些目的的手段。

胡荣从结构角度进行分析，认为互动过程一般包括信息沟通、动作的相互作用以及资源的转换三个方面的内容。第一，社会互动是人际间信息沟通的过程；第二，在社会互动中总伴随着互动双方动作的相互作用过程；第三，互动的过程往往会伴随着某种资源的转换。从这个意义上讲，本文认为社会互动行为就是发生在两个及两个以上主体之间，行为主体通过相互作用和资源交换等方式有意识地对他人的行为进行回应的过程。

## 2.3 大型航空枢纽项目社会互动行为

大型航空枢纽项目本身构成了一个小社会，在这个社会系统内部充斥着各种社会资源和利益关系，各参与主体为实现其利益诉求，往往会根据各自在社会系统中的角色在规则的约束下通过运作资源产生各种互动行为。

大型航空枢纽项目涉及众多利益相关者，如政府部门、勘察设计单位、建设单位、运营单位、社区民众、业主客户等，各利益相关者各有所需，目标多样，行为交互嵌套、错综复杂，他们相互影响，共同作用，成为项目成功建设运营的重要影响因素。贾广社、夏志坚等人根据工程项目的不同阶段对各参与主体的互动行为进行了梳理，并提出了各阶段互动行为的不足引发了许多建设工程社会结构性的社会问题。

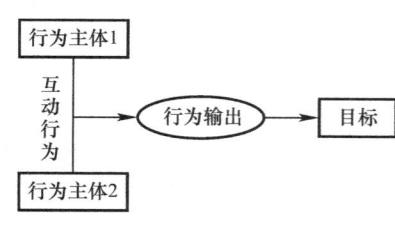

图 2-1 大型航空枢纽项目互动行为输出理论框架

在实现大型航空枢纽项目"人文关怀"的目标过程中，多种参与主体受统一目标的驱动，其互动行为被认为有意义，同时这些事物的意义在不同参与主体之间的互动之中产生，只有多参与主体互通有无，才能保证互动的有效性。此外，参与主体之间的互动行为因为人文关怀目标在沟通协调中不断实现修正，互动之中实现了各方的资源交换，最终输出，如图 2-1 所示。

# 3 研究方法

## 3.1 研究设计

本文旨在研究为实现人文关怀目标，大型航空枢纽项目的参与主体之间是如何互动的，即采取何种互动行为，这是一个"怎么样"的问题，适合采用案例研究法进行研究。同时，本研究希望能够从单一案例中能够归纳出理论，探索性单案例研究法可以构建理论。由于目前针对大型基础设施项目的人文建设研究鲜见，本文采用探索性单案例研究法进行以人文关怀为目标的大型航空枢纽项目互动行为选择模型构建。

## 3.2 案例选择

本文选取大兴机场为研究案例。由于案例研究的主要目的并非检验理论，所以本文采取的是理论抽样法，即根据理论需要选择案例对象的抽样法。Yin 主张可以选取先前无法被观察和分析的科学现象作为案例。Flyvbjerg 指出选取范式案例（Paradigmatic Case）作为研究对象。

就上述标准而言，大兴机场是一个典型的范式案例。根据相关资料显示，大兴机场建设投资 800 亿元，占地 100 多万 $m^2$，其规模之大数国内之最。大兴机场应民航局指示，以"四型机场"为目标，力求打造全球空港标杆。大兴机场在定义人文机场基本内涵上提出"两个理念、四项行动"，"两个理念"即"以人为本，文化引领"，"四项行动"指重点提升航班正常、改善服务品质、打造文化机场和增强员工幸福。大兴机场对人文机场的定义为基于旅客需求，以服务链条形式传递，通过机场硬件、软件、标准、流程、文化、品牌等载体呈现，使人文的内涵得以诠释和表达。其在人文机场建设中，在造型设计上充分考虑旅客最短中转流程，注重"以人为本"。在硬件设施上，重点在无纸化出行、无障碍设施建设、人文艺术陈列等方面追求卓越。在服务上，从旅客角度出发，多种业态打造机场商业圈，包括餐饮、零售、科技体验等各类服务，同时打造空铁联运产品以充分提高旅客多交通换乘的便捷度与舒适度。在文化陈列上，与故宫博物院合作，不断追求艺术文化，以中国传统文化之美来装点首都新国门。所以，不论是从何种方面考虑，大兴机场都是一个值得分析的典型范式案例。另一方面，本研究团队长期驻扎该项目现场，跟踪项目的建设运营进度与举措，这使得获取研究信息的可靠性和便利性有所保障。

## 3.3 数据收集

为了提高案例研究的信度与效度，使得研究结论具有说服力和准确性，满足"证据三角形"原则是数据收集的必要条件。本研究结合团队所拥有的资源，尽可能采取多种方法，从如下几个渠道获取信息与资源（表3-1）。①在团队参与机场项目的进度管理工作中，对机场的建设者与运营者进行半结构式访谈，访谈内容包括人文机场建设与运营筹备情况及工作的重难点以及多方之间的协调配合与解决措施等。②深度参与大兴机场人文建设工作的相关会议，并形成会议记录。③收集相关文献、政策等文件，跟踪大兴机场相关报道，以此进行二手资料的收集，主要是来印证、补充访谈和会议内容。

数据收集情况　　　　　　　　　　　　　　　　　　　　　表3-1

| 数据类型 | 收集阶段 | 数据收集方法 | 收集目标 |
| --- | --- | --- | --- |
| 一手资料 | 第一阶段 | 半结构访谈：<br>"人文机场"负责部门主要领导及相关人员 | 多渠道理解不同人员对于人文机场的概念与模式的解读 |
| 一手资料 | 第二阶段 | 会议记录：<br>参加指挥部、管理中心例会及相关专题会议 | 从日常及专题会议中了解人文机场内涵的深化与多方之间的互动 |
| 二手资料 | 第三阶段 | 文件收集：<br>文献与书籍、政策文件、相关文本、新闻报道等 | 多方收集数据以提高材料的信度与效度 |

## 4 研究结果与分析

### 4.1 行为主体

"人文机场"是"四型机场"的最终目标，建筑物一切应以人的关怀出发，融合在项目全生命周期、全项目参与方之中。大兴机场在"人文机场"建设工程中，在项目规划设计阶段，设计单位就在建筑的设计上充分体现"以人为本"的终极思想，根据旅客的需求进行规划选址、建筑造型与方案的设计。在项目建设阶段，各个施工方掌握施工技术，在建筑的施工质量上考虑用户的需求。在运营阶段，机场集团公司提出包括提升航班正常、改善服务品质、打造文化机场和增强员工幸福在内的四项重点行动，切实弘扬人文精神。

根据行为特征，大兴机场的行为主体可归纳为三个主体，即建设方、运营方和用户。建设方是包括建设指挥部、设计单位、施工单位、供应商、咨询单位等工程建设过程中相关的参建主体，主要负责建设实体的生产；运营方指在项目建设完成后进行日常业务运营的单位，包括管理中心、各专业公司、各航空公司及驻场单位等；用户则为项目服务对象，项目产品的实际使用者，也是实现人文目标的关键主体。图4-1归纳总结了大兴机场互动行为主体。

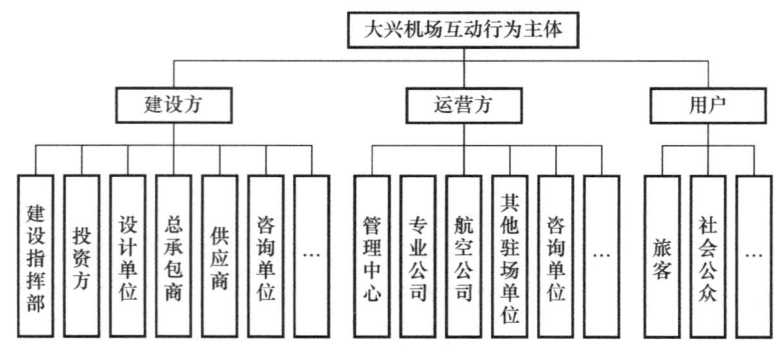

图 4-1 大兴机场互动行为主体结构图

## 4.2 互动行为识别

不同行为主体之间的互动行为复杂，单一行为主体的个体之间也存在着多样的互动行为。本文聚焦于建设方、运营方、用户之间的互动行为，分别以建设方、运营方、用户为研究对象，研究其与其他主体的互动行为，同一类型主体内的个体之间的互动行为不做探讨。

根据哈贝马斯交往行为理论、社会交换理论、理性行为理论、计划行为理论，结合大兴机场工程实践，可将互动行为方式概括为八种类型：调研行为、循规行为、创新行为、移交行为、沟通行为、合作行为、选择行为和评价行为，具体分类见表4-1。

**互动行为方式类型** 表 4-1

| 互动行为方式 | 含义 | 理论依据 |
| --- | --- | --- |
| 调研行为 | 行为主体调查研究其他主体的意见以辅助决策的行为 | 社会交换理论；理性行为理论 |
| 循规行为 | 行为主体遵循法律法规、社会道德规范、行业惯例等的行为 | 哈贝马斯交往行为理论；理性行为理论 |
| 创新行为 | 行为主体为提高服务品质、获取其他主体认可而突破常规，推出新思想、新产品的行为 | 理性行为理论；经验总结 |
| 移交行为 | 行为主体根据合同要求和工程进展情况将所有权交给其他主体的行为 | 经验总结 |
| 沟通行为 | 行为主体向另一行为主体提出建议、阐明需求的行为 | 哈贝马斯交往行为理论 |
| 合作行为 | 行为主体之间互相配合以实现单一主体无法独立完成的目标的行为 | 哈贝马斯交往行为理论；计划行为理论 |
| 选择行为 | 行为主体选择符合自身需要的产品和服务的行为 | 社会交换理论 |
| 评价行为 | 行为主体为获取更好的服务而对其他行为主体的输出进行评价的行为 | 社会交换理论 |

### 4.2.1 建设方与其他方的互动行为及其输出

建设方与运营方的互动行为主要发生在项目的策划和建设阶段。随着工程项目管理理论的发展，建设运营一体化已经成为机场建设的重要管理方法。实现建设运营一体化，就要求建设方在设计阶段就将运营阶段的需求考虑在内。具体而言，建设方对运营方的互动行为主要有：需求听取及建设工作完成后的建筑说明和实体交付。

用户是建设方最终产品的主要使用者，项目的建设必然是围绕用户展开的。为满足用户的使用需求和使用感受，建设过程的方方面面均体现了建设方对用户的人文关怀。首先，工程质量和安全性能体现了对人生命的尊重和关怀；其次，设计单位在外形设计需要考虑建筑的美观性和与周围环境的协调性，体现了对用户观感的尊重；机场的功能设计不仅要满足乘客的出行需求，还要满足乘客高层次的精神文化享受，建设方互动行为方式及输出如表4-2所示。

建设方互动行为方式及输出（部分列举） 表4-2

| 建设方 | 互动对象 | 互动事件 | 互动行为定义 | 行为输出 |
| --- | --- | --- | --- | --- |
| 投资方 | 社会公众 | 举办听证会就机场的必要性、规模等进行深入沟通 | 沟通行为 | 可行性报告 |
| 设计单位 | 机场运营单位 | ① 与运营单位开会，采取运营单位的需求；② 向运营方交付满足运营条件的建筑实体 | 沟通行为 移交行为 | ① "以人为本"的指廊型航站楼设计；② 符合东方文化的人文建筑造型 |
| 设计单位 | 政府与社会公众 | ① 前期规划选址，公众调研；② 就航站楼功能设计进行充分调研和论证 | 调研行为 | ① 服务"京津冀"区域人民跨区域综合枢纽选址；② 提高旅客人文体验的设施功能 |
| 总承包商 | 机场运营单位 | ① 运营单位开会，采取运营单位的需求；② 向运营方交付满足运营条件的建筑实体 | 沟通行为 移交行为 | 满足运营方要求的人文建筑及空间 |
| 总承包商 | 政府与社会公众 | 受政府及社会公众监督，保证建筑质量、进度与成本 | 循规行为 | 符合人文建设要求的建筑 |
| 供应商 | 政府与社会公众 | 受政府及社会公众监督，材料、设备选择和供应 | 循规行为 | ① 对人体健康友好的建筑材料；② 建设人文机场需要的设备 |
| 咨询单位（进度管控） | 机场建设单位与运营单位 | 梳理建设运筹两方关键节点，开展进度管控工作 | 合作行为 | 梳理关键建设节点，把控人文机场建设与运营筹备进度 |

根据以上分析，根据以上分析，以人文关怀为目标，建设方的行为输出可概括为人文硬件，包括建筑、空间、设施设备、环境等，构建建设方的互动行为输出模型如图4-2所示。

### 4.2.2 运营方与其他方的互动行为及其输出

运营方对建设方的行为以需求介入为主，在项目建设的全过程生命周期，应该尽可能向建设方阐明需求，并根据建设实际，与建设方进行深入有效的沟通，以保证在建设阶段能够完成部分运营准备工作，以实现从建设到运营的顺利过渡。

在项目交付投入运营后，大型航空枢纽项目的互动

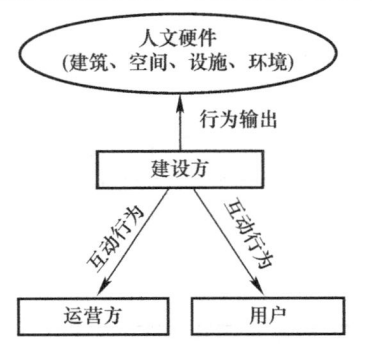

图4-2 建设方互动行为输出模型

行为主要发生在运营方和用户之间。以人文关怀为目标，运营方对用户的行为首先要保证航班正常和旅客出行安全，在此基础上，给用户提供高质量的服务和丰富多样的人文体验。大兴机场就人文机场建设建立了服务管理体系和机制，并构建出真情服务指标体系，精细化探索旅客需求，创新打造服务产品。运营方互动行为方式及输出如表 4-3 所示。

运营方互动行为方式及输出（部分列举）　　　　　表 4-3

| 运营方 | 互动对象 | 互动事件 | 互动行为定义 | 行为输出 |
| --- | --- | --- | --- | --- |
| 机场集团公司 | 设计和施工单位 | 与设计和施工单位开会，制定方案 | 合作行为 | 制定符合人文关怀的建筑设计和施工方案 |
| | 旅客 | ① 构建机场保障管理体系，确保航班正常；② 科学完善服务管理体系；实施服务风险管控；③ 创新打造空间人文、时间人文、载体人文；④ 打造集团品牌、机场品牌 | 循规行为创新行为 | ① 保障人民出行的管理体系；② 提升旅客体验的服务标准和流程；③ 塑造特色文化格局；④ 打造凸显人文风貌的文化品牌 |
| 航空公司 | 设计和施工单位 | 与设计和施工单位开会，提出需求 | 沟通行为 | 提供航司角度的人文机场建设建议 |
| | 旅客 | 在公众监督下，① 确保航班准时和旅客出行安全；② 制定航空公司服务标准；③ 提供细致周到的地勤和空乘服务 | 循规行为 | 人性化的服务 |
| 其他驻场单位 | 设计和施工单位 | 与设计和施工单位开会，阐明需求 | 沟通行为 | 提供驻场单位角度的人文机场建设建议 |
| | 旅客 | ① 海关、边检等联检单位在合法合规的前提下打造"通程航班"等；② 各专业公司提供"同城同质同价"多样化的餐饮、商贸及休闲服务 | 循规行为创新行为 | ① 特色文化品牌；② 丰富的人文体验 |
| 咨询单位（民航研究） | 社会公众 | 往期社会数据调研以进行航班波搭建等研究 | 调研行为 | 优化航班结构，提升航班正常率，保障旅客顺利出行 |

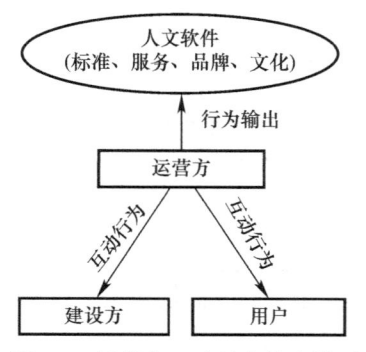

图 4-3　运营方互动行为输出模型

根据以上分析，运营方的行为输出形式为人文软件，包括标准、服务、品牌、文化等，构建建设方的互动行为输出模型如图 4-3 所示。

### 4.2.3　用户与其他方的互动行为及其输出

用户对建设方的社会行为通常是通过第三方来实现的。政府等管理机构举办听证会以征求用户的意见，用户对建设方的要求也可通过社会评价通道如通过媒体评价来实现。

用户通过对运营方服务的选择和评价行为来实现人文

关怀。一方面，用户对于满意的服务会选择二次甚至多次使用；另一方面，通过评价行为对服务的质量进行评估。通过这两个方式，能够帮助运营方评估自己的运营质量，了解运营缺点，明确运营重点，从而使服务更加有针对性的改善，促进机场人文建设的发展。用户互动行为方式及输出如表 4-4 所示。

用户互动行为方式及输出（部分列举） 表 4-4

| 用户 | 互动对象 | 互动事件 | 互动行为定义 | 行为输出 |
| --- | --- | --- | --- | --- |
| 社会公众 | 设计和施工单位 | 参加听证会，提出对项目建设的意见和反馈 | 沟通行为 | 对机场建设表达公众诉求与反馈 |
| | 机场运营单位 | 通过新闻报道、自媒体等多种渠道获取机场信息 | 评价行为 | 对机场运营做出社会评价 |
| 旅客 | 建设单位 | 模拟旅客参加开航前模拟演练 | 合作行为 | 对机场设施、空间、陈设等硬件给出人文建设评价 |
| | 机场运营单位 | ① 对服务水平和服务质量给予评价<br>② 多次选择满意的服务 | 评价行为<br>选择行为 | 对机场的人文服务进行反馈 |

根据以上分析，用户的行为输出可概括为反馈，即对建设方和运营方的互动行为进行评价和选择，帮助建设方和运营方的人文互动行为进行改进和发展，构建用户的互动行为输出模型如图 4-4 所示。

## 4.3 大型航空枢纽项目互动行为模型

通过以上分析，提出以人文关怀为目标的大型航空枢纽项目互动行为模型，如图 4-5 所示。根据大型航空枢纽项目中各参与者扮演的角色特点将行为主体划分为建设方、运营方、用户。在大型航空枢纽项目这一社会系统中，每一主体都受到来自其他两个主体的影响，并因此做出反应，产生互动行为。围绕人文关怀，各主体对于其他两者的需求进行了有针对性的回应，建设方的行为输出主要为硬件，包括建筑实体空间、设施设备、装修陈设等；运营方则以软件为行为输出，重点在于服务的保障和文化品牌的建立；用户作为项目的服务主体，其行为输出通常是对其他两个主体的输出进行反馈和评价。三个主体的行为输出均体现了对另外两者需求的关注与尊重，同时三者的输出相互作用，最终形成了以人文关怀为目标的项目文化。

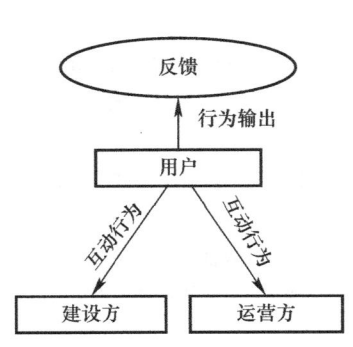

图 4-4 用户互动行为输出模型

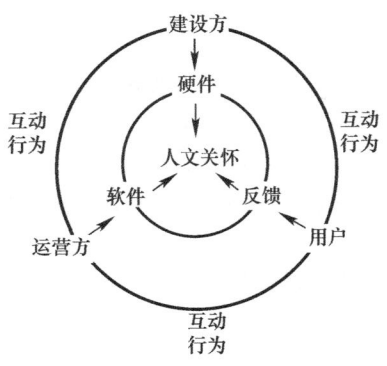

图 4-5 以人文关怀为目标的大型航空枢纽项目互动行为模型

# 5 结论与展望

本研究首先对人文关怀和社会互动行为理论进行了论述,然后通过规范的案例研究,基于社会互动理论,将大型航空枢纽项目的行为主体划分为建设方、运营方、用户,各主体通过沟通、合作、评价等行为相互作用,使得人文关怀目标在各主体的输出中得以实现。

基于本文的分析,大型航空枢纽项目人文关怀目标的实现,就是要以人为本,回归人的本性,强调人的尊严的价值高度,满足人民群众高层次的精神文化享受。大兴机场人文机场建设的丰富实践对于大型航空枢纽项目的人文建设有着重要的参考价值:

(1) 将人文关怀的实现作为项目建设和运营的重要目标。在经济不断发展、人们生活水平不断提升的今天,人民群众对美好生活的需要使得大型航空枢纽项目的功能已经不局限于保障基本生活需求,项目的人文内涵才能满足人民的精神追求。

(2) 准确识别项目参与主体的需求对于实现人文关怀十分重要。在项目建设运营的过程中,拓宽沟通渠道,建立多种沟通机制,保证各参与主体的需求能被有效识别和理解。

(3) 将人文互动行为凝练形成项目独特的项目文化,不断丰富人文建设的理论积淀,打造符合项目文化基因的人文生态圈。

(4) 项目的人文建设贯穿项目设计、建设、运营的全过程,项目的设计阶段要以人文关怀为内核,项目的建设和运营阶段也要注重人文关怀。

本研究主要有两点局限:①尽管本研究选取的案例具有大型航空枢纽项目的代表性,但不同类型的项目之间仍然存在一定差异,所以研究结论的应用还需要结合实际情况调整。②虽然本文对大型航空枢纽项目的社会互动行为进行了梳理,但大型航空枢纽项目涉及利益相关者众多,其互动行为也十分繁杂,因此结论可能存在不全面的问题。

本文探讨了以人文关怀为目标的大型航空枢纽项目参与主体之间的互动行为和输出,但未来的研究需要从广度和深度方面进行深化,一方面尽可能对不同类型的大型航空枢纽项目如机场、铁路等进行研究和分析;另一方面,针对特定类型的大型航空枢纽项目社会互动行为进行更加深入的探讨,以更加全面地梳理出大型航空枢纽项目不同参与方之间的互动行为,从而形成实现人文关怀目标的核心的互动行为理论,为大型航空枢纽项目的人文建设提供指南。

**参考文献**

[1] 中国民用航空局. 2018. 新时代民航强国建设纲要[Z]. 中国民用航空局官网,2018-11-26. http://www.caac.gov.cn/XXGK/XXGK/ZFGW/201812/t20181212_193447.html.

[2][11] 鲁贵卿. 建设工程的人文内涵[J]. 建筑,2016 (16).

[3] 王章豹,黄驰,李杨. 论工程的社会功能及作用机制[J]. 工程研究——跨学科视野中的工程,2018,10 (3):23-32.

[4] 殷瑞钰,汪应洛,李伯聪等. 工程哲学[M]. 北京:高等教育出版社,2008:192,193,83-84.

[5] 安军. 青藏高原上的生态机场——西宁曹家堡国际机场三期扩建工程的规划和设计[J]. 工业建筑,2018.

[6] 肖国浩. 建筑设计中人文理念的应用体现[J]. 城市地理,2014 (3X):46-47.

[7] 李云波. 谈施工企业对农民工的人文关怀[J]. 建筑经济,2012 (3):18-20.

- [8] 苗德连. 建筑施工中的安全管理与控制 [J]. 工程技术：全文版, 2016 (61)：92.
- [9] 汪应洛. 基于工程全生命周期的工程方法论 [J]. 工程研究——跨学科视野中的工程.
- [10] 沆涵铭. 2019. 构建人文机场的思考 [DB/OL]. 360 个人图书馆, 2019-04-06. http：//www.360doc.com/content/19/0406/22/45557331_826867694.shtml
- [12] 白雪峰. 中西方人文精神的嬗变 [J]. 沈阳师范大学学报（社会科学版), 2012, 36 (2)：32-35.
- [13] 宫秀琪. 探寻人文关怀的理论渊源 [J]. 理论观察, 2014 (11)：124-125.
- [14][19] 胡荣. 社会互动的类型与方式 [J]. 探索, 1993 (6)：67-71.
- [15] 张广利, 王登峰. 社会行动：韦伯和吉登斯行动理论之比较 [J]. 学术交流, 2010 (7)：135-139.
- [16] 艾四林. 哈贝马斯交往理论评析 [J]. 清华大学学报（哲学社会科学版), 1995 (3)：11-18.
- [17] 于丹, 董大海, 刘瑞明, 等. 理性行为理论及其拓展研究的现状与展望 [J]. 心理科学进展, 2008, 16 (5)：796-802.
- [18] 周志娟, 金国婷. 社会交换理论综述 [J]. 中国商界（下半月), 2009 (1)：287.
- [20] 毛如麟, 贾广社. 建设工程社会学导论 [M]. 上海：同济大学出版社, 2011.
- [21] 贾广社, 夏志坚, 栗晓红, 等. 建设工程社会结构探析 [J]. 科技进步与对策, 2011 (13)：27-31.
- [22][25] Yin. R. K., 2009. Case Study Research：Design and Methods, Sage Publications.
- [23][24] Eisenhardt K. M. "Building Theories From Case Study Research" [J]. The Academy of Management Review, 1989：14 (4)：532-550.
- [26] Flyvbjerg B. "Five Misunderstandings About Case-Study Research" [J]. Sociological Studies, 2005, 12 (2)：41-69.
- [27] 段文婷, 江光荣. 计划行为理论述评 [J]. 心理科学进展, 2008, 16 (2)：315-320.

# 基于 SNA 的社会组织成员角色研究及在机场建设中的应用

李莲莲,施骞

(同济大学经济与管理学院)

**摘 要**:随着社会的发展,复杂项目的建设数量日益增多,规模也愈来愈大。然而项目建设中的不确定因素多、复杂程度高,由此而带来的结果不易预测,导致目标的完成率较低。本文从两方面原因入手,一方面是项目本身的高复杂性以及人们对复杂性的认识评估不足;另一方面是项目建设中人的因素。人是具有主观能动性的,由人组成的系统也是主观的,正是这种能动性和主观性造就了复杂性。本文主要运用社会网络研究复杂项目中组织成员之间的关系,通过建立适用于复杂项目的社会网络,建立复杂项目组织成员研究模型,识别组织中各成员发挥的角色和作用,同时结合成员自身的行为特征验证其可行性,以此帮助了解复杂项目组织中的工作状况及存在的问题。通过收集上海浦东机场指挥部组织成员的数据,探究建立的 SNA 模型的可行性,最后针对复杂项目的建设系统提出建议,为成功建设复杂项目提供理论基础和实践支撑。

**关键词**:复杂项目;复杂性;社会网络分析;组织成员角色

# Research on the role of social organization members based on SNA and its application in airport construction

LI Lianlian, SHI Qian

(Tongji University)

**Abstract**: With the development of society, the number and scale of complex projects are increasing. However, there are many uncertain factors and a high degree of complexity in the project construction, which make the result not easy to predict and result in a low completion rate of the target. This paper has two reasons, one is the high complexity of the project and the lack of understanding and evaluation of complexity. Another is the human factor in the project construction. People have subjective initiative, and the system composed of people is also subjective. It is this initiative and subjectivity that create complexity. In this paper, we use social network to explore the relationship between the complex project organization members, through the establishment of suitable social network for complex projects, construct a research model of complex project organization members, identify the role and function of organization members. At the same time, combining with the member's own behavior characteristics to verify its feasibility, helps us to understand the complex working conditions and the existing problems in project organization. By collecting the data of the members of the organization of Shanghai Pudong airport headquarters, the feasibility of the SNA model established was explored. Finally, Suggestions were proposed for the construction system of complex projects, which provided theoretical basis and practical support for the successful construction of complex projects.

**Key Words**: mega-project; complexity; social network analysis; project organization

# 1 研究背景

随着经济、科技水平的不断提高,复杂项目的建设数量比过去任何一个历史时期都要多,然而项目的建设难度越来越大,要求也越来越高,这成为复杂项目建设的一个重点和难点。美国学者 Ahsan and Gunawan 对全球 100 多个复杂建设项目做了研究调查,发现超过 86% 的复杂项目存在工期延误现象,且延误工期为 2 年及以上;超过 70% 的复杂项目投资存在超支现象;超过 75% 的复杂项目未能按照原计划实施,存在质量低下以及功能性低下等问题。造成上述现象的原因有很多,本文重点讨论两方面的原因。一方面主要归结于项目的复杂性。项目的复杂性程度高且易被低估,从而带来的实施难度加大,使得项目在建设过程中不断变更、不断返工,不断重建等,从而导致项目效率低、成本超支、进度延误以及质量不合格等目标性问题。另一个主要原因是复杂项目组织中的人。人是项目组织的主体,是最重要的组成部分,人是主观的、能动的以及不规律性的,从而由人组成的系统也是动态性的、不确定性的,正是人的这种特性造就了复杂性。

在 2010 年之后,复杂项目的研究更是成了管理领域的重点和热点。找出这些复杂性因素如何影响复杂项目的建设以及组织中的成员各自扮演的角色、发挥的作用、对组织的重要程度等进行管理,从而为复杂项目的建设提出更加科学合理的建议。上海机场是一个大型的复杂建设项目,结合本人实际经验,选取上海机场建设指挥部进行实证分析,通过对指挥部所有成员进行问卷调查收集信息,运用 SNA 方法对组织成员角色进行研究,从而发现组织中成员的内部问题,不仅为上海机场更为其他类似项目的组织成员管理提供实践性的参考意义。

# 2 主要测量指标

社会网络分析最早出现在国外,社会网络是人或人的群体的集合,这些人之间具有某一接触或相互作用模式。如个体之间友谊模式,公司之间上下级关系模式,以及家族之间联姻模式等。社会网络分析是一种新兴的适合于复杂系统研究的一种方法,本研究选用社会网络分析方法对复杂项目中的组织成员扮演的角色进行研究,为复杂项目管理提供服务。复杂项目中的组织成员角色,即成员在组织中的地位及影响力。从 SNA 方法的内部机理入手,同时结合成员自身的行为模式,两者进行结合,验证该方法应用的可行性。

(1) 中心度指标。通过中心度这一指标来找出网络中的活跃成员,即哪个成员在网络中的互动对象最多。计算公式如下:

$$D_i = \sum X_{ij} \tag{2.1}$$

式中 $D_i$——成员 $i$ 具有的中心度;

$D_i = \sum X_{ij}$ 节点的度数进行加总,其中 $X_{ij}$ 的取值为 0 或 1。

(2) 中介中心度。中介中心度指标衡量一个节点作为中介者的能力,也就是占据在其他两个节点最短路径上的节点,它拒绝做媒介,那么这两个节点就无法沟通。计算公式如下:

$$C^B(V) = \sum_{s,t \in v} \frac{\sigma(s,t \mid v)}{\sigma(s,t)} \tag{2.2}$$

式中 $\sigma(s, t)$——表示最短的 $(s, t)$ 途径数目;

$\sigma(s, t \mid v)$——表示经过点 $v$ 的最短的 $(s, t)$ 途径数目。

(3) 结构洞指标。限制度指标(Constraint)是衡量结构洞最重要的指标,描述的是一个成员受到"限制"的程度,即该成员在其所属的网络中拥有的运用结构洞的能力,限制度越低,占据的结构洞位置就越多,该成员运用网络结构洞的能力也就越强。限制度计算公式如下:

$$C_{ij} = \left(p_{ij} + \sum_q p_{iq} * p_{qj}\right)^2, q \neq i, j \tag{2.3}$$

式中 $C_{ij}$——成员 $i$ 受到 $j$ 的限制度的程度;

$j$——与自我点 $i$ 相连的所有点;

$q$——除了点 $i$ 和 $j$ 以外的任意点;

$P_{ij}$——成员 $i$ 投入与 $q$ 工作的时间或精力占其网络投资的比例;

部门网络密度。网络密度一般是对整体网络紧密程度的测量,但是在复杂项目中,部门的工作程度、紧密情况与整个组织的紧密程度也同样重要,因此我们利用整体网络密度的概念,提出部门网络密度概念,分别将各个部门看成一个个小型的网络,分别计算其网络密度。

部门网络密度计算公式如下:

$$Density(I) = \frac{\sum z_{ij}}{\frac{n*(n-1)}{2}} \quad (i<j) \tag{2.4}$$

式中 $n$——部门内的总成员数。

## 3 模型建立

第一步要确定网络中节点的涵义。本文中网络中的节点定义为某复杂项目组织中的每一位成员,即成员表现出的属性,包括在组织中的身份、地位、职权等,同时也包括成员个体自身的背景,如年龄、工作能力、工作态度、性格、教育程度等。

第二步就是要确定网络中连线的涵义,也就是网络中节点与节点之间的连结。本文的工作关系主要定义为由工作任务或项目而被联系的工作关系。

第三步用关系矩阵表示出复杂项目中组织成员的网络关系，如表 3-1 所示，"0"表示成员间没有工作关系，"1"表示二者存在工作关系，并且被咨询者能百分之百满足咨询者的信息需求。

关系矩阵模型　　　　　　　　表 3-1

|    | A1 | A2 | B1 | B2 | C1 | …… |
|----|----|----|----|----|----|----|
| A1 | 0  | 1  | 1  | 0  | 1  |    |
| A2 | 1  | 0  | 1  | 1  | 1  |    |
| B1 | 1  | 1  | 0  | 1  | 0  |    |
| B2 | 0  | 1  | 1  | 0  | 1  |    |
| C1 | 1  | 1  | 0  | 1  | 0  |    |
| …… |    |    |    |    |    | …… |

# 4 数据收集及处理

上海机场建设参与方众多，机场指挥部、华东院、市政院、上海建工、民航局、各个地方施工单位等，若以组织为单位，信息与工作量将巨大，可以作为复杂项目的代表，因此本研究针对机场建设业主方即上海机场建设指挥部组织进行调查和数据采集，从而识别指挥部组织内的成员担任的角色。上海机场建设指挥部共有 9 个部门，分别是设计管理部、计划财务部、飞行区工程部、浦东综合配套工程部、浦东卫星厅工程部、质量安全管理部、信息设备部、办公室、技术办。

为了保护被调查者的隐私，也为了在网络图中符号标注的简洁和研究分析的方便，对于每个被调研的成员，采用字母编号来代替他的姓名。董事长、指挥长、常务指挥长、副指挥长、指挥长助理等分别编号 $A_0$、$B_0$、$C_0\cdots I_0$，部门依次编号为 A、B、C⋯I，从部长到成员的编号依次为 $A_1$、$A_2$、$A_3\cdots B_1$、$B_2$、$B_3\cdots$，$C_1$、$C_2\cdots$成员之间均知道各个成员的编号，在此不详细介绍。

研究目标和研究对象确定后，调查问卷就可以据此设计。内容如下：

```
第一部分：基本信息
1. 性别              □男      □女
2. 您的年龄          □≤20 岁  □21~30 岁  □31~40 岁  □41~50 岁  □>50 岁
3. 教育背景          □专科及以下  □本科   □硕士   □博士
4. 您在机场的工作年限 □≤5 年  □6~10 年  □11~15 年  □16~20 年  □>20
第二部分   请对与您有直接工作关系的成员上划√。
```

问卷第三部分是被调查者主观性的信息，主要从工作态度、工作能力及工作绩效三个方面对员工进行考察，主要包括员工的主动性、责任感、积极性、协作性、纪律性、执行力专业知识、工作方法、工作经验、判断能力、坚韧性、协调沟通、应变能力、系统性、创造性、适应能力等。

本文主要借助 UCINET 6 社会网络分析软件进行数据分析。将整理好的数据导入该软件中，得到的成员工作关系网络图形如图 4-1 所示。此网络图是后面网络参数进行分析的基础。

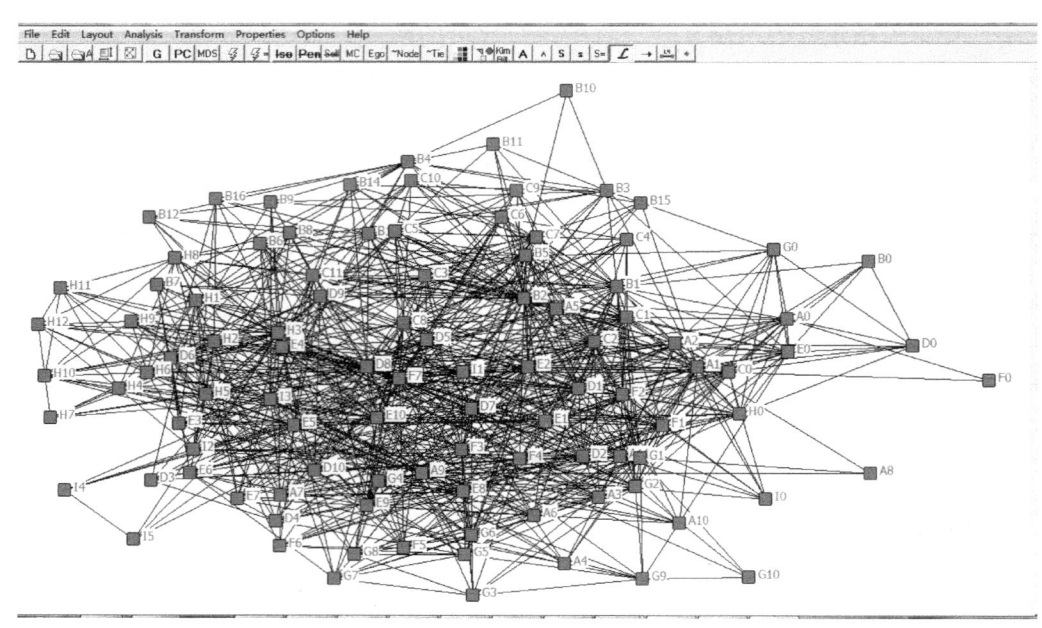

图 4-1 成员工作关系网络图

表 4-1 是部分成员的中心度。从表中可以看出，成员 D8、B2、C2、E2、H3、I3、E10 等成员具有较高的中心度，说明这些成员与其他成员的联系比较频繁，处于核心位置，掌握大部分信息。经实地调查及经验了解，这些成员较少来自组织的最高领导层，主要包含中层领导者及部分干事成员。这表明，该组织较好地进行了分权。高层领导者对具体项目的信息了解以及工作成员的联系可能并不多，而是处于组织的决策层。活跃的成员中几乎包含了所有的中层领导者，这表明中层领导者在组织中处于承上启下的作用，对下属进行直接指导，又可以将重要信息传达给高层领导。

最高中心度成员信息排序表　　　　　　　　　　　表 4-1

|  |  | 1 Degree | 2 NrmDegree | 3 Share | 4 组织中的角色 |
|---|---|---|---|---|---|
| 55 | D8 | 57.000 | 57.000 | 0.030 | 干事 |
| 22 | B2 | 47.000 | 47.000 | 0.025 | 副部长 |
| 38 | C2 | 39.000 | 39.000 | 0.021 | 副部长 |
| 59 | E2 | 37.000 | 37.000 | 0.020 | 副部长 |
| 87 | H3 | 37.000 | 37.000 | 0.020 | 干事 |
| 99 | I3 | 37.000 | 37.000 | 0.020 | 干事 |
| 67 | E10 | 36.000 | 36.000 | 0.019 | 干事 |
| 74 | F7 | 36.000 | 36.000 | 0.019 | 干事 |
| 54 | D7 | 35.000 | 35.000 | 0.019 | 干事 |
| 21 | B1 | 34.000 | 34.000 | 0.018 | 部长 |
| 10 | A1 | 34.000 | 34.000 | 0.018 | 部长 |
| 48 | D1 | 32.000 | 32.000 | 0.017 | 部长 |
| 75 | G1 | 31.000 | 31.000 | 0.016 | 部长 |
| 65 | E8 | 30.000 | 30.000 | 0.016 | 干事 |
| 37 | C1 | 30.000 | 30.000 | 0.016 | 部长 |
| 58 | E1 | 29.000 | 29.000 | 0.015 | 部长 |

表 4-2 是点度中心度最低的成员信息，这些成员部分来自于高层领导者及干事成员。这与这些高层领导者直接对接一个或两个部门的管理工作有关，而不处于组织的决策层。这些干事成员主要是与自己的职责有关，有些工作不需要直接与其他成员进行联系。

**最低中心度成员信息排序表** 表 4-2

| | | 1<br>Degree | 2<br>NrmDegree | 3<br>Share | 4<br>组织中的角色 |
|---|---|---|---|---|---|
| 4 | D0 | 8.000 | 8.000 | 0.004 | 领导 |
| 9 | I0 | 8.000 | 8.000 | 0.004 | 领导 |
| 13 | A4 | 8.000 | 8.000 | 0.004 | 干事 |
| 91 | H7 | 8.000 | 8.000 | 0.004 | 干事 |
| 19 | A10 | 8.000 | 8.000 | 0.004 | 干事 |
| 31 | B11 | 6.000 | 6.000 | 0.003 | 干事 |
| 2 | B0 | 6.000 | 6.000 | 0.003 | 领导 |
| 35 | B15 | 6.000 | 6.000 | 0.003 | 干事 |
| 101 | I5 | 5.000 | 5.000 | 0.003 | 干事 |
| 100 | I4 | 5.000 | 5.000 | 0.003 | 干事 |
| 84 | G10 | 4.000 | 4.000 | 0.002 | 干事 |
| 30 | B10 | 3.000 | 3.000 | 0.002 | 干事 |
| 17 | A8 | 3.000 | 3.000 | 0.002 | 干事 |
| 6 | F0 | 2.000 | 2.000 | 0.001 | 领导 |

通过表 4-3 发现，排名前 27 的有 14 名领导和中层领导者，表明上述成员与网络中其他成员之间测地线短，信息可达性高，在该关系网络内较少受到来自其他成员的控制，他们在工作、技术沟通中的积极参与将大幅度提高信息传播的效率，从而促进整个组织内技术工作交流行为的进一步活跃。此外，进一步分析发现，接近中心度指标与节点中心性指标高度相关，即接近中心度高的成员往往节点中心度也较高。

**最高接近中心度成员信息排序表** 表 4-3

| | | 1<br>inFarness | 2<br>outFarness | 3<br>inCloseness | 4<br>outCloseness | 5<br>组织中的角色 |
|---|---|---|---|---|---|---|
| 10 | A1 | 171.000 | 172.000 | 58.480 | 58.140 | 部长 |
| 22 | B2 | 171.000 | 165.000 | 58.480 | 60.606 | 副部长 |
| 67 | E10 | 175.000 | 176.000 | 57.143 | 56.818 | 干事 |
| 38 | C2 | 175.000 | 175.000 | 57.143 | 57.143 | 副部长 |
| 59 | E2 | 177.000 | 173.000 | 56.497 | 57.803 | 副部长 |
| 74 | F7 | 178.000 | 180.000 | 56.180 | 55.556 | 干事 |
| 62 | E5 | 179.000 | 182.000 | 55.866 | 54.945 | 干事 |
| 69 | F2 | 180.000 | 188.000 | 55.556 | 53.191 | 副部长 |
| 71 | F4 | 181.000 | 231.000 | 55.249 | 43.290 | 干事 |
| 21 | B1 | 183.000 | 178.000 | 54.645 | 56.180 | 部长 |
| 3 | C0 | 183.000 | 181.000 | 54.645 | 55.249 | 领导 |
| 65 | E8 | 183.000 | 183.000 | 54.645 | 54.645 | 干事 |
| 58 | E1 | 185.000 | 183.000 | 54.054 | 54.645 | 部长 |
| 44 | C8 | 185.000 | 182.000 | 54.054 | 54.945 | 干事 |
| 75 | G1 | 185.000 | 198.000 | 54.054 | 50.505 | 部长 |
| 54 | D7 | 185.000 | 179.000 | 54.054 | 55.866 | 干事 |

从表 4-4 中可以看到，该网络中所有成员的限制度指标在 0~1.125。限制度指标为 0

的成员均为网络中的孤立点，除孤立点之外，该网络中存在 41 个限制度指标小于 0.2 的节点。成员 F2 的限制度最低，为 0.077，这与 F2 在组织中的职位非常吻合。编号为 F 的部门是组织的质量安全管理部，这个部门需要与各个部门进行沟通，制定符合项目的质量管理方案，因此，F 部门成员的限制度都比较低，其中 62.5% 的成员的限制度小于 0.2。成员 B2、C2、E2、I3、A1 等成员结构洞数量次之，也均匀分布在组织中的其他部门中，这些成员由于与其他成员的频繁交流，使他们掌握了更丰富的信息资源，接着他们又将吸引那些需要这些信息和资源的同事，从而吸引更多的成员与他们交流，成为部门内部的"核心人物"。

最低限制度成员信息排序表　　　　　　　　　　　　　　　　表 4-4

| | Structural Hole Measures | | | | |
|---|---|---|---|---|---|
| | Degree | EffSize | Efficie | Constra | 组织中的角色 |
| F2 | 58.000 | 45.243 | 0.780 | 0.077 | 副部长 |
| B2 | 48.000 | 34.785 | 0.725 | 0.093 | 副部长 |
| C2 | 40.000 | 25.788 | 0.645 | 0.104 | 副部长 |
| E2 | 38.000 | 23.190 | 0.610 | 0.109 | 副部长 |
| E7 | 37.000 | 25.930 | 0.701 | 0.110 | 干事 |
| F3 | 30.000 | 21.039 | 0.701 | 0.138 | 干事 |
| I3 | 38.000 | 30.367 | 0.799 | 0.112 | 干事 |
| A1 | 35.000 | 22.522 | 0.643 | 0.114 | 部长 |
| H3 | 38.000 | 29.755 | 0.783 | 0.120 | 干事 |
| B1 | 35.000 | 21.579 | 0.617 | 0.121 | 部长 |
| D1 | 33.000 | 17.723 | 0.537 | 0.125 | 部长 |
| E8 | 31.000 | 21.008 | 0.678 | 0.126 | 干事 |
| G1 | 32.000 | 18.539 | 0.579 | 0.126 | 部长 |

通过 Ucinet 计算得该网络的密度为 0.149，总连结数为 1507，平均每个成员的连结数为 15，即平均每个成员与网络中其余的 15 人有直接的工作关系。整个组织的人数为 100，每个部门的人数平均为 10 个，这表明基本能保证每位成员平均与跨部门成员的联系人数至少为 5 人，因此整个组织的沟通和协作机制是比较合理的。相反，具有较高密度的网络，如果与组织外联系的人数比较多，反而会造成信息的冗余，会降低组织的运作效率。

## 5 措施及建议

项目的成功是管理的终极目标。项目建设越复杂，项目的成功率越低，越难满足项目各方面的要求。项目的复杂性管理难度包括：项目的综合性、专业性及动态性；组织中的成员、组织设立的机构；人的工作能力、工作态度、个人背景等。相应的，也从项目层面和团队层面对复杂项目的管理进行描述。

### 5.1 项目层面

（1）正确选择复杂项目的建设模式。项目建设模式包括承包商模式、DBB 模式、集成模式、PPP 模式等，根据复杂项目的具体情况以及这些模式的特点，选择正确的项目模式。

（2）跟踪进行进度计划控制和风险分析。在复杂项目建设前期，制定一套完整的项目进度计划，对项目进行详细而全面的控制，从而预测和预防风险的发生。

（3）提高综合管理能力。高层领导者是复杂项目的重要贡献者，这些管理者应每个周期进行学习和培训，学习更加合理、科学的管理方法以及选取更加有保障、先进的技术等。

## 5.2 团队层面

（1）构建专业团队。团队要层级分明，每一层级的人数要控制适量，构建适当的组织结构层次及职能部门数；另外，要重点选拔经验丰富的工作人员。

（2）完善组织的奖惩机制。适合于成员的奖励机制，可以点燃组织工作的热情，更加为项目进行效力。

（3）利用集成项目管理系统。构建信息化平台，以互联网为基础，加强组织后台平台的开发，为组织管理添加硬性的信息化管理手段。

（4）建立并完善信息沟通体制。制定适用于组织的信息沟通平台，定期召开信息沟通会议并对该平台进行评价完善，使得组织能够完全共享信息，全面了解信息，对跨部门的工作也有所了解，这样有利于培养成员间的合作意识，减少沟通的代沟，使得团队之间产生信任。

**参考文献**

[1] Ahsan K，Gunawan I. Analysis of cost and schedule performance of international development projects [J]. International Journal of Project Management，2010，28（1）：68-78.

[2] Brokman Y，Kfir Y，Pilovsky Y，et al. Can't see the forest for the trees? How to effectively manage complex project schedules [C]. Proceedings of 2004 PMI Global Congress，Prague，2004.

[3] Flyvbjerg B，Bruzelius N，Rothengatter W. Megaprojects and risk：An anatomy of ambition [M]. Cambridge：Cambridge University Press，2003.

[4] 李永奎，乐云，何清华，等. 大型复杂项目组织网络模型及实证分析 [J]. 同济大学学报：自然科学版，2011，39（6）：930-934.

[5] 何清华，罗岚，陆云波，等. 基于 TO 视角的项目复杂性测度研究 [J]. 管理工程学报，2013，（1）：127-134.

[6] MichelThiry，Manon Deguire. Recent developments in project-based organizations [J]. International Journal of Project Management，2007：649-658.

# 基于指挥部模式的大型交通枢纽项目进度总控

王 晨,孙继德

(同济大学经济与管理学院)

**摘 要**:大型交通枢纽工程项目往往具有规模庞大、技术要求高、项目参与方众多、治理结构复杂等特点。作为一种发端于20世纪60年代左右的项目管理组织模式,指挥部模式由于其行政性特点,能够强有力地调动项目建设所需要的资源,有效地进行各项目参与方之间的协调,是与大型交通枢纽工程相适应的项目管理模式。但因为其在实践中所暴露出的一些问题,必须与项目总控模式相结合,形成"指挥部+项目总控"的项目管理模式,才能更有效地实现项目目标。这种项目管理组织模式在虹桥综合交通枢纽工程、北京大兴国际机场工程中得到了充分的发挥与应用,并将对其他大型交通枢纽项目产生良好的影响和示范作用。

**关键词**:指挥部模式;项目进度总控;北京大兴国际机场;上海虹桥综合交通枢纽

# The general control of the progress of large-scale transportation hub project based on command mode

WANG Chen, SUN Jide

(Tongji University School of Economics and Management)

**Abstract**: Large-construction transportation hub projects are often characterized by large scale, high technical requirements, numerous project participants and complex governance structure. As a project management and organization mode originated in the 1960s, the headquarters mode can strongly mobilize the resources needed for project construction and effectively coordinate among project participants due to its administrative characteristics. It is a project management mode suitable for large-construction transportation hub projects. However, due to some problems exposed in practice, it must be combined with the project general control mode to form the project management mode of "command + project general control", so as to achieve the project objectives more effectively. This project management and organization mode has been fully played and applied in Hongqiao comprehensive transportation hub project and Beijing Daxing international airport project, and will have a good impact and demonstration effect on other large transportation hub projects.

**Key Words**: command mode; project schedule control; Beijing Daxing international airport; Shanghai Hongqiao comprehensive transportation hub

# 1 引言

随着经济和社会的发展,大型基础设施项目建设在我国国民经济中扮演着越来越重要的角色,其项目管理模式也在国内建设工程管理学界得到了不断深入的研究。早在计划经济时期开始实行的指挥部模式曾经因为忽略经济规律、经济责任不明确等问题而饱受诟病,期间发展出了自建模式、项目法人制模式、私人融资模式等一系列新型的项目组织方式,但由于指挥部模式强大的协调、控制与统筹能力,仍然成为目前最常见的一种大型基础设施项目管理组织模式。

项目总控作为一种大型建设工程的组织管理模式,通过专业化的团队与手段,在对信息进行收集和处理后,输出为对决策者的有力支持,能够在大型建设项目中与指挥部模式产生有机的反应,两者的相互融合在虹桥综合交通枢纽工程、北京大兴国际机场工程等项目中有着出色的实践和表现。

# 2 指挥部模式

## 2.1 指挥部模式的概念

指挥部模式是我国特有的一种工程项目管理组织模式,最早发端于我国20世纪60年代左右的计划经济时期。对于一些规模庞大、复杂程度高、利益相关方众多的大型工程项目,需要由地方政府、建设单位、设计单位、施工单位等抽调人员共同组成工程指挥部,形成具有权威的领导班子,对工程项目的建设进行指挥、协调、统筹与控制。指挥部的主要负责人大多由当地党政领导干部担任,或由上级领导机关指派。总体而言,指挥部是为了组织协调某项建设工程项目而设置的非常设机构,在组织中发挥跨部门的统筹和议事作用,并具有相当的权威性和领导力。从中华人民共和国成立初到目前为止,指挥部模式一直都在我国工业、交通、水利等大型重点工程项目的建设中发挥重要的作用。

## 2.2 指挥部模式的作用和特点

指挥部模式主要应用于大型复杂工程项目的建设中,这类项目相比普通的中小型项目除了具有建设规模大、复杂程度高、利益相关方众多等特点外,还呈现出许多更为典型的特征,包括目标多元化、信息集成化、路径复杂化、影响开放化等。传统的面向施工现场的程序化、操作化的工程管理思维和方法无法适应这类大型复杂工程项目的管理需求,而指挥部模式由于其在项目总体控制、信息集成、统筹指挥、现场协调等方面所特有的优势,是一种与大型复杂工程项目相适应的项目管理模式。

指挥部模式的根本属性是行政性,这也是它的特点和优势之一。由于工程建设指挥部是由政府主管部门领导、由党政干部担任负责人的临时性组织，专门针对某项建设工程项目进行统筹协调，因此在行使其职能时具有较大的权威性和较强的领导力。指挥部能够依靠行政手段协调各方面关系，迅速集中力量，有效地解决征地拆迁、资源调配、部门协作、相关方冲突等方面的问题，以强有力的行政领导保证工程项目的稳步推进。实践证明，指挥部模式在我国中华人民共和国成立以来的大型工程项目建设中发挥着不可替代的作用。

然而，传统的指挥部模式单纯依靠行政手段和威权领导来管理工程建设活动，这种项目管理模式在实践过程中逐步展现出一些问题。一方面，行政管理的手段过度强调了行政性、指令性的运作机制，一定程度上忽视了客观经济规律，导致工程投资和预算的不可控；另一方面，指挥部是工程建设临时性组织，且主要由党政干部领导，并非专业化的工程项目管理机构，因此在一定程度上仍需要第三方专业机构和人员的补足。

总体来说，指挥部模式的行政性特点使其成为大型建设工程项目中最重要的项目组织与管理模式，但仍存在一些不足。经过实践的检验，有项目总控方参与的项目管理组织模式，因项目总控工作的客观性、协调性、专业性等特点，能够与指挥部模式进行有机结合，扬长避短，为工程创造最大的社会和经济效益。

## 3 项目总控模式

### 3.1 项目总控模式的概念与特点

项目总控（Project Controlling）模式来源于项目管理学与企业控制论，于 20 世纪 90 年代中期在德国首次出现并形成相关理论。该理论以对传统大型建设工程组织模式的实施分析为基础，结合最新的项目管理研究，创造出一种适合大型建设工程管理需要的组织模式，即项目总控模式。

项目总控是以信息技术为手段，对大中型建设项目进行信息的收集、加工和传输，并用经过处理分析的信息流来指导、控制项目的建设物质流，对项目的最高决策者进行的策划、控制与协调提供支撑的项目组织管理模式，如图 3-1 所示。在工程项目中应用项目总控模式是为了满足业主对项目实施过程中产生的信息需求，总控者充分获取有价值的信息并对其进行整理分析，形成成果报告反馈给决策者，决策者再将决策下达给各部门执行，从而对建设项目的控制、协调进行总体把控。

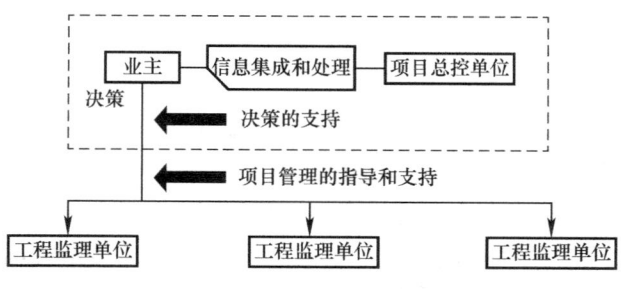

图 3-1 项目总控模式

对于大型项目来说，相比指挥部模式的纵向命令机制，项目总控这种项目管理模式能够与指挥部模式有机结合，是基于它的以下特点：①高度协调性。项目总控方综合了项目管理学、企业控制论等理论，在指挥部的赋权之下，能够对众多的项目参建方进行协调、控制与管理，保证各参建方充分利用自身资源，高效实现预期的目的；②提供决策信息客观性。项目总控模式以指挥部赋权为基础，由指挥部委托具备相应管理能力、有经验的第三方单位组成项目总控团队，对项目实施过程进行总体监管，从制度上保证了其收集信息的独立性、分析信息和提出建议的客观性；③总控管理过程专业性。在项目前期，总控团队可以参与项目实施策划或提供专业性建议支持决策。项目实施过程中，总控团队中的专家可以分析施工、管理中存在的问题，提出解决问题的建议，警示存在的风险，有利于促进工程质量、安全、进度、投资目标的达成，大大减轻业主的管理压力和管理成本。

## 3.2 项目总控模式的作用和任务

项目总控模式的核心是信息的处理。总控班子通过专业化的信息处理手段，即时反映建设项目物质流的实际情况，编制控制报告，为最高决策者提供决策支持。大型建设工程项目具有规模大、建设周期长、参建单位多、技术要求高、对国民经济影响深远等特点，作为一种先进的项目管理模式，项目总控应用到大型项目中，可以更好地实现项目的经济社会效益。

项目规模大，意味着全过程周期会产生巨大的信息量，是否有效利用这些信息对项目的实施过程的管理和沟通过程有很大的影响，而项目总控的实施过程可以概括为信息的收集、处理和输送，在一定程度上可以使得大型工程项目的巨大信息量得到合理的处理并发挥最大的作用。

项目建设周期长，就可能会出现政治、经济、技术、社会等方面的不可预见因素，给工程项目带来影响。通过项目总控，可以有效收集信息，项目实施过程中出现的问题可以及时发现，并进行有效处理后反馈给决策者，决策者做出相应的决策后交给决策方执行，最终使得问题得到有效解决，将影响降至最低。

项目业主单位众多，参建单位多，各项审批流程和沟通需要与相关单位进行对接，中间流程和时间冗长。项目技术难度大，经常有突发事件需要解决，通过总控模式，现场出现的各种技术难题可以快速传递给总控单位，经总控单位处理后，反映给高层决策者，并帮助其提出解决方案，并下达给各单位执行。

综上可知，项目总控的作用主要体现在以下几个方面：①提供项目专业管理。大型建设项目建设方临时组织的指挥部在项目管理方面缺乏专业知识和控制经验。对规模庞大的建设工程没有能力实施具体的项目控制，需要借力于建设项目咨询机构的项目管理能力。②提供宏观决策信息。业主做决策不需要施工的具体状态和细节，而是需要可以对项目整理把控的信息，项目总控方通过收集处理从施工单位、监理单位等部门的信息，编制报告反馈给决策者，达到有效利用信息的目的。③提供综合性服务。大型建设项目一般包含多个单位工程，其工作范围和工作内容依据项目分块、分段各不相同，不能得到系统、完成的项目建设信息，不能对整个项目提出统一的综合性咨询意见。

项目总控模式有两种具体的实施形式：一种是委托代理形式；另一种是业主集成化总控模式。委托代理下的项目总控模式是指处于信息劣势的业主方作为委托人，处于信息优势的总控机构作为代理人，通过不同形式的合约确立正式的委托代理关系。在大型工程项目中，业主方往往不能全面、宏观地进行项目管理，一般的咨询公司与监理单位也不能满足业主对项目实施过程中的控制，因此业主通过委托总控机构，获取总控单位的决策方面的建议，用于工程项目实施的管理与指导。业主集成化总控模式则是由业主方进行总控工作，由于信息处理量大，对业主方的要求较高。

## 3.3 项目进度总控

项目进度总控（Project Time Controlling）从属于项目总控宏观模式，是基于项目总控理论与方法，为项目目标之一的进度目标控制提供决策支持的管理模式。总控机构和业主在项目中角色分工明确，在项目进行过程中，总控单位通过信息收集处理，暴露出过去已发生的、今天存在的和明天可能发生的问题，并提出解决问题的建议和方案，提交给业主决策。业主决策后，反馈给业主的工作部门、施工单位、设计监理、施工监理等执行，并由业主和总控单位检查决策是否被执行以及效果如何。

相比单平面的项目总控模式，在大型工程项目中，业主方需要设置多个总控平面才能满足管理的要求，总控方根据业主方的总决策者设立总控机构，并针对项目的各个子项负责人设立分项总控机构，形成集中和分散控制相互结合的总控组织形式。在这种总控模式中，总控机构负责完成整个项目的数据信息规划工作，完成信息的集中处理分析，同时对各分项的总控机构进行指导、规范与检查，并直接服务于工程项目的总决策者。

现阶段项目进度总控在我国很多大型工程项目的建设过程中应用广泛，由于业主集成的总控模式对业主的能力（人员资格、经验和人员数量等）要求太高，一般情况下业主自行组织实施总控模式有很大的困难，因此，许多大型工程项目的业主主要聘请第三方的进度总控团队对施工过程的工期进行控制管理，这一方面避免了业主的工作量太大的问题，又能获得第三方的专业化服务和决策支持。

# 4 "指挥部＋项目进度总控"模式

## 4.1 "指挥部＋项目进度总控"模式的提出

目前的大型建设工程多采用"业主＋工程监理"的项目管理组织模式，这样的模式存在很多不足：工程监理侧重施工质量控制，而项目进度总控专业性极强、信息处理量大，需要专业化的信息处理手段和技术，一般的工程监理单位往往难以胜任；业主承担投资者和开发者的双重角色，难以兼顾项目组织、项目总集成和项目目标控制等多重任务；该模式难以适应大型建设工程信息量大的特点，信息集成难度大、信息交流不通畅。大型工程往往具有工程规模大、治理结构复杂、信息集成难度大等特点，因此，"业主＋工程监理"的传统项目管理模式无法适应大型工程项目的建设。

在面对大型工程建设的过程中，指挥部模式和项目总控（特别是项目进度总控）模式则体现出了良好的交互性。"指挥部＋项目进度总控"的项目管理组织模式将两者的优势进行了有机的结合，指挥部模式通过强有力的行政管理手段，充分调动项目建设所需要的资源，有效解决项目各参与方的沟通协调问题，而项目进度总控模式由于其专业化、集成化、无指令权、决策支持等特点，能够有效地弥补指挥部模式过分强调行政手段、职能过度集中、专业化程度不足等问题，在指挥部赋权之下进行信息的集成、处理与输出，为指挥部的决策提供全面、及时的专业化支持，为建设工程的工期提供保证。因此在大型建设工程项目中，"指挥部＋项目进度总控"的项目管理组织模式逐渐被提出并得到成功的实践。

### 4.2 "指挥部＋项目进度总控"模式的内涵

"指挥部＋项目进度总控"模式是一种以传统的建设工程指挥部结构为主体，同时聘请第三方专业机构组建项目进度总控团队，为建设工程指挥部提供决策支持的项目管理组织模式。第三方专业机构在指挥部赋权之下，根据项目实际需求和组织结构，划分多个项目进度总控平面，组建多级项目进度总控小组。如图4-1所示，以网络型组织结构下的进度总控平面设置为例，根据组织管理层级设置三个不同的进度总控平面，分别负责各个平面信息的收集、处理和分析，并向上一层总控平面传递，最终输出为对工程指挥部的决策支持。

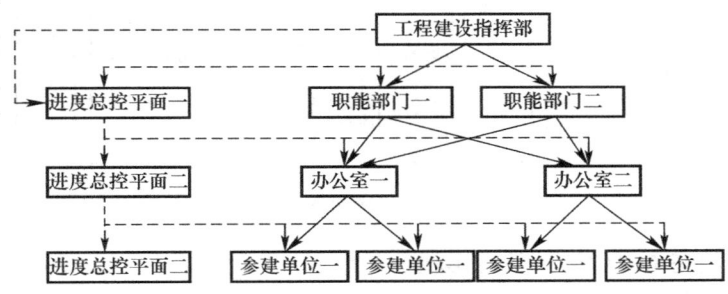

图 4-1 网络型组织结构下的进度总控平面设置

## 5 指挥部模式下的项目进度总控实施

### 5.1 上海虹桥综合交通枢纽

#### 5.1.1 项目概况

上海虹桥综合交通枢纽工程是集航空系统、城际铁路系统和城市轨道交通系统等于一体的现代化大型综合交通枢纽工程，具有交通功能多、建筑体量大、建筑物理界面复杂、管理责任界面难以清晰划分、工程人理物理事理关系交融等特点。项目规划范围为26.26km²，建筑核心体包括虹桥机场西航站楼、东交通广场、磁悬浮车站、高铁车站、西交通广场等，核心体建筑面积为148万 m²。项目建设目标包括综合型、服务型、超大型、高能型等，能够达到服务长三角、服务全国、综合多种交通方式、推动实施上海空间发展战略的目的。上海虹桥综合交通枢纽项目参与单位众多、治理结构复杂、进度控制任务重，仅仅依靠指挥部进行行政协调和统筹规划是不够的，必须与项目总控的项目管理方法相结合，充分运用项目总控客观性、协调性、专业性的特点，在指挥部的赋权之下对项目进行全面的、客观的、专业的协调控制，为项目的顺利完工保驾护航。

### 5.1.2 进度总控实施

上海虹桥综合交通枢纽工程采用"指挥部＋项目进度总控"的项目管理组织模式，如图 5-1 所示。工程建设指挥部为最高决策机构，下设指挥部办公室，对下属各职能部门、投资主体、建设集团和配套公司等相关方进行管理。在指挥部的赋权之下，一级、二级进度总控组分别针对不同层级进行信息的收集、处理与输出，系统地梳理和分析工程存在的风险并有效控制，同时进行进度目标的策划与论证，为工程建设指挥部提供信息和决策支持。

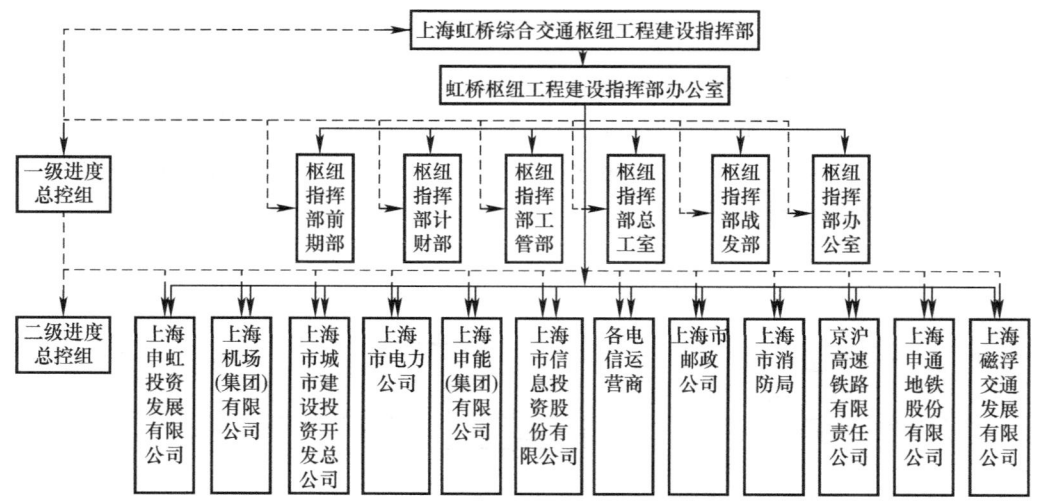

图 5-1 上海虹桥综合交通枢纽工程组织结构

进度总控方法在项目中的创新性实施主要包括：进度总控计划的编制、进度信息的采集及报告和进度风险的管理。

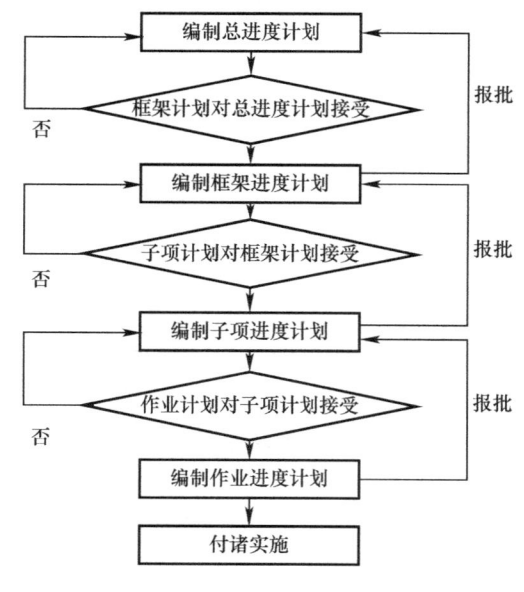

图 5-2 总进度计划体系层次间的平衡

（1）进度总控计划是对工程的顺序、区域和管理组织层面的集成，是对工程的时间、空间和组织的三维立体性规划。总进度计划体系由"总进度纲要—总进度规划—分区进度计划—单体进度计划"四个平面构成，分别进行项目总进度目标的规划、项目实施的指导性计划、分区实施的控制性计划和单体实施的控制性计划。计划层次之间相互平衡、相互咬合，如图 5-2 所示，只有在下层计划对上层计划实现接受的情况下，才能完成对上层计划的编制，转而进行下层计划，当四层计划全部确认完成后，方可付诸实施。上海虹桥综合交通枢纽项目总进度纲要最终形成了 81 个总控节点，构建起了完善的综合计划体系。

（2）在进度信息的采集及报告方面，基于指挥部模式之下，虹桥综合交通枢纽工程建立了信息交流的上行和下行渠道，并赋权一级、二级进度总控团队进行多渠道的信息收集,包括现场调研、会议旁听、报告查阅等,并编制月报、季报、半年报和各类专用报告等。二级进度总控团队与各枢纽工程投资主体进行跟踪和对接,并向一级进度总控团队输出信息流。一级进度总控团队与各枢纽指挥部职能部门进行跟踪和对接,并向指挥部传递信息,提供决策支持。

(3) 在进度风险管理方面,进度总控团队基于系统论将整个工程系统构建为核心系统层、中间系统层和外围系统层,层层向外展开,针对不同的系统层和不同的工程区进行风险的评估与管理,并形成风险评估结论与控制方法。随着工程的不断推进,进度风险也不断出现。项目各相关方都在落实与控制各项风险的基础上,全面树立风险意识,进行风险跟踪管理,每半年调整一次 WBS,一年调整一次进度计划书,明确任务完成的时间和地点,并落实到个人。

## 5.2 北京大兴国际机场

### 5.2.1 项目概况

北京大兴国际机场(以下简称"大兴机场")建设在北京市大兴区与河北省廊坊市广阳区,建设周期长,工期紧,建设规模庞大。从 2014 年开始,建设阶段历时 5 年,到 2019 年 9 月 25 日正式开始运营。机场 T1 航站楼建筑群总面积 143 万 $m^2$,航站楼主体 103 万 $m^2$,期间投资额达到 799.8 亿元,是典型的超大型国际航空综合交通枢纽。机场建成后,将大大缓解北京首都国际机场面临的空域资源紧张局面。

从建设地址可知,大兴机场是一个跨省域的工程项目,也就是说,建设过程中面对的不仅仅是施工方、监理方、设计方等不同参建单位的协调,还面临着两个省级领导层的协调与沟通。如果仅仅是属于北京市的项目,当领导层或部门间的意见不一致时,在符合城市规划和相关法律的条件下,可以由北京市的领导统筹各方问题并做出决策。但作为国家层面的项目,当两个省域的意见出现分歧时,就得由国家来牵头和推动实施。

### 5.2.2 进度总控实施

在大兴机场项目建设初期,由国家发展改革委牵头,成立了北京新机场建设领导小组(图 5-3),以统筹协调中央和地方之间、不同省市之间以及各城市和不同部门之间的关系。北京大兴国际机场建设领导小组由北京市政府、河北省政府、民航局、自然资源部等单位相关负责部门共同组成,建设初期,领导小组开展了数次工作会议,研究确定了机场的建设总体方案,集中讨论当前急需协调解决的重要事项,并就下一步工作任务进行安排部署。

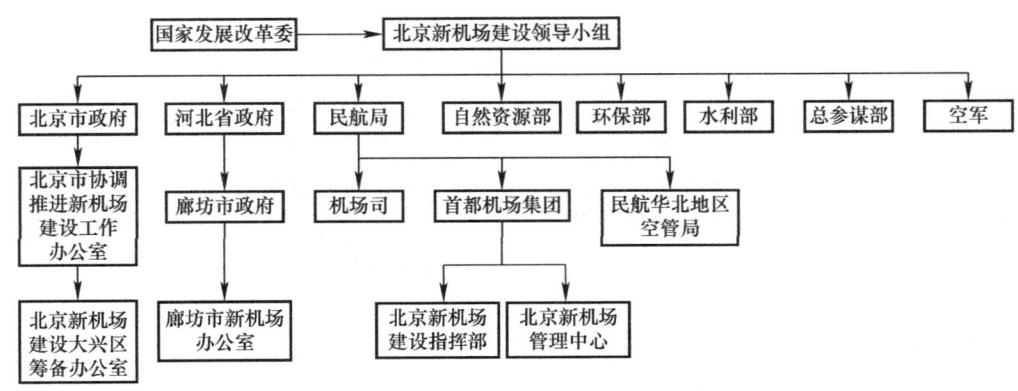

图 5-3 北京新机场建设领导小组管理组织结构图

机场建设与运营工作中主要是自上而下衔接的沟通机制，具体的指示与要求先由民航局下达至首都机场集团，首都机场集团开展专题会议，落实领导小组的思想与决策，明确各方的权责，并由北京新机场建设指挥部和管理中心制定具体工作方案并组织实施。

机场建设指挥部和管理中心下设的各部门，以及各部门所管理的承包商和专业化公司，是大兴机场主体工程的实施层级，实施层级组织系统的首要任务是保障工程建设。业主针对不同对象建立不同的沟通模式，并随着项目进行到不同的阶段，不断地动态调整和优化。

大兴机场主体建设过程中，包含各参建方在内的实施层级的组织系统不是单纯的线性组织结构或矩阵制组织结构，而是可以依靠工作群和跨职能团队中员工间的非正式结构关系来主导组织的工作活动的网络组织结构，这使得牵涉多部门和多主体的组织管理变得更加容易，有利于工程的协调、组织和指挥。但网络型组织的有效运行离不开信息的交流与处理，施工过程中遇到的技术难题需要及时解决，设计差错需要及时更正，不合理的施工方案需要及时调整，单纯依靠由上到下的指令与从下往上的汇总机制，既不能使决策者得到想要的统计概括信息，也不能在做出决策后向参建单位及时下达专业化的命令。项目总控团队的存在，正是为了将施工过程中产生的关于进度、技术、造价信息及时处理并整理成决策层能理解的数据信息。

在大兴机场的建设过程中，由于周期长，参建方众多，各方面都充满了不可预见性，这些风险因素可能最终会造成工期延误，导致不能按时投入运营，因此大型项目的进度管控工作一直不容忽视。大兴机场项目实施层级组织系统中，除了建设指挥部、设计单位、施工单位、供货单位、监理单位等主体外，还聘请了第三方进度管理咨询机构——同济大学进度总控组（以下简称"进度总控组"），各方的进度管理职能各有不同，建设指挥部负责业主方包括进度总控在内的项目管理工作，设计、施工、供货、监理单位根据指挥部总进度计划分别负责实际工作进度安排或承担监督工作。

进度总控组负责指挥部管理工程的进度管控工作，该团队只接受业主代表即建设指挥部计划合同部下达的指令，协助实施综合管控计划，丰富和规范了项目组织系统内的信息流程，提高了信息传递的速度、广度和精确程度，进而构建起高效的工程建设和运营筹备进度控制系统，并出具《北京大兴国际机场建设与运筹进度管控报告》，为实现整理进度目标服务。

状态信息是描述工作任务当前状态的信息，统计信息是将状态信息和计划信息集成化以后的信息，直观体现出系统在某一时点的偏差情况，控制信息是指组织的管理部门为了实现组织的整体目标而对组织活动的各环节进行监督、调节应有的信息。

进度总控组在接收状态信息输入后（包括各部门和专业公司填报的数据报表、课题组现场踏勘、会议和访谈等各种形式），首先将每项工作的状态信息与计划信息中的目标值进行比较，测量偏差情况，再对所有工作的偏差情况作出统计和综合分析，给出纠偏或预控措施的建议。这样，状态信息经过课题组的处理，就转化为了以月报为载体的统计信息，输出给组织中的决策机构和执行机构。管理层级做出决策后，实施层级通过课题组出具的各类进度报告来获取统计信息，了解系统中其他分区的进度状态，并制作出下一步的具体实施方案，进度总控组也可以在统计信息的基础上，为实施层级的工作提供一定咨询和建议。进度总控组与项目组织间的信息流程如图 5-4 所示。

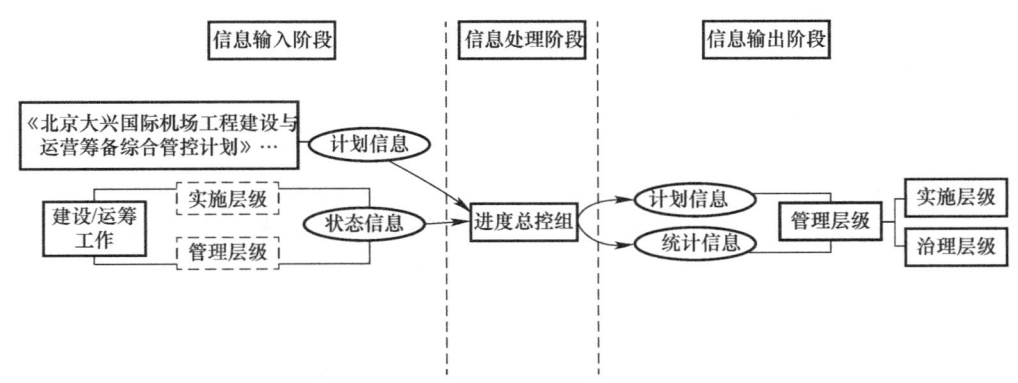

图 5-4 进度总控组与项目组织间的信息流程

结合上文分析可知，第三方进度管理咨询机构编制的工程建设与运营筹备总进度计划，为各部门和专业公司提供了指导，使得组织由直接管理大量现场施工人员和生产资料转变为管理标准化、模块化的业务，由接收处理庞杂无序的状态信息转变为以计划信息为标准来有序地处理状态信息，组织系统应对环境多样性的能力即可在很大程度上获得增强。

## 5.3 指挥部模式下的项目进度总控实施总结

上海虹桥综合交通枢纽和北京大兴国际机场的实践证明，相比传统的"业主+项目监理"的项目管理组织模式，"指挥部+项目进度总控"的项目管理组织模式在大型交通枢纽工程中是更加有效的模式，而项目进度总控在其中发挥着不可或缺的作用。在指挥部模式的行政性优势下，大型建设工程所需要的大量资源得到迅速、有力的调配；同时，项目进度总控模式通过总进度计划编制体系、多平面进度总控组的构建、进度信息的收集与处理、进度风险的管控、信息技术和信息系统的应用等手段，丰富和规范了项目组织系统内的信息流程，提高了信息传递的速度、广度和精度，有效地预警和防范了工程中的风险，构建起了高效的工程建设和运营筹备进度控制体系，为工程项目的实施保驾护航。

# 6 结语

在大型交通枢纽工程建设项目中，传统的"业主+工程监理"的项目管理模式可以有效实现项目质量目标，但其对项目进度控制的力度有限，而"指挥部+项目进度总控"的项目管理模式，将指挥部模式的行政性特点与项目总控模式的客观性、协调性、专业性特点结合起来，展现出了诸多优势，包括强有力的资源调配与协调能力、信息对称性的提高、高效的信息流通体系构建、集成处理庞大复杂的信息流、专业化的信息处理手段与决策能力等，使得业主能够同时胜任项目的组织任务、总集成任务和目标控制任务等，能够为大型交通枢纽项目的顺利实施保驾护航。这种项目管理组织模式在虹桥综合交通枢纽工程、北京大兴国际机场工程中得到了充分的发挥与应用，并将对其他大型交通枢纽项目产生良好的影响和示范作用。

**参考文献**

[1] 罗晟. 基础设施群体项目建设现场指挥部运行机制下的项目管理研究 [J]. 建设监理. 2015：9-12.

［2］ 乐云，张云霞，李永奎. 政府投资重大工程建设指挥部模式的形成、演化及发展趋势研究，2015（12）：9-13.

［3］ 茹慧芳. 大型公共建设项目总控模式研究［D］. 吉林建筑大学，2016.

［4］ 汪晓波. 项目总控管理模式在大型工程项目建设中的应用研究［D］. 浙江大学，2018.

［5］ 彭为，许凤，董润润. 项目总控模式下整合项目进度总控与进度风险管理的大型工程项目管理案例研究［C］//Proceeding of International Conference on Engineering and Business Management（EBM 2012）. Ed. Scientific Research Publishing，USA（美国科研出版社），2012.

［6］ 肖承斌. 基于项目总控的建设工程进度计划跟踪与反馈［J］. 城市建设理论研究，2019.

［7］ 李灿. 浅谈工程建设项目管理组织模式［J］. 河南建材，2019.

［8］ 郭建祥，郭炜. 上海虹桥综合交通枢纽总体规划设计［J］. 上海建设科技，2009.

［9］ 上官丽，刘伯智. 大型建设项目总控管理的价值与实践［J］. 管理观察，2016（13）：84-86.

［10］ 贾广社，夏志坚，陈双，蒋艾丽. 大型建设工程项目治理研究——以上海虹桥综合交通枢纽工程为例［J］. 建筑经济，2010（11）：49-52.

［11］ 姜浩. 虹桥综合交通枢纽项目区域化管理研究［D］. 西北农林科技大学，2013.

# 基于社会网络的大型机场建设项目干系人需求分析方法

罗峰峰 施 骞

（同济大学经济与管理学院）

**摘 要**：机场建设项目作为大型复杂项目，其干系人众多，干系人关系复杂。其需求亦是相互影响的，并且干系人的需求会在项目实施过程中发生动态变化，决策者往往在平衡和优化这些需求过程中陷入僵局。本文尝试采用干系人理论及需求分析理论，结合社会网络分析方法，为机场建设项目决策者制定出一种能够快速识别干系人需求及其相互关系的方法，使得机场项目决策者能够在较短的时间内，寻找平衡和优化干系人需求最快路径，从而助力项目的整体成功。

**关键词**：干系人；需求分析；社会网络；机场建设项目

# Research on stakeholder requirement analysis for large airport construction projects based on social network

LUO Fengfeng, SHI Qian

(Tongji University)

**Abstract**: As a large and complex project, the airport construction project involves many stakeholders and complex relationship between stakeholders. The requirements are also interacted, and the stakeholders' requirements will change dynamically in the process of project implementation. Thus, the decision-makers often get stuck in the process of balancing and optimizing these requirements. This paper tried to provide decision-makers with scientific method to identify quickly stakeholder requirement and inter-relationship, which has important implication for balance and optimization of stakeholder needs fastest path as soon as possible, so as to boost the overall success of the project.

**Key Words**: stakeholders; requirement analysis; social network; airport construction project

# 1 引言

缺乏有效的需求管理是项目失败的主要原因之一，需求管理的一般流程，主要包括需求评估、需求获取和分析、监控需求和解决方案的评估。Luca et al（2016）结合大量的工程经验，发现需求管理过程是非常消耗时间，需要很强的管理技巧，复杂也最易成为关键任务。同时，他们还指出需求管理主要是在建立项目组合过程中组织内部收集想法、方案、需求的过程。这个过程中越是能够抓住组织的真正战略共识，并且与之前进行的项目活动相匹配，那么这些需求就是建立正确的项目组合的关键因素。

机场建设项目是一类大型复杂项目，而其中涉及的需求也呈现多样性，机场建设项目基本具有几个特点：第一，提出需求的干系人众多。就一般项目来说，提出需求的主体就是建设单位，用户的需求也主要是通过建设单位提出的。其他利益相关者（承包商、咨询单位、供应商）基本的需求可以忽略。但是在类似机场的复杂项目中，其相应的建设单位就很多，因为机场需要相应的配套建设才能够进行，航空公司、航油公司等相关配套设施的建设方需求不容忽略。也由于工程的复杂，无论是承包商还是咨询单位，供应商都众多。最重要的由于机场一般都是一个区域战略目标，社会关注度大，终端用户的需求是决定项目成功的关键因素之一；第二，需求之间关系复杂，维度众多。从参与方组织维度，由于一般项目组织结构简单明了，建设方提出的需求大多可以实现，影响也较小。而对于机场此类大型复杂项目，多家承包商、咨询单位、供应商，不同类型单位和同类型单位之间的需求影响关系复杂交错。从时间维度来说，当机场需求处于一个扩张阶段或者是维护阶段时，相关的建设项目应要考虑好，现阶段需求和未来需求的相互影响关系，不能为了满足现阶段需求而制约了未来需求；第三，需求的动态变化随着项目的进行，由于项目环境的变化，干系人以及需求是不断发生改变的。一般来说，需求一般是随着项目规模和复杂性的增长而不断暴露出来，某些潜在的需求只有在发生不可避免的矛盾才会展现出来。因此可以看出，如果梳理机场建设项目所涉及的众多干系人的需求，并加以统筹、协调和引导，是机场建设项目管理中必须解决的重要问题之一。

# 2 文献综述

## 2.1 干系人管理理论研究的现状

干系人管理在复杂项目环境中通过将干系人的需求和担忧展现出来并且建立了稳健的干系人关系，被认为是一种有效的方法（Bourne & Walker, 2005）。在大型建设项目中，项目经理在识别干系人及其需求、评估干系人影响和他们相互关系，以及制定合适的参与策略方面遇到挑战（Yang et al., 2011）。这些在管理干系人过程中的挑战都是由项目环境中巨大的不确定性和复杂性造成的（Burton & Obel, 2003）。Ward & Chapman (2008) 指出干系人需求的不确定是大型建设项目中产生不确定性的主要原因之一。大型项目与小型项目相比更加复杂并且涌现出更多的干系人，因此产生了大量的与干系人相关的不确定因素和风险（Cicmil & Marshall, 2005）。

关于大型项目干系人管理的研究主要包括四个方面，分别是干系人利益与影响、干系人管理流程、干系人分析方法和干系人参与（Moke & Shen G. Q, 2015）。本文将重点梳理干系人利益与影响以及干系人分析方法两方面的研究。

在干系人利益与影响研究方面，由于大型项目中大量干系人的利益、感受和期望具有多样性，经常会在项目实施过程中产生矛盾冲突。Li et al.（2012）整理并分析了在公共基础设施和建设项目中17种干系人利益，他们的关注是多维的，比如提高国际声誉、保持建设可持续、增强社会的基础设施。在很多情况下，干系人试图阻止他们的既得利益受到损害。Aaltonen et al.（2008）划分了八类在项目实施过程中干系人采用的有影响的策略："资源建设""诚信建设""目标行动""合作建设""沟通""冲突升级""直接拒绝""间接拒绝"。通过使用一个适当的策略，干系人可以吸引项目管理者满足他们的需求，从而影响项目。他们进一步建议，干系人的影响策略在整个项目的全寿命周期中是不断变化的，干系人会担当不同的角色，采取不一样的行动以应对不断变化的项目环境（Aaltonen & Kujala，2010）。有五种策略被项目组织方用以应对干系人的诉求："采纳""协商""回避""解雇""影响"（Aaltonen & Sivonen，2009）。上述策略的一个局限是仅建立在个体干系人与项目管理者之间的动态联系基础上，没有考虑到在制定这些策略时干系人网络的相互沟通和影响（Aaltonen & Sivonen，2009）。

在"干系人分析方法"研究方面，大型项目的干系人分析是由项目管理者在分析项目干系人环境过程时的一个演绎过程，此处的项目干系人环境是指项目的设定包括那些能够影响项目或者被项目影响的组织以及他们之间的关系（Aaltonen，2011）。通过考虑干系人力量、合理与紧迫性三种属性，开发了一种干系人显著性模型来对干系人进行描述和分类（Mitchell et al.，1997）。另一个分类模型则是考虑干系人对项目的态度，通过"积极反对""消极反对""不承诺""消极支持""积极支持"这五个层次来判断干系人是否支持这个项目（McElroy & Mills，2000）。Olander（2007）开发了一个定量分析方法来评估干系人的影响，主要集成了Mitchell et al.（1997）的干系人属性；Bourne and Walker（2005）的干系人既得利益影响指数；McElroy & Mills（2000）干系人距离项目的位置。传统的干系人分析方式主要是为了对干系人进行分类并且根据其属性、态度、角色和可预测性来分析与项目间的影响。但是当这些方法应用到大型项目时，随着项目规模和复杂度的增长会受到项目管理者认知局限和不完全的干系人边界的限制（Yang et al.，2009）。建设管理学科的干系人研究越来越多的应用社会网络分析（Social Network Analysis，SNA），因为每个建设项目最终会是一个社会互动与合作的网络，而网络成员间的资源与知识流通受到网络结构的限制（Chinowsky et al.，2008）。例如Yang et al.（2011）将SNA运用到一个小学建筑项目的干系人分析，而Lienert et al.（2013）则从合作和决策角度，使用SNA分析干系人关系如何影响水利基础设施项目中各干系人的优先级排序。

## 2.2 社会网络分析（SNA）在建设项目领域的应用

SNA在建设项目领域主要有三个研究方向，成果相关价值的内部干系人网络、过程相关价值的外部干系人网路以及成果相关价值的外部干系人网络（Xian Zheng et al. 2016）。相关研究主要集中在绩效和效率、沟通与协调、知识管理、风险管理、项目治理、战略管理、信息技术信息化与发散创新以及选址和资源管理。

在绩效和效率研究方面,Chinowsky et al.(2008,2010)关注高绩效团队,他们通过社会网络模型和项目网络依存关系评估项目效率。Di Marco et al.(2010)与 Comu et al.(2010)研究了全球项目网络绩效中跨界协调者角色。此外,一些学者还对安全绩效与网络动态的关系(Alsamadani et al.,2013)、个体绩效(Lin and Tan,2013)、项目成果的关联交易(Li and Ling,2012;Ning and Ling,2013)等展开了相关研究;在沟通与协调研究方面,一些学者应用邮件数据库和文本挖掘调查通信网络和组织协调的关联,并衡量协调绩效(Dogan et al.,2013;Hossain,2009;Hossain & Wu,2009)。还有学者研究了网络的特征指标,包括关系资本(Pauget & Wald,2013),结构洞(Heng & Loosemore,2013)、最后计划者体系(Priven and Sacks,2015)等来促进项目的协调能力。此外,还有学者从动态角度探究了施工企业协同网络的形成与演化(Liu et al.,2015;Park et al.,2011;Son and Rojas,2011);在知识管理研究方面,Brookes et al.(2006)首先意识到建筑行业有效知识管理的社会模式、过程和实践的重要性。此后,跨国组织和跨年代的知识共享包括隐性知识共享成为关注热点(Arriagada and Alarcón,2014;Priven and Sacks,2015);在风险管理研究方面,一些学者开始应用社会网络分析职业健康和安全风险管理(Lingard et al.,2014)以及缺陷要因的相互关系(Aljassmi et al.,2013);在项目治理研究方面,从网络分析的视角,学者们开始重新审视项目交付、组织控制、各类项目的项目结构,包括大型项目和公私合作项目(Chowdhury et al.,2011);在战略管理研究方面,有代表性的研究是从网络分析角度为施工企业制定设计离岸外包和竞争战略(Abdul-Aziz & Wong,2011)以及合作伙伴选择、承包商选择以及干系人分析等(Yang,2014);在选址和资源管理研究方面,可以将 SNA 与数据包络分析(DEA)相结合研究工作现场管理以及资源管理问题(Pryke et al.,2011;Wambeke et al.,2012)。

## 3 大型机场建设项目干系人需求的分类

大型机场建设项目的干系人主要包括运营方、建设方、咨询方、承包方、政府相关部门、航空公司、旅客、周边居民等。机场建设项目的干系人需求来自于影响机场项目或者被机场项目影响的个体或者组织提出的需求以及需求之间的相互关系。大型机场建设项目的干系人需求可以分成不同的种类。

按照需求提出方,可以分为:
(1)项目决策层由主要战略目标和高层直接提出的需求;
(2)部门由于业务的需要提出的一些需求;
(3)部门之间互相提出的需求;
(4)之前提出未被采用的需求;
(5)外部利益相关者提出的需求。

按发生的时序性,可以分为:
(1)项目建设前期,主要是立项及施工建设前的有关需求;
(2)项目建设中期,主要是项目建设过程中出现或前期研究忽略的需求;
(3)项目建设后期,主要是由于前期研究的遗漏和建设过程及其间市场变化衍生出的各类需求。

# 4 基于社会网络的大型机场建设项目干系人需求分析框架

## 4.1 基本框架

基于社会网络的大型机场建设项目干系人需求分析框架，如图 4-1 所示，主要包括以下内容：

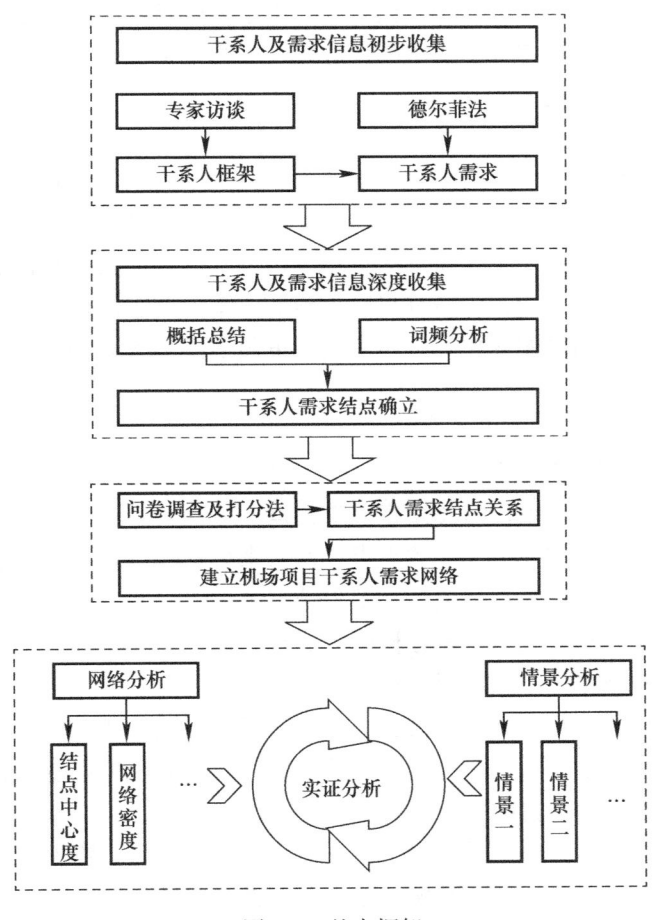

图 4-1 基本框架

（1）干系人及需求信息初步收集

信息的初步收集对于干系人需求网络构建影响较大，若初步信息收集不充分，那么建立的网络就不能充分体现实际情况，在此基础上进行的其他分析也就失去了价值。为做好信息的初步收集，首先需要建立其干系人初步框架，实现这一步的最好方式之一就是进行专家访谈。专家访谈的对象主要是针对机场项目建设方的专家，由于建设方是项目的主导者，通常项目中建设方都是信息的汇集点。在建立干系人框架后，结合需要的几个主要类别，那么与之关联的干系人需求也就有了收集的方向。在干系人初步框架下，每种干系人选取一定的专家人数，通过德尔菲法识别干系人及需求，完成干系人及需求信息的初步收集。

(2) 干系人及需求信息深度收集

考虑到专家对问题理解方向和深度不同，初步收集的信息可能存在冗余、重复乃至与研究问题无关的情况，在初步收集信息并进行分类汇总基础上，需要进一步进行信息的深度收集。只有将初步收集的信息，通过对比分析并不断概括，使得干系人的需求概括深度保持在一定范围内，才能够简化建立干系人需求网络中的结点，降低分析的难度，快速识别出关键信息。深度收集主要还是取决于分析人对机场项目的理解概括能力，可以辅助词频分析及其他较好的分析方法加以实施。

(3) 干系人需求网络关系强度确定

基于前两个步骤确定干系人及需求信息后，干系人需求网络中的结点也就确立了。在此基础上，将全部的干系人需求形成矩阵评分表，确立全部干系人需求的关联关系，在此基础上，构建干系人需求网络。

(4) 干系人网络分析

利用网络分析方法，通过分析干系人网络中的各类网络指标结点中心度、网络密度等指标识别出干系人需求网络中关键干系人需求及关键干系人需求关系，为决策者提供决策依据。另外，在识别出关键干系人需求结点后，可尝试通过情景分析的方式，例如删除某一类干系人或某一类需求节点，重新分析变化后的干系人需求网络，从而得出决策者进行需求决策之后整体需求网络的变化，从而帮助决策预演此类决策是有助还是有害于整体干系人需求网络。

## 4.2 分析中的注意问题

在干系人需求分析过程中，需要注意以下几点：

(1) 已经满足的需求和尚未满足的需求以及未来可能的需求之间是有相互影响的，但是还没有较为成熟的方法确定这种关系。基本的解决思路有两种：一是根据访谈问卷中充分考虑此种情况；二是根据文献资料分析确立需求之间的关系。

(2) 由于受各种条件的限制，很难将研究对象全部调研清晰，因此，可考虑在访谈一个对象时，附带询问其他对象之间的需求关系，并相互佐证，从而提高效率。

(3) 在大型项目实施过程中，随着项目的进展，项目的规模和复杂性不断增加，项目管理者也会越来越难把握项目中的干系人边界和需求边界，这给访谈和问卷调查法分析各方需求造成了很大的阻碍。而文献资料分析方法也具有局限性，资料中的需求可能和实际需求偏差较大，需求分析不完善。具体工作中可考虑将两者结合比对，尽量将工程的实际和准确需求以及相互关系分析出来。

(4) 在情景分析过程中，要充分将工程实例与网络分析过程相结合，避免出现脱节现象，如果存在某种情景在现实中没有对应的类似工程实例，则网络分析结果将失去价值。

## 5 结语

建立大型机场建设项目干系人需求网络，可以帮助项目管理者对复杂且不断变化的干系人需求有一个整体而且清晰的认知，避免由于忽略关键需求对项目造成不可挽回的损失、导致项目缺陷甚至项目失败。项目实施过程中的决策不仅仅是从组合优化的角度，对需求进行简单有限性排序，而且还应考虑需求之间、干系人之间的内在联系以及需求同干系人之间的关系，研究是否有可能仅仅满足一小部分需求就可以使得大部分人都满意的决策。本文基于此，提出基于社会网络的大型机场建设项目干系人需求分析框架，以期为机场建设管理者进行需求管理提供一定的参考。

**参考文献**

[1] Bourne L, Walker D H T. Visualising and mapping stakeholder influence [J]. Management Decision, 2005, 43 (5/6): 649-660.

[2] Yang J, Shen G Q, Ho M, et al. Stakeholder management in construction: An empirical study to address research gaps in previous studies [J]. International Journal of Project Management, 2011, 29 (7): 900-910.

[3] B Burton R M, Obel B. Strategic organizational diagnosis and design: Developing theory for application [M]. Kluwer Academic Publishers, 1995.

[4] Ward S, Chapman C. Stakeholders and uncertainty management in projects [J]. Construction management and economics, 2008, 26 (6): 563-577.

[5] Cicmil S, Marshall D. Insights into collaboration at the project level: complexity, social interaction and procurement mechanisms [J]. Building Research and Information, 2005, 33 (6): 523-535.

[6] Li T H Y, Ng S T, Skitmore M. Conflict or consensus: An investigation of stakeholder concerns during the participation process of major infrastructure and construction projects in Hong Kong [J]. Habitat International, 2012, 36 (2): 333-342.

[7] Aaltonen K, Jaakko K, Tuomas O. Stakeholder salience in global projects [J]. International Journal of Project Management, 2008, 26 (5): 509-516.

[8] Aaltonen K, Kujala J. A project lifecycle perspective on stakeholder influence strategies in global projects [J]. Scandinavian Journal of Management, 2010, 26 (4): 381-397.

[9] Aaltonen K, Sivonen R. Response strategies to stakeholder pressures in global projects [J]. International Journal of Project Management, 2009, 27 (2): 131-141.

[10] Aaltonen K. Project stakeholder analysis as an environmental interpretation process [J]. International Journal of Project Management, 2011, 29 (2): 165-183.

[11] Mitchell R K, Agle B. Toward a theory of stakeholder identification and salience: Defining the principle of who and what really counts [J]. Academy of Management Review, 1997, 22 (4): 853-886.

[12] McElroy, B., Mills, C. Managing stakeholders, In: Turner, R. J., Simister, S. J. (Eds.), Gower Handbook of Project Management, 3rd ed. Gower Publishing Limited, Hampshire, England, pp. 2000, 757-775.

[13] Olander S. Stakeholder impact analysis in construction project management [J]. Construction Management & Economics, 2007, 25 (1-3): 277-287.

[14] Yang J, Shen Q, Ho M. An overview of previous studies in stakeholder management and its implications for the construction industry [J]. Journal of Facilities Management, 2009, 7 (2): p. 159-175.

[15] Chinowsky P, Diekmann J, Galotti V. Social network model of construction [J]. Journal of Construction Engineering & Management, 2008, 134 (10): 804-812.

[16] Yang J, Shen P Q, Bourne L, et al. A typology of operational approaches for stakeholder analysis

[17] Lienert J, Schnetzer F, Ingold K. Stakeholder analysis combined with social network analysis provides fine-grained insights into water infrastructure planning processes [J]. Journal of environmental management, 2013, 125: 134-148.

[18] Zheng X, Le Y, Chan A P C, et al. Review of the application of social network analysis (SNA) in construction project management research [J]. International Journal of Project Management, 2016, 34 (7): 1214-1225.

[19] Chinowsky P, Diekmann J, Galotti V. Social network model of construction [J]. Journal of Construction Engineering and Management, 2008, 134 (10): 804-812.

[20] Chinowsky P S, Diekmann J, O'Brien J. Project organizations as social networks [J]. Journal of Construction Engineering and Management, 2010, 136 (4): 452-458.

[21] Marco M K D, Taylor J E, Alin P. Emergence and role of cultural boundary spanners in global engineering project networks [J]. Journal of Management in Engineering, 2010, 26 (3): 123-132.

[22] Comu S, Unsal H I, Taylor J E. Dual impact of cultural and linguistic diversity on project network performance [J]. Journal of Management in Engineering, 2011, 27 (3): 179-187.

[23] Alsamadani R, Hallowell M, Javernick-Will A N. Measuring and modelling safety communication in small work crews in the US using social network analysis [J]. Construction Management and Economics, 2013, 31 (4-6): 568-579.

[24] Lin C L, Tan H L. Performance measurement in the public sector: example of the building administration authorities in Taiwan [J]. Journal of Management in Engineering, 2014, 30 (1): 97-107.

[25] Li S, Ling F Y Y. Critical strategies for Chinese architectural, engineering and construction firms to achieve profitability [J]. Engineering, Construction and Architectural Management, 2012 (5), 495-511.

[26] Ning Y, Ling F Y Y. Boosting public construction project outcomes through relational transactions [J]. Journal of Construction Engineering and Management, 2013, 140 (1): 46-52.

[27] Dogan S Z, Arditi D, Gunhan S, et al. Assessing coordination performance based on centrality in an E-mail communication network [J]. Journal of Management in Engineering, 2015, 31 (3): 04014047.

[28] Hossain L. Effect of organisational position and network centrality on project coordination [J]. International Journal of Project Management, 2009, 27 (7): 680-689.

[29] Hossain L, Wu A. Communications network centrality correlates to organisational coordination [J]. International Journal of Project Management, 2009, 27 (8): 795-811.

[30] Priven V, Sacks R. Effects of the last planner system on social networks among construction trade crews [J]. Journal of Construction Engineering and Management, 2013, 141 (6): 04015006.

[31] Liu L, Han C, Xu W. Evolutionary analysis of the collaboration networks within National Quality Award Projects of China [J]. International Journal of Project Management, 2015, 33 (3): 599-609.

[32] Park H, Han S H, Rojas E M, et al. Social network analysis of collaborative ventures for overseas construction projects [J]. Journal of Construction Engineering and Management, 2011, 137 (5): 344-355.

[33] Arriagada D R E, Alarcón C L F. Knowledge management and maturation model in construction companies [J]. Journal of construction Engineering and Management, 2014, 140 (4): B4013006.

[34] Priven V, Sacks R. Effects of the last planner system on social networks among construction trade

crews [J]. Journal of Construction Engineering and Management, 2013, 141 (6): 04015006..

[35] Aljassmi H, Han S, Davis S. Project pathogens network: new approach to analyzing construction-defects-generation mechanisms [J]. Journal of Construction Engineering and Management, 2014, 140 (1): 04013028.

[36] Lingard H, Pirzadeh P, Blismas N, et al. Exploring the link between early constructor involvement in project decision-making and the efficacy of health and safety risk control [J]. Construction Management and Economics, 2014, 32 (9): 918-931.

[37] Chowdhury A N, Chen P H, Tiong R L K. Analysing the structure of public-private partnership projects using network theory [J]. Construction management and economics, 2011, 29 (3): 247-260.

[38] Abdul-Aziz A R, Wong S S. Business networks and internationalisation of contractors from developing countries [J]. Engineering, Construction and Architectural Management, 2011, 18 (3), 282-296.

[39] Yang, Jing R. An investigation of stakeholder analysis in urban development projects: Empirical or rationalistic perspectives [J]. International Journal of Project Management, 2014, 32 (5): 838-849.

[40] Wambeke B W, Liu M, Hsiang S M. Using pajek and centrality analysis to identify a social network of construction trades [J]. Journal of Construction Engineering & Management, 2012, 138 (10): 1192-1201.

[41] Pryke S D, Zagkli G, Kougia I. Resource provision ego-networks in small Greek construction firms [J]. Building Research and Information, 2011, 39 (6): 616-636.

[42] Romano L, Grimaldi R, Colasuonno F S. Demand management as a critical success factor in Portfolio Management [C]. Project Management Institute, 2016.

# 大型航空交通枢纽工程逻辑的思考

贾广社[1]，徐启雄[1]，谭　丹[2]，赵雪洋[1]，马鸿芸[1]

（1. 同济大学经济与管理学院；2. 同济大学建筑产业创新发展研究院）

**摘　要**：大型航空交通枢纽的出现，为构建现代化综合交通运输体系，推动基础设施高质量发展，促进经济社会互联互通带来重要影响。本文试图从枢纽产生的逻辑、功能集成的逻辑、空间布局的逻辑、协同治理的逻辑、集成管理的逻辑及枢纽发展的逻辑六个方面提出问题，探讨航空交通枢纽产生和发展的内在逻辑，为理解大型航空交通枢纽这种新型的交通基础设施提供一个视角。

**关键词**：大型航空交通枢纽；工程逻辑；协同治理；集成管理；诗意栖居

# The Thinking of the Engineering Logic of the Large-scale Air Transportation Hub

JIA Guangshe[1], XU Qixiong[1], TAN Dan[2], ZHAO Xueyang[1], MA Hongyun[1],

(1. School of Economics and Management, Tongji University)
(2. Center of Innovation and Development in Construction, Tongji University)

**Abstract**: The generation of the large-scale air transportation hub has an important impact on building a modern comprehensive transportation system, promoting high-quality development of infrastructure and economic interconnection. This article attempts to discusses the inherent logic of the development of air transportation hubs from six aspects: the logic of hub generation, the logic of functional integration, the logic of spatial layout, the logic of collaborative governance, the logic of integrated management, and the logic of hub development. It provides a perspective for understanding the large-scale air transportation hub as a new type of transportation infrastructure.

**Key Words**: large-scale air transportation hub; engineering logic; collaborative governance; integrated management; poetic dwelling

## 1 引言

在我国近年产生了一种新型的基础设施——大型航空交通枢纽，该类型基础设施自

2010年3月16日上海虹桥机场2号航站楼开航后开始引起人们的关注，到2019年9月25日北京大兴国际机场开航，就已经被社会各界广为接受了。2020年4月国家发展和改革委员会发文《关于促进枢纽机场联通轨道交通的意见》（发改基础［2020］576号）中指出：建设内外部联通的综合交通运输体系，是提高机场运行效率的关键。加强枢纽机场与轨道交通的互联互通是扩大机场辐射范围，提升航空服务水平和枢纽运营效率，加快构建现代化综合交通运输体系，推动基础设施高质量发展的重要举措。枢纽机场联通轨道交通成为一种新型的交通基础设施——航空交通枢纽。

我国近年凡是建设大型机场必定联通轨道交通而成为航空交通枢纽，而这些航空枢纽有许多共性和特性，这些共性和特性是否有规律可循，哪些因素相互作用使相同航空枢纽呈现出特性，哪些因素相互作用使不同的航空枢纽呈现出共性，这些共性和特性对以后的运营和枢纽能量的释放会产生哪些相同和不同的影响，人们试图通过表象去认识航空枢纽的本质。航空枢纽的实践给人们呈现了偌大的未知空间，引起人们对其规律性探索的强烈愿望，工程的科学规律就是工程发展的内在逻辑，本文试图对航空枢纽工程发展内在逻辑进行探索，思考的起点是：航空枢纽工程发展的基本逻辑是什么？航空枢纽发展涉及从产生、功能集成、空间布局到协同治理、管理集成、未来发展等方面，这些方面发展的内在逻辑是什么？

## 2 逻辑一：枢纽产生的逻辑

在人类发展历程中，交通基础设施作为人类物质和文化交流的媒介而不断演化更替，如早期的驿站和码头，工业革命之后出现的汽车站、火车站、港口和机场；而机场又经历了从"客运"到"客运＋货运"、再到"客运＋货运＋临空经济区"、最后到融合多种交通工具的大型航空交通枢纽的演化历程。不同类型交通基础设施具有不同的产生逻辑。

大型航空交通枢纽工程是指以航空运输为核心，与高铁、城际铁路、城市轨道、公路等其他交通方式融为一体的对经济、政治和社会发展有重大影响的交通基础设施项目。以航空运输为核心是因为航空运输的速度快、运距远、服务范围广、对社会经济影响深，具有跨区域、跨国界、跨洲的联通能力。大型航空交通枢纽作为我国交通强国战略和民航强国战略的重要组成部分，其产生有内在的逻辑和历史的必然性。

考察航空枢纽产生的时间、地点及条件可以发现，航空枢纽的产生不可能在改革开放的初期，更不可能在改革开放前，因为当时我国政府尚无经济实力提供这种大规模的准公共产品，也没有成熟的轨道技术与民航联通；同时，当时的经济发展尚不像今天这样对时间价值的看重。航空枢纽也不太可能在经济发展欠发达的地区被首先提出来，而更可能出现在经济相对发达的区域，如东部沿海区域或长三角区域。

深入分析可以发现，大型航空交通枢纽项目的产生是相关动力机制和约束机制综合作用的结果。动力机制是指驱动和促进项目产生的机制和条件。从经济视角来看，城市和城市群的扩张、区域经济发展和国家发展战略的推动，导致核心城市或区域的人货流量需求骤增，单一形式的交通工具很难经济地、高效地、全方位满足这些需求，从而催生了集成性的大型航空交通枢纽。一方面，它可以通过资源共享（如共享配套设施）节约建设和运营成本；另一方面，在目前的技术禀赋条件下，它在速度、运距、运能等多样性方面具有比较优势（相比于单一类型的交通工具），基于比较优势建立的航空枢纽作为"硬"的基础设施又反过来促进宏观经济发展。从社会视角来看，航空交通枢纽基础设施服务的提供者和使用者构成"命运共同体"，大型航空交通枢纽提供者为使用者提供多样化、高效、便捷的交通服务，大规模的用户群（使用者）反过来促进服务提供者实现盈利目标；同时，不同交通工具之间具有明显的流量溢出效应，大型航空交通枢纽可以促进不同服务提供者之间实现合作共赢。此外，大型航空枢纽不仅可以改善当地的经济结构、文化结构、社会结构、生态结构，甚至改善当地的政治结构，还可以提高提供者和使用者的利益增量；例如虹桥综合交通枢纽促进了长三角区域国家发展规划的形成，推动了长三角区域经济一体化的发展；北京大兴国际机场推动了京津冀区域经济的发展，形成了航空物流区、科技创新区和服务保障区以及河北自由贸易试验区，极大地改善了区域的产业结构，成为国家发展一个新的动力源。从技术视角来看，交通工具技术的进步和全面发展促进交通服务的多样化，从而催生一系列新项目的产生，同时工程规划、设计、施工和运营管理技术的成熟为实现大型航空交通枢纽战略提供保障。

约束机制指阻碍和制约项目产生的机制和条件。从经济视角来看，偏离上述最优经济结构的禀赋条件，即区域和城市经济发展相对落后，人货流量需求较低，会阻碍大型航空交通枢纽的产生。从社会视角来看，大型航空交通枢纽工程的征地、拆迁活动会引发一系列的社会冲突，如果这些冲突处理不当，也会阻碍项目的产生。此外，核心技术不过关、缺乏连续性的政治支持（如领导人换届）、环境影响恶劣、影响当地宗教和信仰自由等都会阻碍项目的产生。

大型航空交通枢纽项目产生过程可以分为概念产生、概念完善和概念成型三个阶段。在概念产生阶段，一家或几家核心主体作为项目主导机构，从上至下提出项目设想；在概念完善阶段，核心主体与其他相关主体进行协商，从下至上对项目设想进行完善；在概念成型阶段，核心主体和其他相关主体就项目主要问题达成一致，从而形成完整的项目概念。

因此，在实践中，全面分析、综合平衡项目产生的动力、约束机制，及其在不同产生阶段的影响，是保证项目顺利产生的关键。然而上述分析仅仅是管中窥豹，还需进一步探索：不同的动力机制、约束机制之间如何相互作用来驱动项目的产生？不同的动力机制、约束机制对不同概念阶段的活动产生什么影响？当出现冲突时，如何平衡解决？

## 3 逻辑二：功能集成的逻辑

经济全球化成为当今世界发展的基本特征，各类生产要素跨越国界自由流动和配置，航空运输对区域经济发展以及与世界的联系起到了关键性的作用。以机场为核心的航空交通枢纽其功能特征也不断演变和发展，集成化和综合化日益凸显。

（1）功能集成的逻辑起点：服务社会经济

交通运输作为国民经济的重点战略产业，是国民经济的重要基础设施，是制约经济与社会发展的一个重要因素。从城市发展看：航空交通枢纽构建了以机场、高铁、城际铁路、城市地铁、磁浮、公路、港口码头等相集成的多层次立体交通网络，不仅实现了"人便于行，货畅其流"，带动一个城市发展，还会促进区域城市群同城化"一日交通圈"的形成,带动区域城市群的发展。从经济增长要求看:城市发展带来人口密度上升,人口迁移和交通距离缩短带来成本下降,这些都是快速和共享增长的要素。航空交通枢纽作为交通运输结构演化的产物,这既符合服务国家社会经济发展的规律,也是市场经济商业活动与政府提供准公共产品相互促进落实区域经济与国家发展战略的必然结果。

(2) 功能集成的路径选择:一体化

一体化概念源于社会分工理论的深化。随着社会发展与科技进步,以及信息时代的来临,需要专业化的分工来实现土地的集约利用和更高的生产效率,进而获得经济发展。而分工的细化则意味着合作与协作的深化。航空交通枢纽是交通一体化的集中表现,它把不同运输方式(航空、轨道交通、公路、港口等)、不同生产性质(投资主体、运营主体、建设主体等)的企业、不同利益相关方(政府、行业、企业)紧密连接在一起,促成生产要素在区域间和国际的流动。从不同运输方式看,功能集成可发挥各种交通运输方式的技术优势,如跨洲的远距离民航运输有优势,中距离大运量轨道运输有优势,这样形成的综合运输网络可最优地利用资源。在运输技术集成的基础上,形成生产的一体化,从民航的机场、航司、航油、空管的一体化,到民航与轨道等其他交通方式的一体化,形成为旅客服务的生产链,实现多种交通方式运营管理的一体化以及运输信息系统的一体化,进而实现交通基础设施投资、建设和运营的一体化。运输方式的集成功能是各种集成的基础。功能集成给旅客、货主、运输生产的不同单位、枢纽所在地的社会有关方均带来了利益,促进了各方的利益。由此可见,航空交通枢纽不是简单的单一功能的加法,而是在经济、社会、文化、生态多方面共同作用下的化学反应,最大限度地激发规模经济和资源整合效应,而一体化不仅是航空交通枢纽规划的关键,也是其发展的必由之路。

纵观人类交通方式的发展史,其由单一(驿站)到简单综合(航空+公路),再到复杂集成(航空+公路+轨道),这既是一个城市重要功能设施配备和城市辐射能力的重要体现,也是社会经济发展的需要。航空交通枢纽功能集成后如何定位?如何处理好一体化过程中各利益相关方的利益诉求?是航空交通枢纽规划时需要重点探索的话题。

# 4 逻辑三:空间布局的逻辑

从枢纽设施角度看,空间布局是基于功能实现对空间资源设计(机场、轨道交通、换乘枢纽设施、道路疏散系统等)和对换乘时间效益优化设计(优化交通方式的换乘关系)的整合。从城市角度看,空间布局是经济社会资源在地域空间上聚集与扩散的运动。影响空间布局的要素包括自然地理条件、产业结构、经济联系和交通联系、社会分化和空间分异等。航空交通枢纽作为城市空间的重要组成,其空间布局既要充分考虑交通功能集成下为旅客带来便捷的换乘和货运带来高效的运输,也要促进对临空经济、区域经济和城市群的发展。

(1) 设施空间布局

每一种运输方式均有自己工艺要求的空间布局,如机场里面的航空器的流程、旅客的流程,由此所规划的飞行区、航站区、货运区和公共区等区域,有陆侧有空侧,有出发层和到达层等;地铁有区间、站点,站点里有站厅层、站台层,有匝道里、匝道外等。航空枢纽为了实现集成的功能,必须考虑诸多设施集成后需满足的功能与合理的空间布局。由于空间布局不止一种，由于投资主体和服务对象的不同，航空交通枢纽集成的不同交通设施都有着各自的选址安排和空间布局的安排。民航与轨道的空间集成受多种因素的影响，包括自然地理因素、技术条件因素、经济利益因素、社会影响因素等。如虹桥综合交通枢纽高铁站位于航站楼的西侧，旅客换乘以水平方向流动；而北京大兴国际机场的高铁站位于航站楼的下方，旅客换乘以垂直方向上下流动，这样的选择各有各的考量。航空交通枢纽涉及多个交通方式的多种流线，自身出现了新的空间布局特征，形成了新的区域空间，使得原有单一、封闭式的功能空间已经不能适应发展的需要，直接导致了流线的变化和空间布局的改变。机场如何与轨道等其他交通设施紧凑布置，从而使各种交通方式紧密衔接，缩短乘客换乘滞留时间，提高货运中转的便捷，提升枢纽时间和空间的使用效率？各类交通方式之间的换乘模式（垂直换乘、水平换乘以及混合换乘）如何选择才能保证旅客的换乘距离紧凑？城市市政基础设施作为各类交通设施所必需的配套资源，如何从分别给不同交通设施提供配套设施的独立布局转向集约化布局？这些挑战都值得深度思考并寻找到适合的解决方案。

(2) 城市空间布局

若一个枢纽机场仅服务一个大城市，那么航空交通枢纽建在市中心，对旅客与货主比较方便，这样更加容易集散。然而由于飞机起降对周边建筑高度的要求以及噪声的影响，机场建在市中心并不合适，另外市中心有比机场更为重要的建筑。所以以往的机场选址一般在城市的边缘。由于近年我国城市发展得很快，原来属于城郊的现在也变成市中心了，那些原来在城郊的机场就成为城市中心机场了，这样既给城市的发展带来不利，也给机场的发展带来不利，解决的办法是机场整体迁建，如广州的老白云机场迁建到现在的新白云位置，昆明的巫家坝机场迁建到长水，厦门的高崎迁建到大嶝岛，青岛的流亭迁建到胶东，而虹桥机场虽然没有迁建，但虹桥机场由于城市的发展，它被包围在城市中，发展受到限制，同时周边的居民也受到噪声的影响。城市中的机场与城市如何共同发展成为一个重要课题。

由于航空＋轨道扩大了机场辐射的范围，现代大型航空交通枢纽不仅服务一个城市，而是服务一个城市群、服务一个区域。在城市规划、区域规划时综合交通的规划是重要的组成部分，大型航空枢纽空间布局也会基于大的视角，既要考虑服务的主要城市，也会考虑到服务的区域，既基于历史，也基于未来，而建立区域中、城市群中的机场群、航空枢纽群。使航空枢纽成为带动周边临空经济及区域经济的发展动力源。如北京大兴国际机场不仅服务于北京，还服务于整个京津冀区域。如何通过航空交通枢纽实现资源的优化配置促进区域经济的一体化发展？航空交通枢纽对枢纽地区的辐射作用和对客流货流的集聚扩散能力大于单一的交通方式，这类新的空间形成过程、演化格局以及发展机理仍然有着很大的探索空间。既要厘清航空交通枢纽和单一交通方式的共性，也要厘清其独有的特性，进一步探索航空交通枢纽驱动临空经济区、城市群和区域经济发展的空间效应和机理。

# 5 逻辑四：协同治理的逻辑

协同治理是指通过一系列的制度安排（如结构、机制、流程、政策等）来调整项目利益相关方之间的关系，使各方利益尽可能地最大化。

（1）协同治理的起因：为什么需要协同治理？

① 航空枢纽包含不同类型的基础设施，如机场、轨道、公路、水、电、气，因而有不同的基础设施企业，如机场集团、轨道公司、高速公路公司、自来水公司、电力公司、燃气公司等，航空枢纽在决策、建设和运营时需要协同。这样多类型的基础设施综合在航空枢纽内是空前的。

② 航空枢纽运营活动还涉及公安、武警、海关、边防、卫生等机构，以及军队（军民融合）、国际民航组织等，需要协同。

③ 永久性组织和临时性组织交织。政府和企业等永久性组织在参与大型航空枢纽建设时，通常成立相应的临时性组织来负责项目的实施，即项目管理组织。如政府部门的领导小组、领导小组办公室等；企业成立的工程建设指挥部，如机场建设指挥部、航司建设指挥部、航油建设指挥部、空管建设指挥部等。临时性的项目组织和永久性组织在项目全寿命周期中围绕项目活动频繁互动，需要协同。

④ 项目参与方具有多样性和异质性，有政府组织、企业组织和项目组织，不同类型的组织拥有不同的任务、目标和流程，存在不同的治理逻辑。政府治理涉及中央部委之间以及中央和地方政府之间的协调活动，企业治理涉及企业内和企业间的建设和运营活动，项目治理涉及项目群之间的项目管理活动。

不同类型的组织和不同行业的组织之间存在制度差别、行业壁垒、权力责任关系、利益诉求不一致等阻碍，协同治理的目标是实现项目利益相关方的利益最大化。政府是协同治理的核心主体，如北京大兴国际机场国家治理主体的牵头单位是国家发展改革委，而行业治理的主体牵头单位是民航局；虹桥综合交通枢纽的治理主体牵头单位是上海市政府。

（2）协同治理的过程：如何进行协同治理？

现代社会科学研究分为两条路径，即观念导向的理想主义路径和问题导向的现实主义路径。前者是基于某种观念，构建一种理想模型，然后依据模型设计实际方案；后者是按照"发现实践问题—设计改进方案"的逻辑展开，并形成相关的理论成果。在分析大型航空枢纽协同治理过程时，需要结合这两种研究路径。一方面，治理理论的研究在政治学、经济学、公共管理学、企业管理学和项目管理学等领域形成了不同的理论成果，并且这些理论都能在一定程度上部分解释大型航空枢纽项目的治理活动。另一方面，大型航空枢纽项目协同治理活动具有多样性，至少包括中央部委之间的治理活动、中央政府和地方政府之间的治理活动、政府和企业之间的治理活动、企业间和企业内的治理活动、项目集治理活动、单个项目治理活动。

基于现有的治理理论研究和剖析不同治理活动的共性和特性，可以从治理结构和治理机制两方面分析协同治理过程。大型航空枢纽工程协同治理结构是临时性与永久性组织并存的多层级结构。在政府层级，永久性组织的主要职能是审批和监督，临时性组织的主要职能是与项目有关的主动协调和服务。在北京大兴国际机场项目中，政府层面的组织包含多个层级：第一层是国家发展改革委层面成立的国家领导小组，该领导小组将与项目活动相关的中央部委、地方政府和军方组织集成起来，构建协商、决策、沟通和协调的顶层平台，统筹北京大兴国际机场项目开发、实施和运营活动，其职责是管大事、抓协调和解难题；第二层级是相关部委和地方政府层面的领导小组或机场办，如民航局举全民航之力成立了由民航局局长担任组长、局其他相关领导、内设相关司、地区管理局及直属机构参与的民航领导小组来统筹协调推进行业内相关活动；第三层级是指地方政府分别在相应的市区层级成立的机场办，如大兴区机场办、廊坊市机场办。虹桥交通枢纽建设的治理结构是原铁道部与上海市成立了部市领导小组，上海市成立市枢纽指挥部，长宁和闵行等成立区指挥部。在企业层级，永久性组织的主要职能是项目运营，临时性组织的主要职能是工程建设和运营筹备。在北京大兴国际机场项目中，首都机场集团成立了北京新机场建设指挥部和新机场工作委员会，同时以首都机场集团为主成立了投运总指挥部。在项目层级，北京大兴国际机场工程建设指挥部之间有指挥长联席会议，北京大兴国际机场与专业公司之间有沟通协调会议。一方面，协同治理主体的异质性和多样性受项目复杂性和制度情境的影响；另一方面，在不同的治理层级，集成主体和主导机构的设置及其能力直接影响项目活动的开展。此外，治理结构还随着项目活动的开展呈动态变化。

协同治理机制指依附于治理结构的一系列制度安排。不同治理主体内和主体间的治理机制有所差异，主要包括集成机制、协调机制、控制机制、监督机制、责任机制、目标管理机制、沟通机制、授权机制、弹性机制和学习机制等一系列机制。每种机制都可以从基本机制和具体机制两方面来分析，前者指正式文件规定的或治理主体之间达成共识的基本安排，强调机制的稳定性；后者指围绕具体问题采用的具体安排，强调机制的适应性。如围绕北京大兴国际机场的建设与运筹，民航局与北京市政府、河北省政府之间建立了"3+1"工作机制，其中"+1"是指北京新机场建设指挥部，还有民航局与北京市、河北省的"一对一"工作机制。

基于北京大兴国际机场等航空枢纽建设的丰富治理实践，可以构建出航空枢纽协同治理理论的概念框架，核心概念包括治理要素、治理环境、治理结构、治理机制、治理过程与治理实践等。深入理解大型航空枢纽工程协同治理逻辑，可以从如下问题展开：治理环境如何影响治理结构和治理机制的？治理结构和治理机制如何相互作用来影响项目结果？历史纵向地看，治理实践又如何影响治理环境？

# 6 逻辑五：集成管理的逻辑

大型航空交通枢纽工程作为一场改造世界的人工实践活动，从项目立项、实施到交付运营的全生命周期具有高度复杂性，管理者需基于复杂系统科学的思想开展项目群及项目组合层面的集成管理活动。集成管理是实现大型航空交通枢纽复杂性降解，同时促进整体功能价值涌现的综合管理思想与活动。

（1）集成管理的起因

大型航空交通枢纽工程是一个复杂开放的巨系统，其功能、空间布局是作为一个整体进行规划、设计的。尽管这一工程系统中包含很多组元，但枢纽功能的实现依赖于各组元有机结合，共同发挥作用。因此，整体性是航空枢纽的内在属性，集成管理的对象也是以大型航空交通枢纽作为整体的工程实体。

大型航空交通枢纽系统内容复杂，需要通过多主体分工合作，提高效率，因此要对枢纽系统进行分解，以识别不同组元。从项目视角来看，大型航空交通枢纽工程可分解成机场、航司、航油、空管等民航系统工程，水、电、气、通信、道路等外围市政工程，以及高速铁路、城市轨道、公路等其他交通运输工程；从专业视角来看，项目涉及民航、规划、地质、气象、环境、建筑、土木、管理、经济、社会等不同专业；从组织视角来看，枢纽的项目法人包括机场、空管、航司、航油以及各类市政建设主体多家单位，政府单位有中央、地方政府以及与机场相关的海关、边检等，还有相关设计、施工、监理、供应、运营等成百上千家实施单位。分解带来了管理主体的复杂化，在大型航空交通枢纽建设的过程中，主体的划分出现了多个组织，这些组织往往是以项目为导向的临时性组织，尽管为了项目目标而合作，但其脱胎于母组织，势必在实现项目目标的同时，兼有为母组织获取利益的职责，多重目标的冲突给工程项目管理带来了挑战。

因此，只有不同项目、不同专业、不同组织的有机整合才能保证大型航空交通枢纽工程顺利投运。基于此，现有的理论研究和工程实践都提出在项目全寿命周期中，运用集成管理的思想，实现分解和整合的辩证统一。

(2) 集成管理的实现

大型航空交通枢纽工程系统包括项目本身构成的项目系统、项目分解后的工作系统和工程组织构成的组织系统。在大型航空交通枢纽工程这一场造物活动中，工程系统是物理的，其整体功能的涌现性需要通过项目、工作和组织的集成管理来实现。在工程实践过程中，所谓"一根时间轴上定乾坤"，项目、工作及组织之间交叉界面带来的冲突都将通过进度表现出来，因此通常运用总进度综合管控这一工具实现集成管理。

1) 项目集成。根据工程对象与工程范围的不同，大型航空交通枢纽工程划分为机场主体工程、民航配套工程、外围市政工程及其他交通运输工程四类。机场主体工程包含航站楼、飞行区、货运区和公共区等项目；民航配套工程包括空管工程、供油工程和航司基地工程；外围市政工程包括道路交通工程、河湖水系工程、地下管线工程、架空线杆工程以及园林绿化工程；其他交通运输工程包括高速铁路工程、城市轨道工程以及公路等。这些子项目在空间上相互关联，共同配合来实现交通枢纽的功能。通过进度计划编制和过程跟踪管控实现了子项目在空间维度上的集成。

2) 工作集成。工作系统集成了大型航空交通枢纽工程实施过程中所开展的工作任务活动，包括从选址论证到项目交付运营全周期中的所有工作任务。按照项目的生命周期，工作内容包括前期工作、工程建设工作、运营筹备工作，这些工作相互影响，前后制约。理想状态下，项目前期阶段和建设阶段通常以开工为划分标准，但在工程实践中，为提高项目建设效率，前期工作常常与建设工作存在交叉并行阶段，在项目建设阶段后期，运筹工作需要提前介入，以确保建设工作顺利向运营筹备过渡。为确保项目全生命周期的所有工作高度集成，项目前期工作系统、建设工作系统和运筹工作系统彼此之间需要穿插与交融，以保证大型航空交通枢纽工程项目目标实现。总进度综合管控通过进度计划编制将这些工作分解，分批分项合理搭接完成，实现了工作在时间维度上的集成。

3) 组织集成。集成管理的实现需要组织从不同层面上进行集成。组织是集成管理运作的机制保障，不同组织结构直接影响集成管理的效率与水平，大型航空交通枢纽工程可从政府层（包括国家部委、地方政府等有关部门）、项目法人层（各子项目投资主体、建设主体与运营主体）和实施层（直接负责施工、运营的单位或部门）来实现不同层级的垂直集成，同时在各个层级范围内实现民航、铁路、公路、城市轨道、市政以及军队等多个行业的水平集成。与组织结构相适应，在实践中往往还会设置工作委员会、领导小组、指挥部等多种协调组织或协调机制。总进度综合管控通过整合所有组织的项目信息，为不同的决策者提供不同的信息反馈，从而实现项目组织在层次内和层次间的集成。

以上基于系统论分析了集成管理的起因与实现过程。对集成管理的研究，还存在探索的空间：在管理实践中，还原与整合如何达到平衡状态？同时，大型航空交通枢纽工程的实施过程受政策、经济、技术、社会以及生态等众多环境因素影响，集成管理如何提高大型航空交通枢纽工程项目适应性和韧性，以应对复杂多变的项目环境？

# 7 逻辑六：枢纽发展的逻辑

大型航空交通枢纽伴随着人类科技文明和文化交流的演化逐渐发展起来。现代社会的航空枢纽已经不单单是交流和运输的载体，基于比较优势建立起来的航空枢纽更是促进区域及国家经济发展、推进多行业技术进步、实现社会合作共赢的工具。在这样的背景下，在明确大型航空枢纽产生逻辑的基础上，进一步厘清其未来的发展逻辑有助于指导我国大型航空枢纽工程的高质量发展。

大型航空交通枢纽的发展源于人类对所谓"诗意栖居"的美好向往，使得大型航空交通枢纽项目超越了生产要素集合发生的物质形式的变化，更富含精神的创造。这种向往通过工程的目的性体现，大型航空交通枢纽是人类有目的地改造交通运输方式，建设赖以生存的环境的造物活动。目的性意味着在建设开始的时候，人们就已经在观念中对项目结果，即航空枢纽的建筑实体，航空枢纽与自然环境、人文环境的关系，航空枢纽对区域和国家经济社会的影响产生了预期，这种预期推动了工程活动的进行，促进了交通枢纽的产生和发展。

人们所追求的"诗意"与生产力条件相适应，作为"诗意栖居"的产物，大型航空交通枢纽的内涵和形式也随着生产力的发展而深入和演化。在当前社会经济技术发展的水平下，"诗意"体现在项目规划、工程建设和工程产物等方面。首先，追求"诗意"的项目规划，大型航空枢纽功能以服务社会经济为基本目的，其往往能够作为航运、物流、商贸和现代金融服务体系等社会功能交流的汇集点，成为区域经济向外辐射的中心，为国家发展战略提供支撑。航空交通枢纽作为城市空间的重要组成，其规划既要充分考虑交通功能集成下为旅客带来便捷的换乘和货运带来高效的运输，也要考虑促进对临空经济、区域经济和城市群的发展。当下大型航空交通枢纽更注重深化大型航空交通枢纽在功能、空间结构、技术要素方面的高度集成性，打造多层次立体化的综合性交通枢纽，为国家发展战略提供重要的交通保障。其次，追求"诗意"的工程建设，大型航空交通枢纽规模大、技术难度高，往往会成为社会经济创新要素的积聚中心，其建设理念、技术、成果对工程领域乃至经济社会有较大影响。建设精品工程、样板工程、平安工程、廉洁工程，落实好"可持续发展"和"建设运营一体化"理念，运用集成管理、BIM等新理论新技术，关注工程活动中的人文关怀对于大型航空交通枢纽工程的发展具有重要意义。最后，追求"诗意"的工程产物，工程活动的目的最终通过工程产物来实现，以"平安机场、绿色机场、智慧机场、人文机场"为核心的大型航空枢纽，寄托了人们对于安全、便捷、高效及和谐的交通运输方式的期待。

发展为了人民，发展依靠人民。实现各利益相关者的利益目标是航空枢纽发展的应有之意。增进每个人利益总量是道德终极总标准、法律终极总标准、政治终极总标准和国家制度终极总标准。

随着人类对"诗意"的憧憬的发展,在工程活动漫长、深刻的演化历程中,工程建设的方式在变,建设活动结果的状态也在变。因此,对发展逻辑的探索实际上是讨论大型航空枢纽工程往何处去的问题,是探索人类以出行和运输为核心需求,希望工程以什么样的态度和方式进行改造自然、塑造人类未来的栖居环境?如何在技术创造、经济创造中实现美的创造?这将是大型航空交通枢纽未来发展需要长期探讨的命题。

**参考文献**

[1] Müller, R. 2017. Governance and Governmentality for Projects: Enablers, Practices and Consequences. 711 Third Avenue, New York, NY 10017: Routledge.
[2] Jia, G., Yang, F., Wang, G., Hong, B., and You, R. 2011. "A Study of Mega Project from a Perspective of Social Conflict Theory," International Journal of Project Management (29: 7), pp. 817-827.
[3] 贾广社,李伯聪,李惠国,等. 工程哲学新观察:从虹桥综合交通枢纽工程到"大虹桥"[M]. 南京:江苏人民出版社,2012.
[4] 李伯聪. 工程哲学引论[M]. 郑州:大象出版社,2002.
[5] 李伯聪. 工程社会学导论[M]. 杭州:浙江大学出版社,2010.
[6] 李伯聪. 工程哲学和工程研究之路(国科大文丛)[M]. 北京:科学出版社,2013.
[7] 毛如麟,贾广社. 建设工程社会学导论[M]. 上海:同济大学出版社,2011.
[8] 燕继荣. 国家治理及其改革[M]. 北京:北京大学出版社,2015.
[9] 王海明. 新伦理学原理[M]. 北京:商务印书馆,2017.
[10] 殷瑞钰,汪应洛,李伯聪. 工程哲学. 第2版[M]. 北京:高等教育出版社,2013.